景观节点
CAD 施工图集

刘小垒　王塔娜　姜新良　刘自强　编著

江苏凤凰美术出版社

目录

1 园路与铺装常用做法

沥青路做法   4
车行道路做法   5
人行道路做法   7
道路铺装样式   9
室外木平台   17
铺装收边   18
室外道牙   21
台阶   25
运动场地   28

2 景观构筑物常用做法

种植池   32
特色花钵与底座   52
雕塑   58
坐凳、坐墙与矮墙   61
台阶侧墙   71
栏杆   79
水池与水岸   88
园桥   95
花廊   117
灯具   129
水槽与水缸   141
室外家具   146

3 景观施工通用做法

板材安装   154
排水与检查井   156
各种缝   165

1 园路与铺装常用做法

沥青路做法

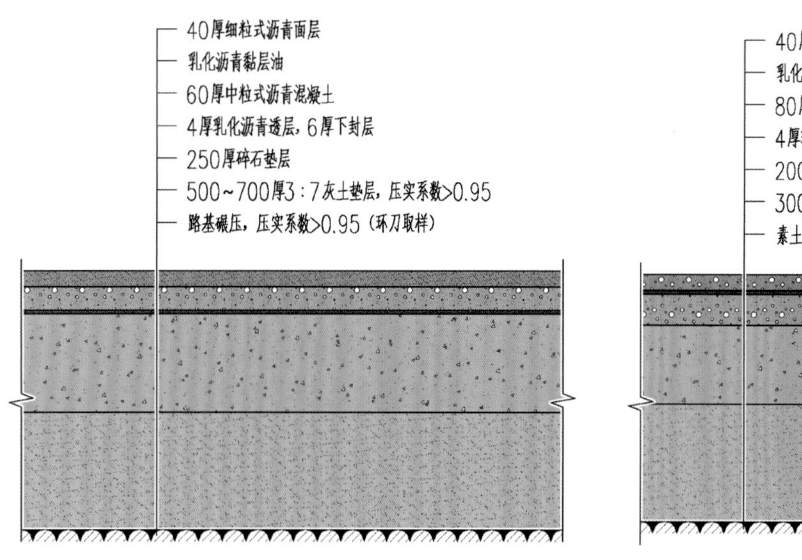

- 40 厚细粒式沥青面层
- 乳化沥青黏层油
- 60 厚中粒式沥青混凝土
- 4 厚乳化沥青透层, 6 厚下封层
- 250 厚碎石垫层
- 500~700 厚 3：7 灰土垫层, 压实系数>0.95
- 路基碾压, 压实系数>0.95（环刀取样）

车行沥青路面做法详图（适用于市政主路）

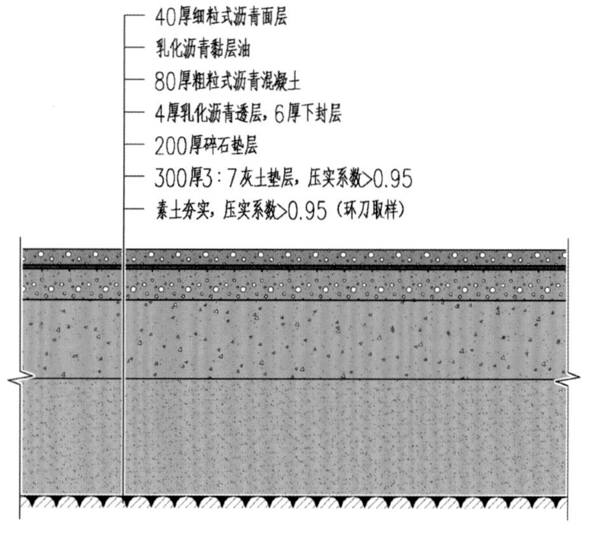

- 40 厚细粒式沥青面层
- 乳化沥青黏层油
- 80 厚粗粒式沥青混凝土
- 4 厚乳化沥青透层, 6 厚下封层
- 200 厚碎石垫层
- 300 厚 3：7 灰土垫层, 压实系数>0.95
- 素土夯实, 压实系数>0.95（环刀取样）

车行沥青路面做法详图（适用于普通市政道路）

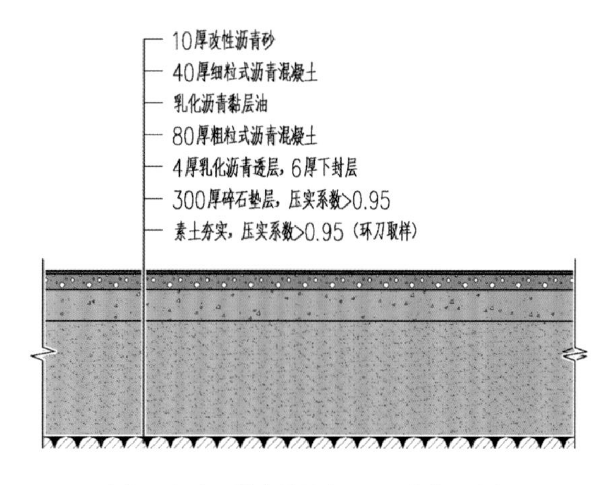

- 10 厚改性沥青砂
- 40 厚细粒式沥青混凝土
- 乳化沥青黏层油
- 80 厚粗粒式沥青混凝土
- 4 厚乳化沥青透层, 6 厚下封层
- 300 厚碎石垫层, 压实系数>0.95
- 素土夯实, 压实系数>0.95（环刀取样）

车行沥青路面做法详图（适用于住宅区内）

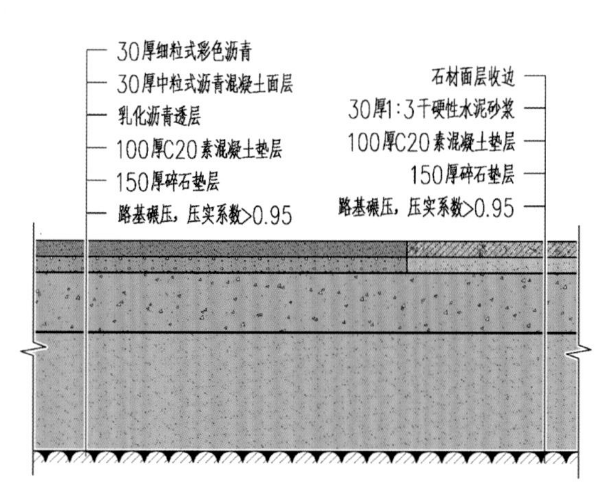

- 30 厚细粒式彩色沥青
- 30 厚中粒式沥青混凝土面层
- 乳化沥青透层
- 100 厚 C20 素混凝土垫层
- 150 厚碎石垫层
- 路基碾压, 压实系数>0.95

石材面层收边
- 30 厚 1：3 干硬性水泥砂浆
- 100 厚 C20 素混凝土垫层
- 150 厚碎石垫层
- 路基碾压, 压实系数>0.95

车行彩色沥青路面做法详图（适用于住宅区内）

注：本书图中尺寸除注明外，单位均为毫米。

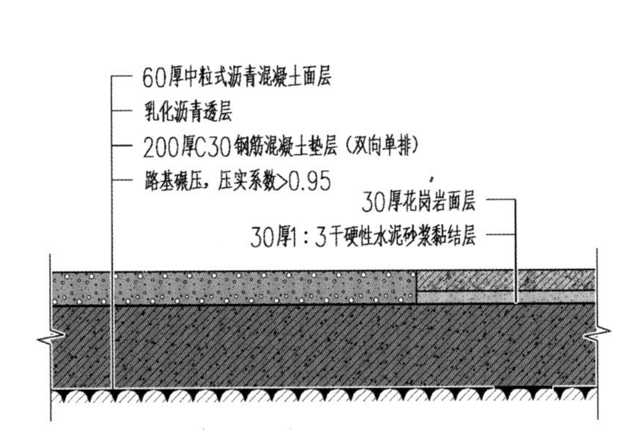

车行沥青路面做法详图（适用于住宅区回填土道路）

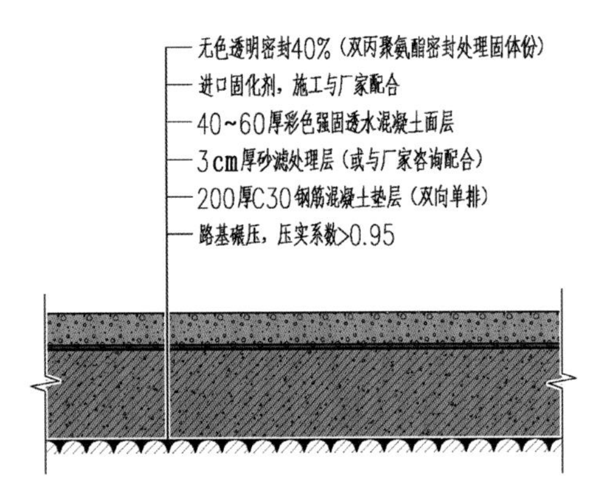

彩色混凝土路面做法详图（适用于住宅区回填土道路）

小贴士

沥青市政道路基层最少应做两层处理，普通市政道路基层厚度应大于 500 mm，城市高速路基层厚度应大于 700 mm。

住宅区项目，由于大部分应用回填土，为解决道路沉降问题，可考虑在基层浇筑钢筋混凝土结构，浇筑厚度应大于 200 mm。

车行道路做法

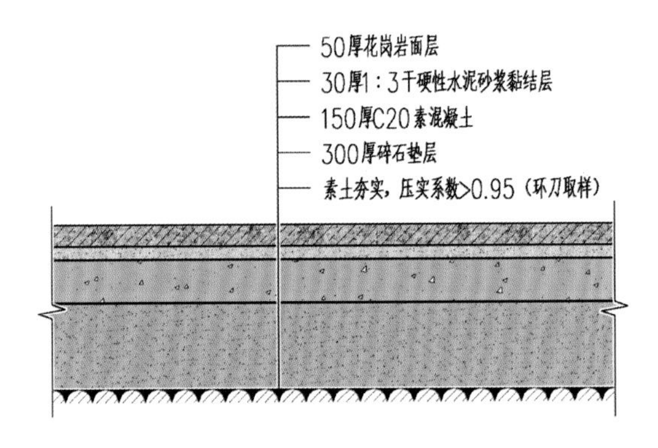

车行石材面层道路做法详图

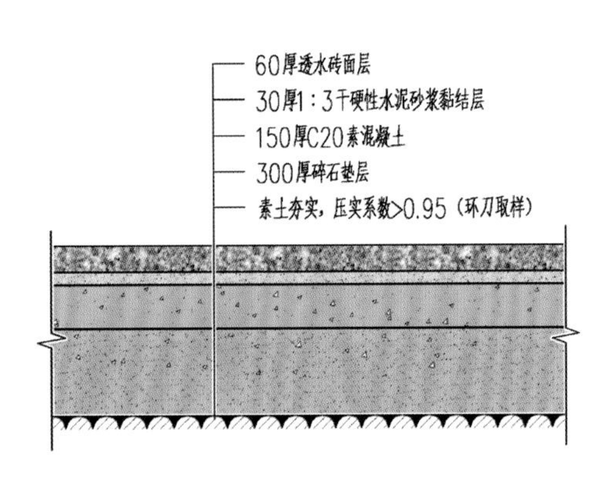

车行透水砖面层道路做法详图

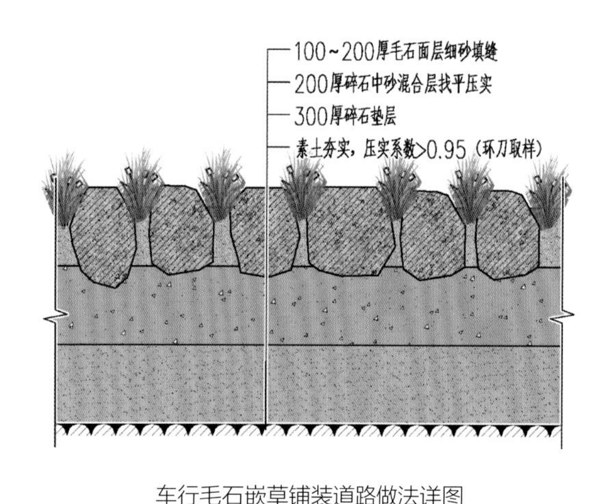

100~200厚毛石面层细砂填缝
200厚碎石中砂混合层找平压实
300厚碎石垫层
素土夯实，压实系数≥0.95（环刀取样）

车行毛石嵌草铺装道路做法详图

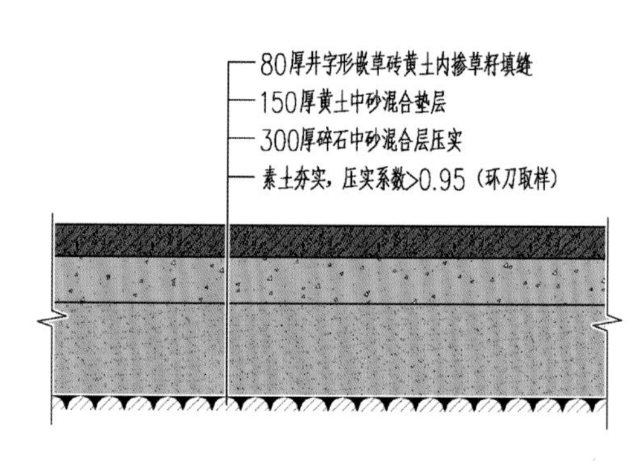

80厚井字形嵌草砖黄土内掺草籽填缝
150厚黄土中砂混合垫层
300厚碎石中砂混合层压实
素土夯实，压实系数≥0.95（环刀取样）

车行井字形嵌草砖面层道路做法详图
（适用于道路停车区）

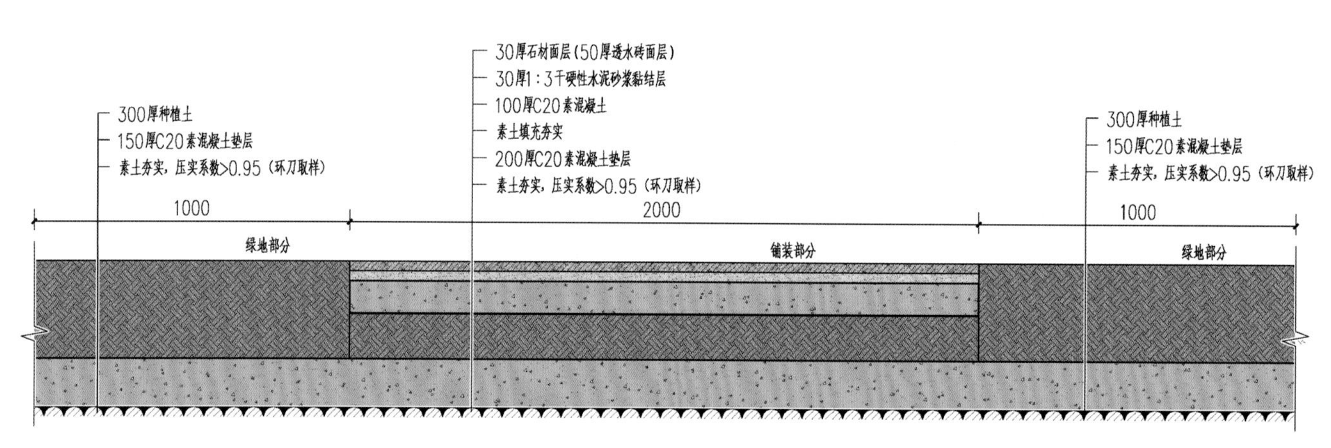

300厚种植土
150厚C20素混凝土垫层
素土夯实，压实系数≥0.95（环刀取样）

30厚石材面层（50厚透水砖面层）
30厚1:3干硬性水泥砂浆黏结层
100厚C20素混凝土
素土填充夯实
200厚C20素混凝土垫层
素土夯实，压实系数≥0.95（环刀取样）

300厚种植土
150厚C20素混凝土垫层
素土夯实，压实系数≥0.95（环刀取样）

1000　　　　绿地部分

2000　　　　铺装部分

1000　　　　绿地部分

隐形消防通道做法详图（适用于住宅区内）

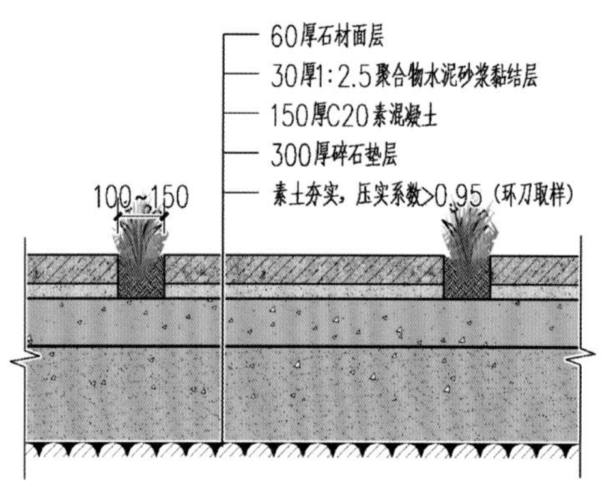

60厚石材面层
30厚1:2.5聚合物水泥砂浆黏结层
150厚C20素混凝土
300厚碎石垫层
素土夯实，压实系数≥0.95（环刀取样）

100~150

车行嵌草铺装道路做法详图

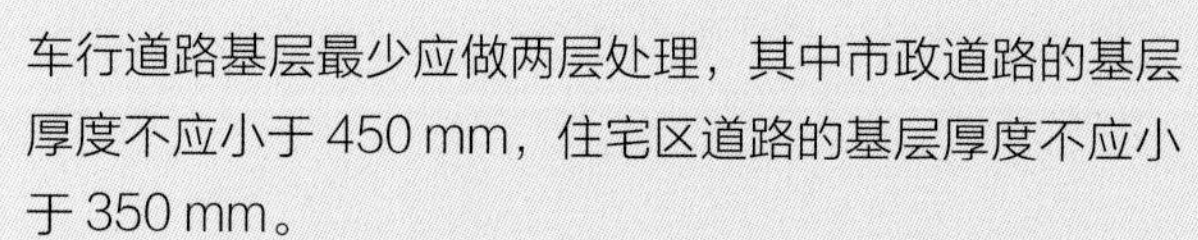

小贴士

车行道路基层最少应做两层处理，其中市政道路的基层厚度不应小于 450 mm，住宅区道路的基层厚度不应小于 350 mm。

遇到嵌草铺装的道路时需考虑草坪的成活因素，基层应尽量采用黄土、中砂、碎石的混合。

隐形消防通道需在通道范围内至少 200 mm 厚的种植土下增加基层处理。

人行道路做法

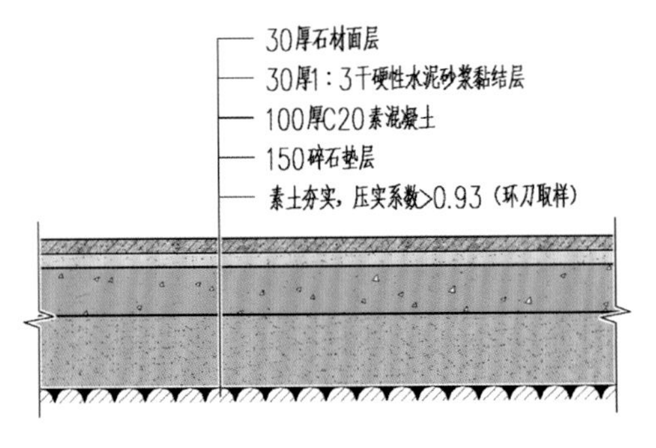

- 30厚石材面层
- 30厚1：3干硬性水泥砂浆黏结层
- 100厚C20素混凝土
- 150碎石垫层
- 素土夯实，压实系数>0.93（环刀取样）

人行石材面层道路做法详图
（适用于人流量较大的铺装场地）

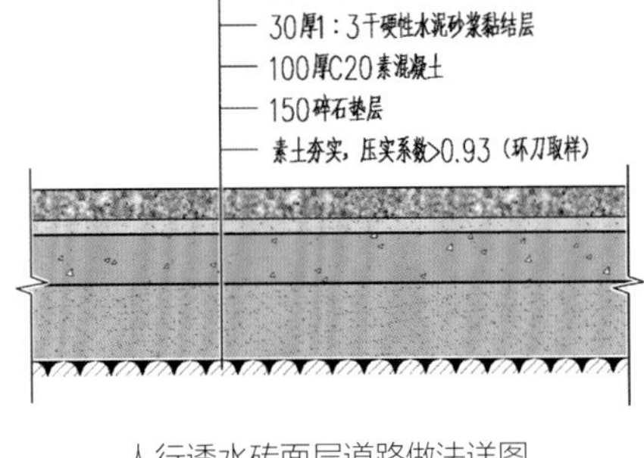

- 60厚透水砖面层
- 30厚1：3干硬性水泥砂浆黏结层
- 100厚C20素混凝土
- 150碎石垫层
- 素土夯实，压实系数>0.93（环刀取样）

人行透水砖面层道路做法详图
（适用于人流量较大的铺装场地）

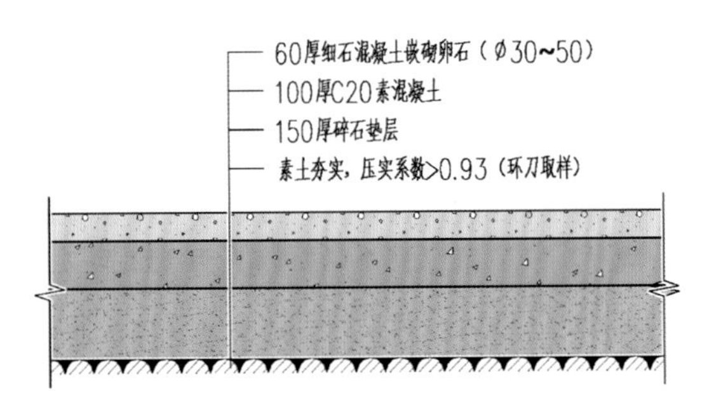

- 60厚细石混凝土嵌砌卵石（Ø30~50）
- 100厚C20素混凝土
- 150厚碎石垫层
- 素土夯实，压实系数>0.93（环刀取样）

人行卵石面层道路做法详图
（适用于人流量较大的铺装场地）

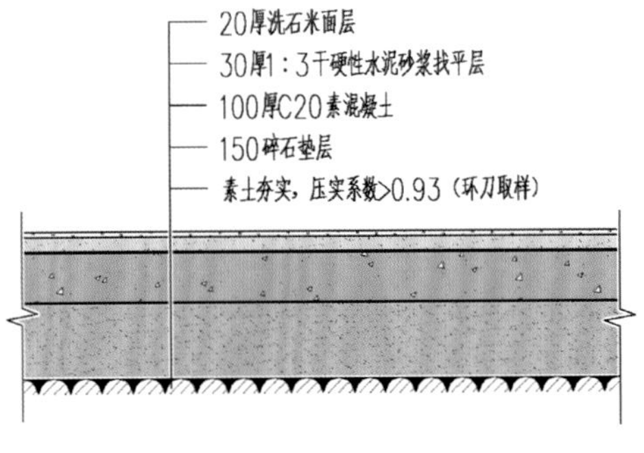

- 20厚洗石米面层
- 30厚1：3干硬性水泥砂浆找平层
- 100厚C20素混凝土
- 150碎石垫层
- 素土夯实，压实系数>0.93（环刀取样）

人行洗石米面层道路做法详图
（适用于人流量较大的铺装场地）

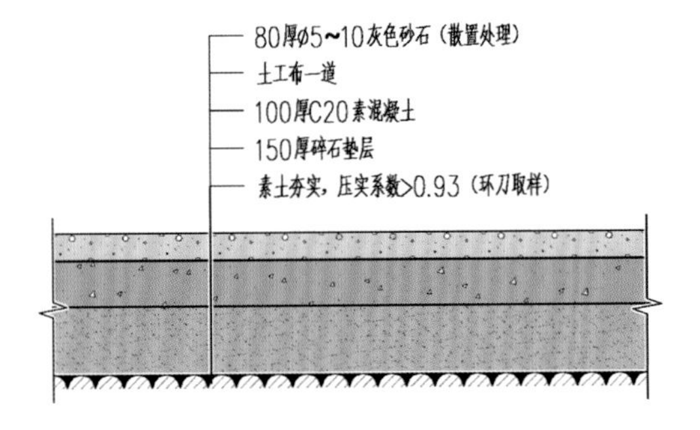

- 80厚Ø5~10灰色砂石（散置处理）
- 土工布一道
- 100厚C20素混凝土
- 150厚碎石垫层
- 素土夯实，压实系数>0.93（环刀取样）

人行散铺砾石面层道路做法详图
（观赏场地，不以人行为主）

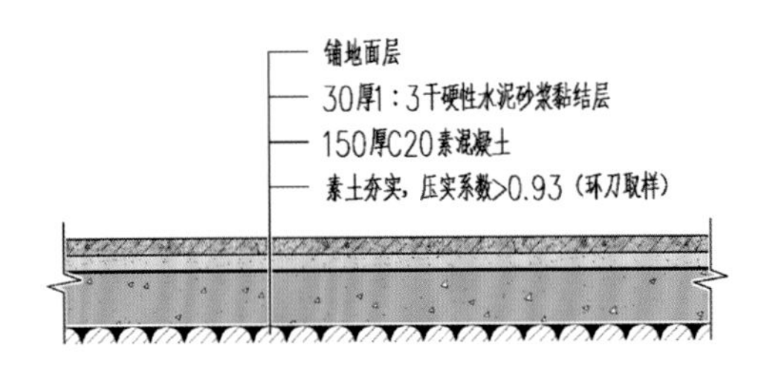

- 铺地面层
- 30厚1：3干硬性水泥砂浆黏结层
- 150厚C20素混凝土
- 素土夯实，压实系数>0.93（环刀取样）

人行道路通用做法详图
（适用于人流量小的园路铺地）

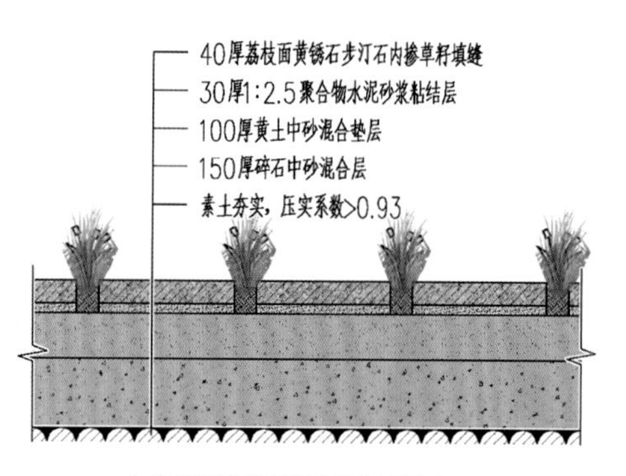

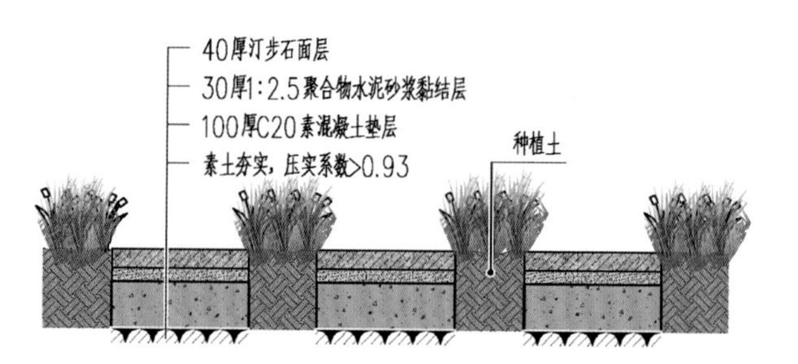

人行嵌草铺装道路做法详图
（适用于面积较大的场地）

人行汀步道路做法详图
（适用于公共空间汀步园路）

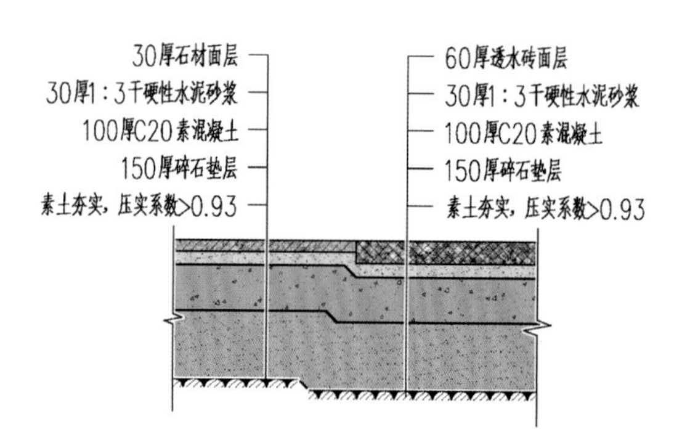

不同厚度人行道铺装交界面做法详图

小贴士

人行道路基层一般有以下两种处理方法：①在人流量大的公共空间，应做两层基础，且基层厚度应控制在 250 mm 以上；②在人流量较小的空间，如住宅区内的园路等，可做 150 mm 厚的素混凝土单层基础，既可保障道路的通行，也可节约相应的成本。

嵌草铺装与汀步是两个概念，嵌草铺装在面积较大的情况下使用，因此考虑到人的流量情况需做两层基础；而汀步在公共空间做单层基础即可，如果铺设在庭院内的私密空间，也可考虑不做基础，直接用砂浆黏结面层即可。

道路铺装样式

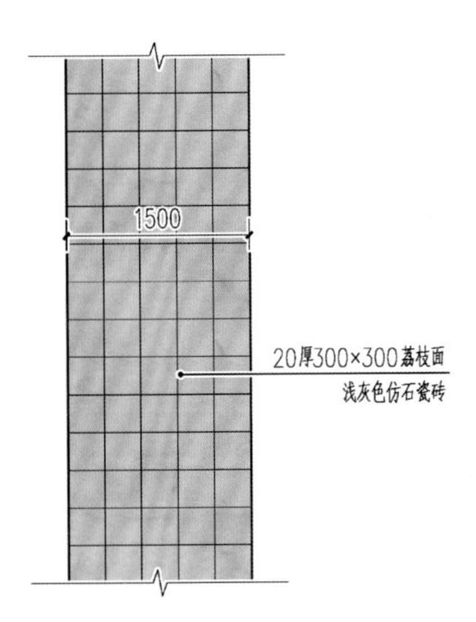

20厚300×300荔枝面
浅灰色仿石瓷砖

1.5 m 宽道路铺地详图

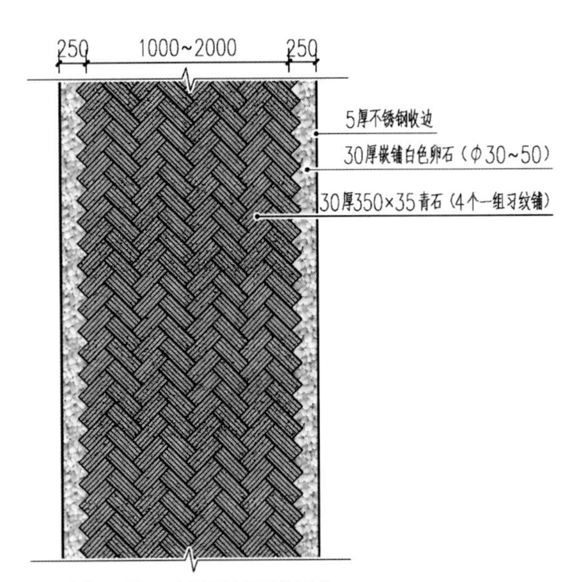

5厚不锈钢收边
30厚嵌铺白色卵石（φ30~50）
30厚350×35青石（4个一组习纹铺）

1.5 ~ 2 m 宽道路铺地详图 2

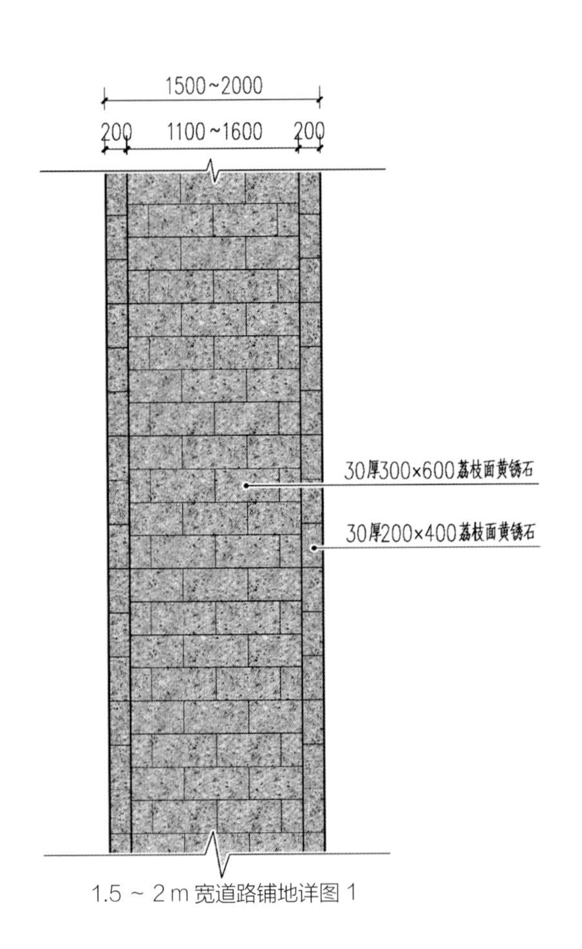

30厚300×600荔枝面黄锈石
30厚200×400荔枝面黄锈石

1.5 ~ 2 m 宽道路铺地详图 1

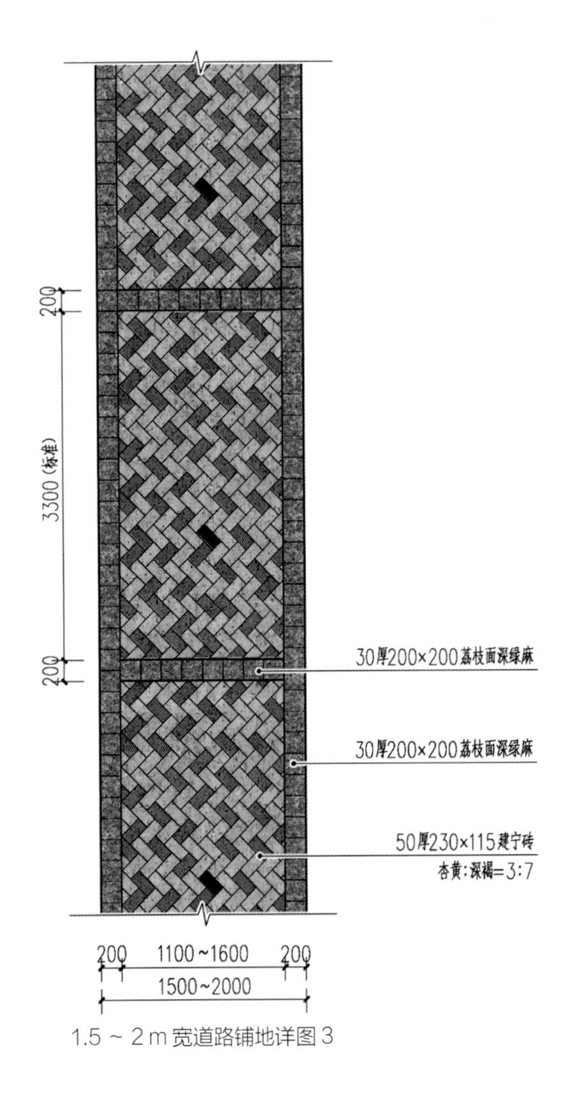

30厚200×200荔枝面深绿麻
30厚200×200荔枝面深绿麻
50厚230×115建宁砖
杏黄:深褐=3:7

1.5 ~ 2 m 宽道路铺地详图 3

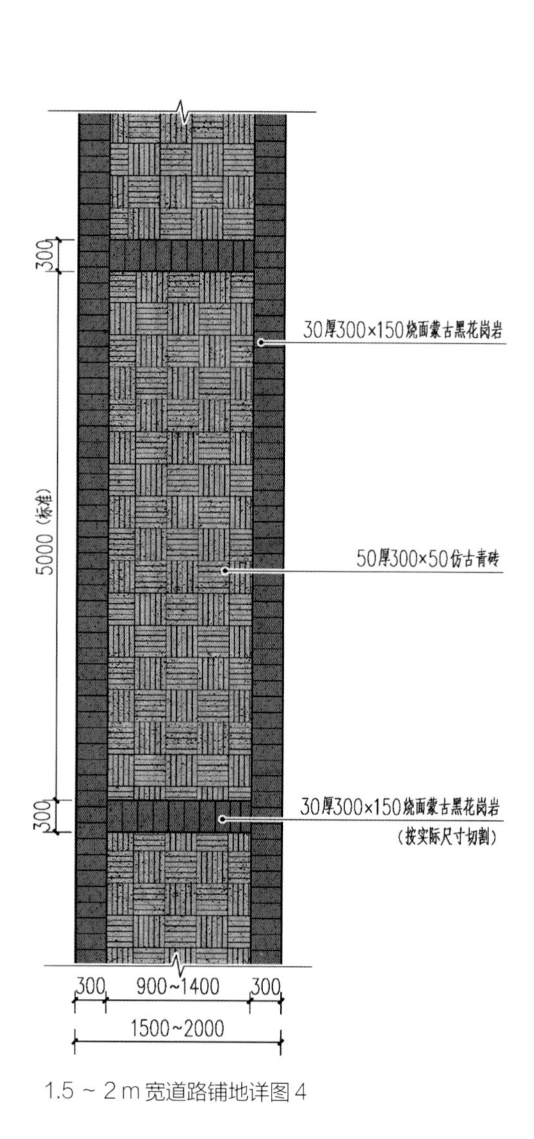

30厚300×150烧面蒙古黑花岗岩

50厚300×50仿古青砖

30厚300×150烧面蒙古黑花岗岩
（按实际尺寸切割）

1.5～2m宽道路铺地详图4

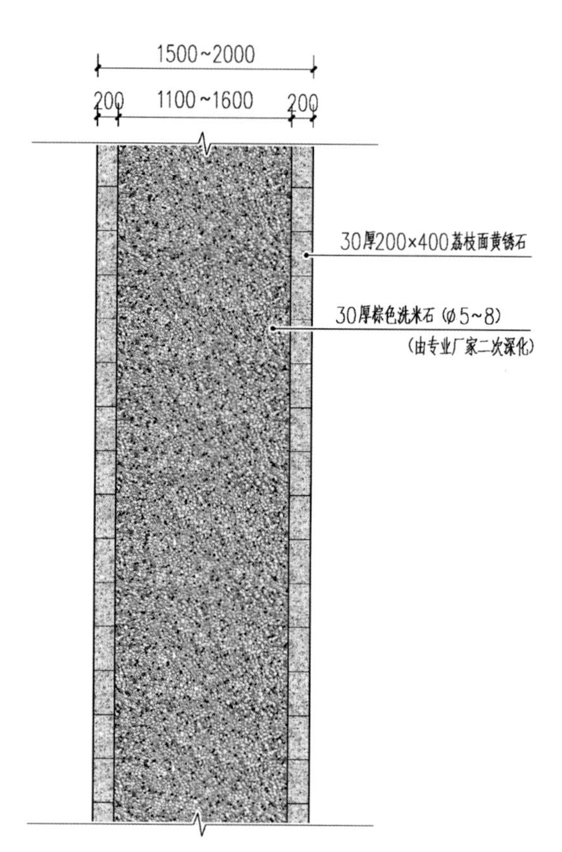

30厚200×400荔枝面黄锈石

30厚棕色洗米石（φ5～8）
（由专业厂家二次深化）

1.5～2m宽道路铺地详图5

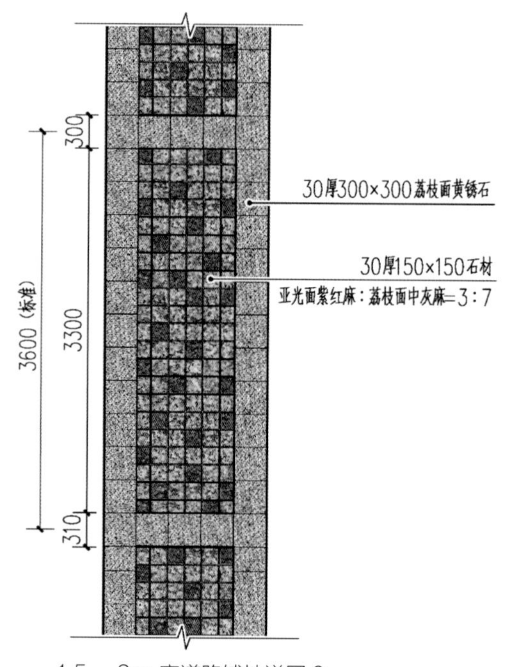

30厚300×300荔枝面黄锈石

30厚150×150石材
亚光面紫红麻：荔枝面中灰麻＝3：7

1.5～2m宽道路铺地详图6

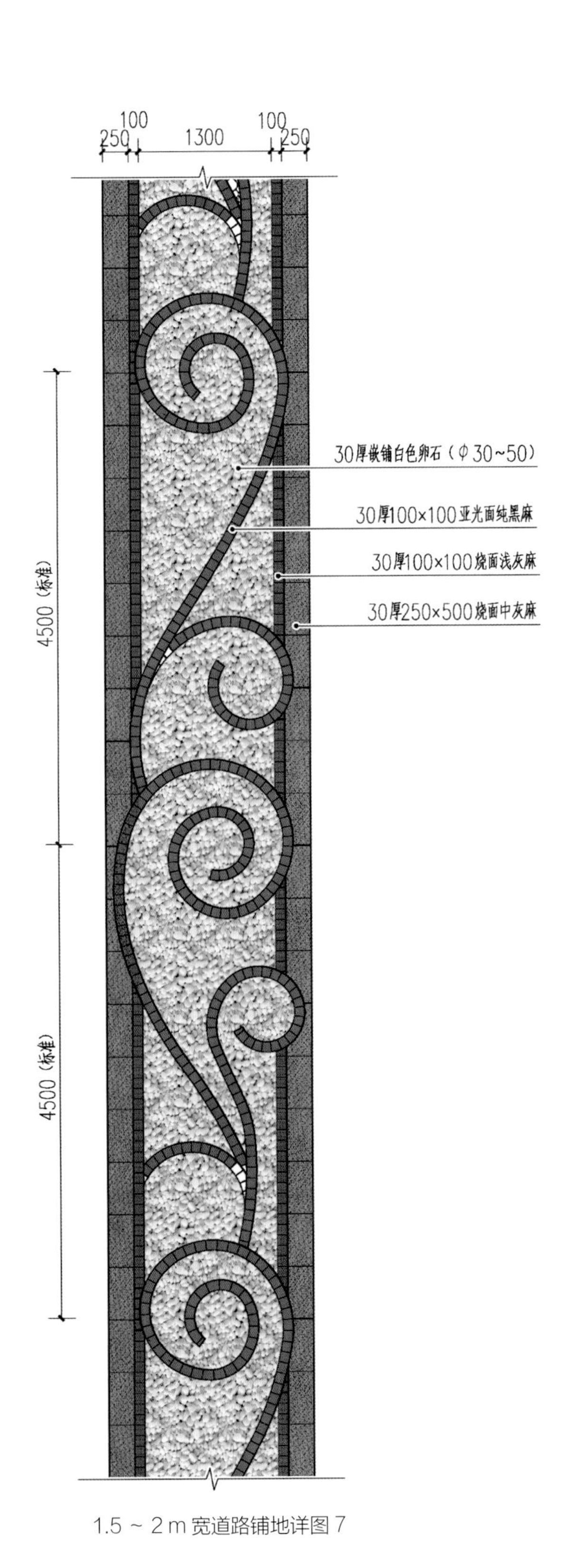

250 100 1300 100 250

30厚嵌铺白色卵石（φ30~50）

30厚100×100亚光面纯黑麻

30厚100×100烧面浅灰麻

30厚250×500烧面中灰麻

4500（标准）

4500（标准）

1.5～2m宽道路铺地详图7

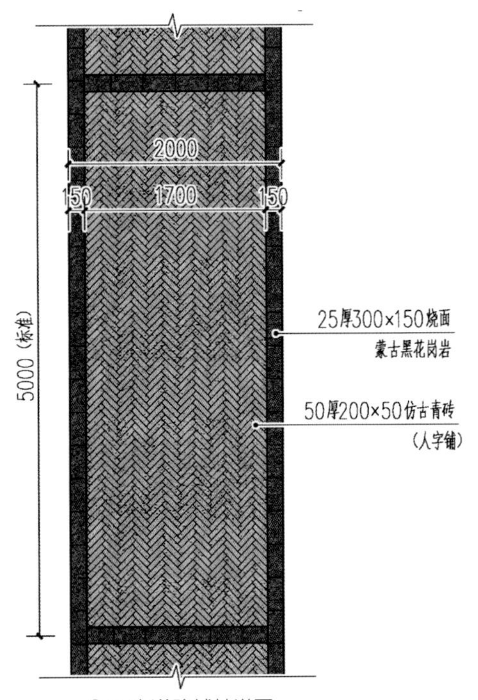

300 1200~2400 300

300

2700

3000（标准）

300

30厚300×300荔枝面黄锈石

30厚200×200荔枝面菊花黄

30厚50×300烧面黄锈石

30厚50×300烧面纯黑麻

1.8～3m宽道路铺地详图

2000

150 1700 150

5000（标准）

25厚300×150烧面
蒙古黑花岗岩

50厚200×50仿古青砖
（人字铺）

2m宽道路铺地详图

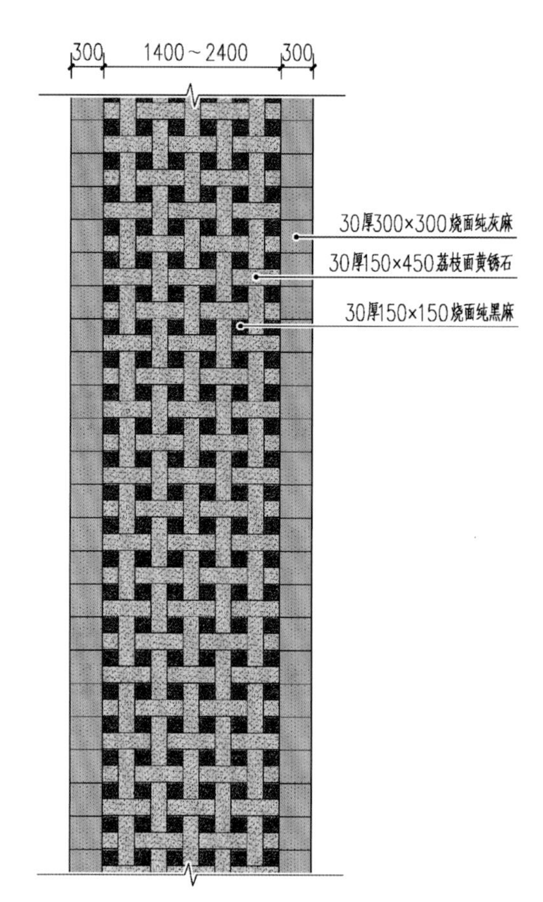

30厚300×300烧面纯灰麻

30厚150×450荔枝面黄锈石

30厚150×150烧面纯黑麻

2～3 m 宽道路铺地详图 1

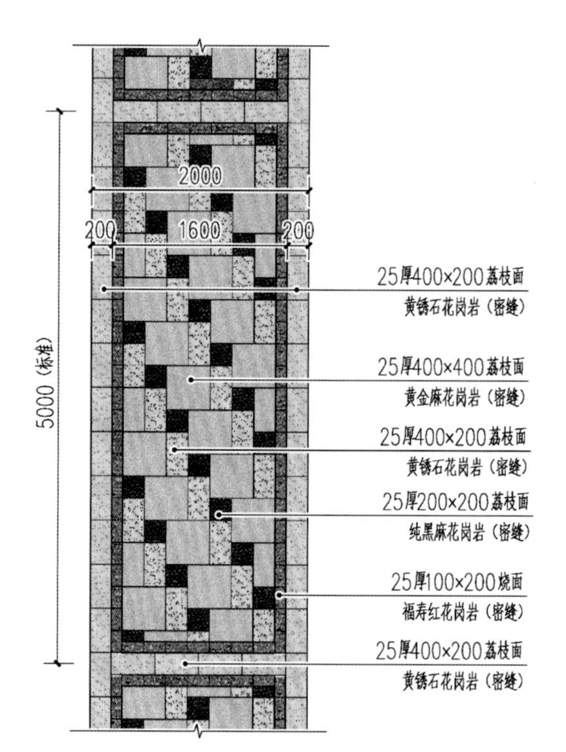

25厚400×200荔枝面
黄锈石花岗岩（密缝）

25厚400×400荔枝面
黄金麻花岗岩（密缝）

25厚400×200荔枝面
黄锈石花岗岩（密缝）

25厚200×200荔枝面
纯黑麻花岗岩（密缝）

25厚100×200烧面
福寿红花岗岩（密缝）

25厚400×200荔枝面
黄锈石花岗岩（密缝）

2～3 m 宽道路铺地详图 2

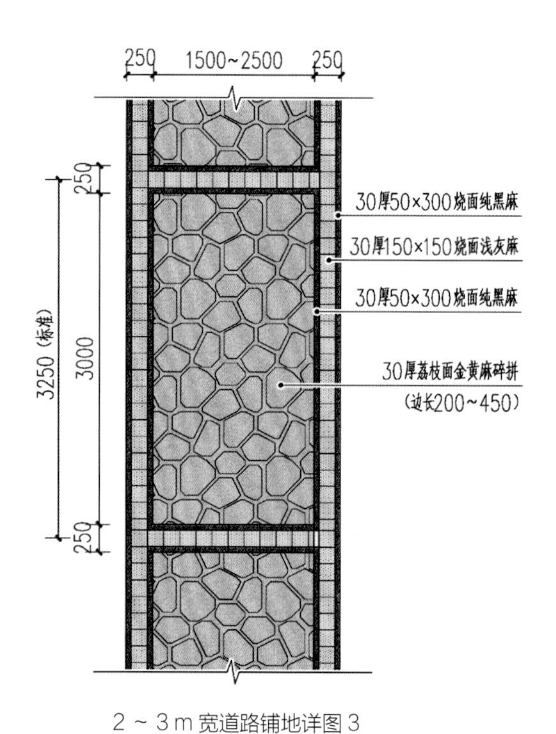

30厚50×300烧面纯黑麻

30厚150×150烧面浅灰麻

30厚50×300烧面纯黑麻

30厚荔枝面金黄麻碎拼
（边长200～450）

2～3 m 宽道路铺地详图 3

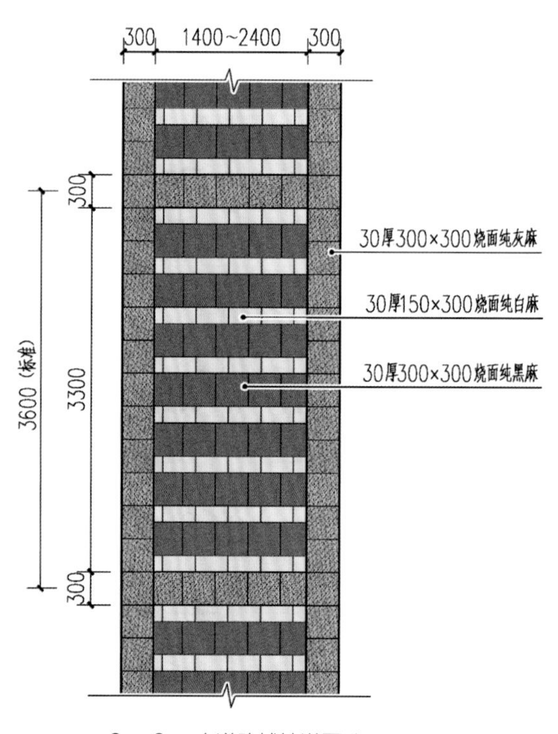

30厚300×300烧面纯灰麻

30厚150×300烧面纯白麻

30厚300×300烧面纯黑麻

2～3 m 宽道路铺地详图 4

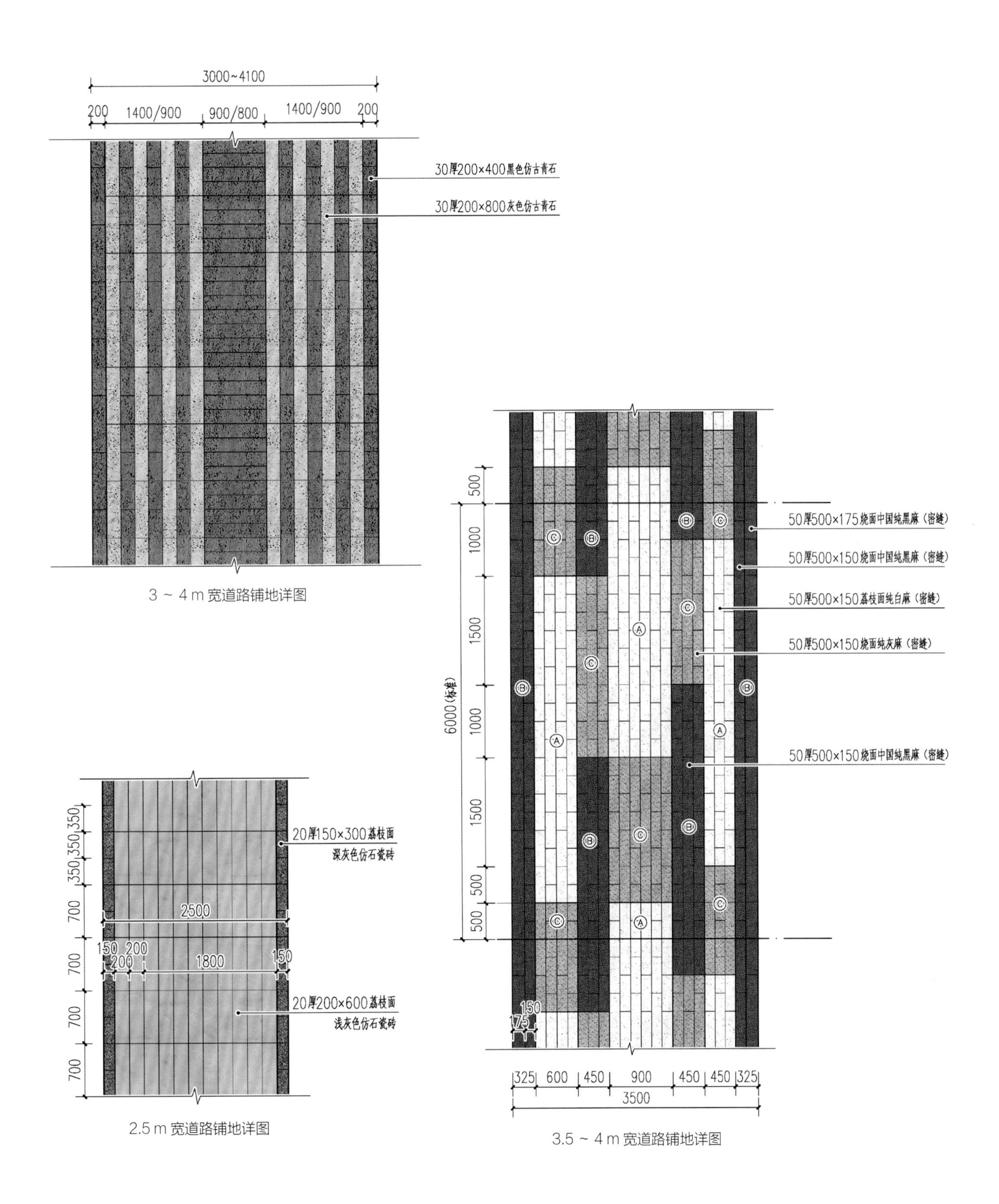

3000~4100
200 | 1400/900 | 900/800 | 1400/900 | 200

30厚200×400黑色仿古青石
30厚200×800灰色仿古青石

3~4m宽道路铺地详图

350 350 350
700
2500
700
150 200
200 1800 150
700
700

20厚150×300荔枝面
深灰色仿石瓷砖

20厚200×600荔枝面
浅灰色仿石瓷砖

2.5m宽道路铺地详图

500
1000
1500
6000（标注）
1000
1500
500
500

150
175

325 | 600 | 450 | 900 | 450 | 450 | 325
3500

50厚500×175烧面中国纯黑麻（密缝）
50厚500×150烧面中国纯黑麻（密缝）
50厚500×150荔枝面纯白麻（密缝）
50厚500×150烧面纯灰麻（密缝）

50厚500×150烧面中国纯黑麻（密缝）

3.5~4m宽道路铺地详图

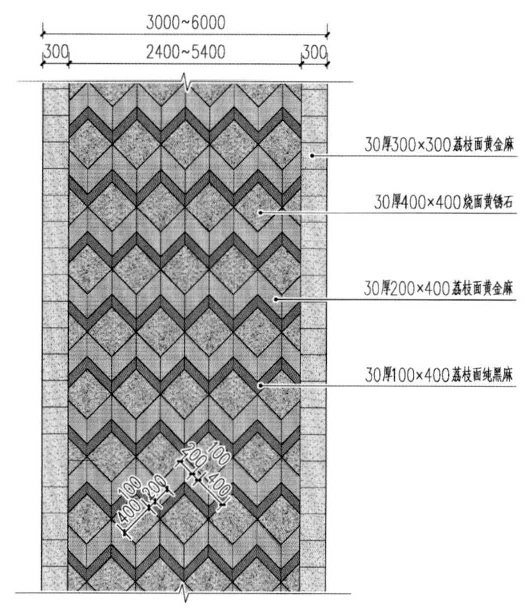

30厚300×300荔枝面黄金麻

30厚400×400烧面黄锈石

30厚200×400荔枝面黄金麻

30厚100×400荔枝面纯黑麻

3～6m宽道路铺地详图

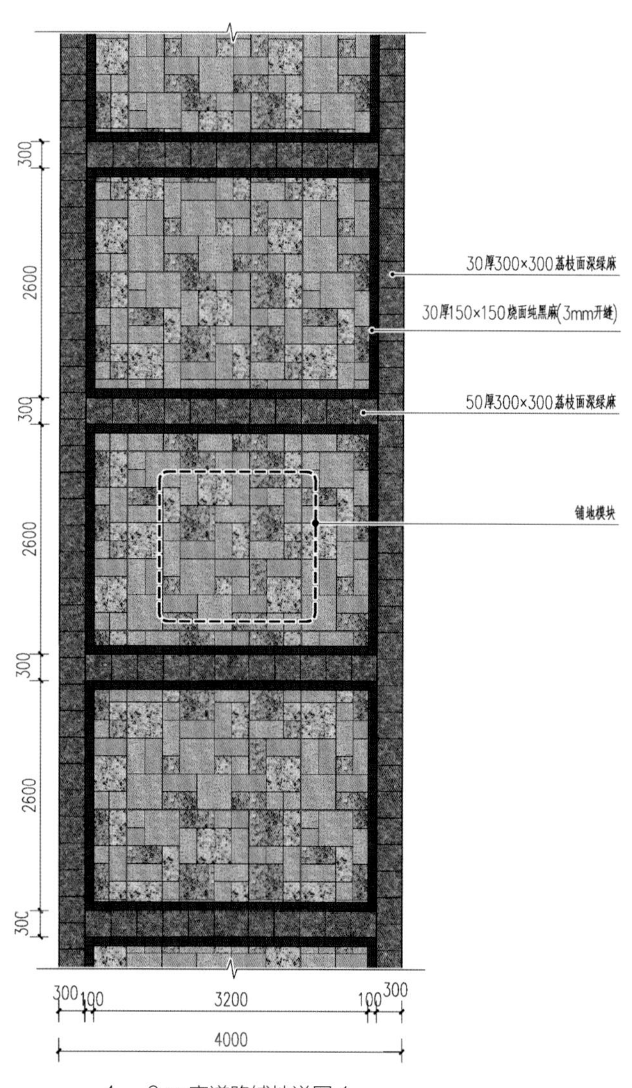

30厚300×300荔枝面深绿麻

30厚150×150烧面纯黑麻(3mm开缝)

50厚300×300荔枝面深绿麻

铺地模块

4～6m宽道路铺地详图 1

30厚100×600自然面纯白麻

30厚400×600荔枝面纯黑麻

30厚150×150自然面纯灰麻

30厚150×300烧面纯黑麻

30厚300×600荔枝面浅灰麻

4～6m宽道路铺地详图 2

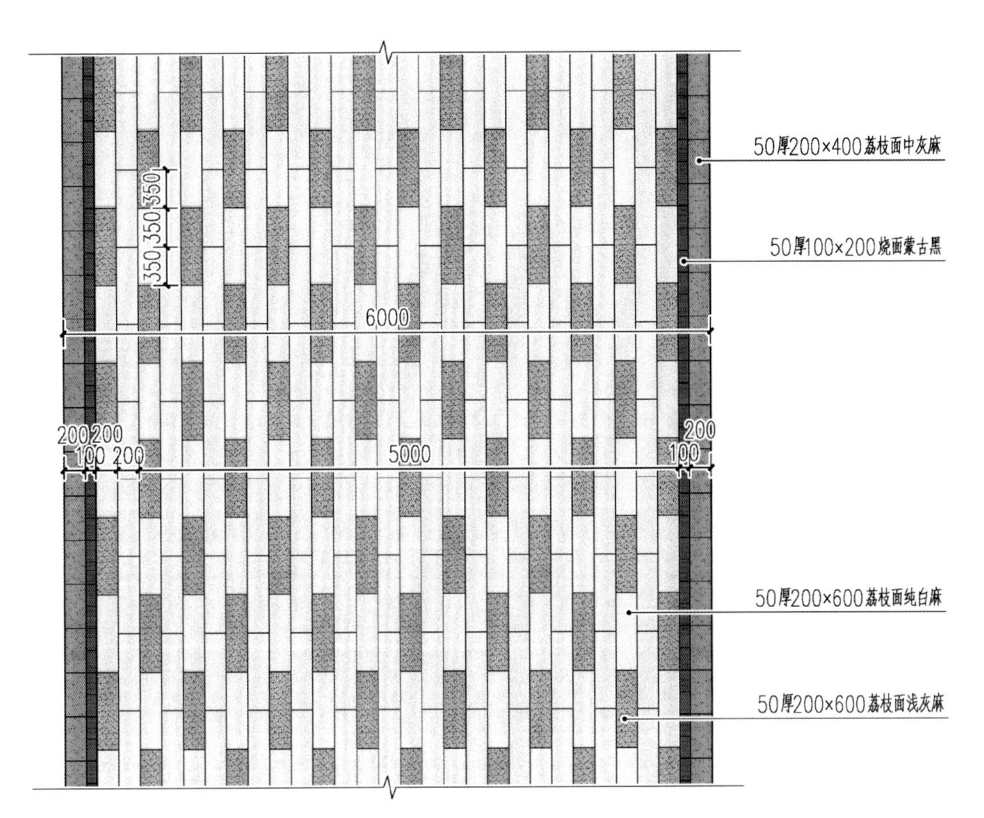

50厚200×400荔枝面中灰麻

50厚100×200烧面蒙古黑

50厚200×600荔枝面纯白麻

50厚200×600荔枝面浅灰麻

4～6m宽道路铺地详图3

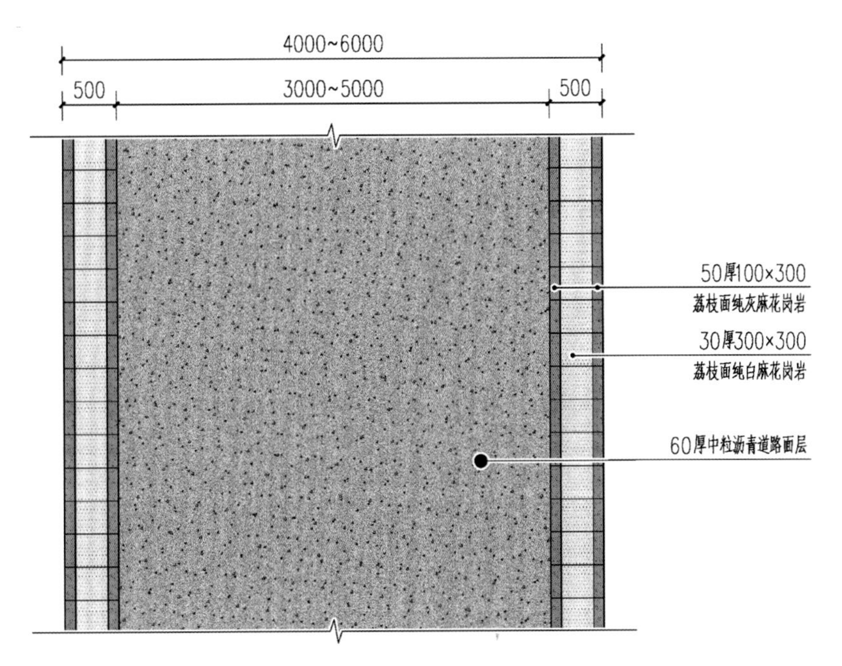

50厚100×300
荔枝面纯灰麻花岗岩

30厚300×300
荔枝面纯白麻花岗岩

60厚中粒沥青道路面层

4～6m宽道路铺地详图4

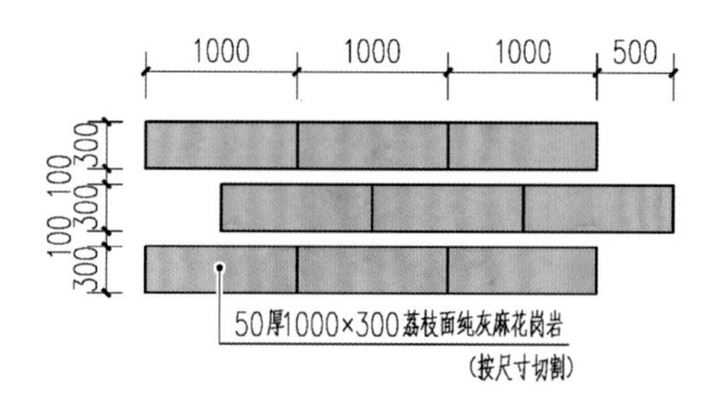
1000
1000
1000
500
300
100
300
100
300
50厚1000×300荔枝面纯灰麻花岗岩
(按尺寸切割)

汀步详图 1

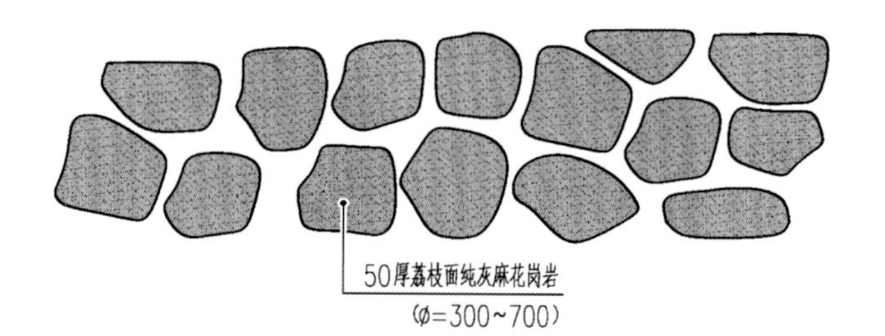
50厚荔枝面纯灰麻花岗岩
(φ=300~700)

汀步详图 2

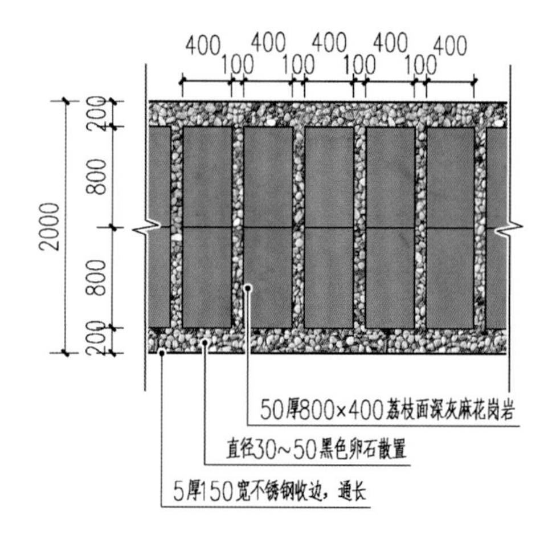
400
400
400
400
400
100
100
100
100
2000
200
800
800
200
50厚800×400荔枝面深灰麻花岗岩
直径30~50黑色卵石散置
5厚150宽不锈钢收边，通长

汀步详图 3

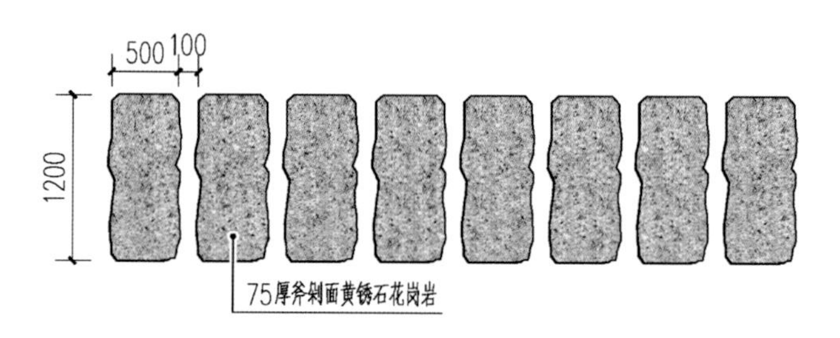
500
100
1200
75厚斧剁面黄锈石花岗岩

汀步详图 4

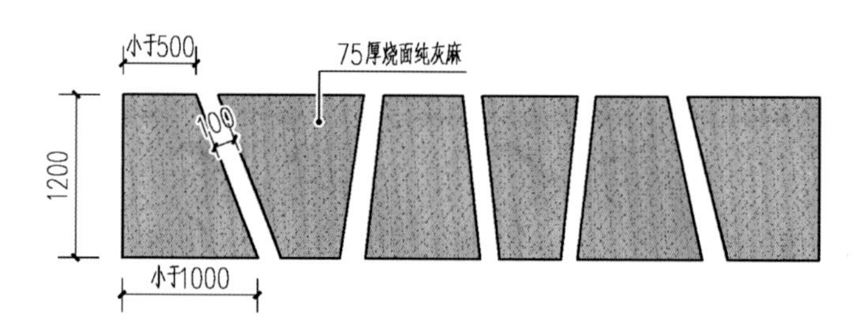
小于500
75厚烧面纯灰麻
100
1200
小于1000

汀步详图 5

室外木平台

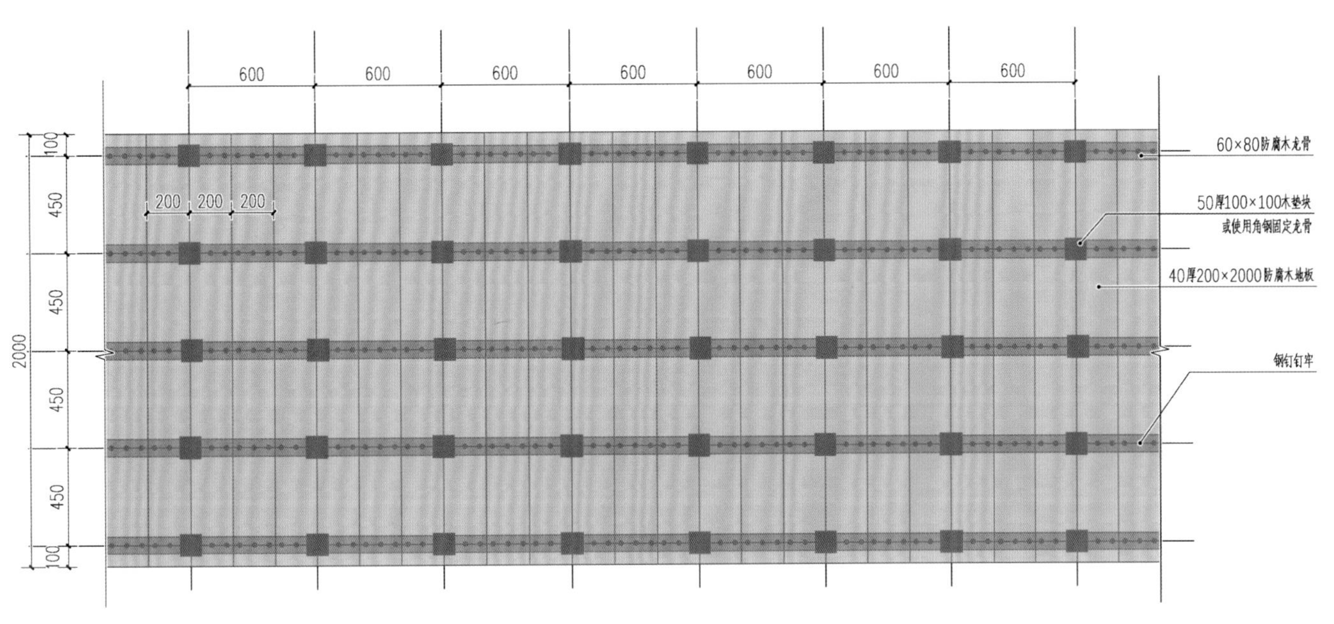

木平台龙骨布置平面图

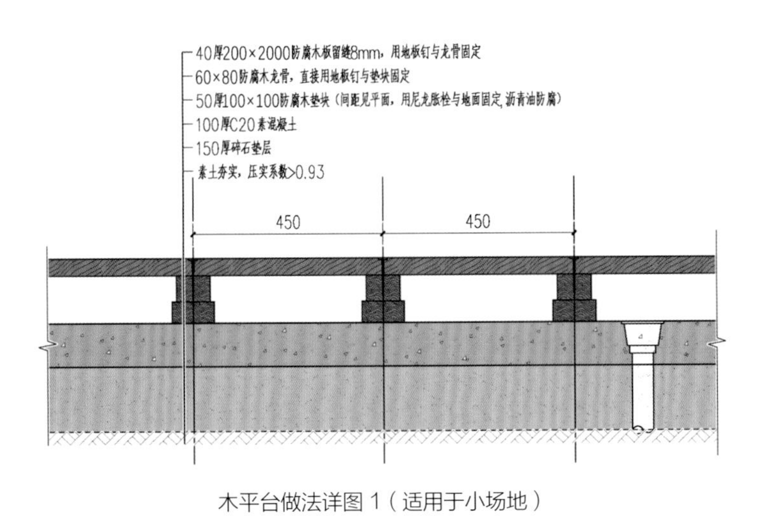

木平台做法详图1（适用于小场地）

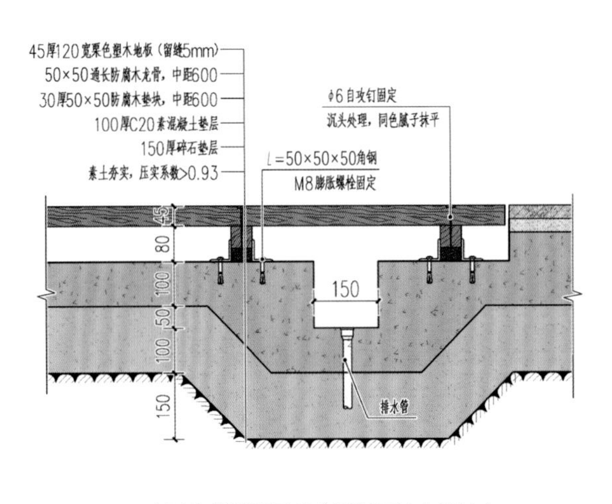

木平台做法详图2（适用于较大场地）

小贴士

在设计木结构平台时，需要重点考虑的是排水问题，因此需设置排水口，且龙骨下应有垫块，以方便水向排水口方向流动。

铺装收边

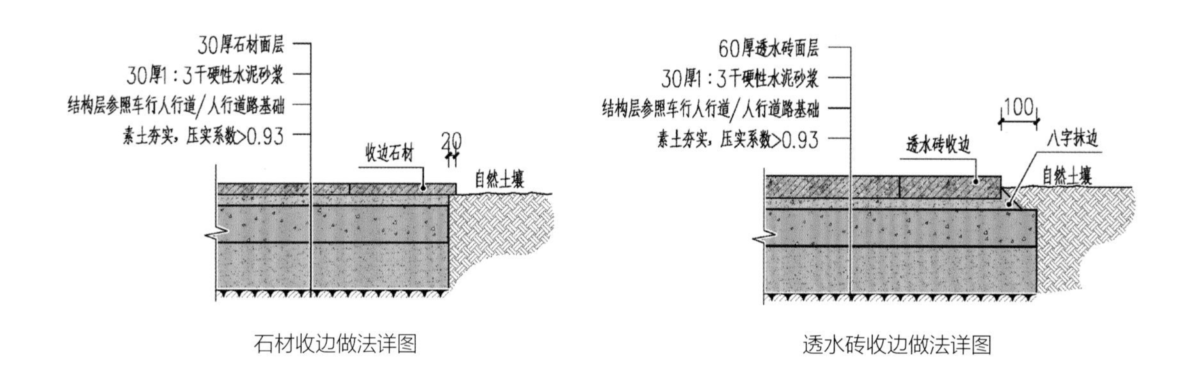

石材收边做法详图　　　　　　透水砖收边做法详图

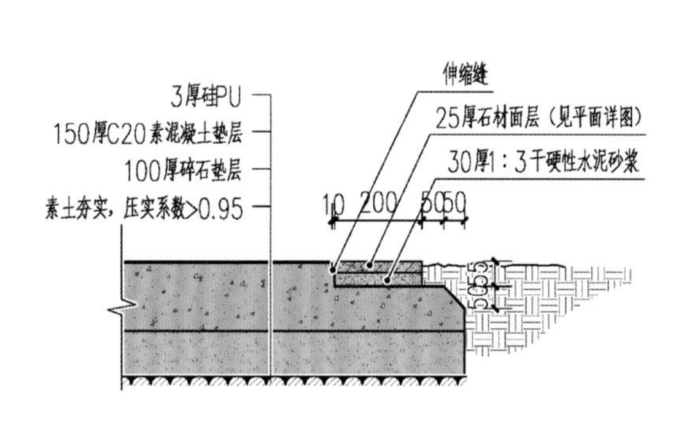
硅 PU 做法详图（适用于运动场地）

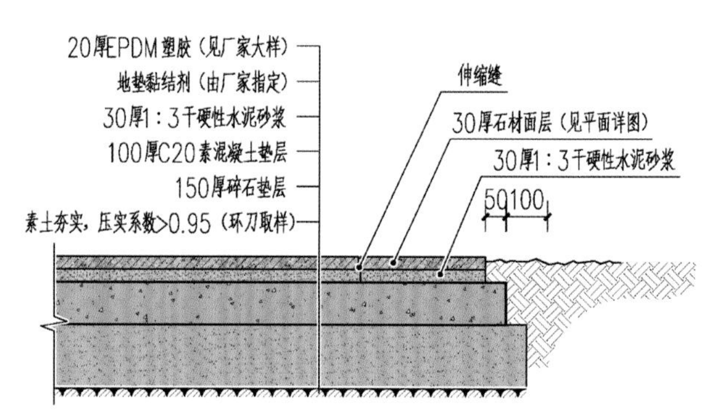
现浇塑胶铺装做法详图（适用于儿童活动场地）

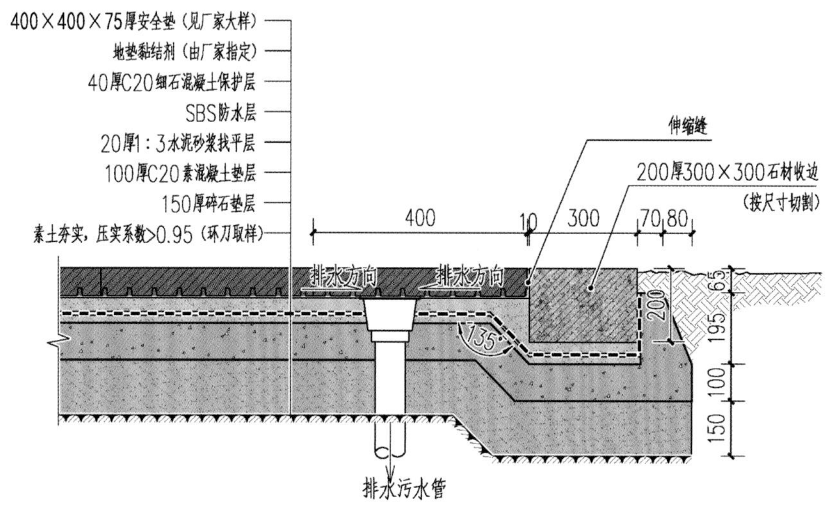
成品橡胶安全垫做法详图

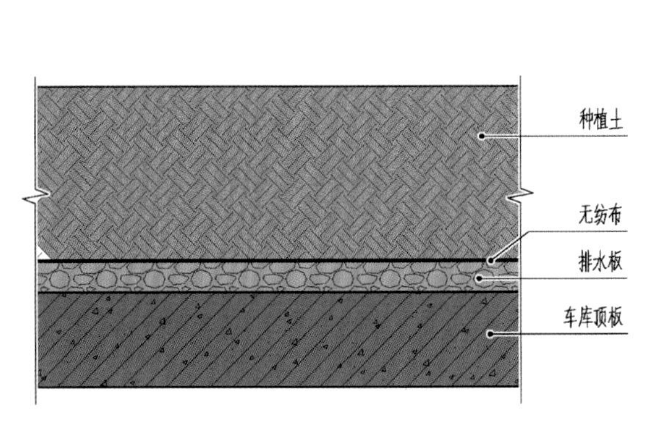

车库顶板排水做法详图

种植土
无纺布
排水板
车库顶板

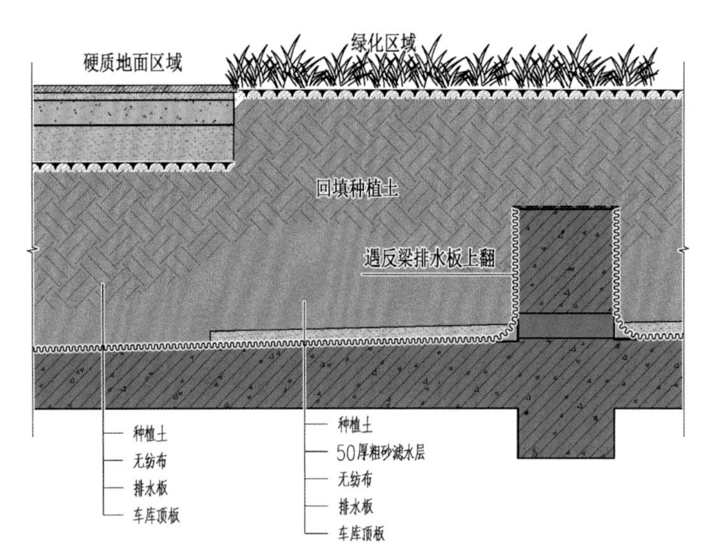

硬质地面区域　　　绿化区域

回填种植土

遇反梁排水板上翻

种植土
无纺布
排水板
车库顶板

种植土
50厚粗砂滤水层
无纺布
排水板
车库顶板

车库顶板反梁位置排水做法详图

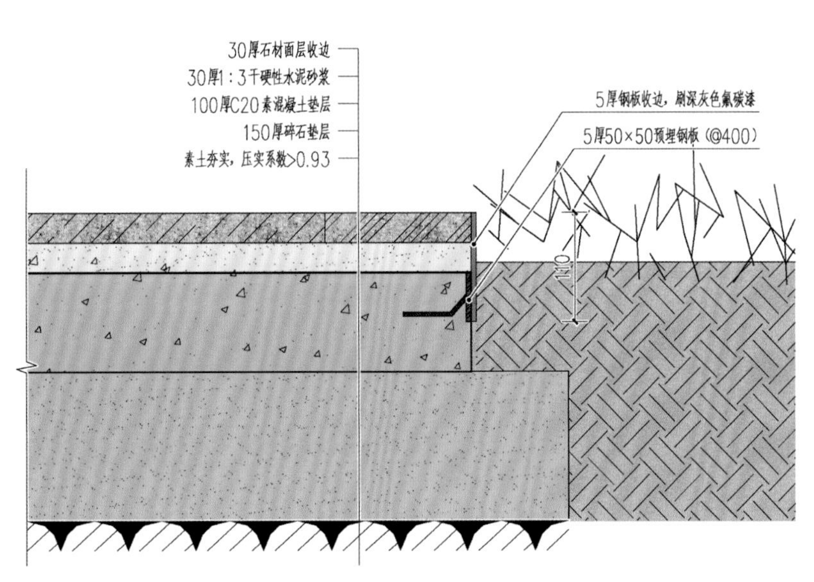

30厚石材面层收边
30厚1:3干硬性水泥砂浆
100厚C20素混凝土垫层
150厚碎石垫层
素土夯实,压实系数>0.93

5厚钢板收边,刷深灰色氟碳漆
5厚50×50预埋钢板(@400)

钢板收边做法详图 1

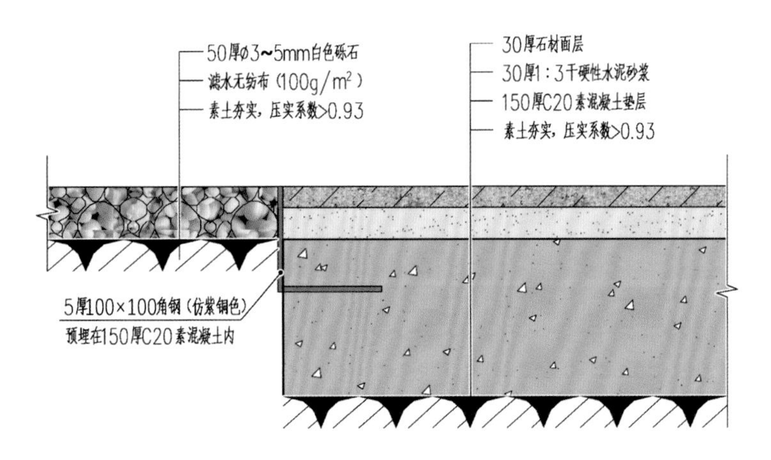

50厚φ3~5mm白色砾石
滤水无纺布(100g/m²)
素土夯实,压实系数>0.93

30厚石材面层
30厚1:3干硬性水泥砂浆
150厚C20素混凝土垫层
素土夯实,压实系数>0.93

5厚100×100角钢(仿紫铜色)
预埋在150厚C20素混凝土内

钢板收边做法详图 2

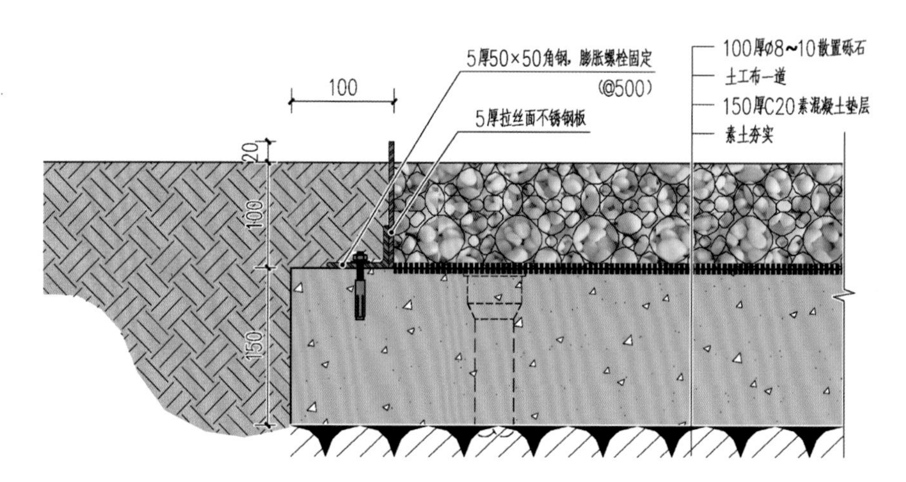

钢板收边做法详图 3

成品止草带大样图

小贴士

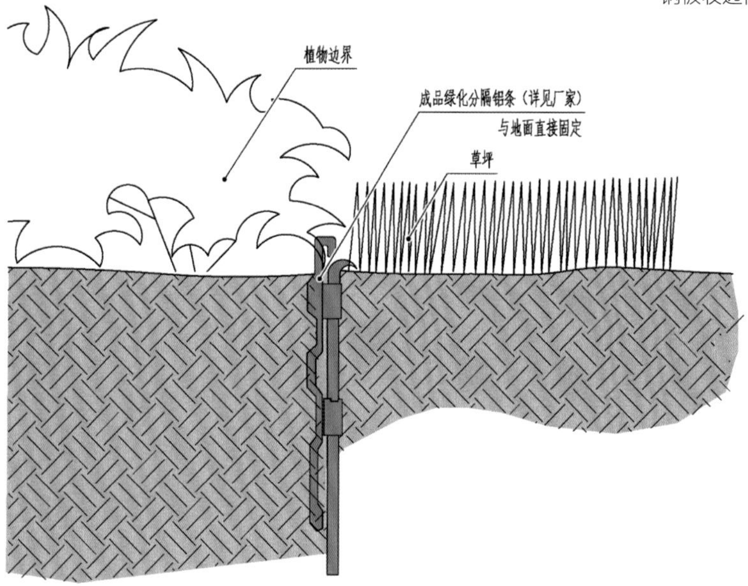

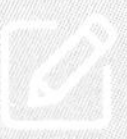

石材收边可考虑让材料多出一部分搭接土壤处理。

透水砖类由于厚度及黏结力的原因可用砂浆八字抹边处理。

钢板收边的做法有很多,具体还需要根据铺装地面的基础形式来选择,至于钢板收边是否需要高出地面,就要根据设计需要的效果来决定了。

成品止草带有多种样式和材质,考虑景观效果及耐久性的因素,更多选用金属材质。

室外道牙

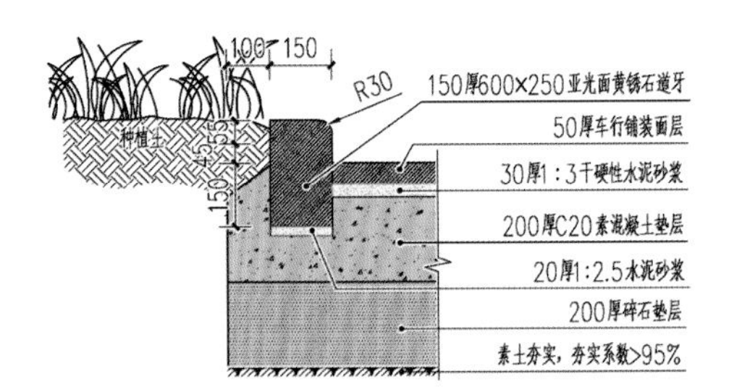

立道牙做法详图（接种植土）

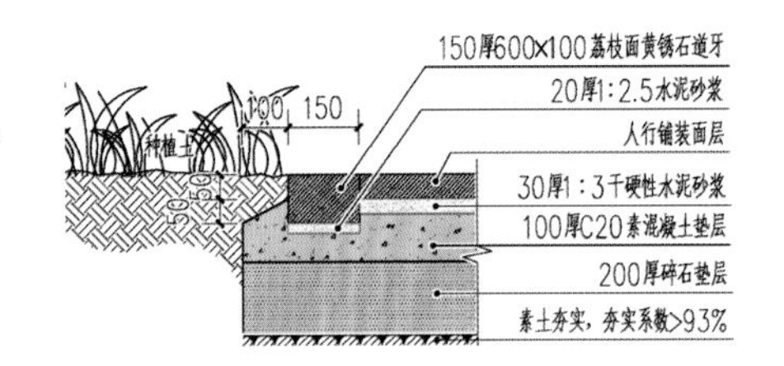

平道牙做法详图

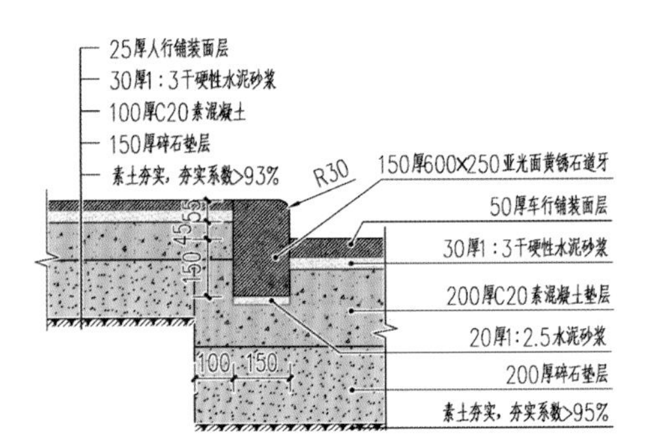

立道牙做法详图（接人行步道）

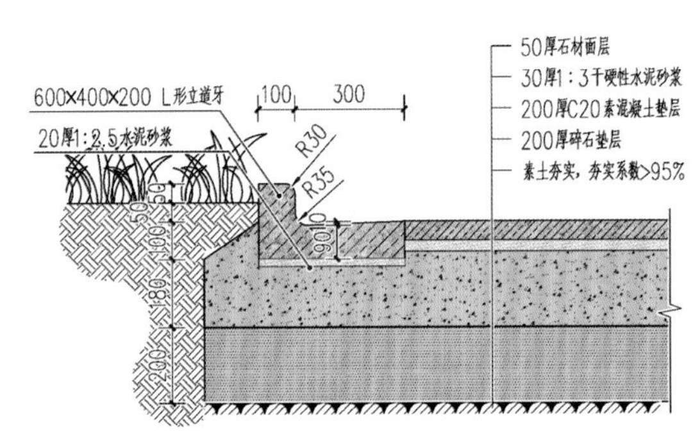

L形立道牙做法详图（接人行步道）

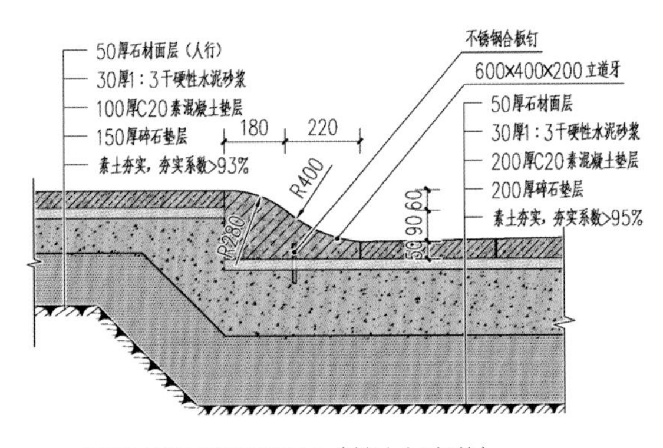

异形立道牙做法详图1（接人行步道）

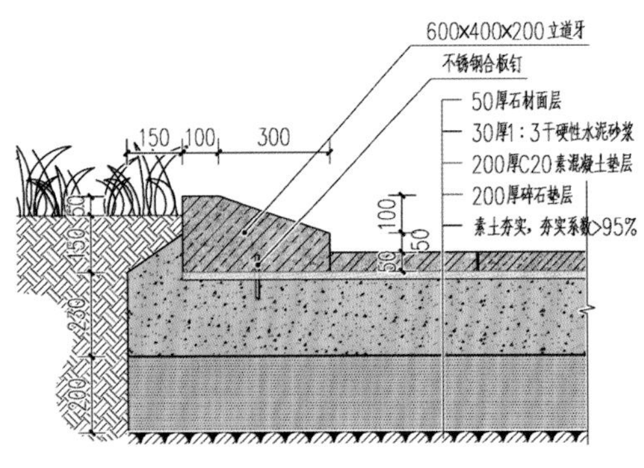

异形立道牙做法详图2（接人行步道）

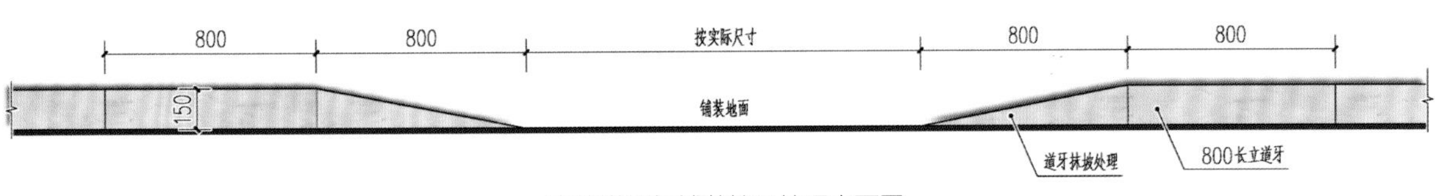

市政道牙与铺装接口处理立面图

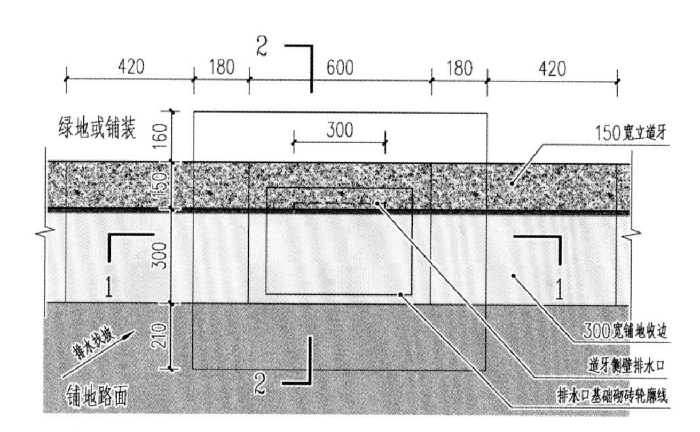
420
180
600
180
420
300
160
150
300
210
绿地或铺装
150宽立道牙
300宽铺地收边
道牙侧壁排水口
排水口基础砌砖轮廓线
排水找坡
铺地路面

道牙侧壁排水口平面图

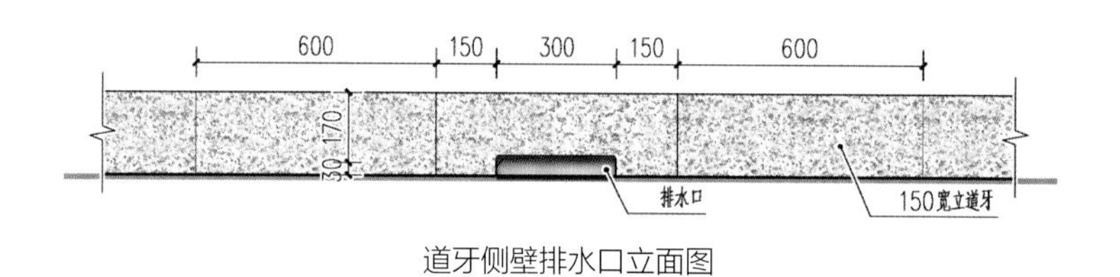
600
150
300
150
600
170
30
排水口
150宽立道牙

道牙侧壁排水口立面图

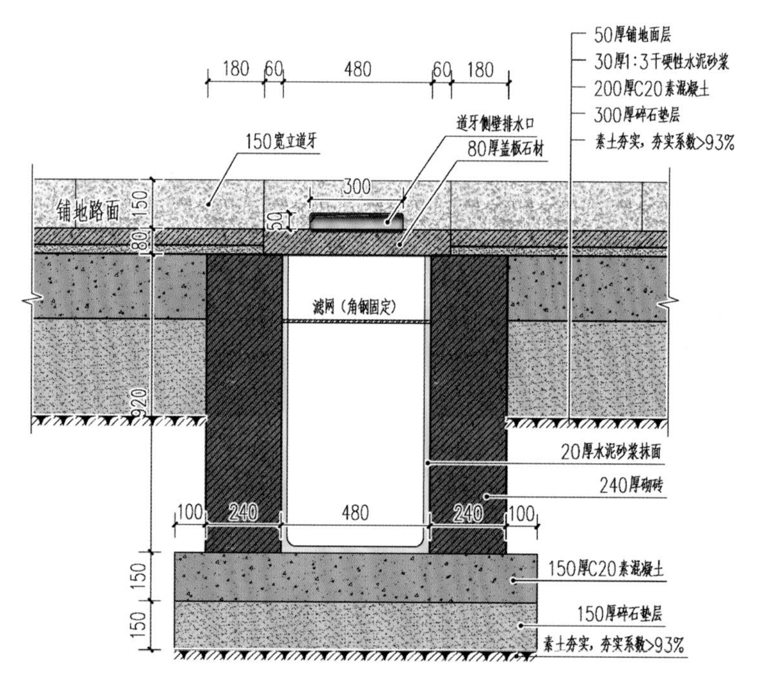
50厚铺地面层
30厚1:3干硬性水泥砂浆
200厚C20素混凝土
300厚碎石垫层
素土夯实，夯实系数>93%
180
60
480
60
180
道牙侧壁排水口
80厚盖板石材
150宽立道牙
300
铺地路面
150
50
80
滤网（角钢固定）
920
20厚水泥砂浆抹面
240厚砌砖
100
240
480
240
100
150厚C20素混凝土
150厚碎石垫层
素土夯实，夯实系数>93%
150
150

道牙侧壁排水口 1—1 剖面图

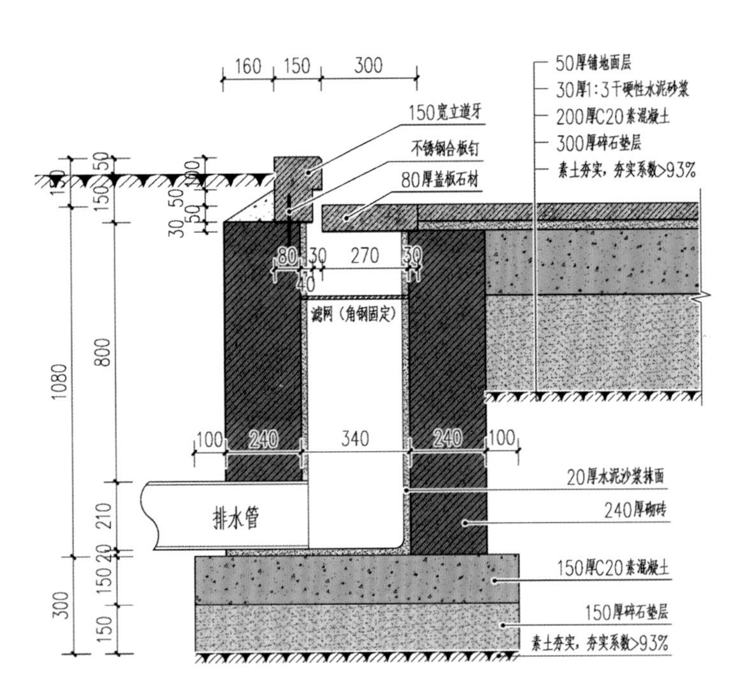

道牙侧壁排水口 2—2 剖面图

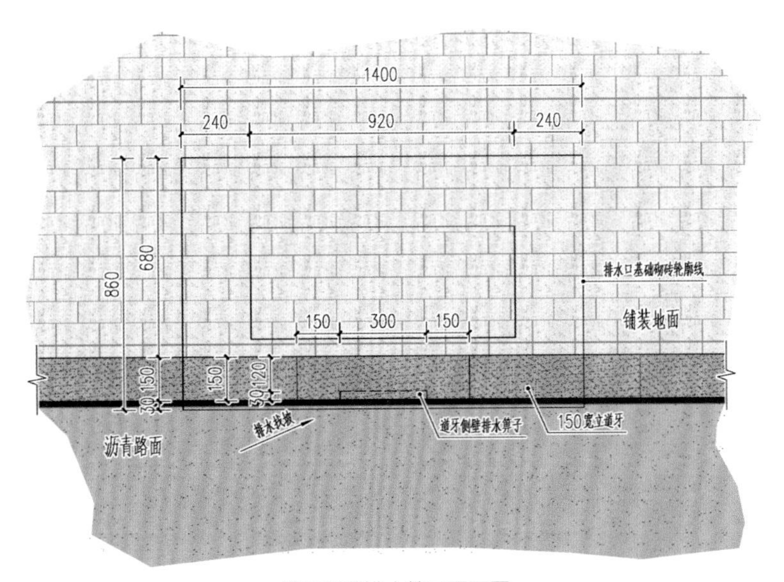

道牙侧壁排水箅子平面图

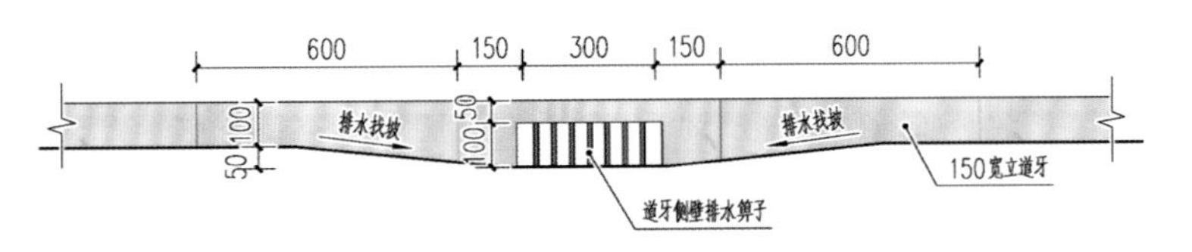

道牙侧壁排水箅子立面图

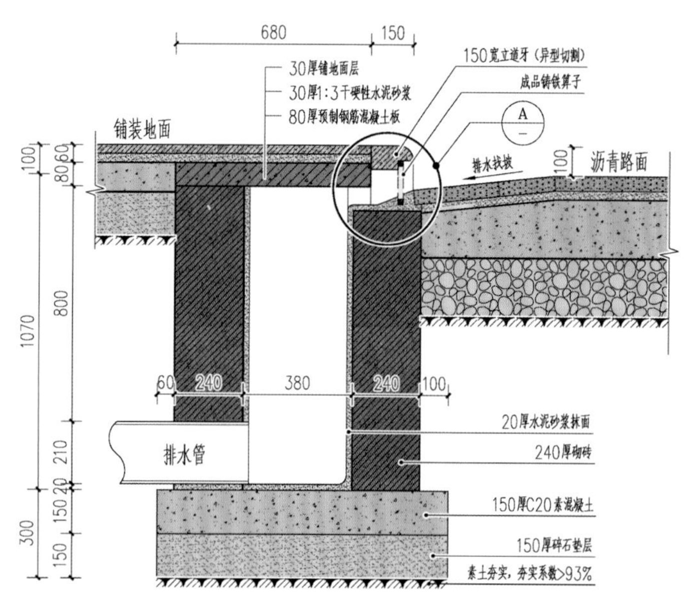

道牙侧壁排水箅子剖面图

铺装地面

30厚铺地面层
30厚1:3干硬性水泥砂浆
80厚预制钢路混凝土板

150宽立道牙(异型切割)
成品铸铁箅子

A

排水找坡

沥青路面

排水管

20厚水泥砂浆抹面
240厚砌砖
150厚C20素混凝土
150厚碎石垫层
素土夯实,夯实系数≥93%

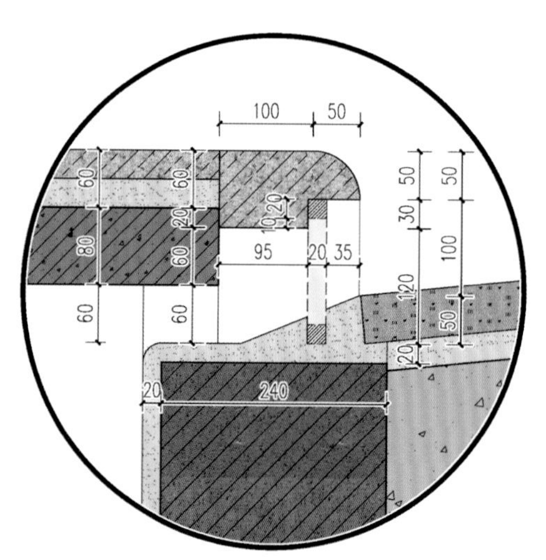

道牙侧壁排水箅子大样图 A

台阶

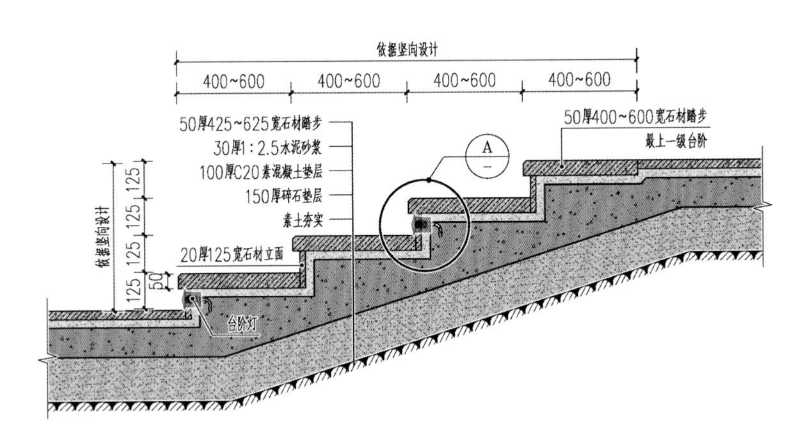
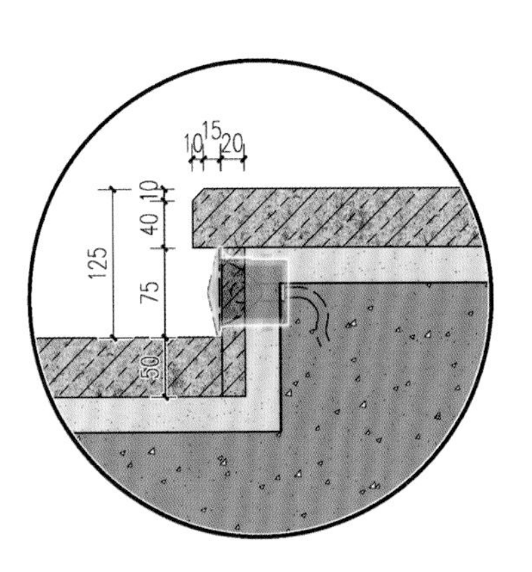

标准台阶做法详图 1
（50mm 厚踏步压顶，立面有台阶灯）

标准台阶做法大样图 A

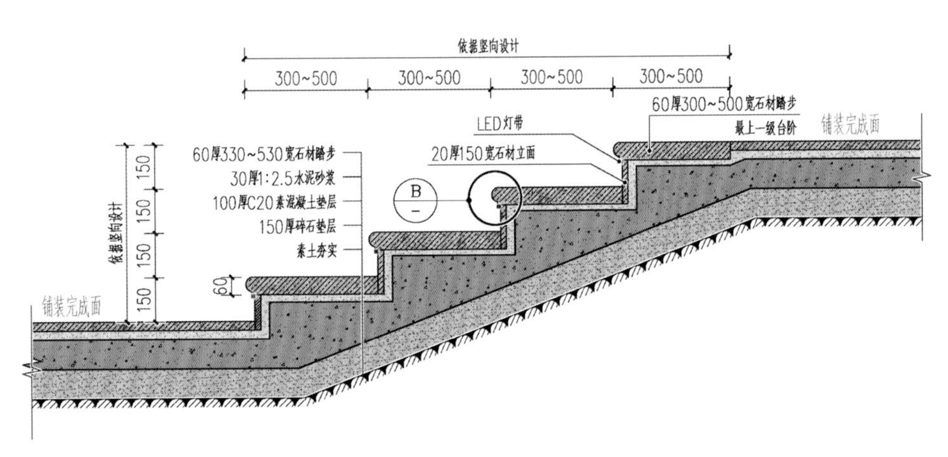
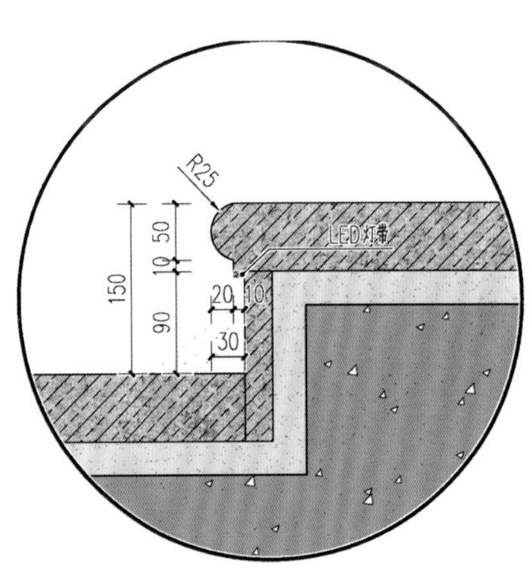

标准台阶做法详图 2
（60mm 厚踏步压顶，压顶下有 LED 灯带）

标准台阶做法大样图 B

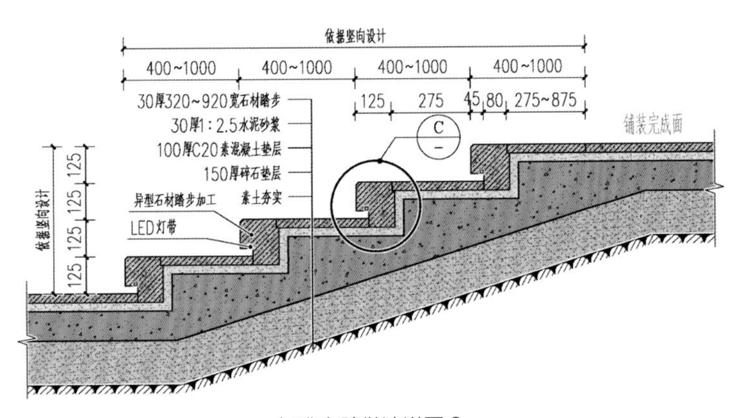
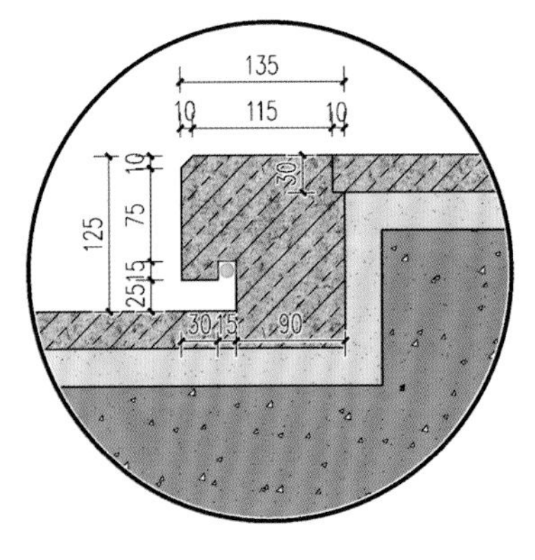

标准台阶做法详图 3
（异形踏步压顶，压顶内藏 LED 灯带）

标准台阶做法大样图 C

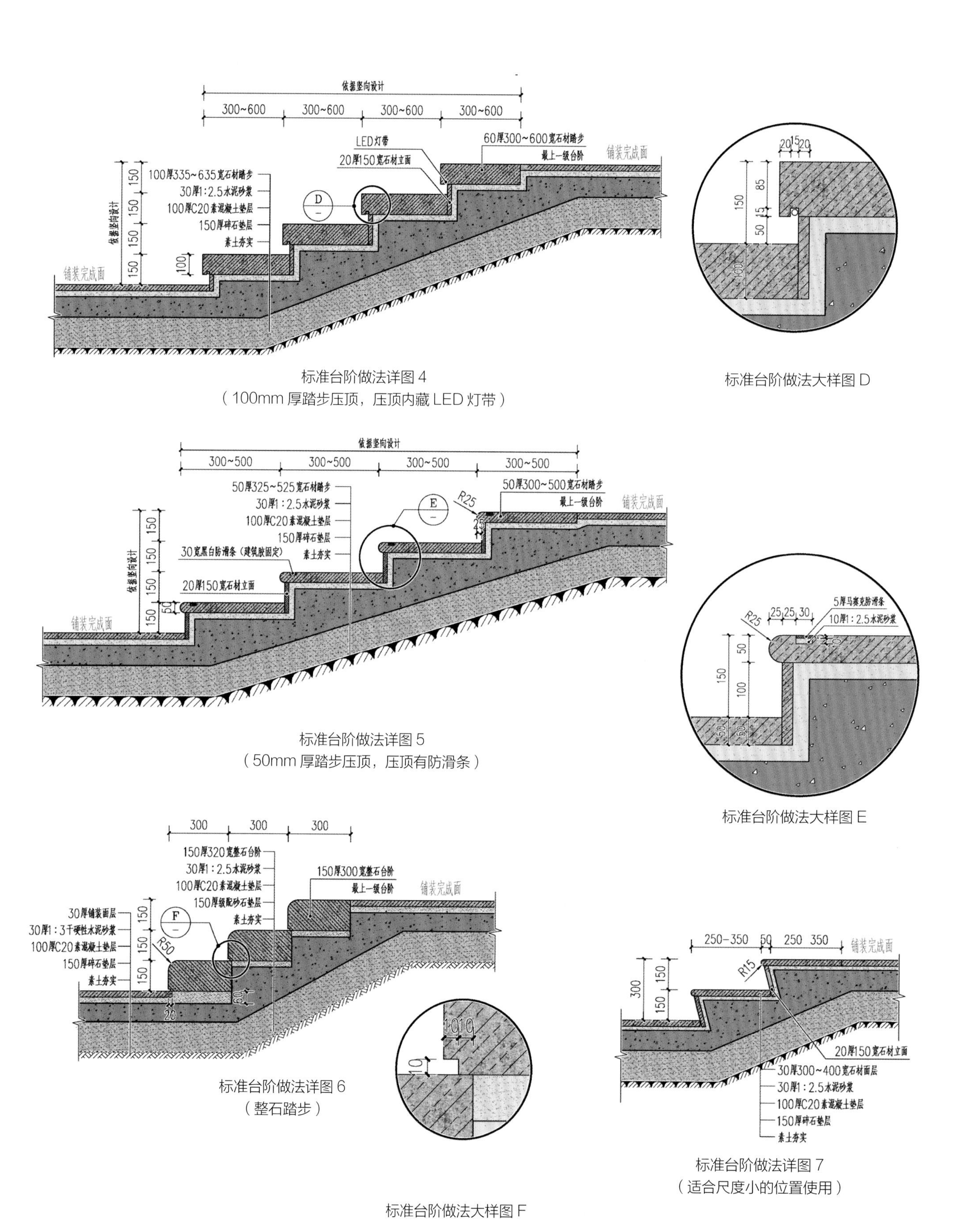

标准台阶做法详图 4
（100mm 厚踏步压顶，压顶内藏 LED 灯带）

标准台阶做法大样图 D

标准台阶做法详图 5
（50mm 厚踏步压顶，压顶有防滑条）

标准台阶做法大样图 E

标准台阶做法详图 6
（整石踏步）

标准台阶做法大样图 F

标准台阶做法详图 7
（适合尺度小的位置使用）

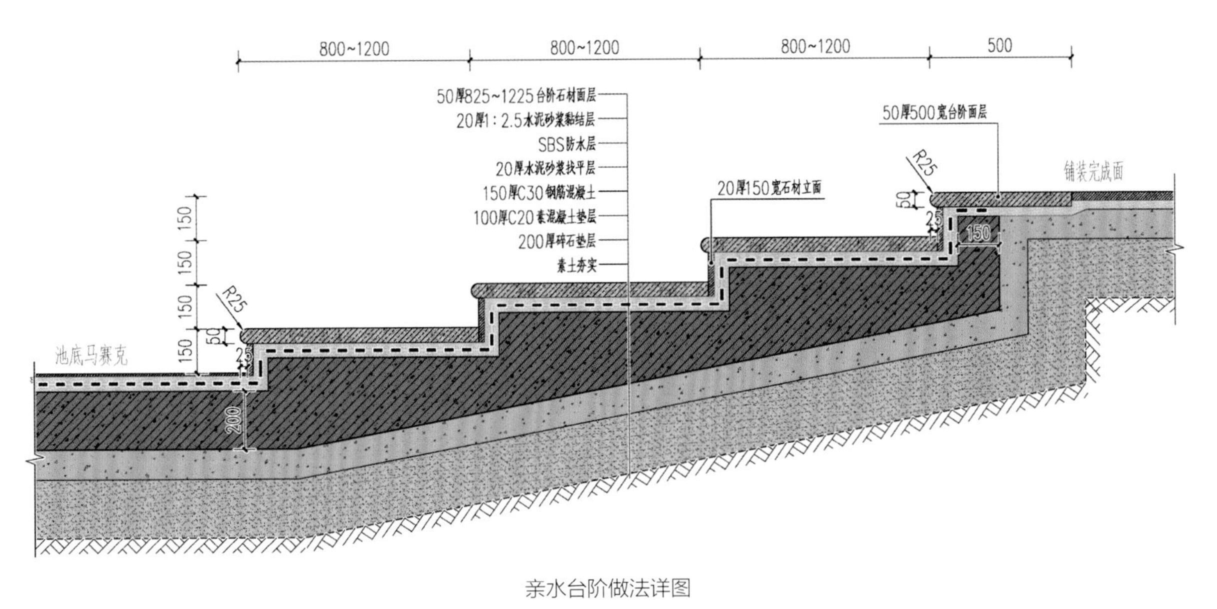

50厚825~1225台阶石材面层
20厚1:2.5水泥砂浆粘结层
SBS防水层
20厚水泥砂浆找平层
150厚C30钢筋混凝土
100厚C20素混凝土垫层
200厚碎石垫层
素土夯实

50厚500宽台阶面层

铺装完成面

20厚150宽石材立面

池底马赛克

亲水台阶做法详图

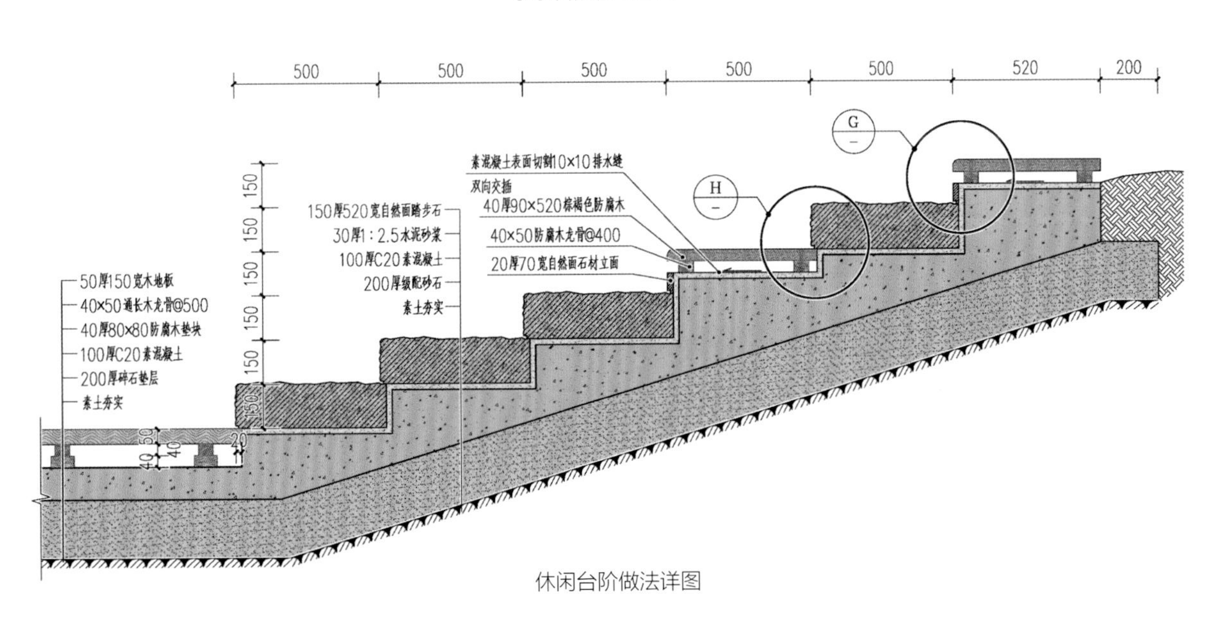

素混凝土表面切割10×10排水缝
双向交插
40厚90×520棕褐色防腐木
40×50防腐木龙骨@400
20厚70自然面石材立面

150厚520宽自然面踏步石
30厚1:2.5水泥砂浆
100厚C20素混凝土
200厚级配砂石
素土夯实

50厚150宽木地板
40×50通长木龙骨@500
40厚80×80防腐木垫块
100厚C20素混凝土
200厚碎石垫层
素土夯实

休闲台阶做法详图

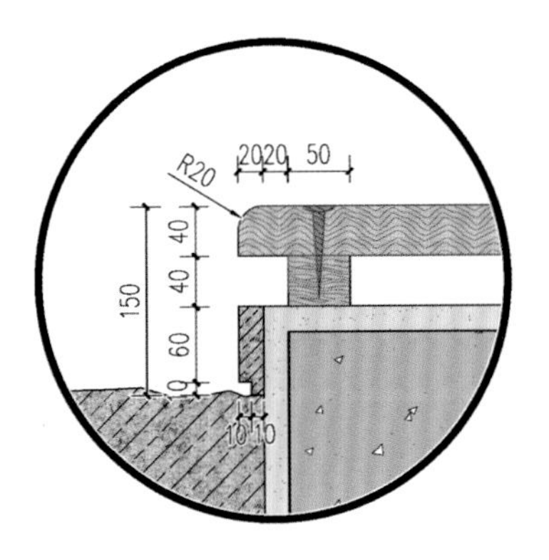

休闲台阶做法大样图 G

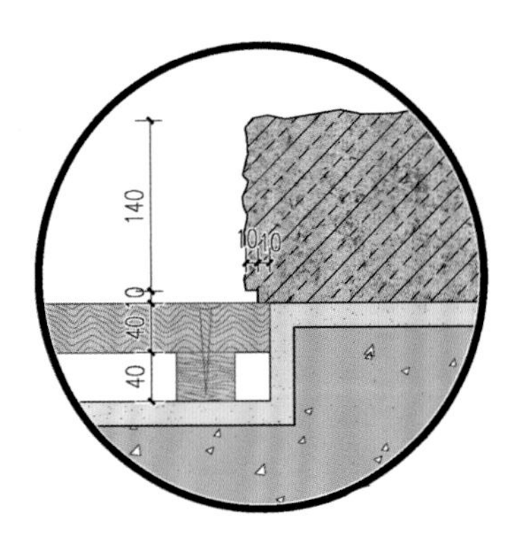

休闲台阶做法大样图 H

运动场地

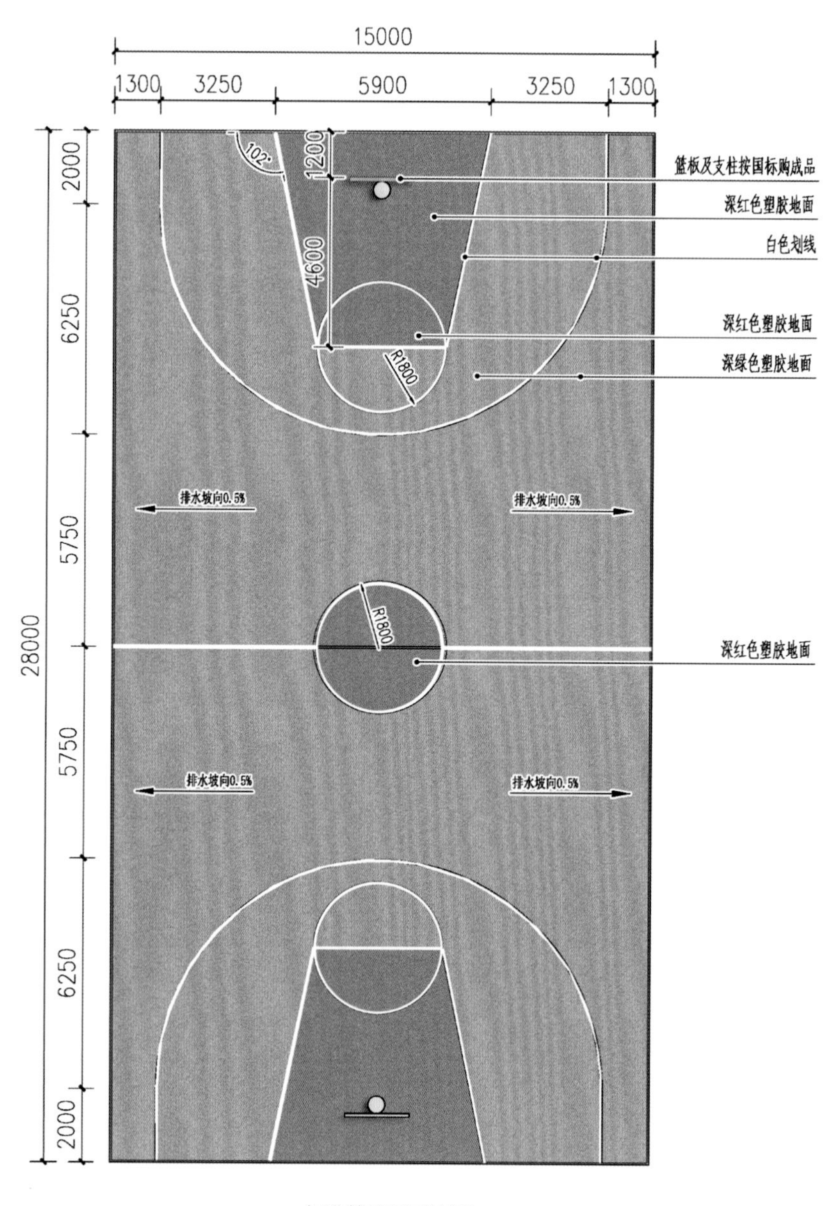
15000
1300
3250
5900
3250
1300
2000
6250
5750
5750
6250
2000
28000
102°
1200
4600
R1800
R1800
篮板及支柱按国标购成品
深红色塑胶地面
白色划线
深红色塑胶地面
深绿色塑胶地面
深红色塑胶地面
排水坡向0.5%
排水坡向0.5%
排水坡向0.5%
排水坡向0.5%

标准篮球场平面图

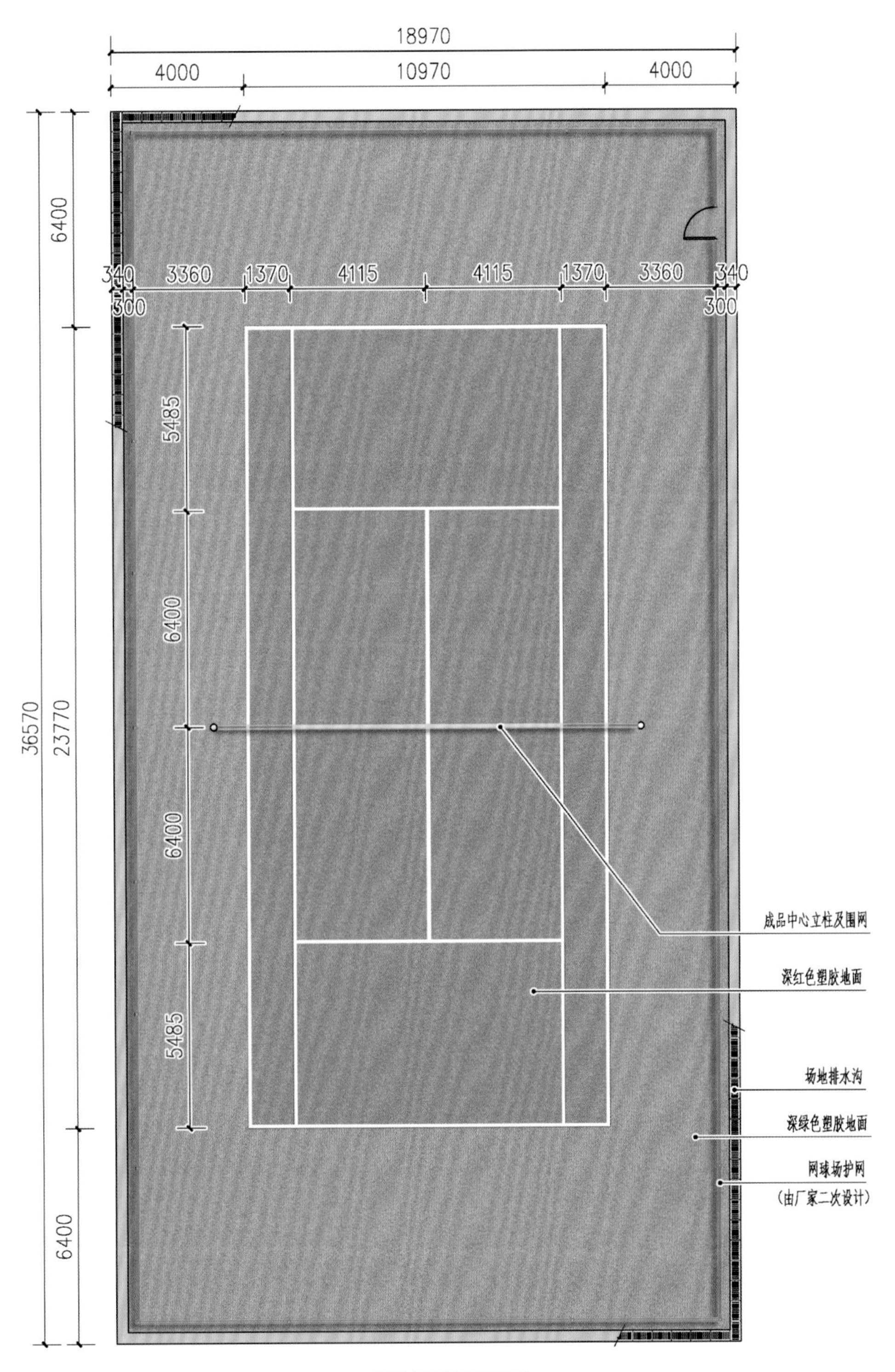

18970

4000　　　　10970　　　　4000

6400

340　3360　1370　4115　　4115　1370　3360　340

300　　　　　　　　　　　　　　　　　　300

5485

6400

36570　23770

6400

5485

6400

成品中心立柱及围网

深红色塑胶地面

场地排水沟

深绿色塑胶地面

网球场护网
（由厂家二次设计）

标准网球场平面图

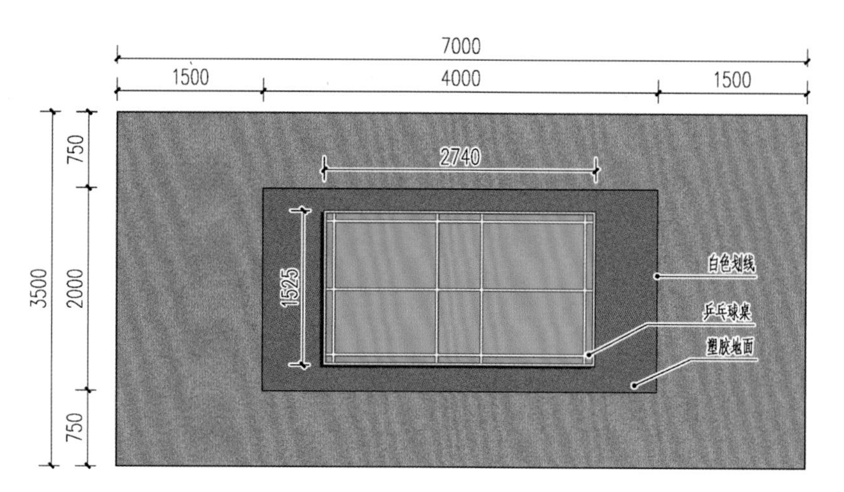

民用乒乓球场平面图

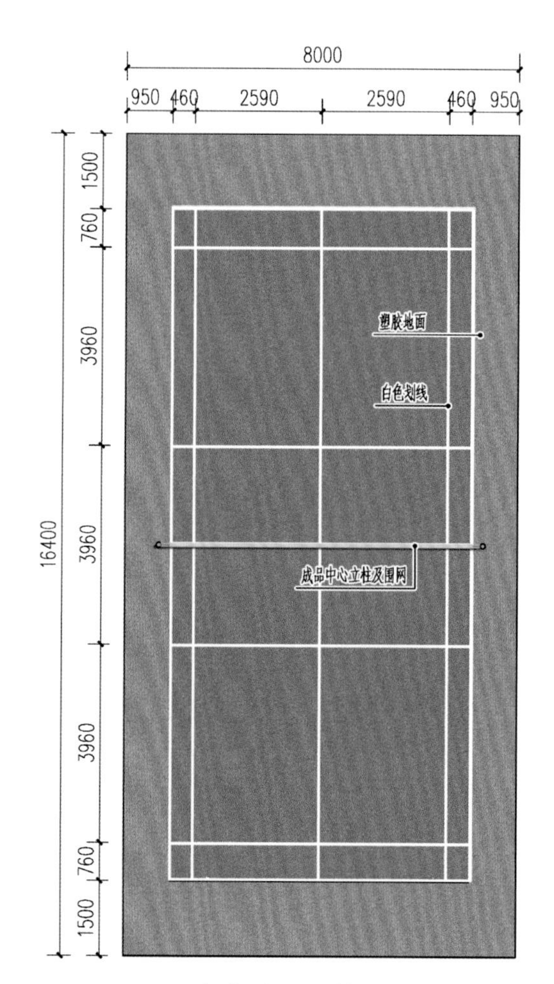

小贴士 ✏️

乒乓球比赛正规场地尺寸为 7 m×14 m，民用场地尺寸为 3.5 m×7 m。乒乓球台的尺寸为长 2.74 m，宽 1.52 m，高 0.76 m。

标准双打羽毛球场平面图

2 景观构筑物常用做法

种植池

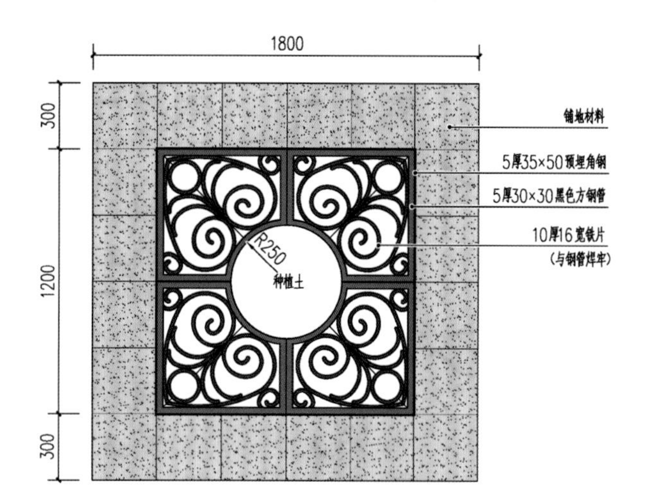

铺地材料
5厚35×50预埋角钢
5厚30×30黑色方钢管
10厚16宽铁片
（与钢管焊牢）

铁艺箅子种植池 1 平面图

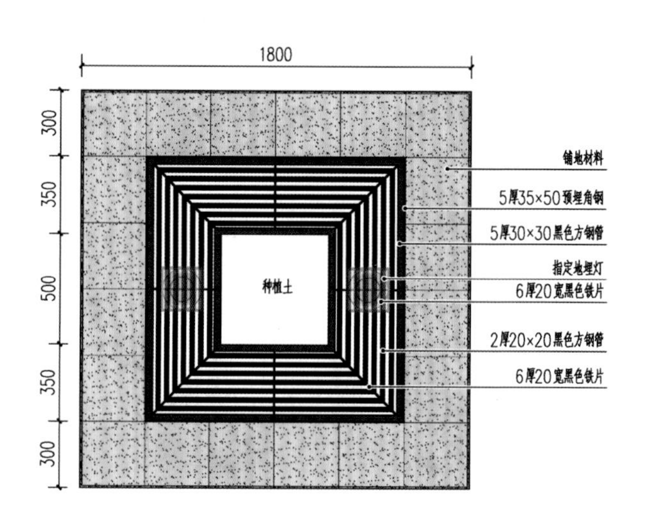

铺地材料
5厚35×50预埋角钢
5厚30×30黑色方钢管
指定地埋灯
6厚20宽黑色铁片
2厚20×20黑色方钢管
6厚20宽黑色铁片

铁艺箅子种植池 2 平面图

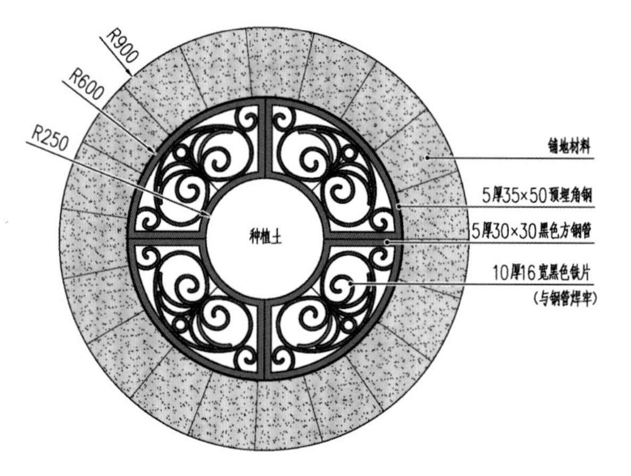

铺地材料
5厚35×50预埋角钢
5厚30×30黑色方钢管
10厚16宽黑色铁片
（与钢管焊牢）

铁艺箅子种植池 3 平面图

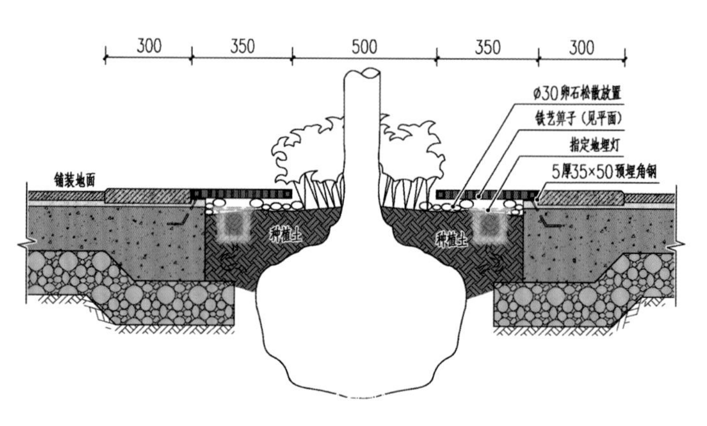

φ30卵石松散放置
铁艺箅子（见平面）
指定地埋灯
5厚35×50预埋角钢

铁艺箅子种植池剖面图

小贴士

铁艺箅子类型的种植池多用在市政道路上，它可以节省空间，增加人行进中通行的尺度。

此类大多是有成品可以选购，但当遇到有景观需求的时候，就可以考虑用一些独特的设计样式来加工。在设计时要着重考虑承重的问题，因为它需要承受人体的重量。

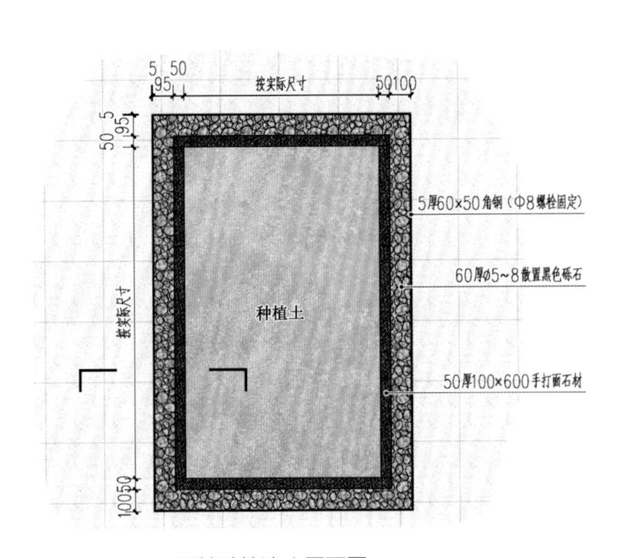

平地种植池 1 平面图

平地种植池 2 平面图

平地种植池 1，1—1 剖面图

平地种植池 2，1—1 剖面图

平地种植池 2 立面图

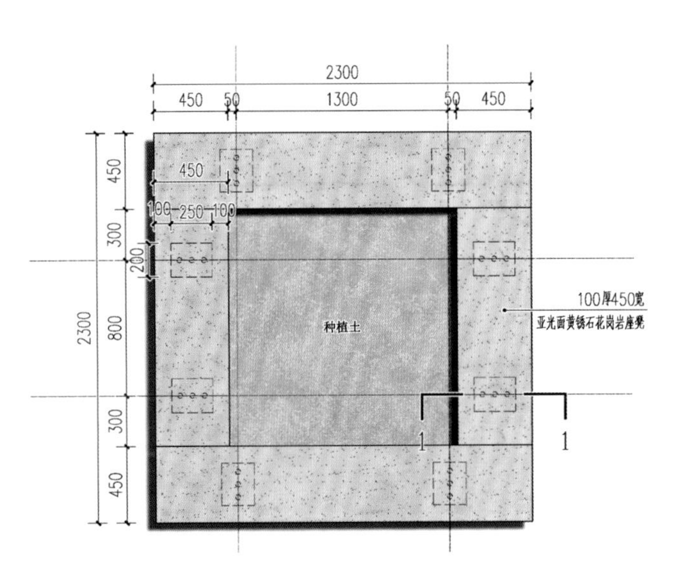

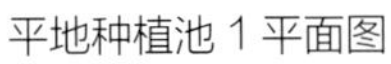

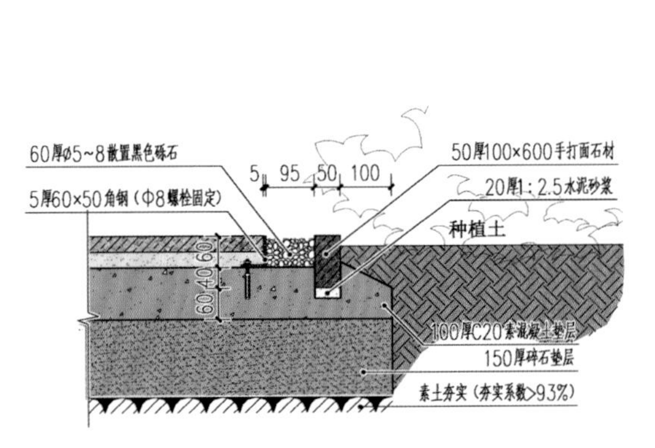

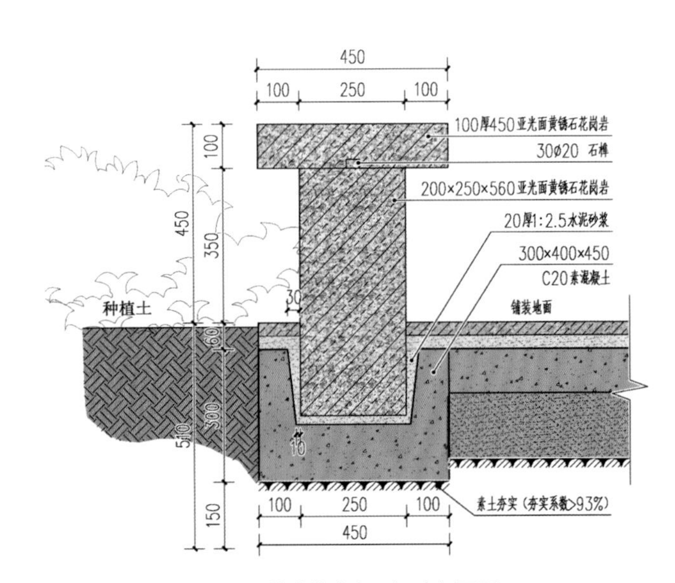

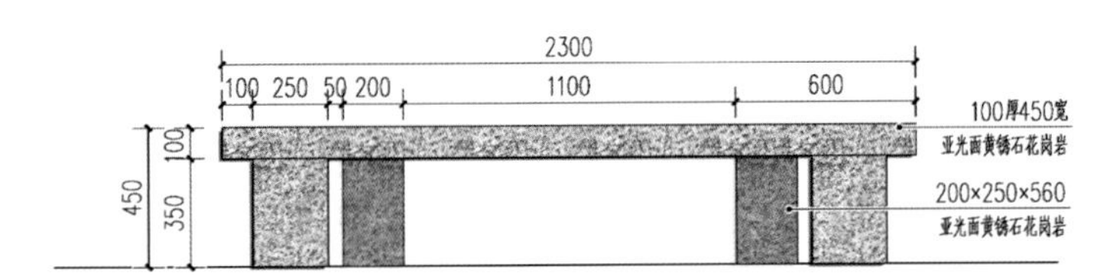

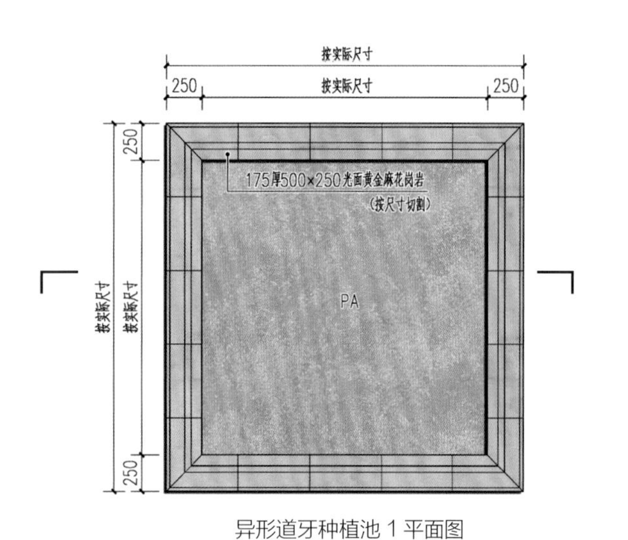

175厚500×250光面黄金麻花岗岩
（按尺寸切割）

PA

异形道牙种植池 1 平面图

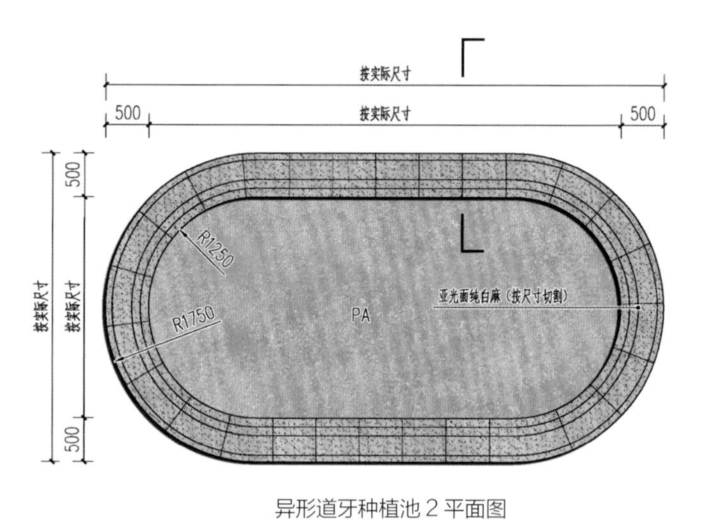

R1250

R1750

PA

亚光面纯白麻（按尺寸切割）

异形道牙种植池 2 平面图

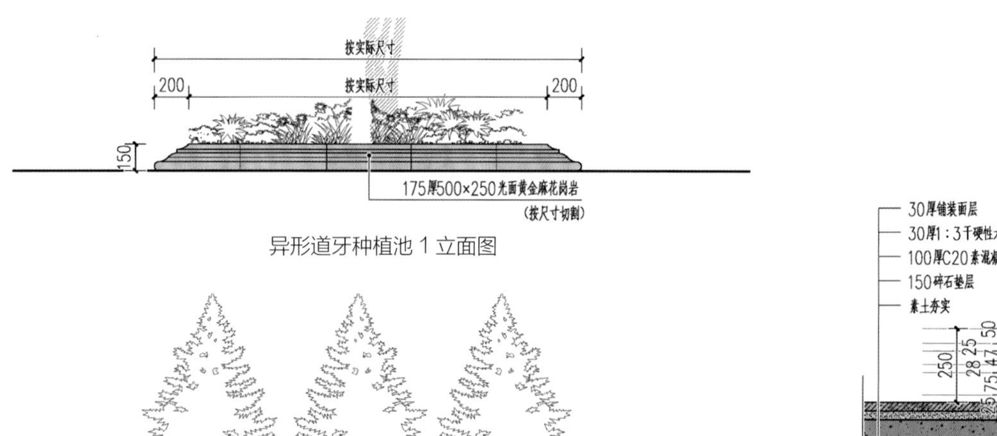

175厚500×250光面黄金麻花岗岩
（按尺寸切割）

异形道牙种植池 1 立面图

亚光面纯白麻（按尺寸切割）

异形道牙种植池 2 立面图

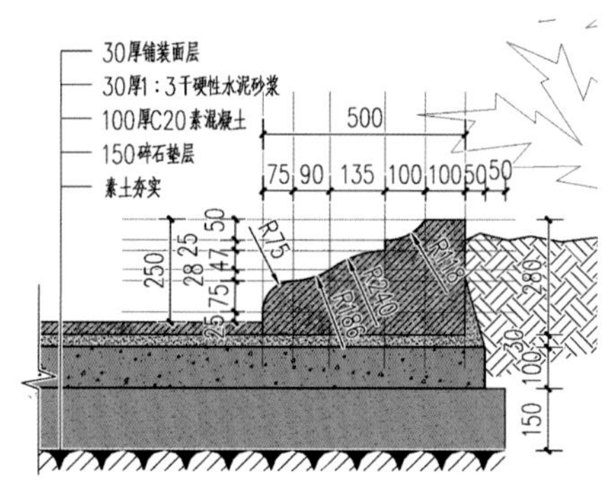

30厚铺装面层
30厚1：3干硬性水泥砂浆
100厚C20素混凝土
150碎石垫层
素土夯实

异形道牙种植池 2 剖面图

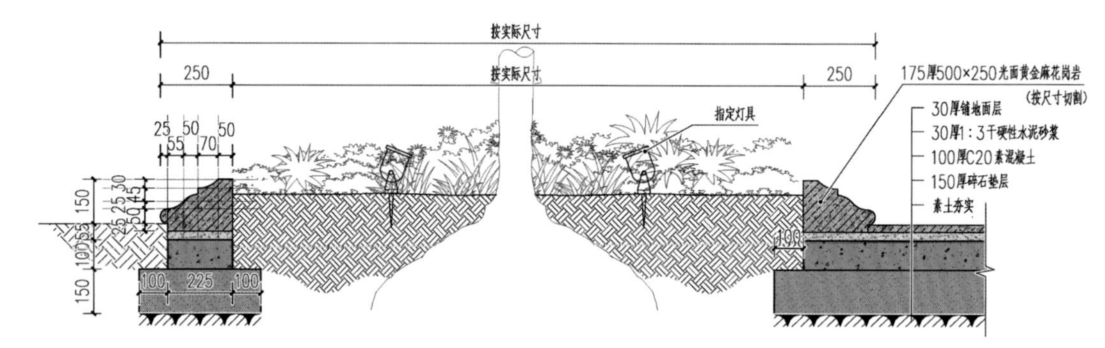

指定灯具

175厚500×250光面黄金麻花岗岩
（按尺寸切割）

30厚铺地面层
30厚1：3干硬性水泥砂浆
100厚C20素混凝土
150厚碎石垫层
素土夯实

异形道牙种植池 1 剖面图

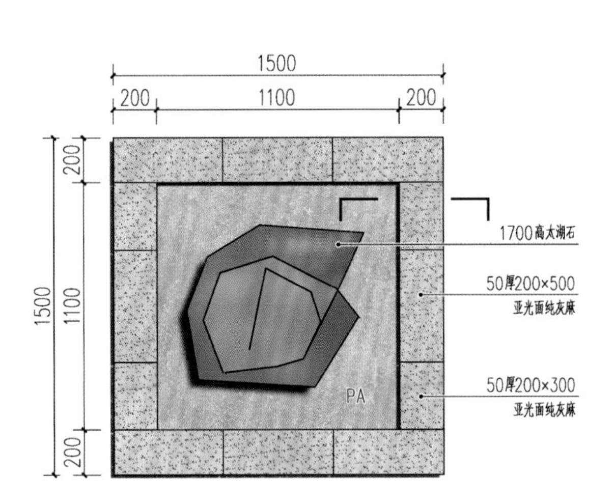

池壁 200 mm 厚种植池平面图

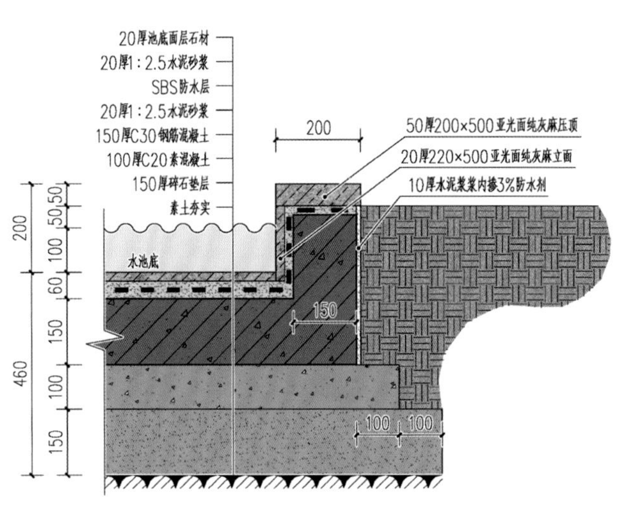

池壁 200 mm 厚种植池剖面图（与水池交界做法）

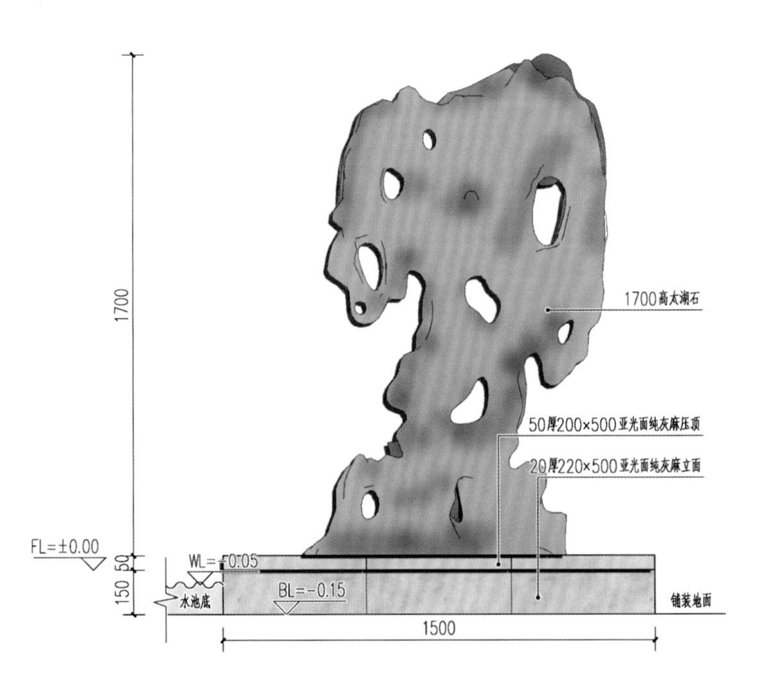

池壁 200 mm 厚种植池立面图

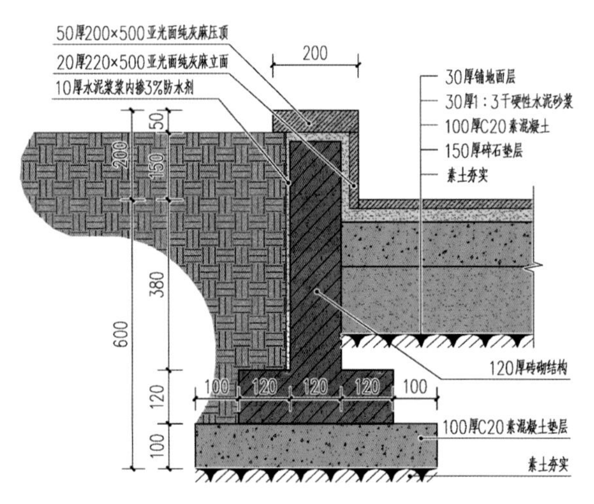

池壁 200 mm 厚种植池剖面图（与地面交界做法）

小贴士

池壁 200 mm 厚的种植池可采用钢筋混凝土结构或砌砖结构，通常在没有其他承重需要的情况下采用砌砖结构即可。

采用砌砖结构时，砌砖的模数分别为：120 墙实际为 115 厚，180 墙实际为 175 厚，240 墙实际为 235 厚，370 墙实际为 365 厚。如基础需要放脚时，模数按 60 的整数倍计算。

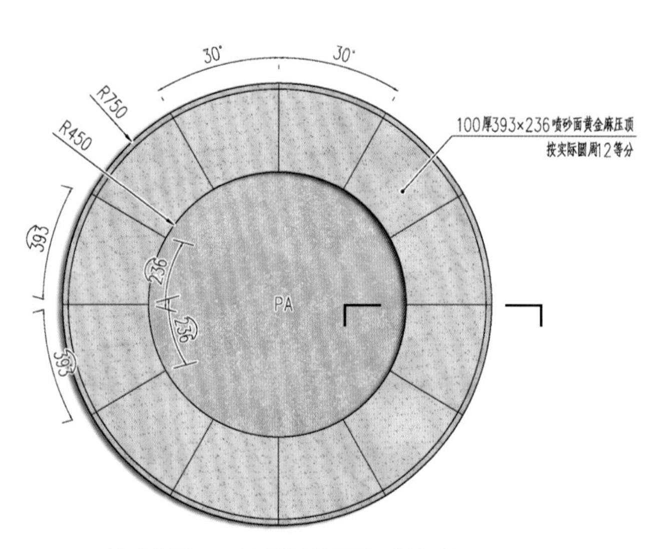

池壁 300 mm 厚种植池平面图（圆形）

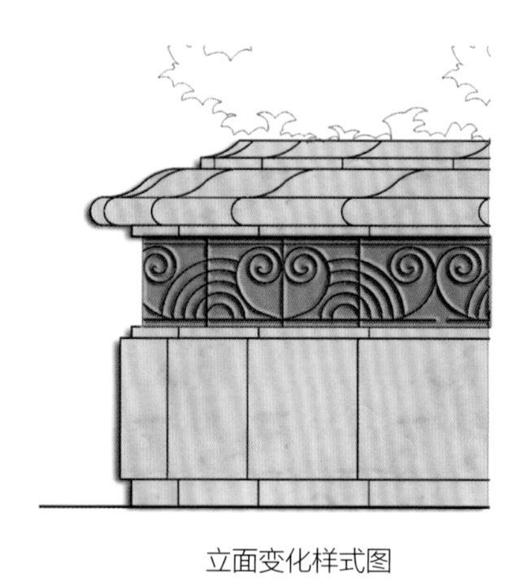

立面变化样式图

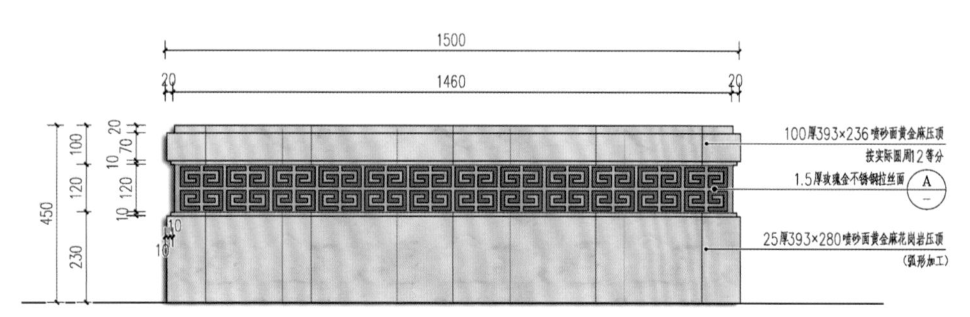

池壁 300 mm 厚种植池立面图（圆形）

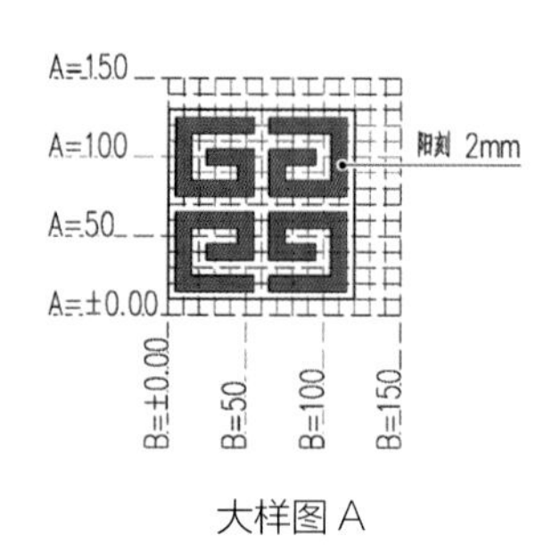

池壁 300 mm 厚种植池剖面图（圆形）

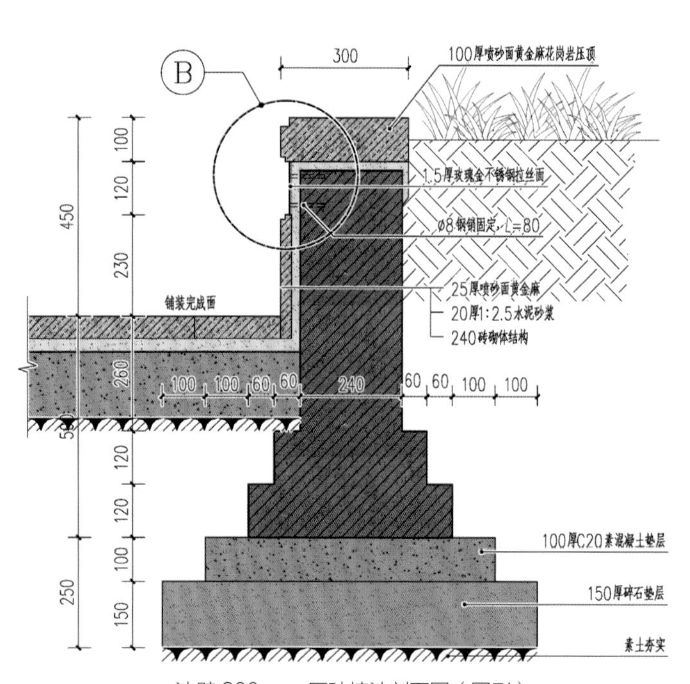

大样图 A

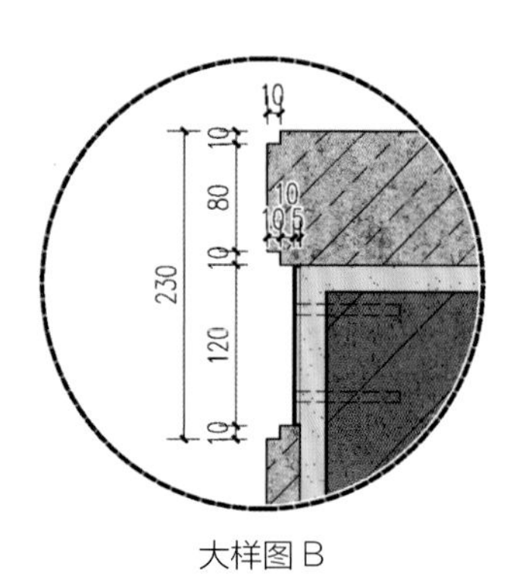

大样图 B

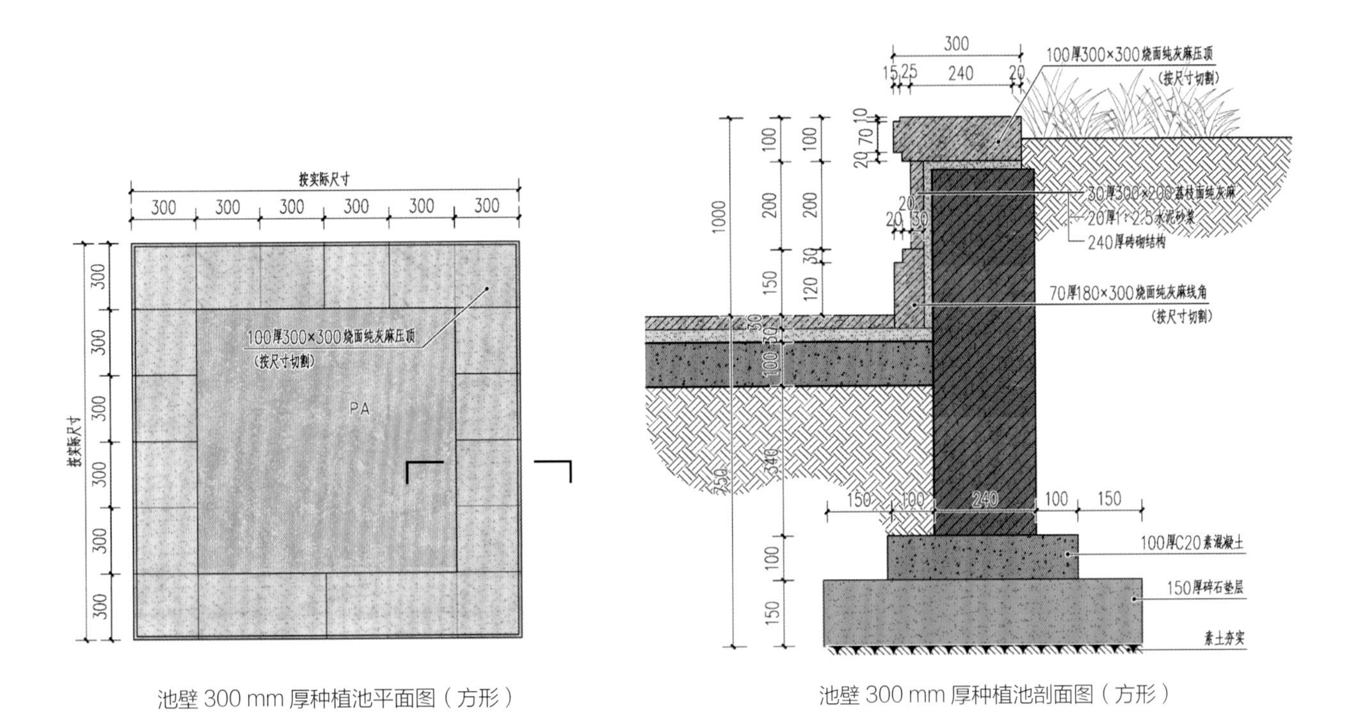

池壁 300 mm 厚种植池平面图（方形）

池壁 300 mm 厚种植池剖面图（方形）

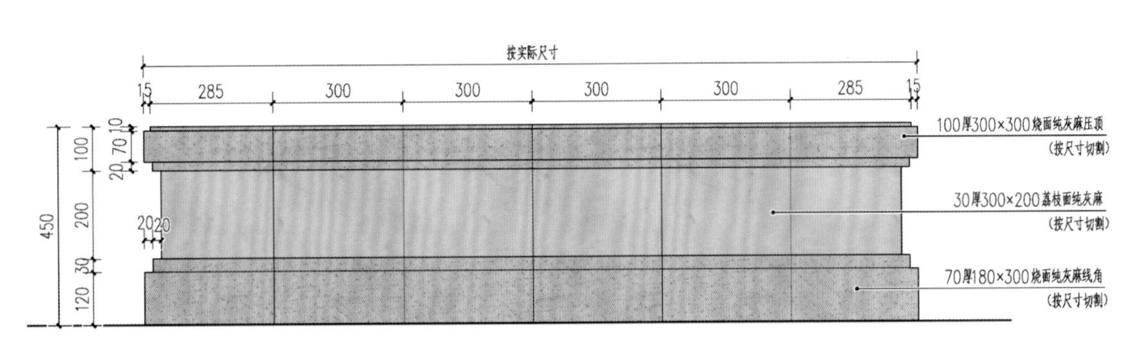

池壁 300 mm 厚种植池立面图（方形）

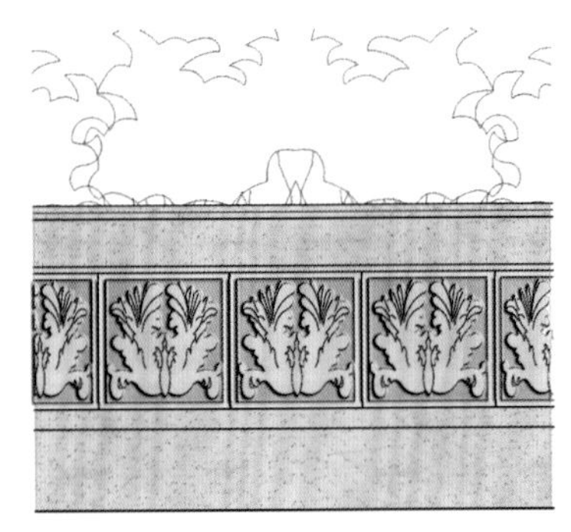

立面变化样式图

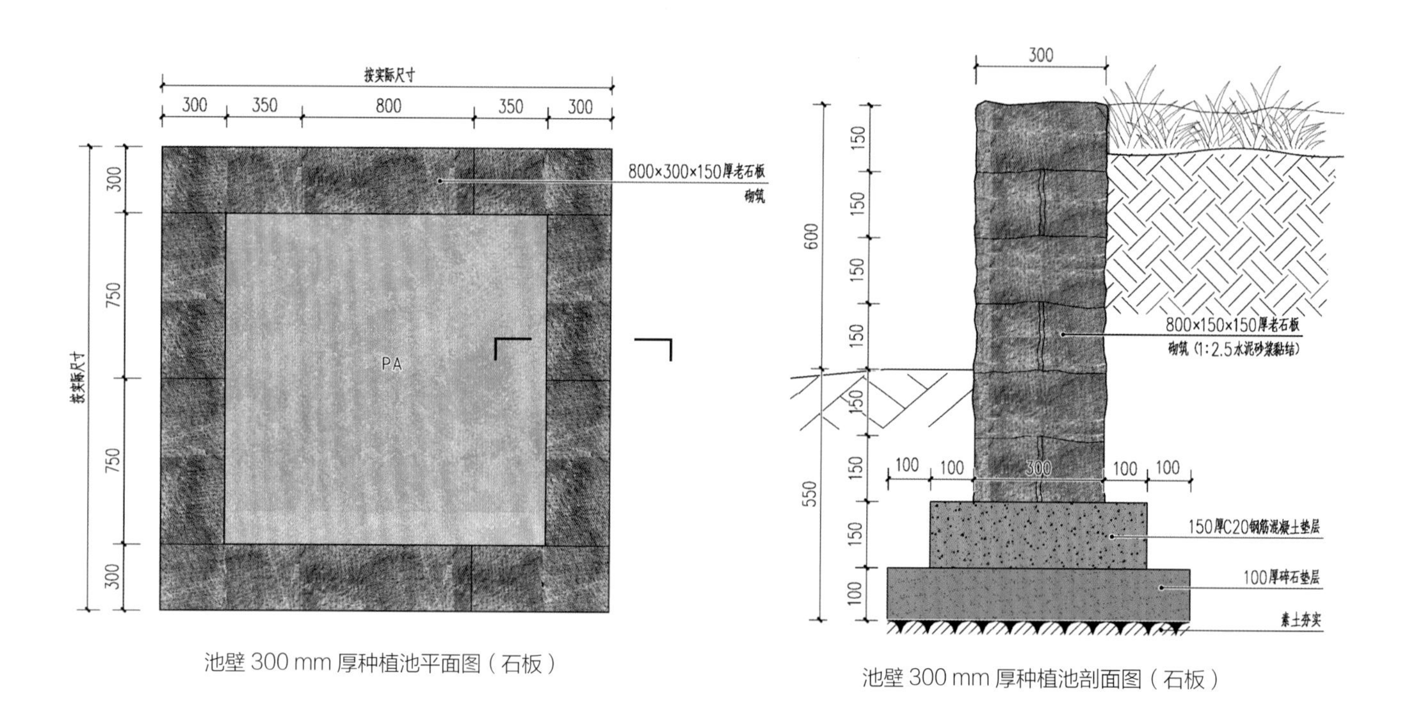

池壁 300 mm 厚种植池平面图（石板）

池壁 300 mm 厚种植池剖面图（石板）

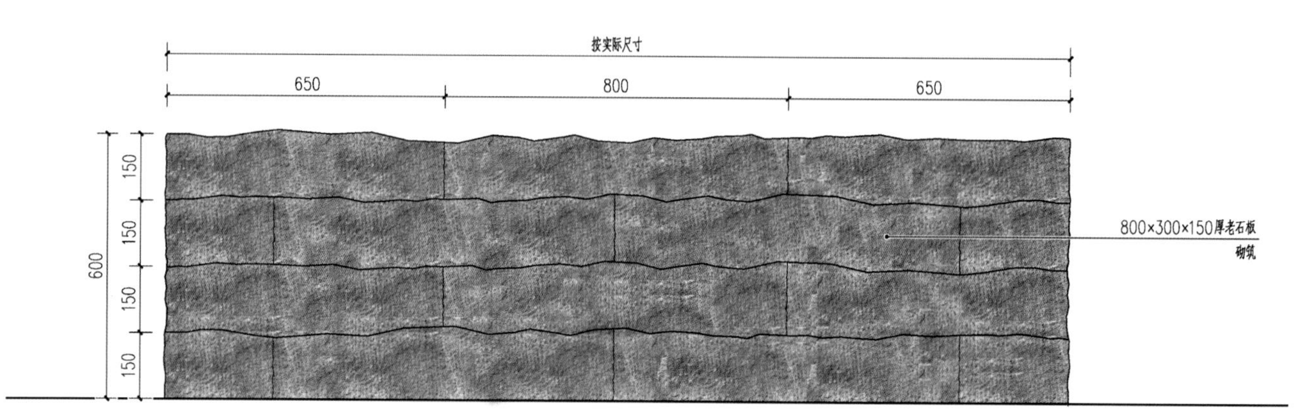

池壁 300 mm 厚种植池立面图（石板）

 小贴士

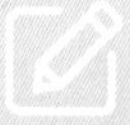

老石板的种植池需要考虑的是在内部砌筑时采用砂浆，但在外立面的缝隙处应避免露浆。其次就是埋深需要保证到达至本地区的冻土层。

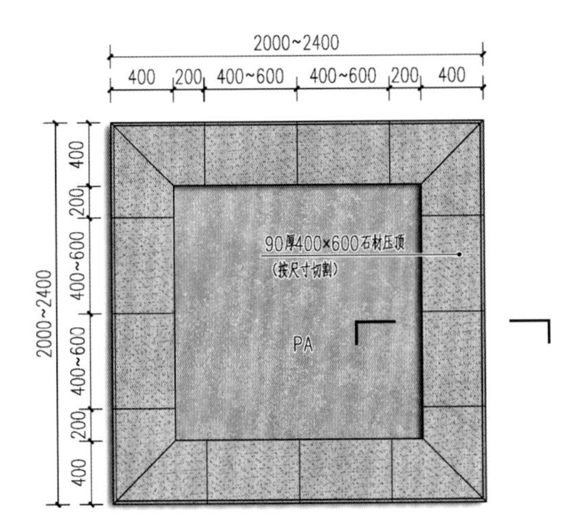

池壁 400 mm 厚种植池平面图（方形）

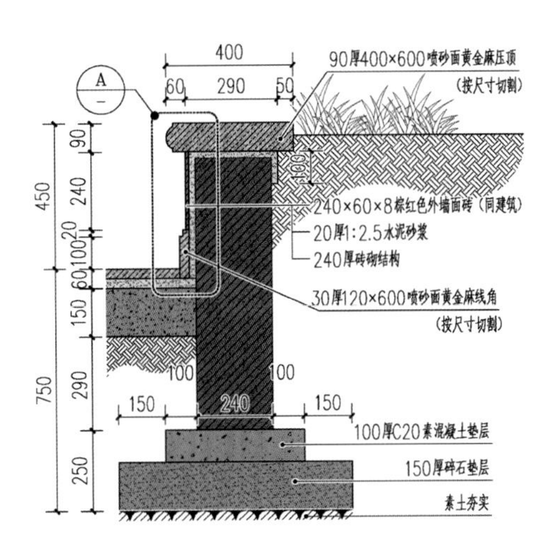

池壁 400 mm 厚种植池剖面图（方形 01）

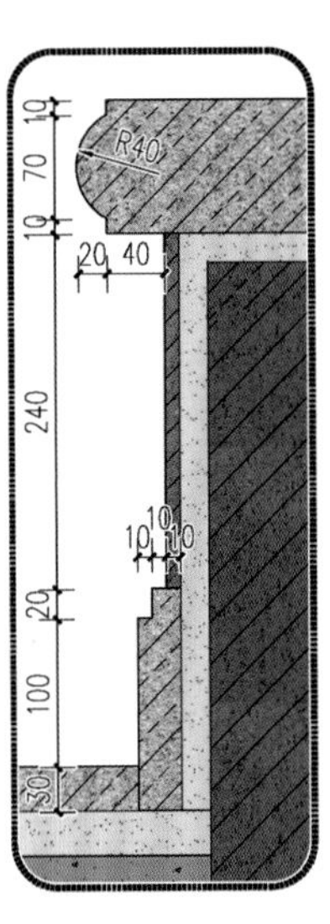

大样图 A

小贴士

壁厚 400 mm 的种植池不用过多考虑结构的尺度问题，但需要考虑的是面层材料的使用，面层材料的厚度与压顶及线角挑出尺寸有很大关系。如需节约成本，可考虑单侧线角加工，另外在种植土一侧可以取消线角直切处理。

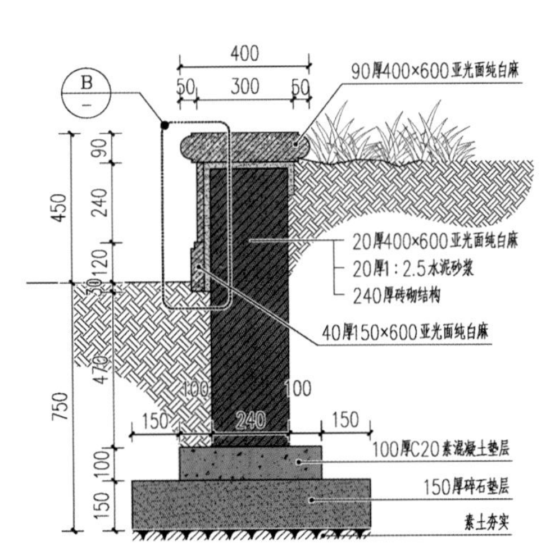

池壁 400 mm 厚种植池剖面图（方形 02）

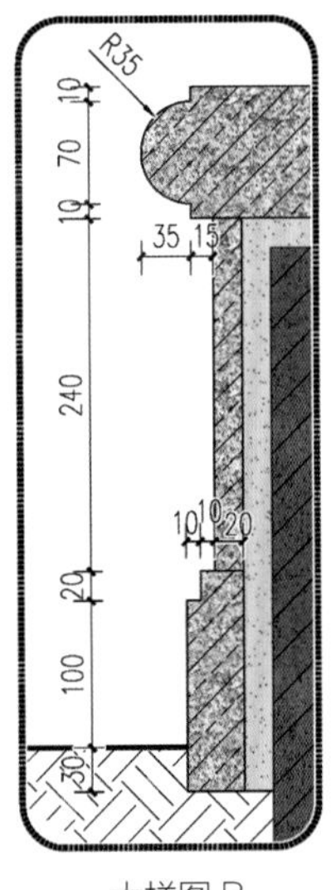

大样图 B

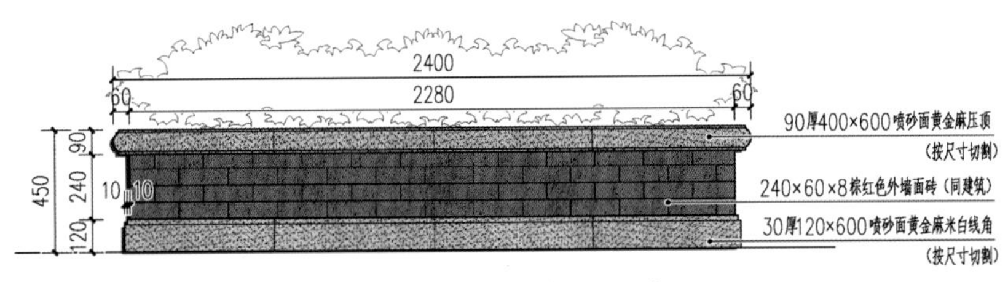

池壁 400 mm 厚种植池立面图（方形 01）

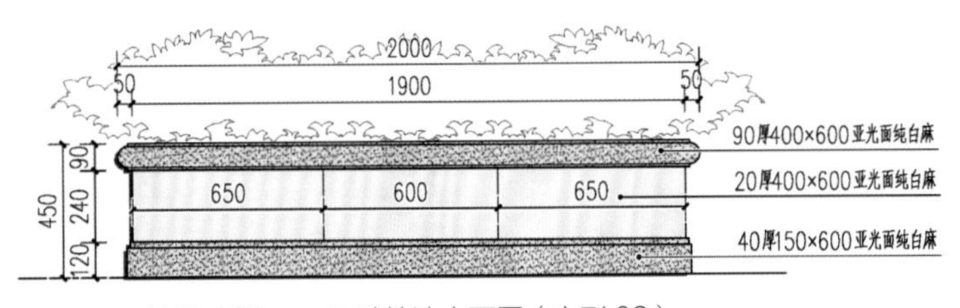

池壁 400 mm 厚种植池立面图（方形 02）

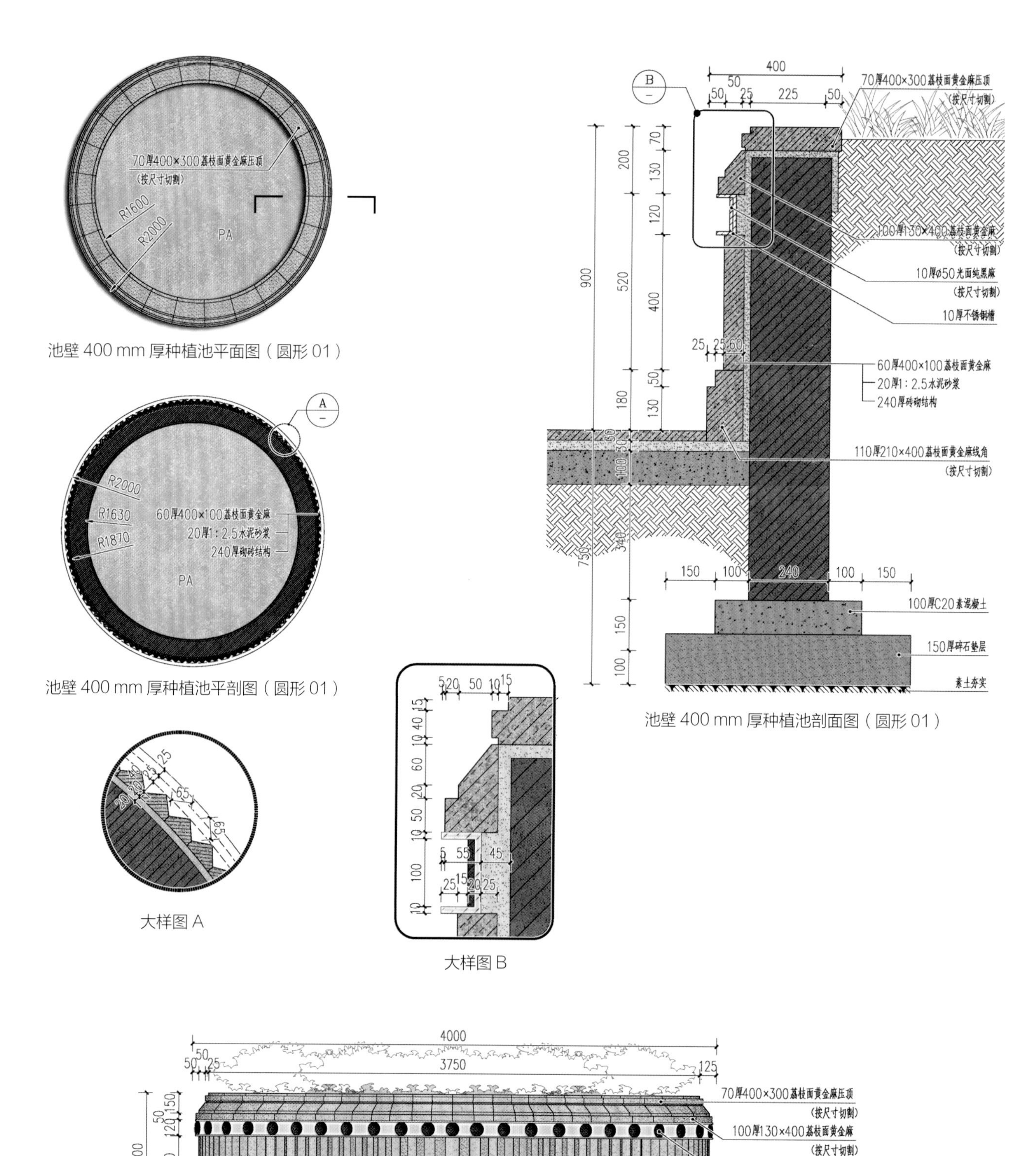

池壁 400 mm 厚种植池平面图（圆形 01）

70厚400×300荔枝面黄金麻压顶
（按尺寸切割）

R1600
R2000

PA

池壁 400 mm 厚种植池平剖图（圆形 01）

R2000
R1630
R1870

60厚400×100荔枝面黄金麻
20厚1：2.5水泥砂浆
240厚砌砖结构

PA

大样图 A

大样图 B

70厚400×300荔枝面黄金麻压顶
（按尺寸切割）

100厚130×400荔枝面黄金麻
（按尺寸切割）

10厚ϕ50光面纯黑麻
（按尺寸切割）

10厚不锈钢槽

60厚400×100荔枝面黄金麻
20厚1：2.5水泥砂浆
240厚砌砖结构

110厚210×400荔枝面黄金麻线角
（按尺寸切割）

100厚C20素混凝土

150厚碎石垫层

素土夯实

池壁 400 mm 厚种植池剖面图（圆形 01）

70厚400×300荔枝面黄金麻压顶
（按尺寸切割）

100厚130×400荔枝面黄金麻
（按尺寸切割）

10厚ϕ50光面纯黑麻
（按尺寸切割）

60厚400×100荔枝面黄金麻
（按尺寸切割）

110厚210×400荔枝面黄金麻线角
（按尺寸切割）

池壁 400 mm 厚种植池立面图（圆形 01）

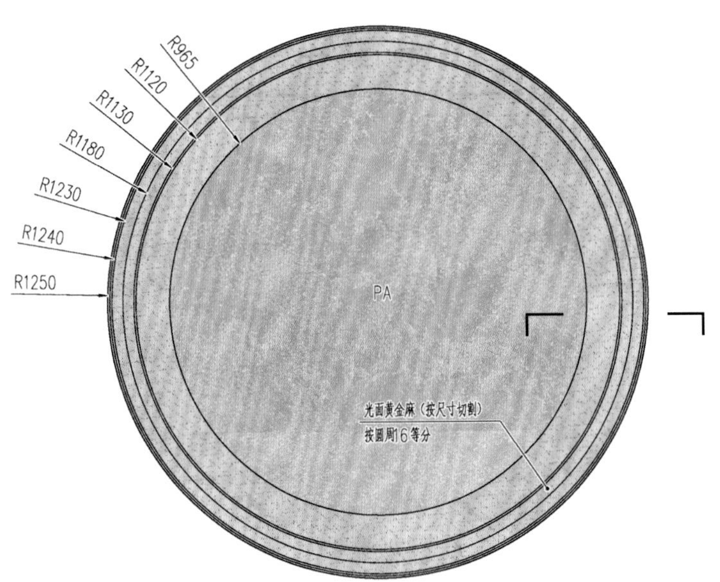

池壁 400 mm 厚种植池平面图（圆形 02）

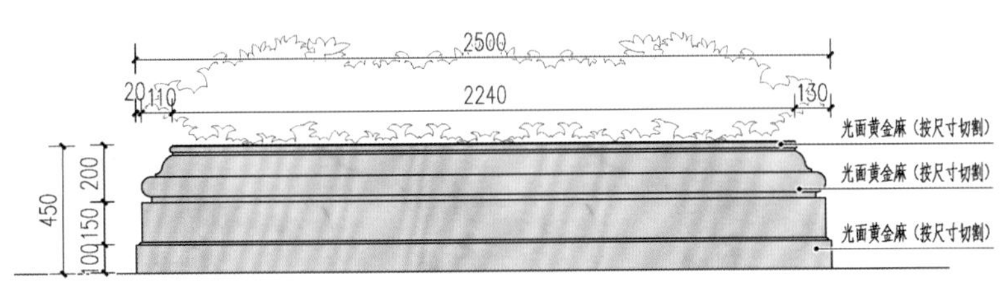

池壁 400 mm 厚种植池立面图（圆形 02）

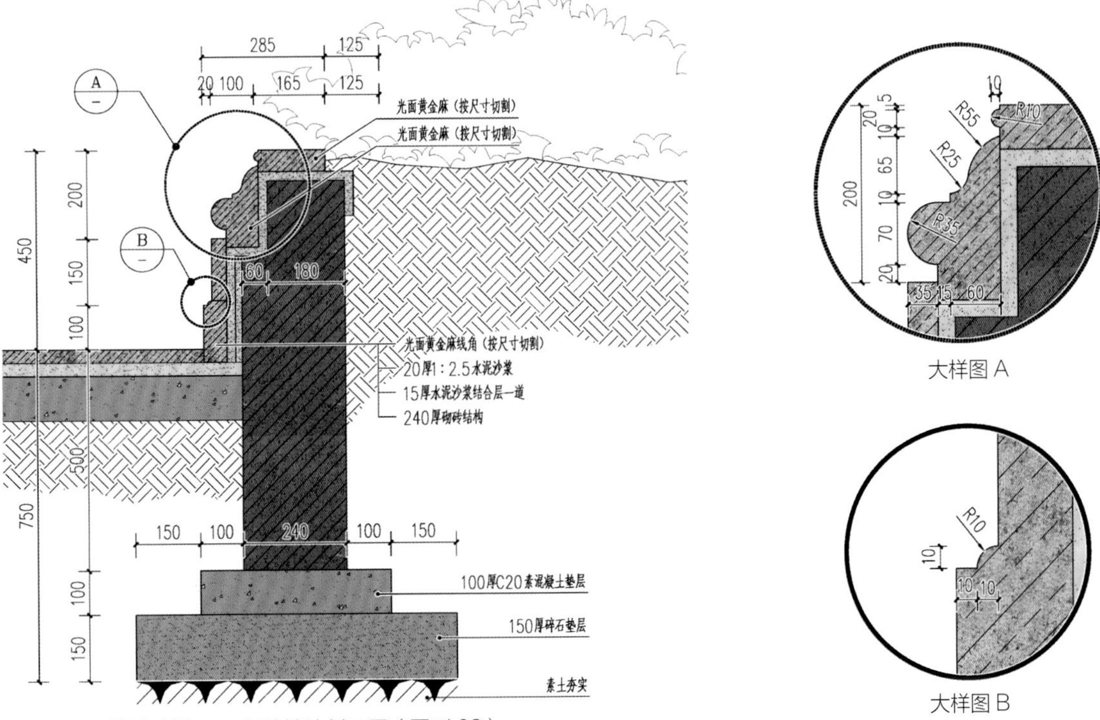

池壁 400 mm 厚种植池剖面图（圆形 02）

大样图 A

大样图 B

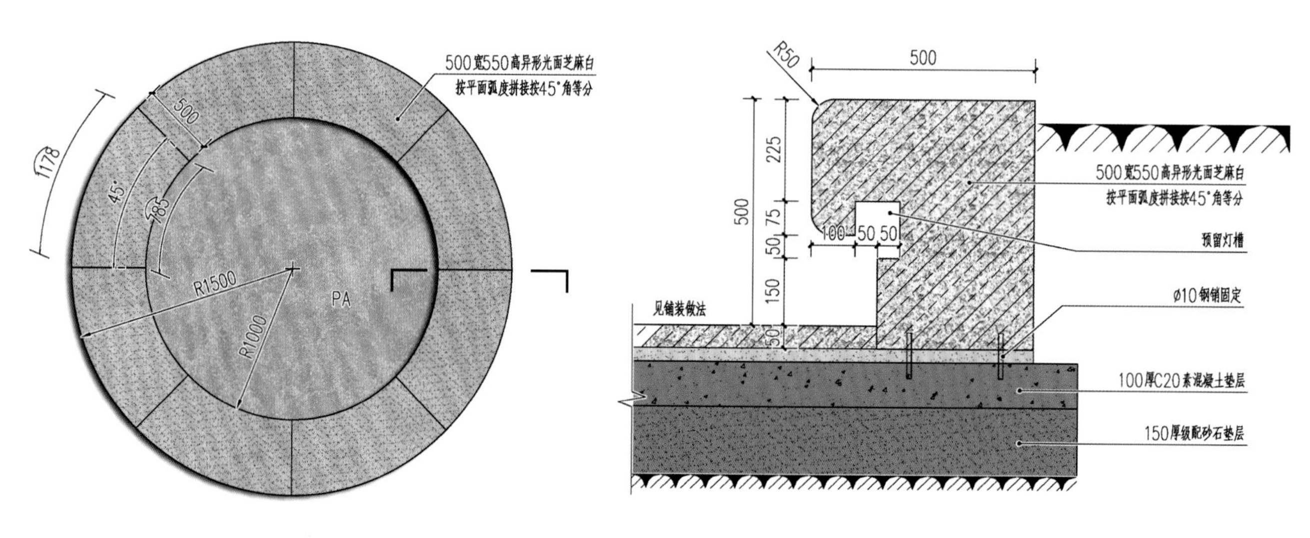

池壁 500 mm 厚种植池平面图

池壁 500 mm 厚种植池剖面图

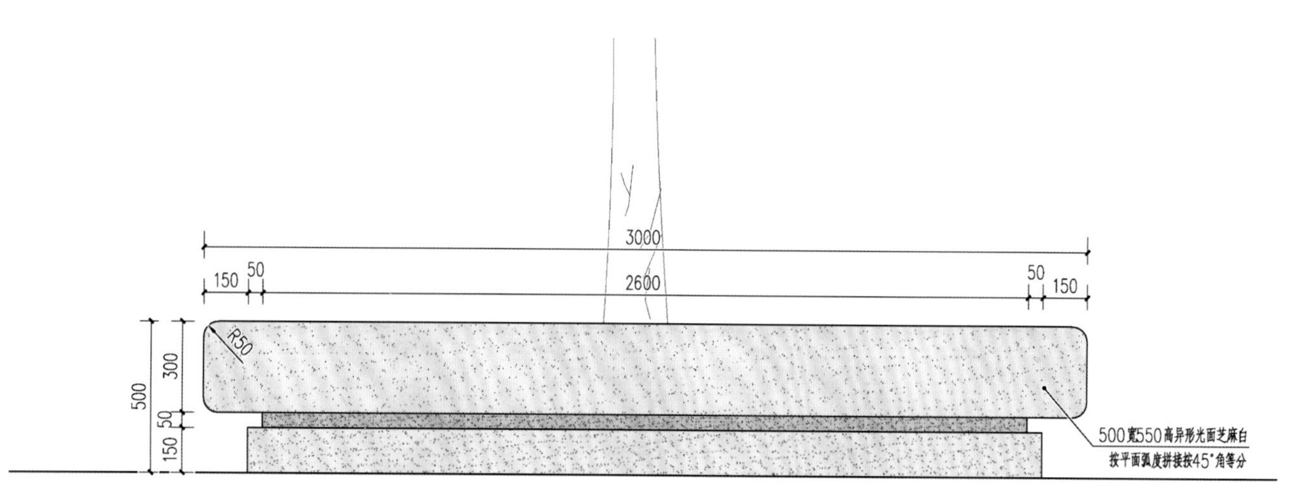

池壁 500 mm 厚种植池立面图（适用于现代风格、极简风格）

小贴士 🖉

对于此类异形整石的种植池，需要注意交接位置的拼接处理，打胶或填充防水砂浆，否则遇水后很容易从交接缝位置漏水。

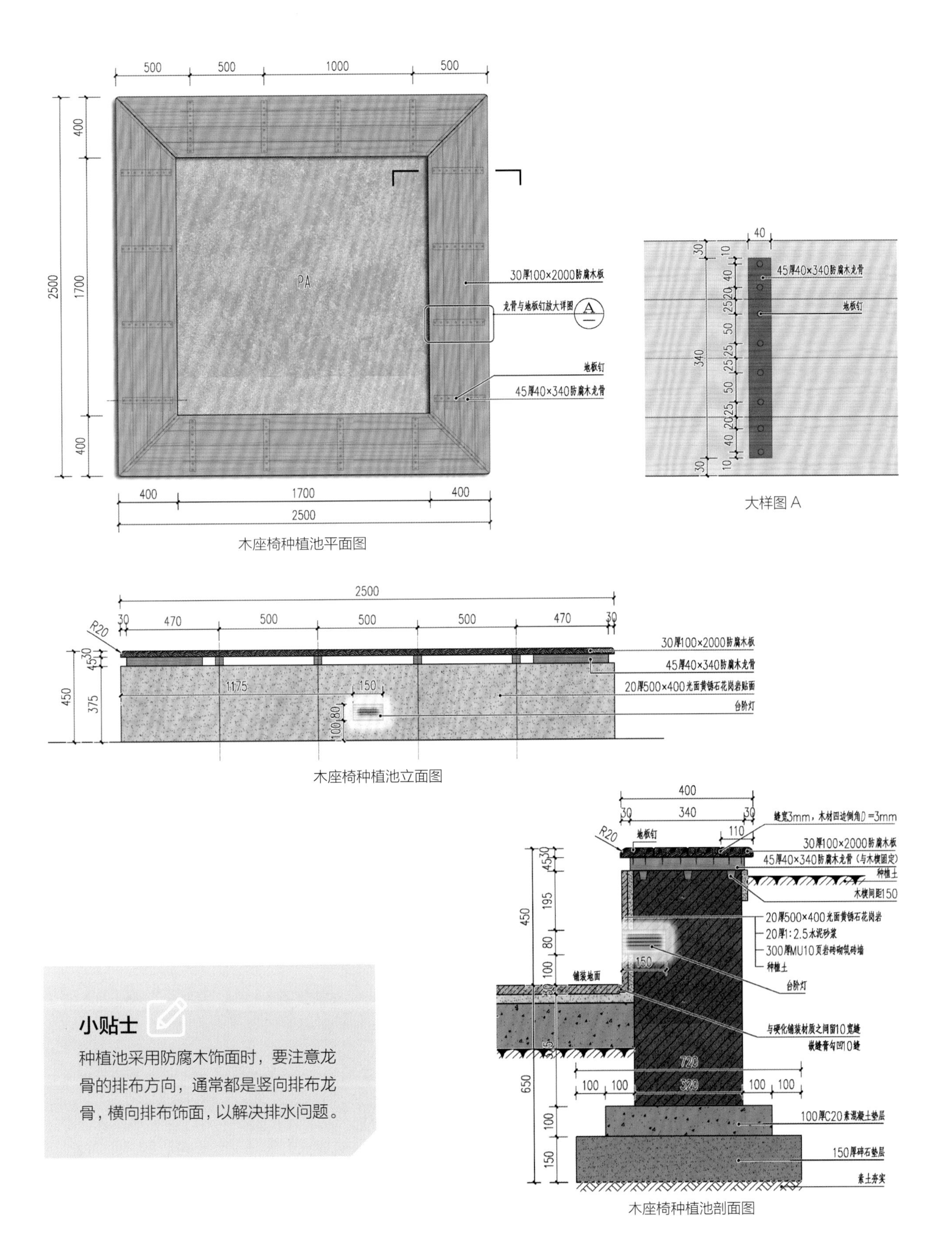

30厚100×2000防腐木板

龙骨与地板钉放大详图 Ⅰ A ─

地板钉
45厚40×340防腐木龙骨

45厚40×340防腐木龙骨
地板钉

大样图A

木座椅种植池平面图

30厚100×2000防腐木板
45厚40×340防腐木龙骨
20厚500×400光面黄锈石花岗岩贴面
台阶灯

木座椅种植池立面图

缝宽3mm，木材四边倒角□=3mm
地板钉
30厚100×2000防腐木板
45厚40×340防腐木龙骨（与木模固定）
种植土
木模间距150

20厚500×400光面黄锈石花岗岩
20厚1:2.5水泥砂浆
300厚MU10页岩砖砌筑砖墙
种植土
台阶灯

与硬化铺装材质之间留10宽缝
嵌缝膏勾凹留10缝

100厚C20素混凝土垫层
150厚碎石垫层
素土夯实

木座椅种植池剖面图

小贴士

种植池采用防腐木饰面时，要注意龙骨的排布方向，通常都是竖向排布龙骨，横向排布饰面，以解决排水问题。

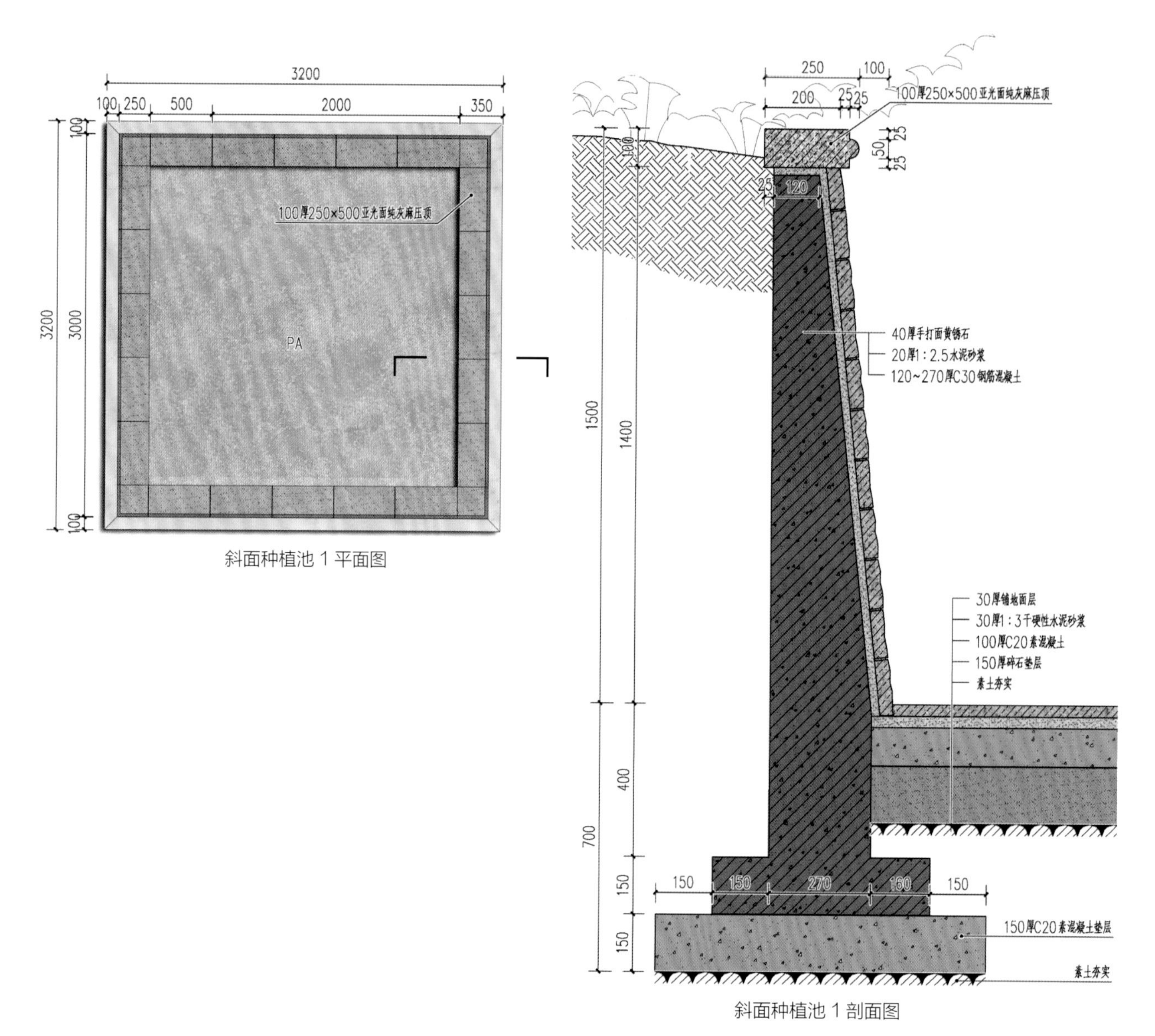
3200
100
250
500
2000
350
100
3000
100
100厚250×500亚光面纯灰麻压顶
PA
250
100
200
25
25
100厚250×500亚光面纯灰麻压顶
25
50
25
100
25
120
40厚手打面黄锈石
20厚1：2.5水泥砂浆
120~270厚C30钢筋混凝土
1500
1400
30厚铺地面层
30厚1：3干硬性水泥砂浆
100厚C20素混凝土
150厚碎石垫层
素土夯实
400
700
150
150
150
150
270
160
150
150厚C20素混凝土垫层
素土夯实

斜面种植池 1 平面图

斜面种植池 1 剖面图

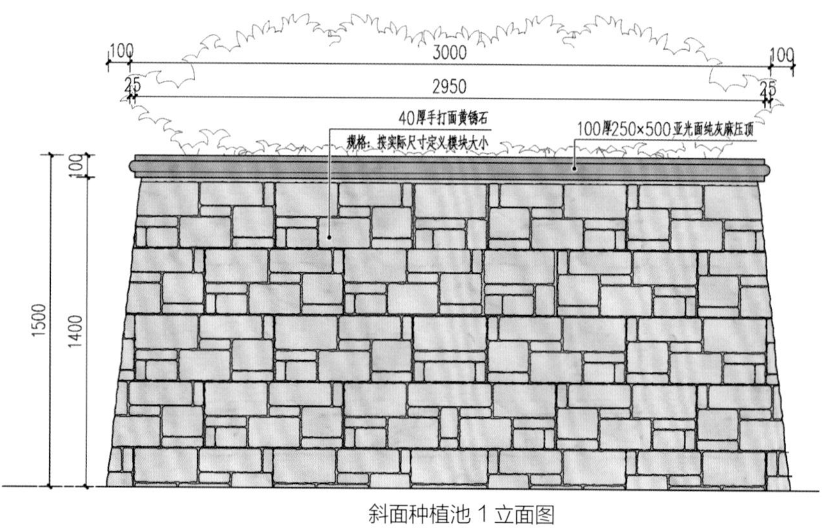
100
3000
100
25
2950
25
40厚手打面黄锈石
规格：按实际尺寸定义模块大小
100厚250×500亚光面纯灰麻压顶
100
1500
1400

斜面种植池 1 立面图

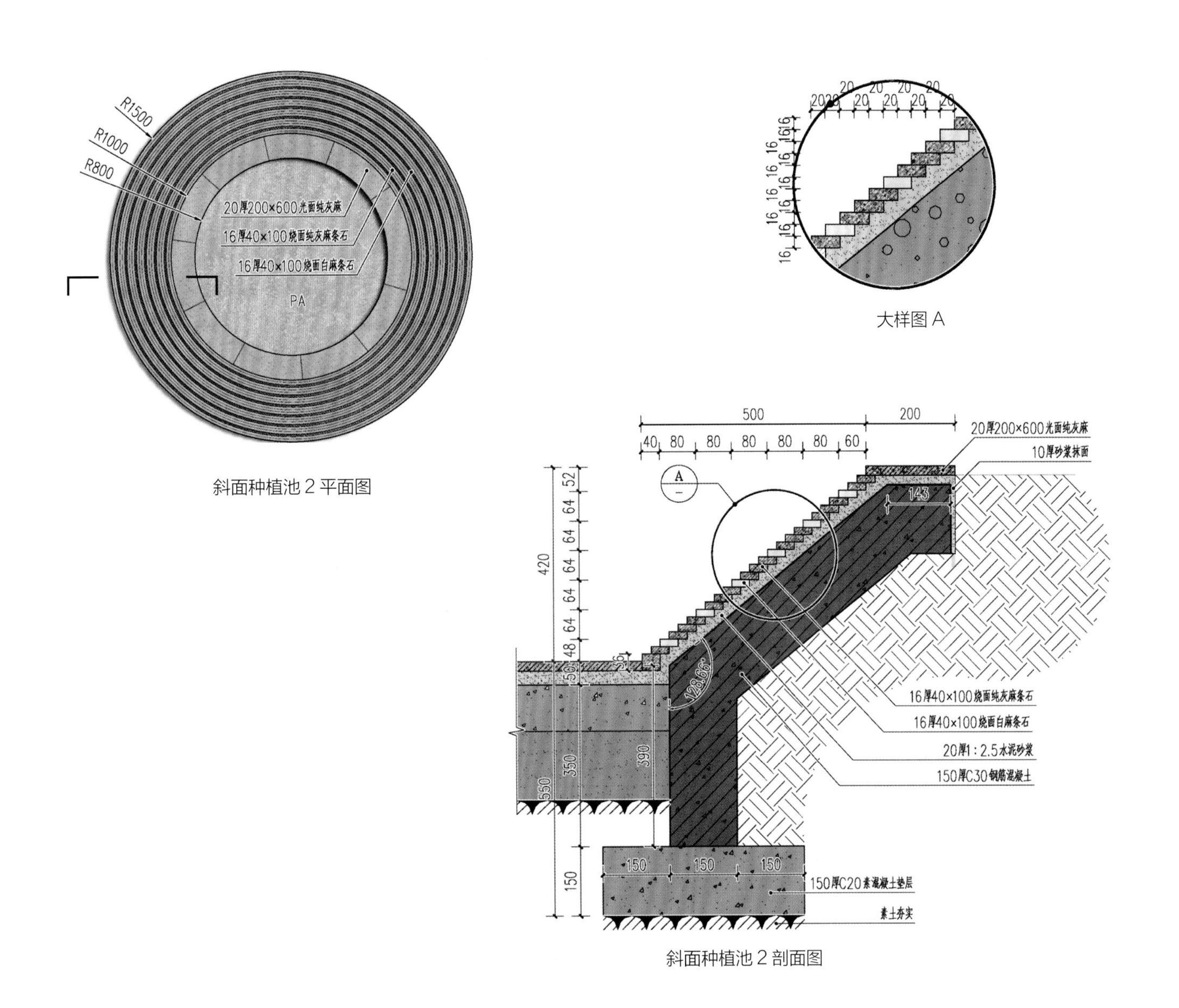

斜面种植池 2 平面图

R1500
R1000
R800

20厚200×600光面纯灰麻
16厚40×100烧面纯灰麻条石
16厚40×100烧面白麻条石

PA

大样图 A

斜面种植池 2 剖面图

20厚200×600光面纯灰麻
10厚砂浆抹面

16厚40×100烧面纯灰麻条石
16厚40×100烧面白麻条石
20厚1:2.5水泥砂浆
150厚C30钢筋混凝土

150厚C20素混凝土垫层
素土夯实

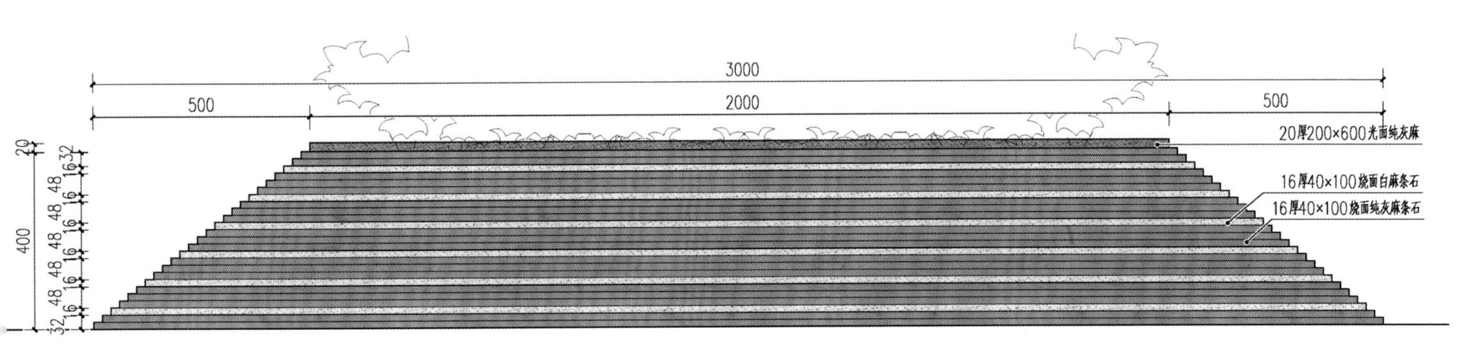

3000
500   2000   500

20厚200×600光面纯灰麻
16厚40×100烧面白麻条石
16厚40×100烧面纯灰麻条石

400

斜面种植池 2 立面图

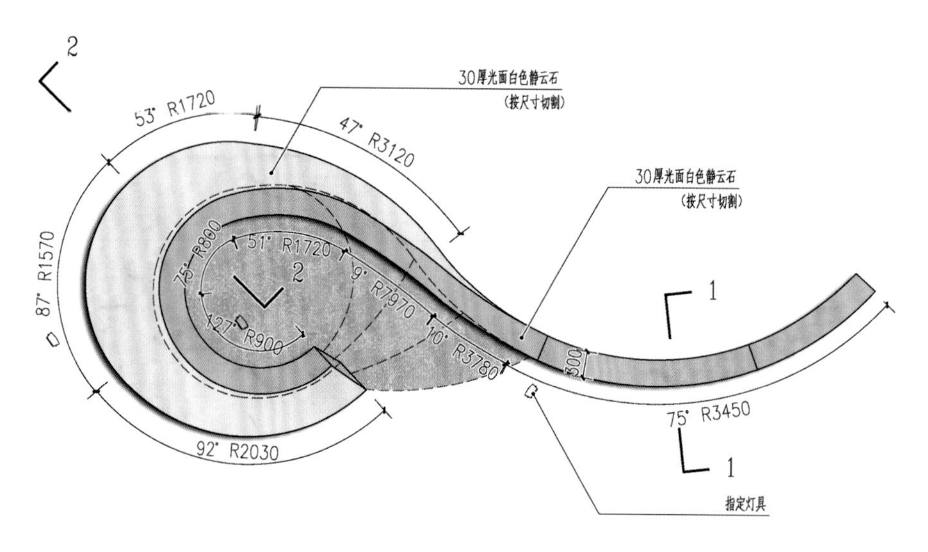

30厚光面白色静云石
(按尺寸切割)
30厚光面白色静云石
(按尺寸切割)
53° R1720
47° R3120
87° R1570
92° R2030
75° R800
51° R1720
9° R7970
10° R3780
127° R900
75° R3450
300
指定灯具

异形种植池 1 平面图

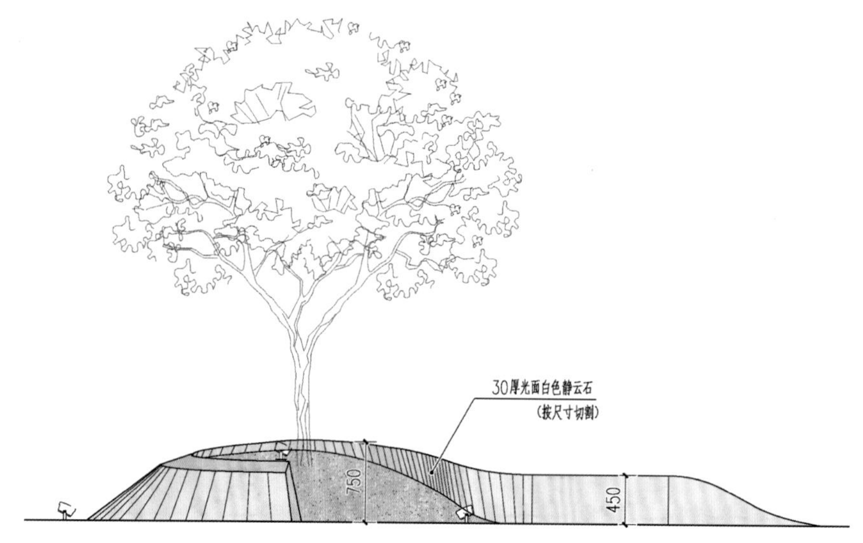

30厚光面白色静云石
(按尺寸切割)
750
450

异形种植池 1 立面图

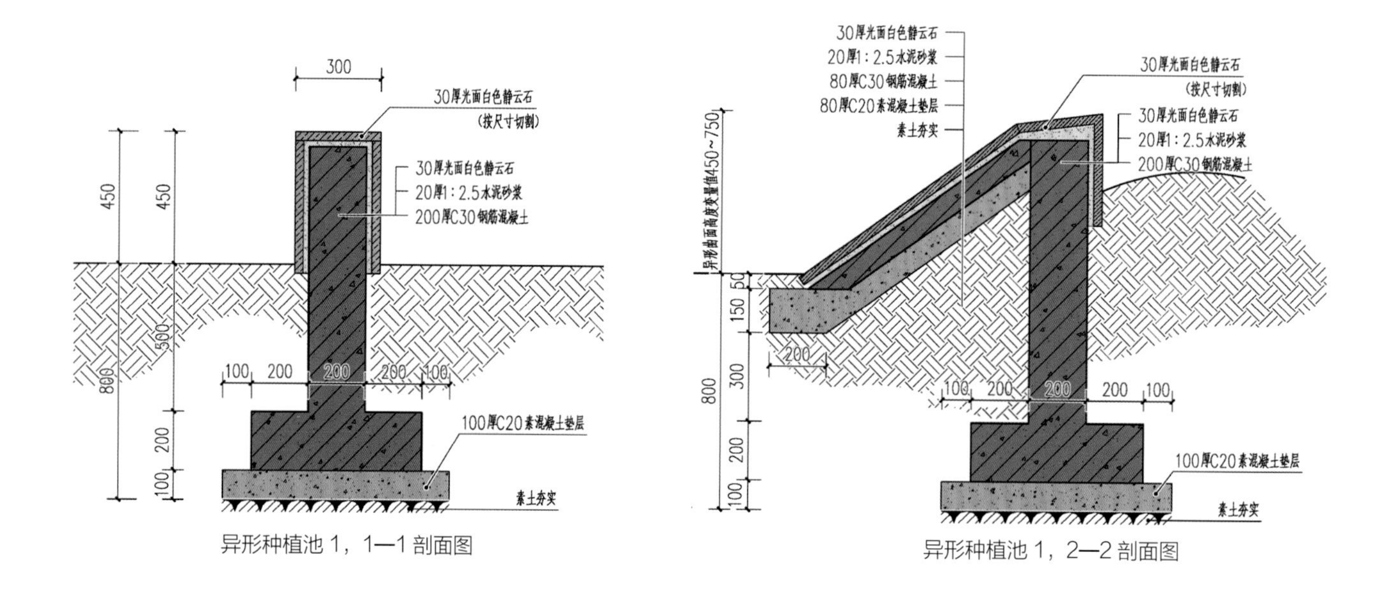

300
30厚光面白色静云石
(按尺寸切割)
30厚光面白色静云石
20厚1:2.5水泥砂浆
200厚C30钢筋混凝土
100厚C20素混凝土垫层
素土夯实
30厚光面白色静云石
20厚1:2.5水泥砂浆
80厚C30钢筋混凝土
80厚C20素混凝土垫层
素土夯实
异形曲面高度变量值450~750

异形种植池 1，1—1 剖面图

异形种植池 1，2—2 剖面图

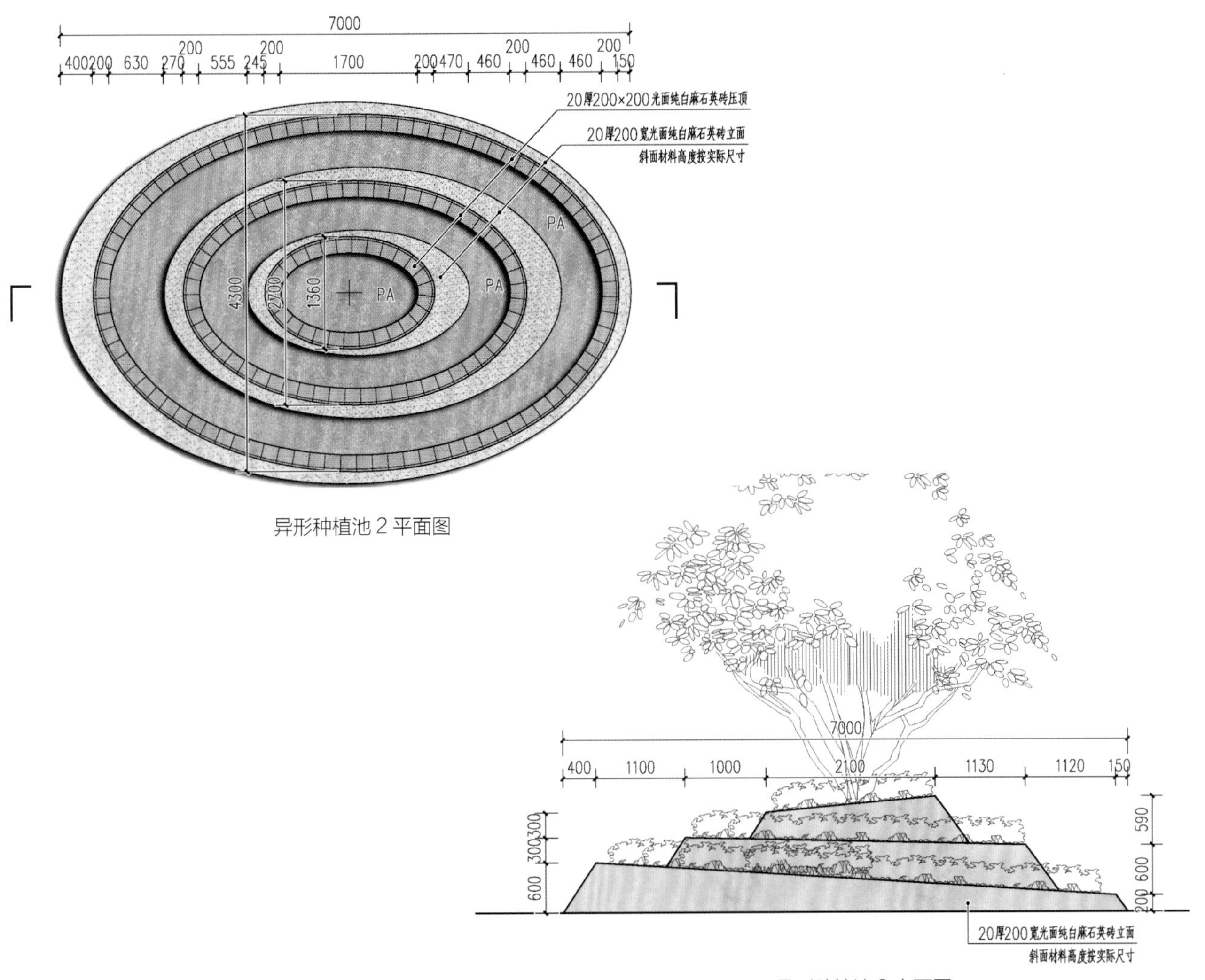

异形种植池 2 平面图

异形种植池 2 立面图

20厚200×200光面纯白麻石英砖压顶
20厚200宽光面纯白麻石英砖立面
斜面材料高度按实际尺寸

20厚200宽光面纯白麻石英砖立面
斜面材料高度按实际尺寸

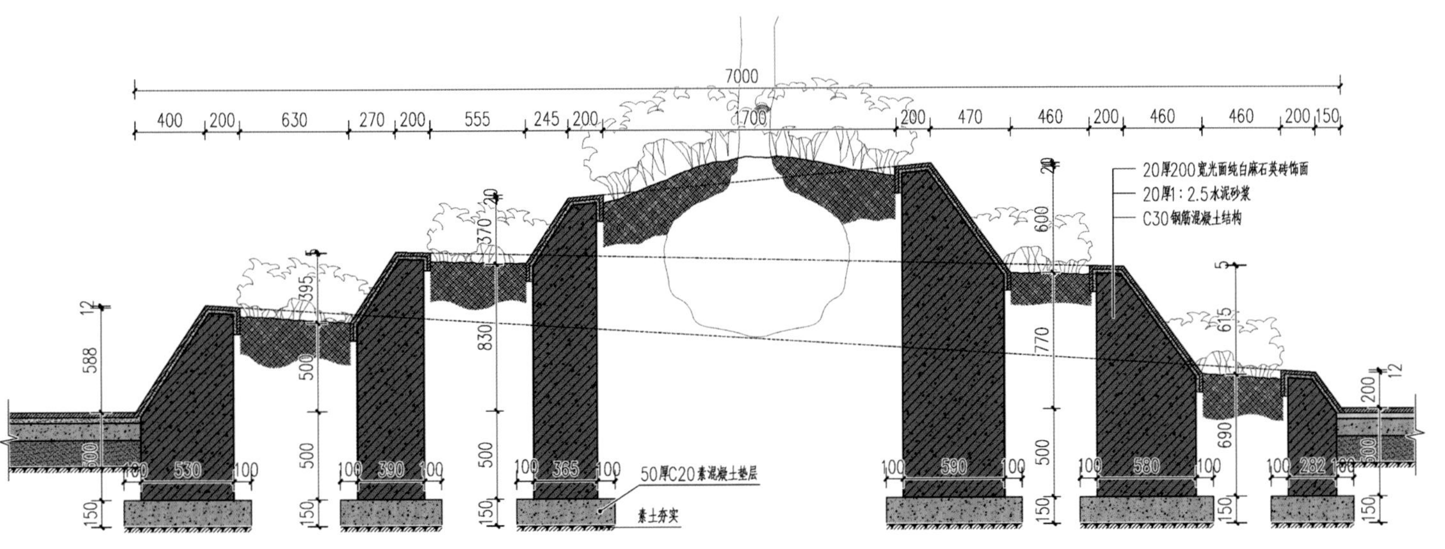

20厚200宽光面纯白麻石英砖饰面
20厚1：2.5水泥砂浆
C30钢筋混凝土结构

50厚C20素混凝土垫层
素土夯实

异形种植池 2 剖面图

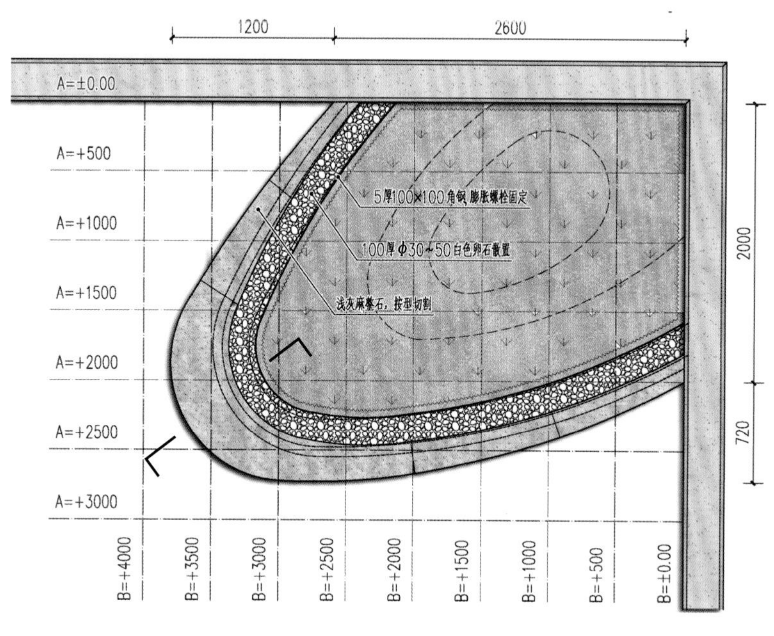
1200
2600
A=±0.00
A=+500
A=+1000
A=+1500
A=+2000
A=+2500
A=+3000
5厚100×100角钢 膨胀螺栓固定
100厚φ30~50白色卵石散置
浅灰麻整石，按型切割
2000
720
B=+4000
B=+3500
B=+3000
B=+2500
B=+2000
B=+1500
B=+1000
B=+500
B=±0.00

异形种植池 3 平面图

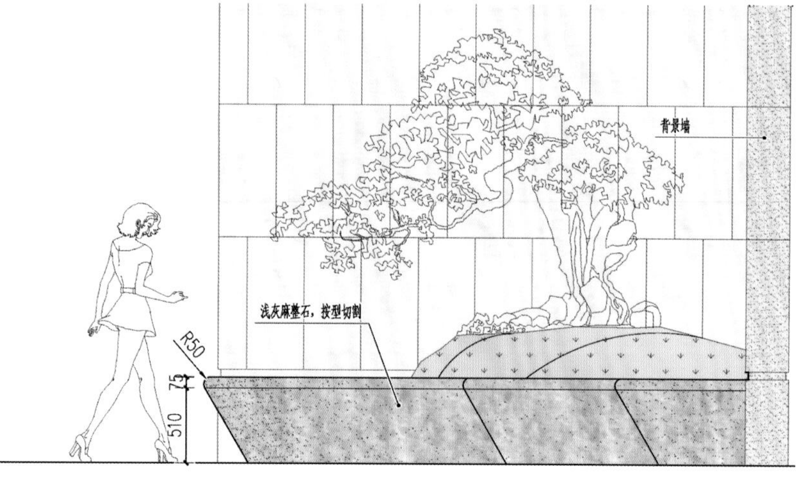
背景墙
浅灰麻整石，按型切割
R50
75
510

异形种植池 3 立面图

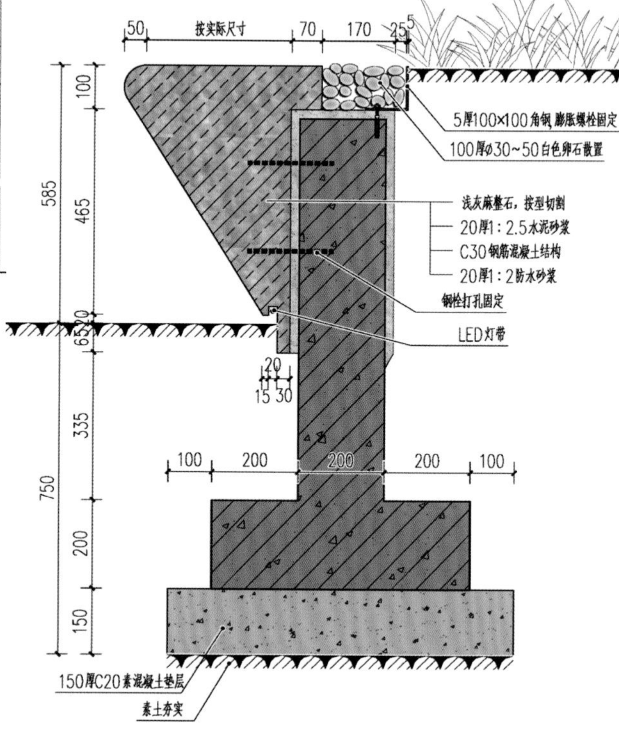
50
按实际尺寸
70
170
25
5
100
585
465
5厚100×100角钢 膨胀螺栓固定
100厚φ30~50白色卵石散置
浅灰麻整石，按型切割
20厚1：2.5水泥砂浆
C30钢筋混凝土结构
20厚1：2防水砂浆
钢栓打孔固定
LED灯带
20
15 30
335
750
100
200
200
200
100
200
150
150厚C20素混凝土垫层
素土夯实

异形种植池 3 剖面图

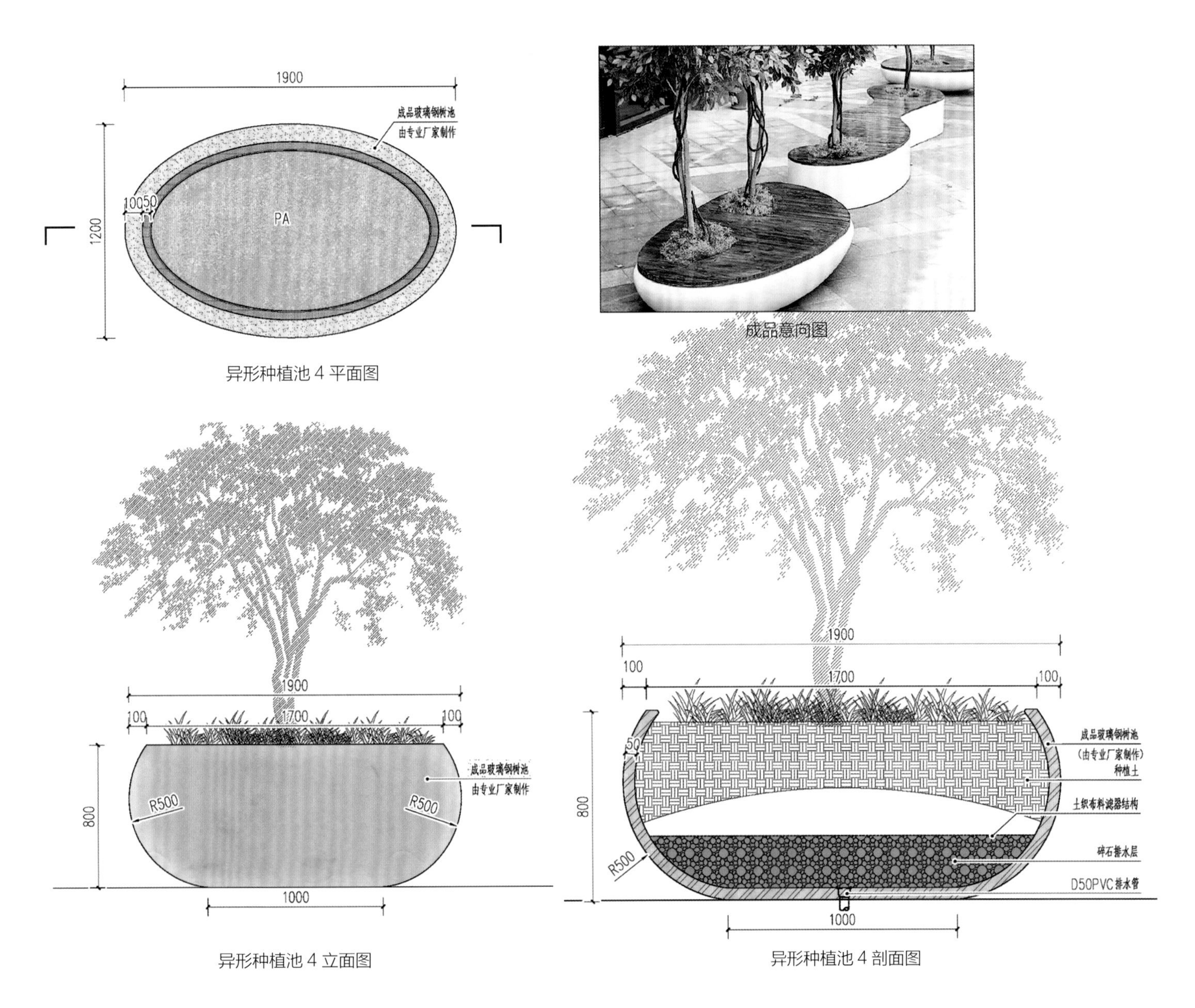

1900

1200

10050

PA

异形种植池 4 平面图

成品玻璃钢树池
由专业厂家制作

成品意向图

1900

100 1700 100

800

R500 R500

成品玻璃钢树池
由专业厂家制作

1000

异形种植池 4 立面图

1900

100 1700 100

50

800

R500

1000

成品玻璃钢树池
（由专业厂家制作）
种植土

土织布料滤器结构

碎石排水层

D50PVC排水管

异形种植池 4 剖面图

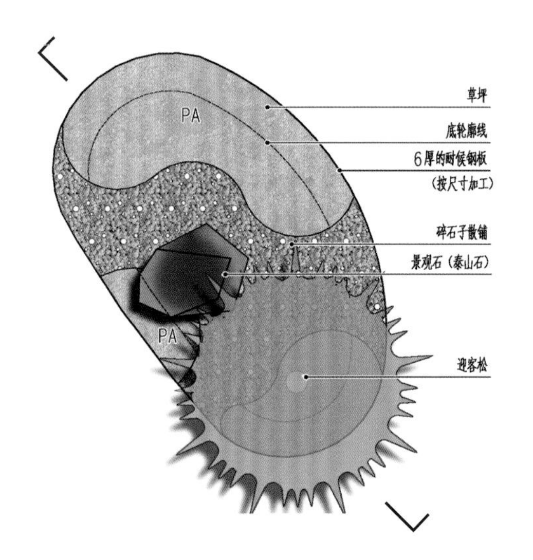

草坪
底轮廓线
6厚的耐候钢板
（按尺寸加工）
碎石子散铺
景观石（泰山石）
迎客松

异形种植池 5 平面图

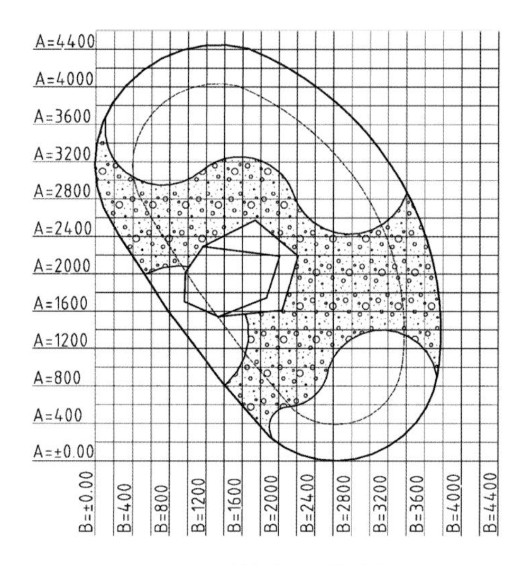

异形种植池 5 网格定位图

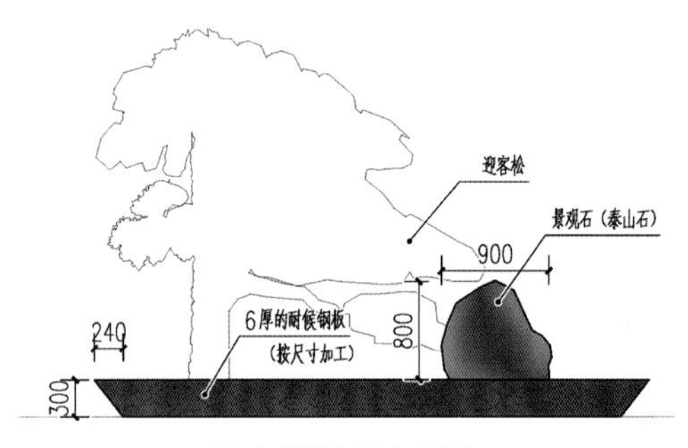

迎客松
景观石（泰山石）
900
6厚的耐候钢板
（按尺寸加工）
240
800
300

异形种植池 5 立面图

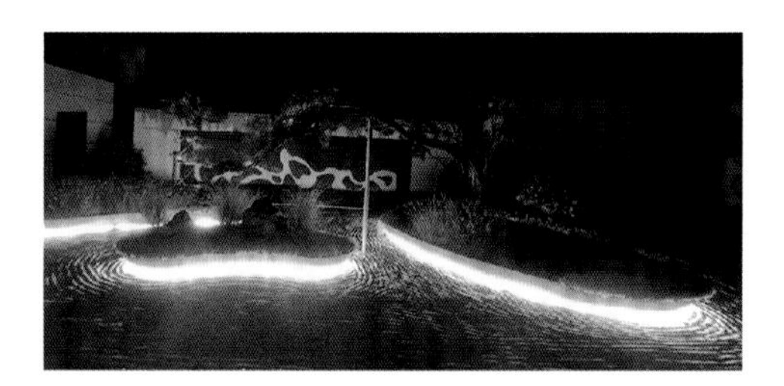

成品意向图

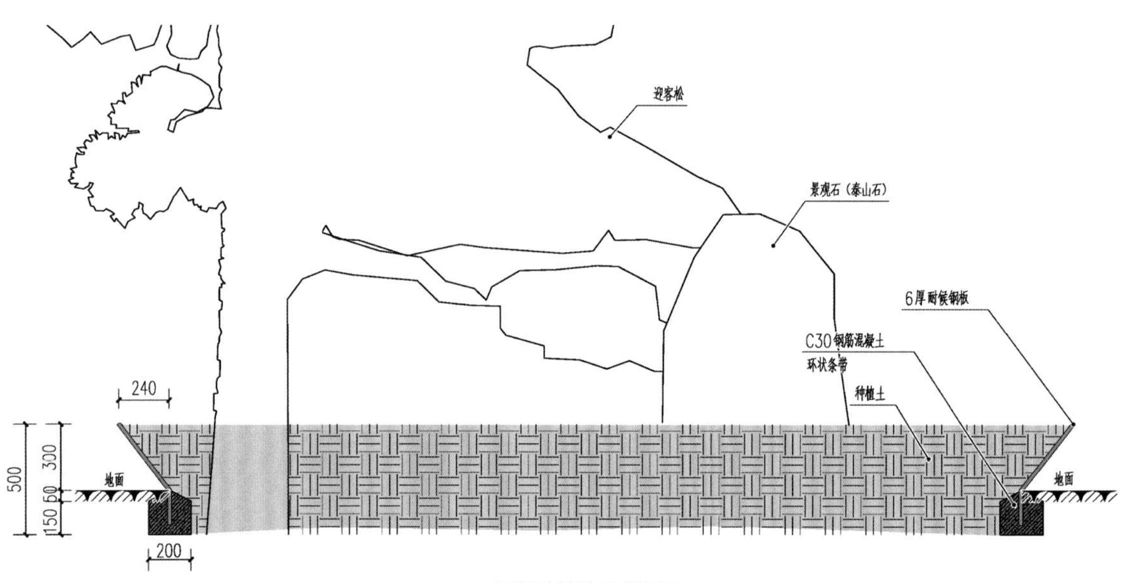

迎客松
景观石（泰山石）
6厚耐候钢板
C30钢筋混凝土
环状条基
种植土
240
500
300
150 50
地面
地面
200

异形种植池 5 剖面图

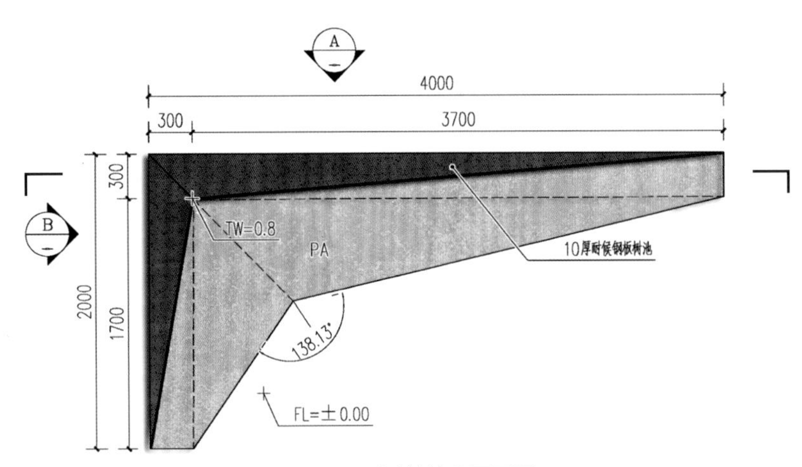
A
4000
300
3700
300
2000
1700
B
JW=0.8
PA
10厚耐候钢板树池
138.13°
FL=±0.00

异形种植池 6 平面图

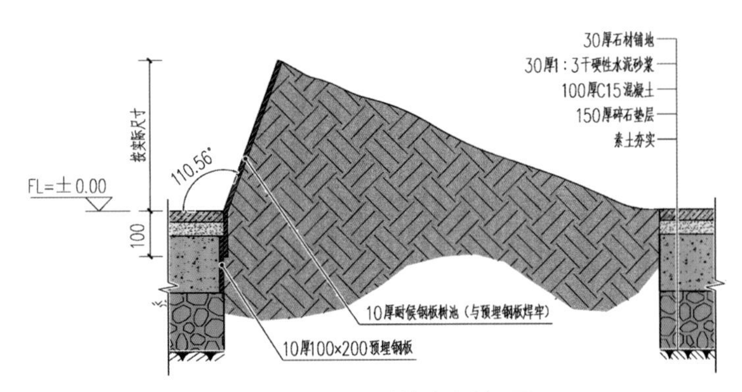
30厚石材铺地
30厚1：3干硬性水泥砂浆
100厚C15混凝土
150厚碎石垫层
素土夯实
按实际尺寸
110.56°
FL=±0.00
100
10厚耐候钢板树池（与预埋钢板焊牢）
10厚100×200预埋钢板

异形种植池 6 剖面图

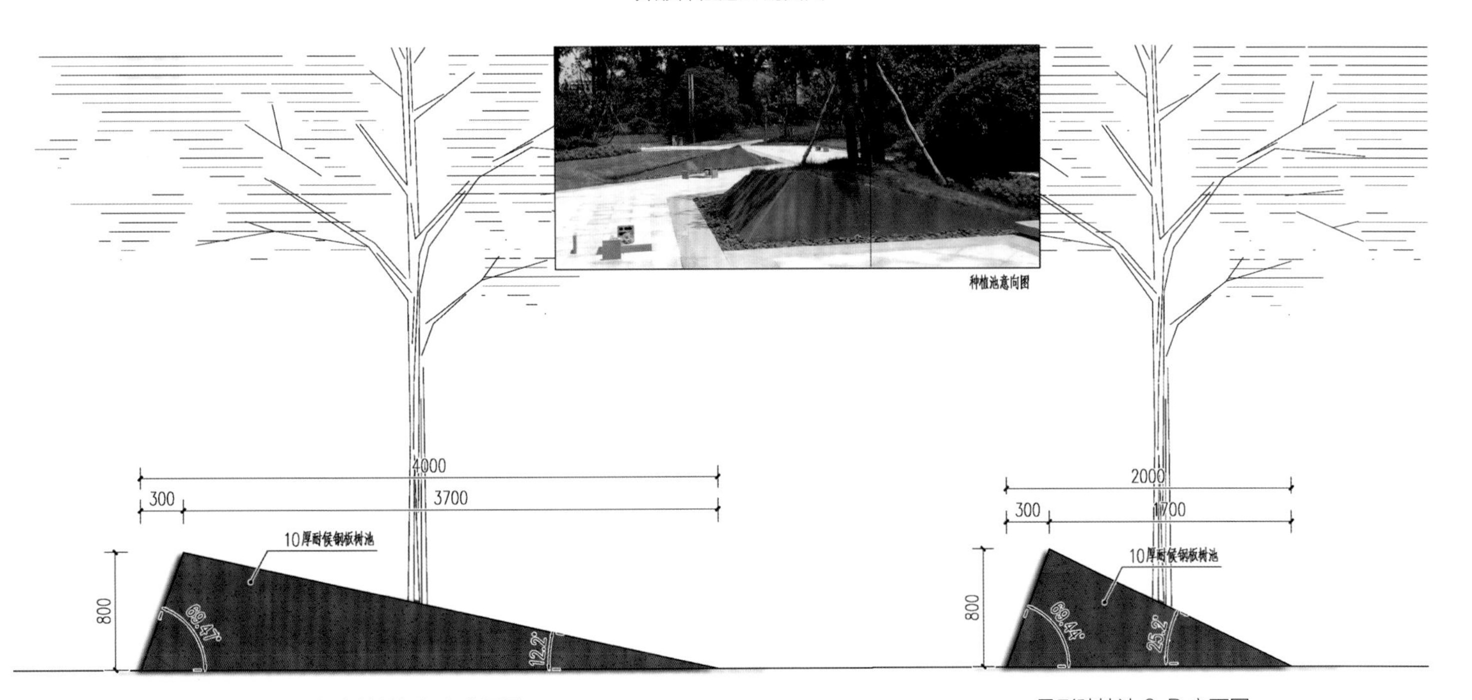
种植池意向图
4000
300
3700
10厚耐候钢板树池
800
2000
300
1700
10厚耐候钢板树池
800

异形种植池 6 A 立面图

异形种植池 6 B 立面图

特色花钵与底座

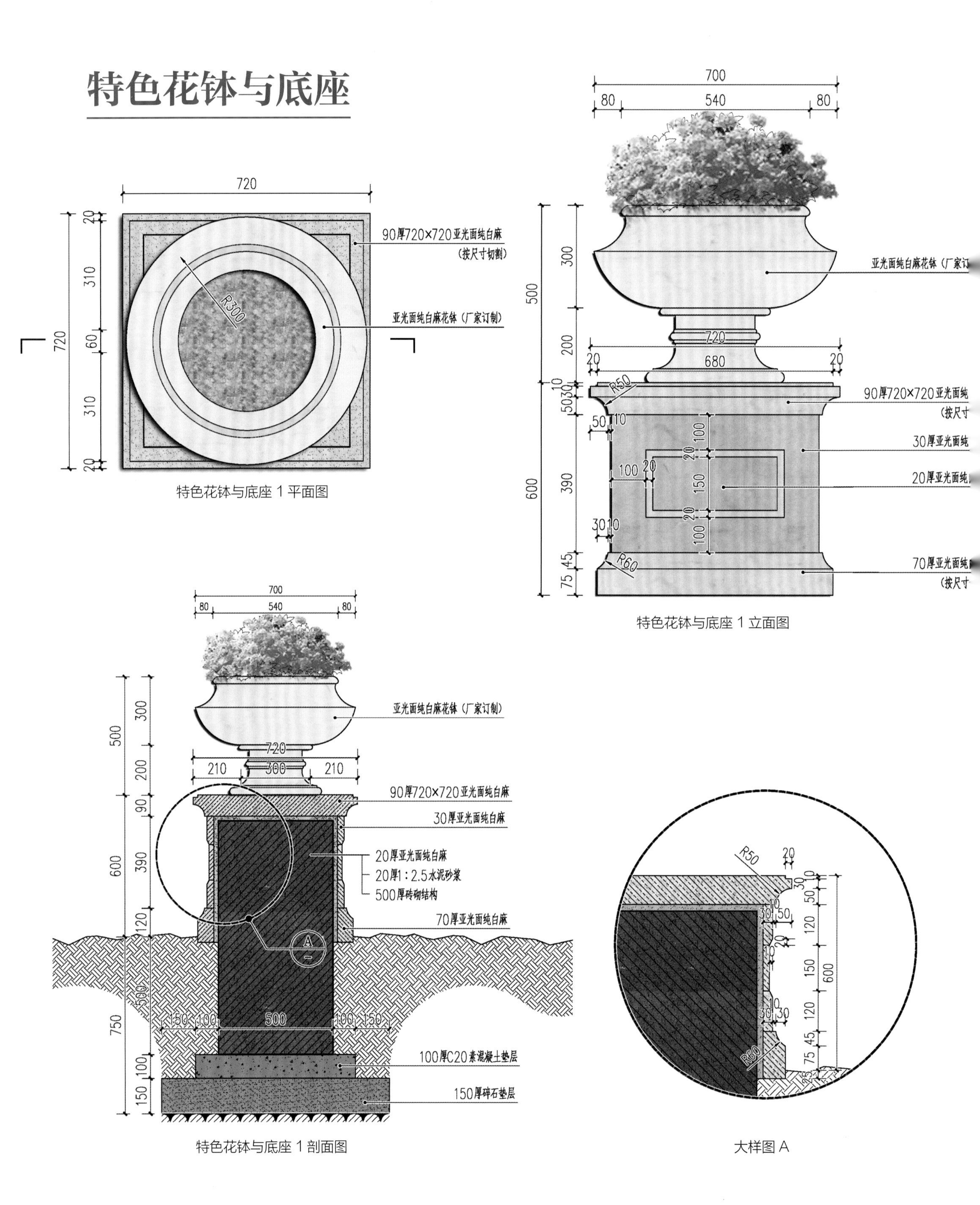

特色花钵与底座 1 平面图

特色花钵与底座 1 立面图

特色花钵与底座 1 剖面图

大样图 A

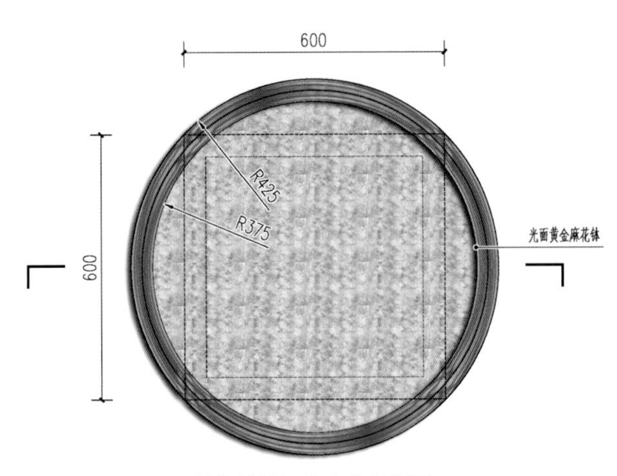
600
600
R425
R375
光面黄金麻花钵
特色花钵与底座 2 平面图

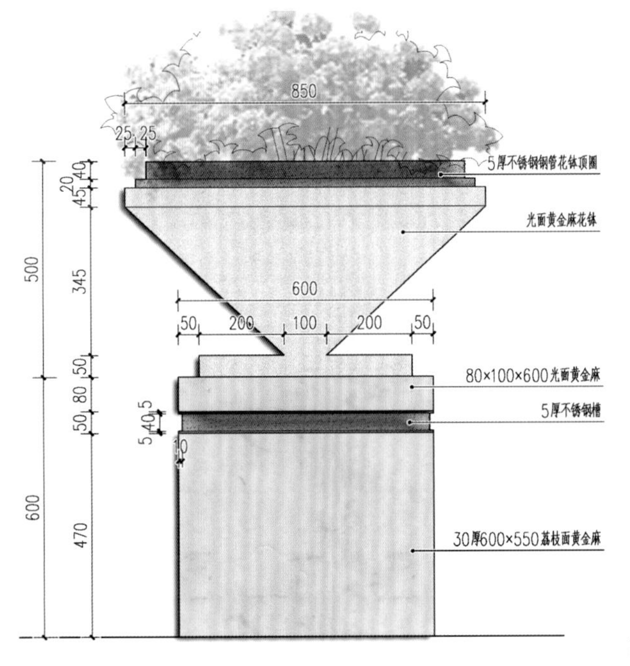
850
25 25
5厚不锈钢钢管花钵顶圈
光面黄金麻花钵
600
50 200 100 200 50
80×100×600光面黄金麻
5厚不锈钢槽
30厚600×550荔枝面黄金麻
500
600
20
45 40
345
50
80
50
470
特色花钵与底座 2 立面图

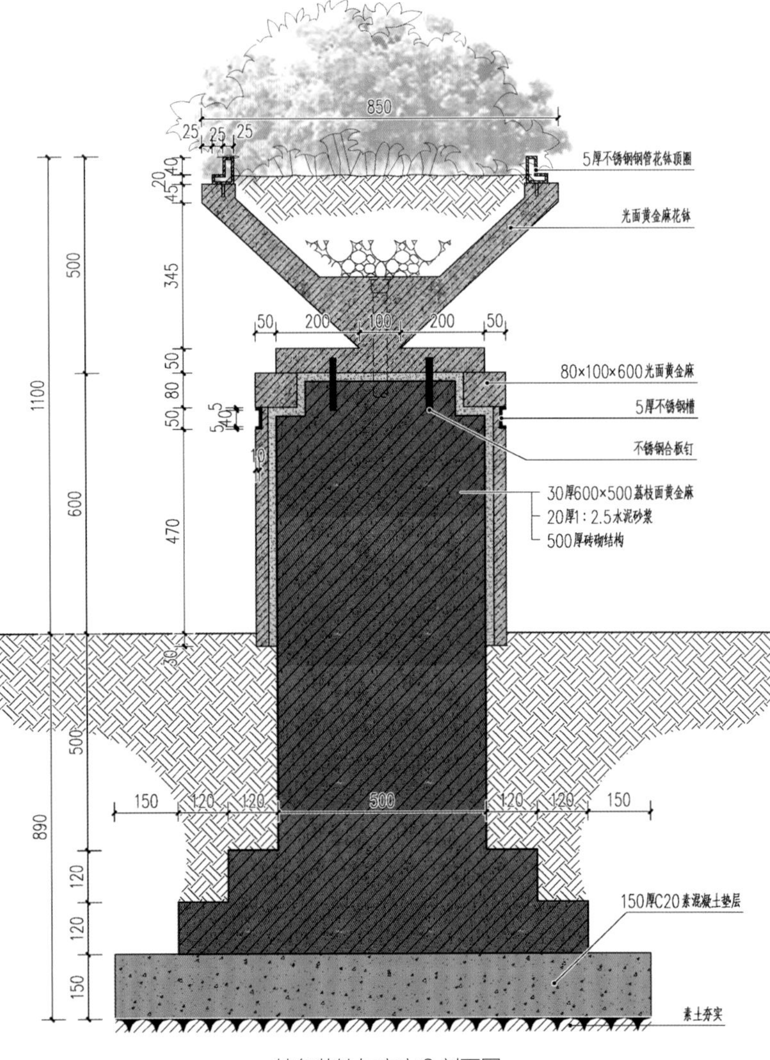
850
25 25 25
5厚不锈钢钢管花钵顶圈
光面黄金麻花钵
50 200 100 200 50
80×100×600光面黄金麻
5厚不锈钢槽
不锈钢合板钉
30厚600×500荔枝面黄金麻
20厚1：2.5水泥砂浆
500厚砖砌结构
150 120 120 500 120 120 150
150厚C20素混凝土垫层
素土夯实
1100
890
500
600
500
120
120
150
345
470
特色花钵与底座 2 剖面图

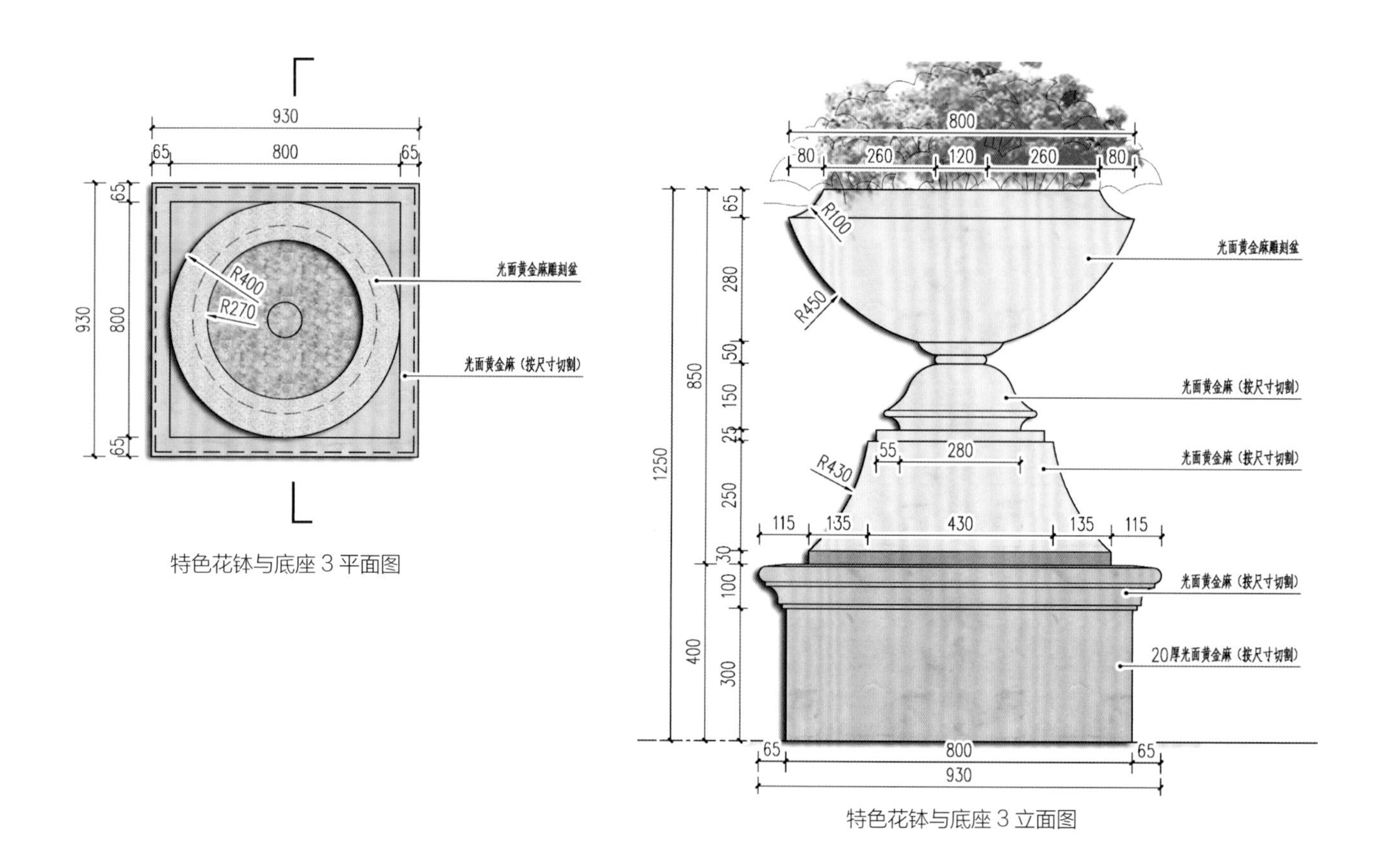

特色花钵与底座 3 平面图

特色花钵与底座 3 立面图

立面图标注:
- 光面黄金麻雕刻盆
- 光面黄金麻（按尺寸切割）
- 光面黄金麻（按尺寸切割）
- 光面黄金麻（按尺寸切割）
- 20厚光面黄金麻（按尺寸切割）

平面图标注:
- 光面黄金麻雕刻盆
- 光面黄金麻（按尺寸切割）

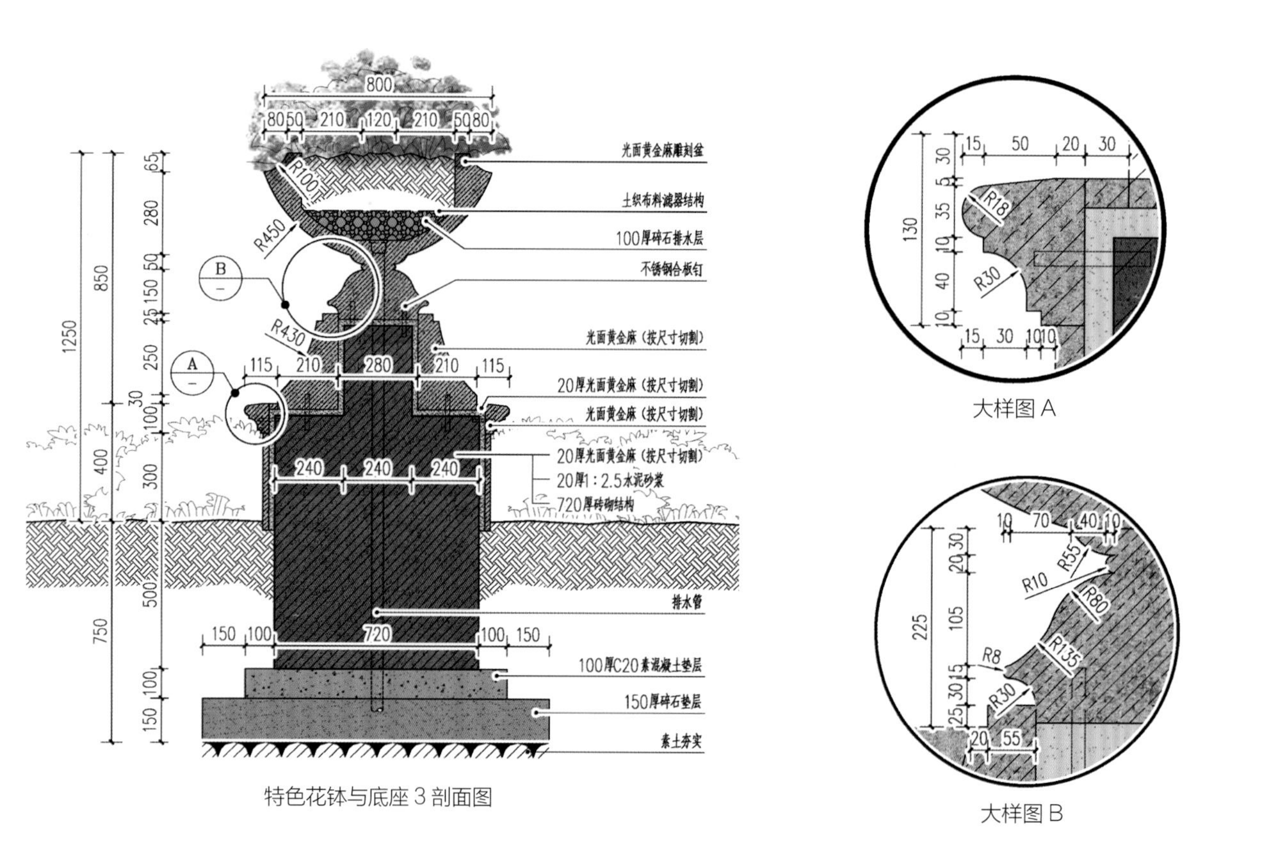

特色花钵与底座 3 剖面图

剖面图标注:
- 光面黄金麻雕刻盆
- 土织布料滤器结构
- 100厚碎石排水层
- 不锈钢合板钉
- 光面黄金麻（按尺寸切割）
- 20厚光面黄金麻（按尺寸切割）
- 光面黄金麻（按尺寸切割）
- 20厚光面黄金麻（按尺寸切割）
- 20厚1:2.5水泥砂浆
- 720厚砖砌结构
- 排水管
- 100厚C20素混凝土垫层
- 150厚碎石垫层
- 素土夯实

大样图 A

大样图 B

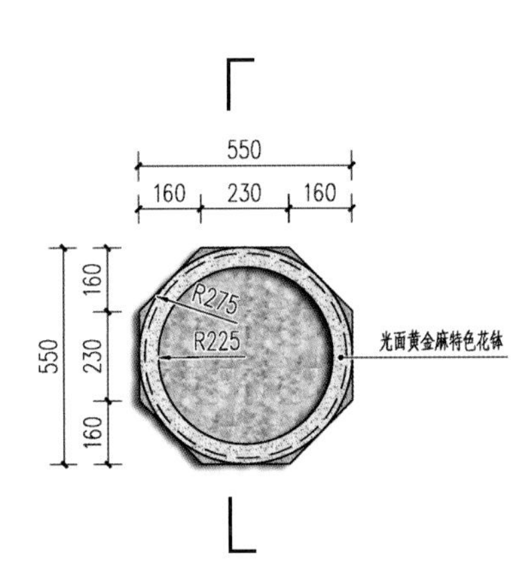

特色花钵与底座 4 平面图

光面黄金麻特色花钵
R275
R225

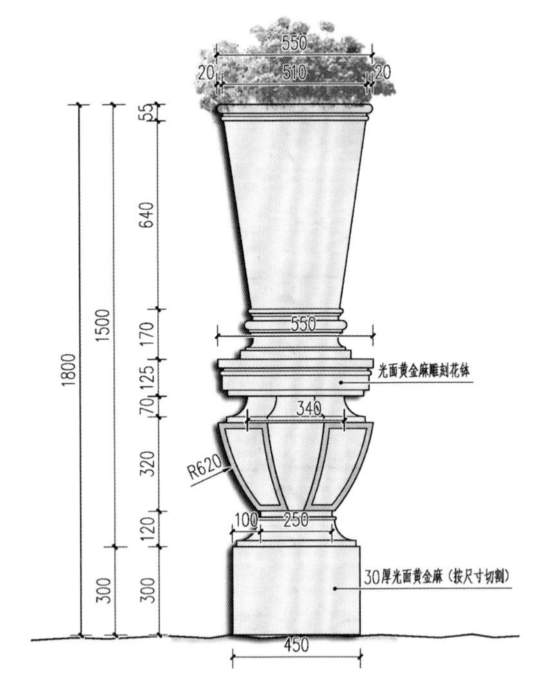

特色花钵与底座 4 立面图

光面黄金麻雕刻花钵
30厚光面黄金麻(按尺寸切割)

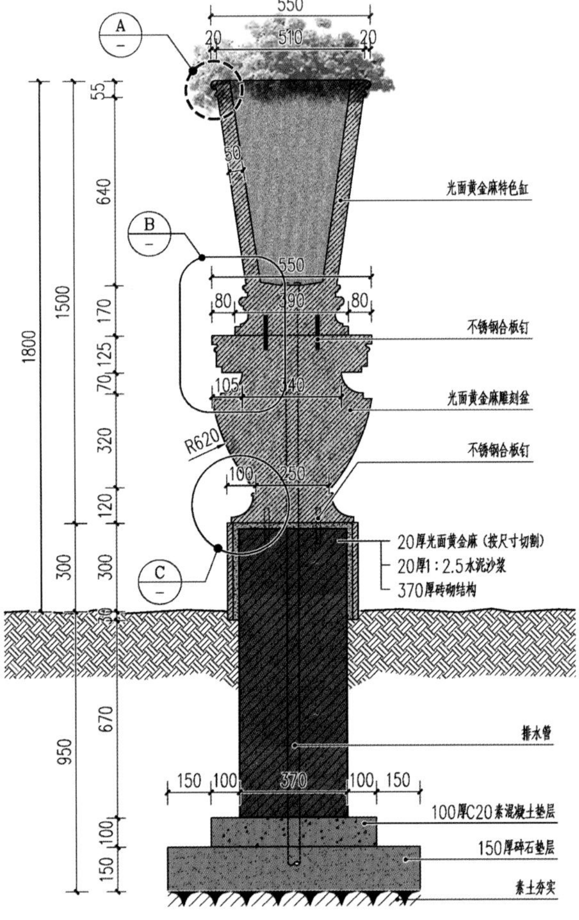

特色花钵与底座 4 剖面图

光面黄金麻特色缸
不锈钢合板钉
光面黄金麻雕刻盆
不锈钢合板钉
20厚光面黄金麻(按尺寸切割)
20厚1:2.5水泥沙浆
370厚砖砌结构
排水管
100厚C20素混凝土垫层
150厚碎石垫层
素土夯实

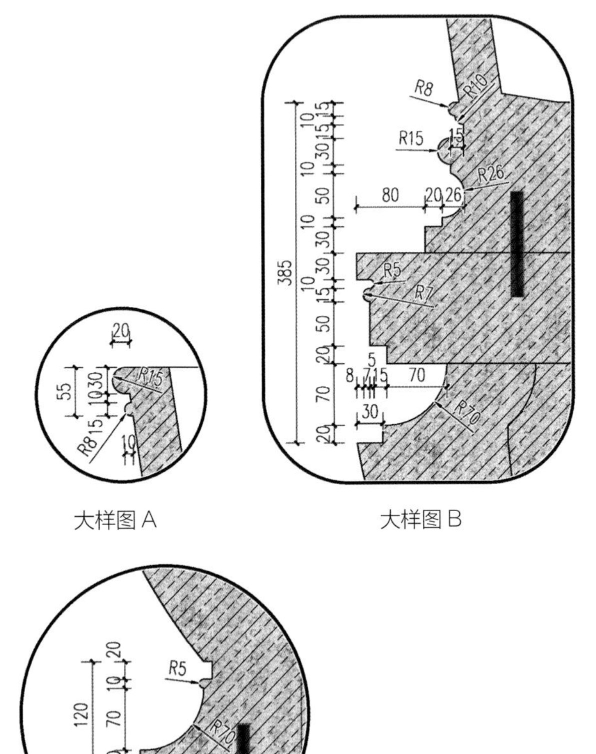

大样图 A

大样图 B

大样图 C

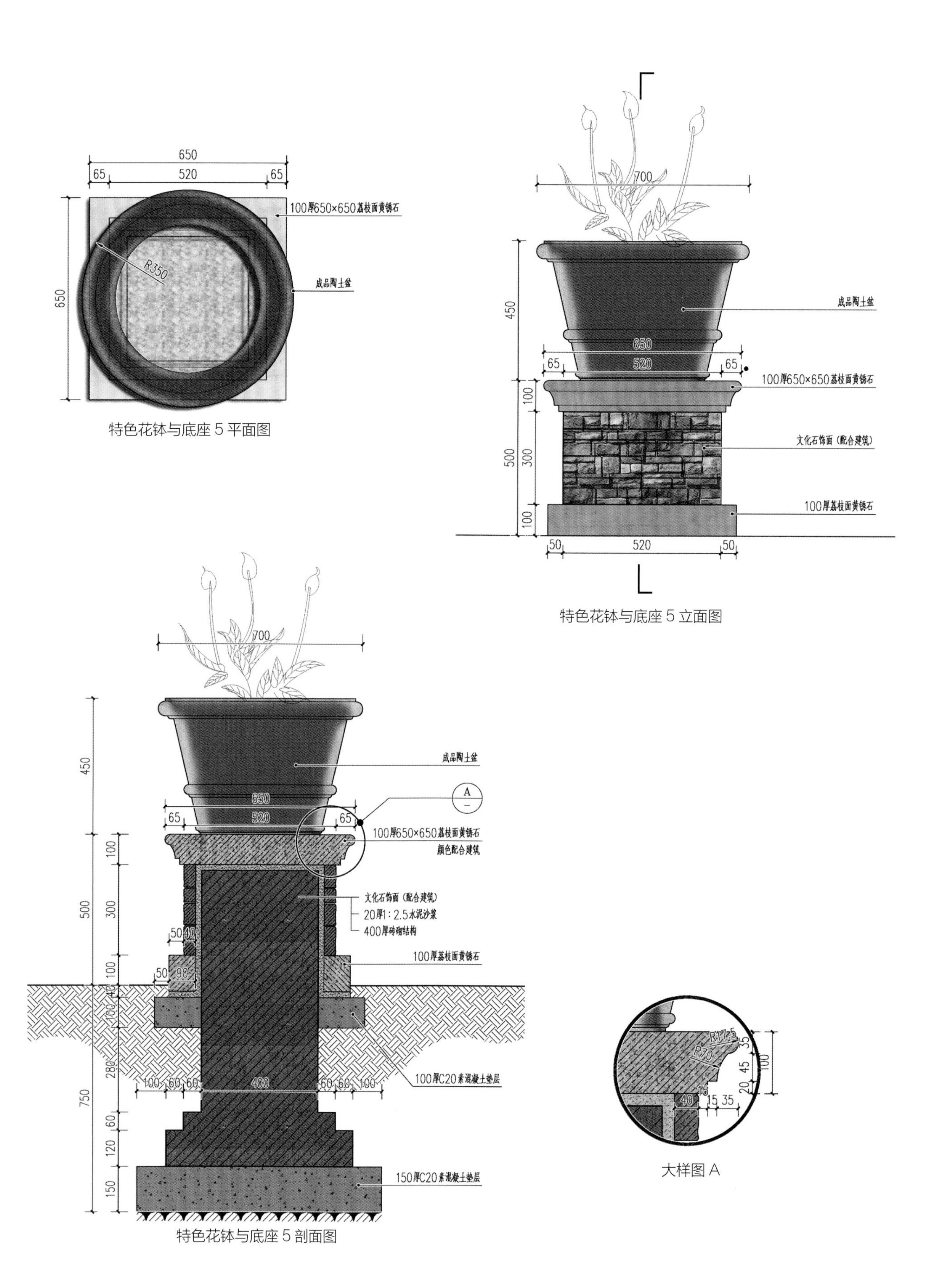

100厚650×650荔枝面黄锈石

成品陶土盆

R350

特色花钵与底座 5 平面图

成品陶土盆

100厚650×650荔枝面黄锈石

文化石饰面（配合建筑）

100厚荔枝面黄锈石

特色花钵与底座 5 立面图

成品陶土盆

100厚650×650荔枝面黄锈石
颜色配合建筑

文化石饰面（配合建筑）
20厚1：2.5水泥沙浆
400厚砖砌结构

100厚荔枝面黄锈石

100厚C20素混凝土垫层

150厚C20素混凝土垫层

特色花钵与底座 5 剖面图

大样图 A

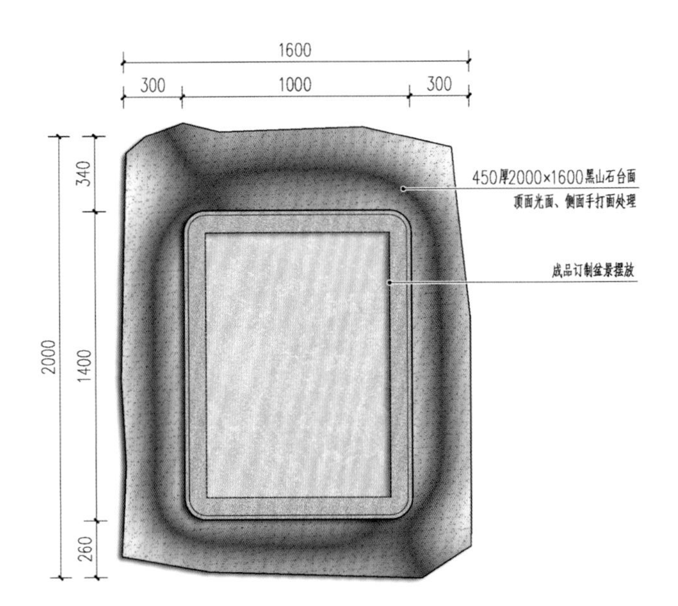

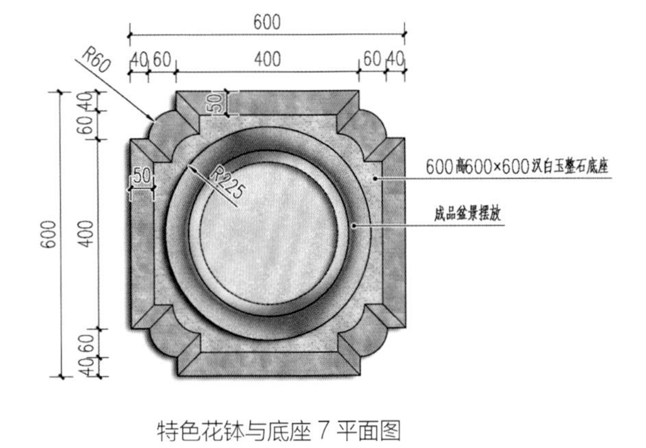

450厚2000×1600黑山石台面
顶面光面、侧面手打面处理

成品订制盆景摆放

特色花钵与底座 6 平面图

600高600×600汉白玉整石底座

成品盆景摆放

特色花钵与底座 7 平面图

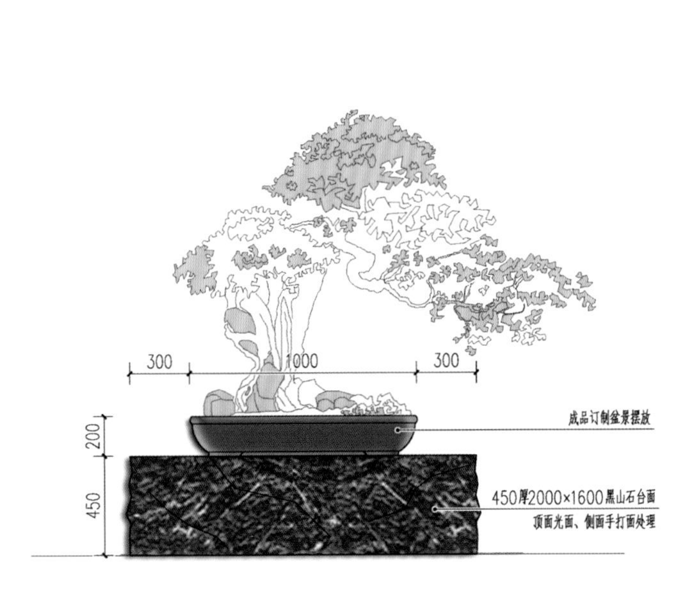

成品订制盆景摆放

450厚2000×1600黑山石台面
顶面光面、侧面手打面处理

特色花钵与底座 6 立面图

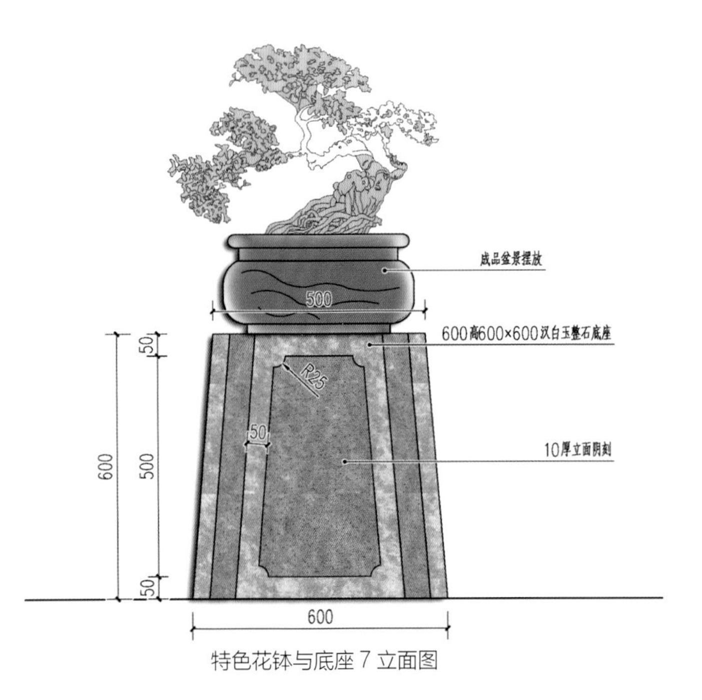

成品盆景摆放

600高600×600汉白玉整石底座

10厚立面阴刻

特色花钵与底座 7 立面图

雕塑

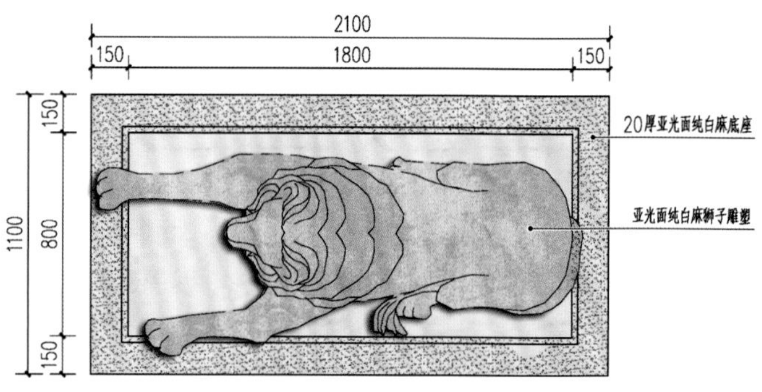

狮子雕塑平面图

20厚亚光面纯白麻底座

亚光面纯白麻狮子雕塑

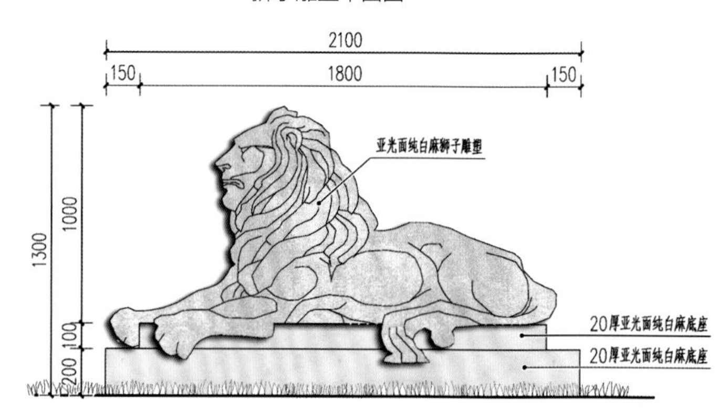

狮子雕塑立面图

亚光面纯白麻狮子雕塑

20厚亚光面纯白麻底座

20厚亚光面纯白麻底座

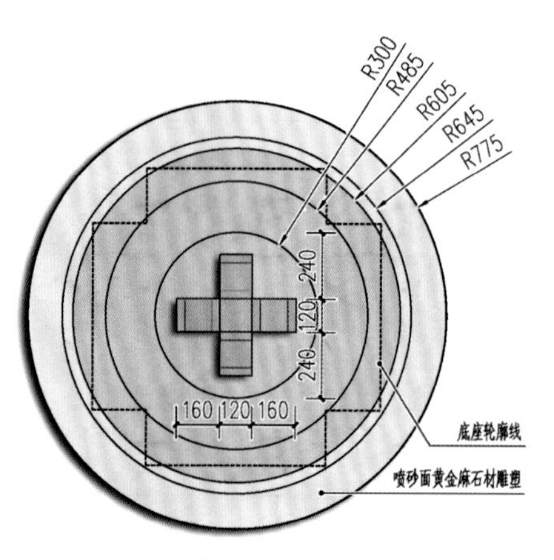

法式雕塑 1 平面图

底座轮廓线

喷砂面黄金麻石材雕塑

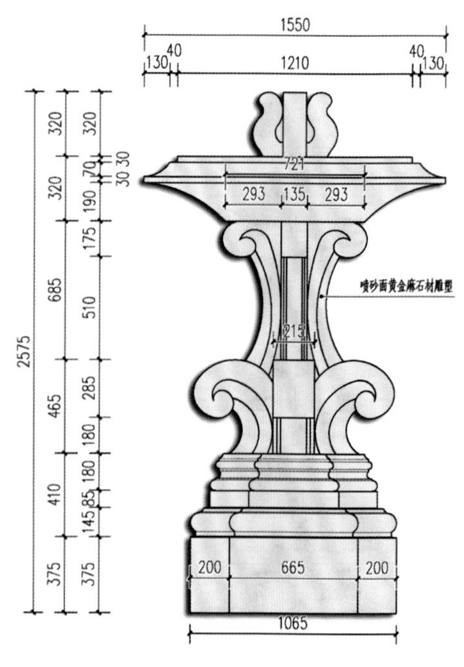

法式雕塑 1 立面图

喷砂面黄金麻石材雕塑

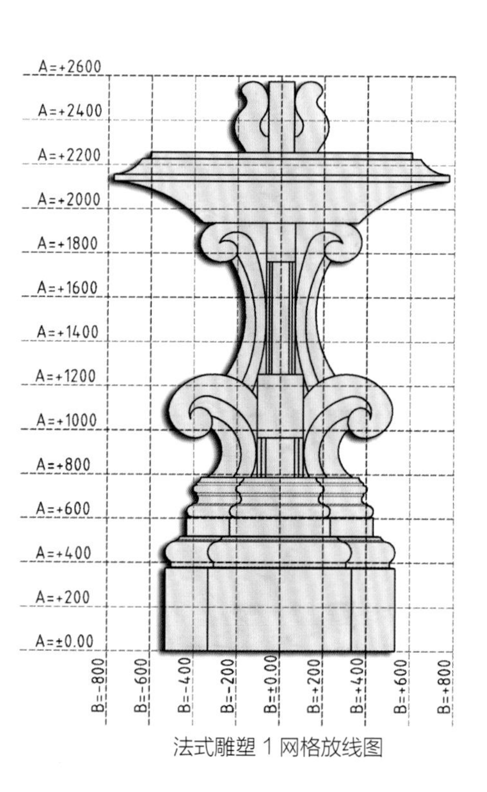

法式雕塑 1 网格放线图

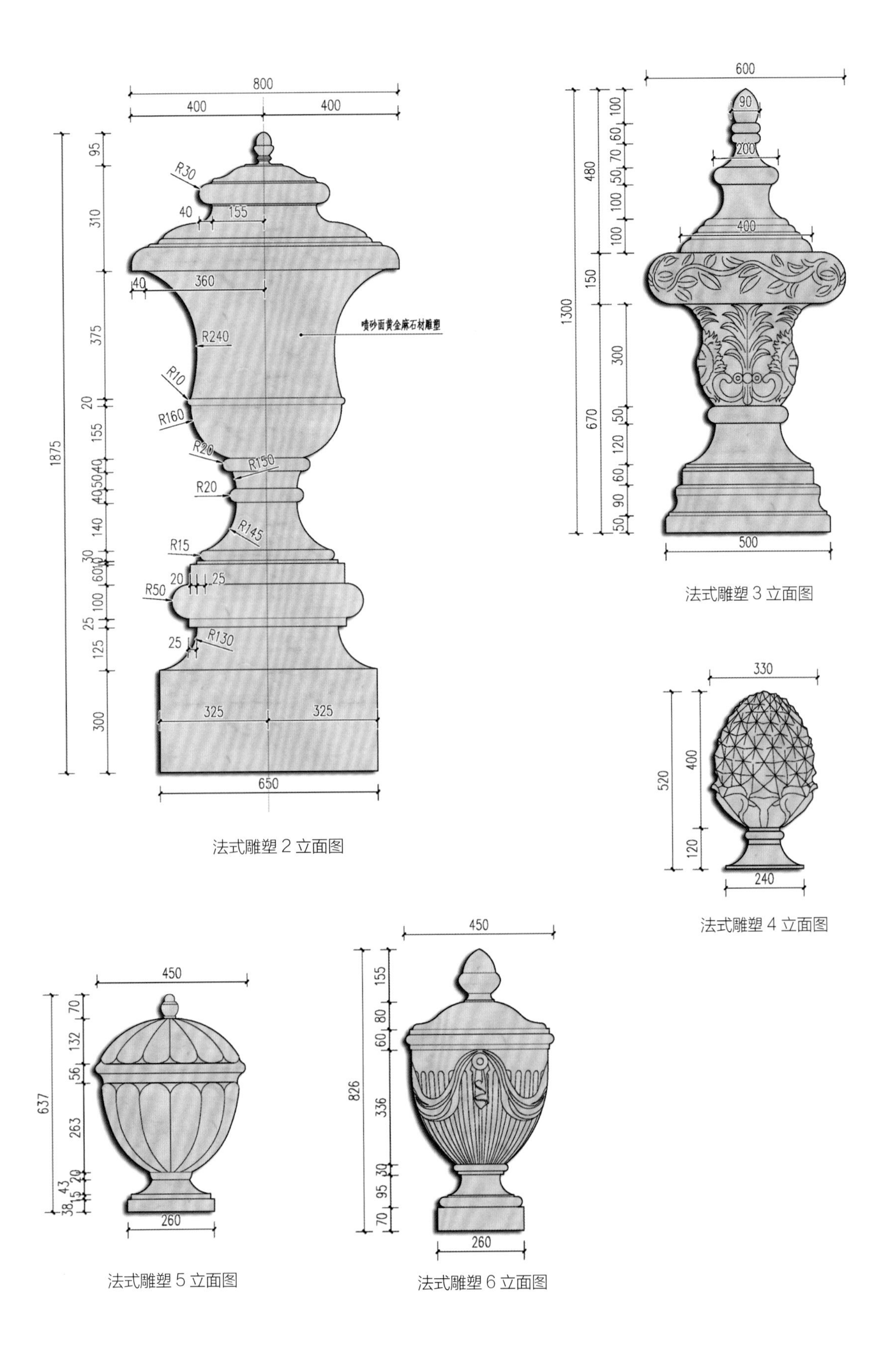

喷砂面黄金麻石材雕塑

法式雕塑 2 立面图

法式雕塑 3 立面图

法式雕塑 4 立面图

法式雕塑 5 立面图

法式雕塑 6 立面图

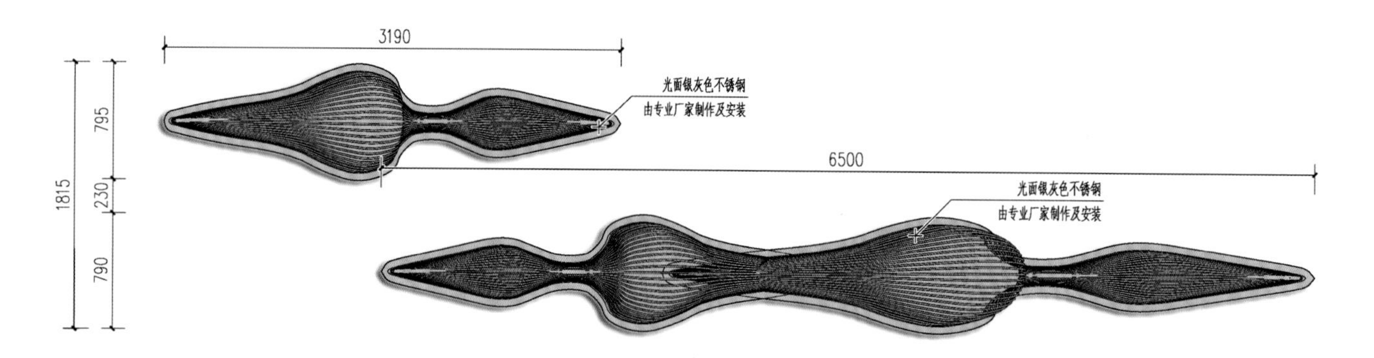
3190
6500
1815
795
230
790
光面银灰色不锈钢
由专业厂家制作及安装
光面银灰色不锈钢
由专业厂家制作及安装

现代艺术雕塑平面图

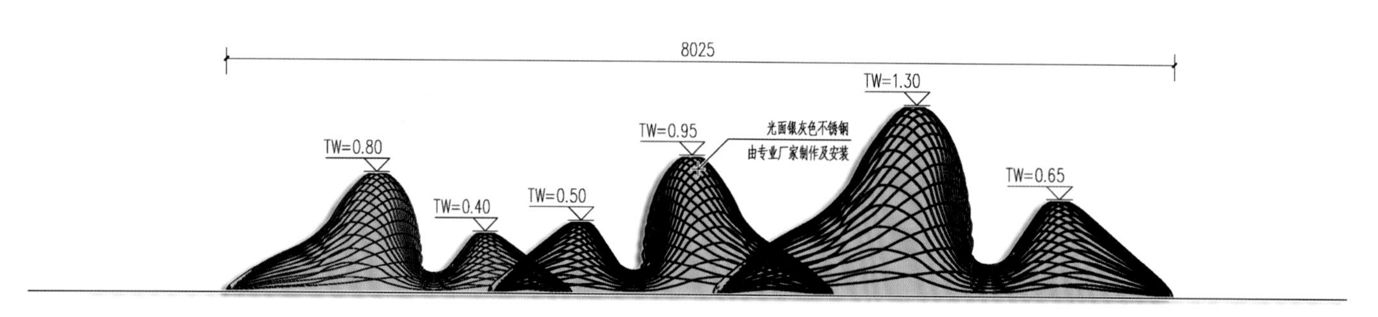
8025
TW=0.80
TW=0.40
TW=0.50
TW=0.95
TW=1.30
TW=0.65
光面银灰色不锈钢
由专业厂家制作及安装

现代艺术雕塑立面图

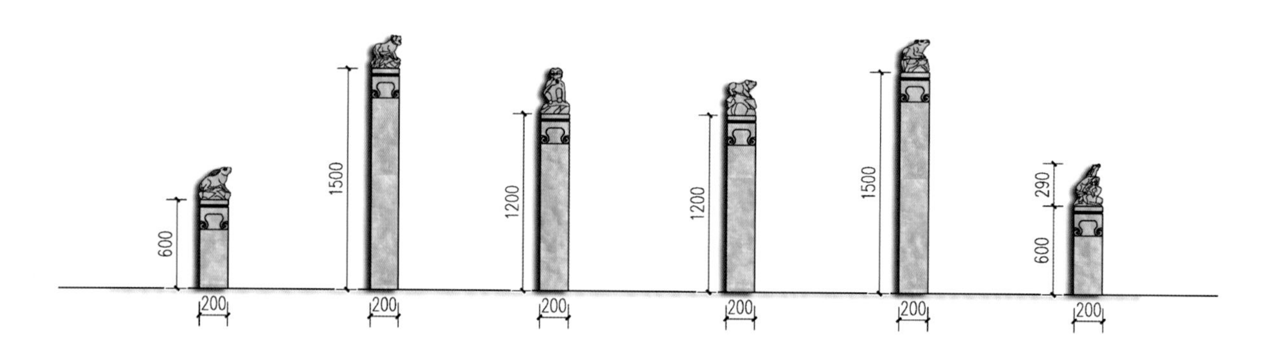
600
1500
1200
1200
1500
290
600
200
200
200
200
200
200

中式拴马桩雕塑立面图

坐凳、坐墙与矮墙

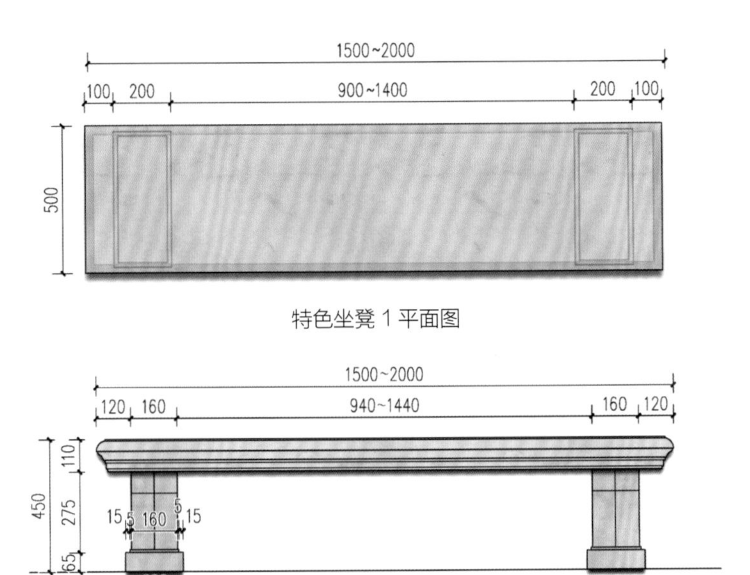

特色坐凳 1 平面图

特色坐凳 1 正立面图

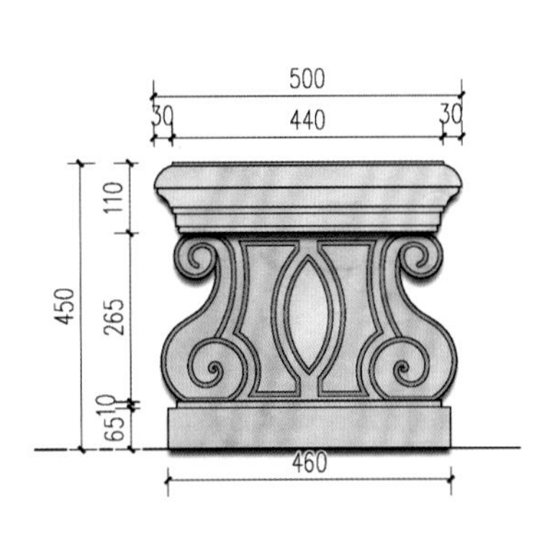

特色坐凳 1 侧立面图

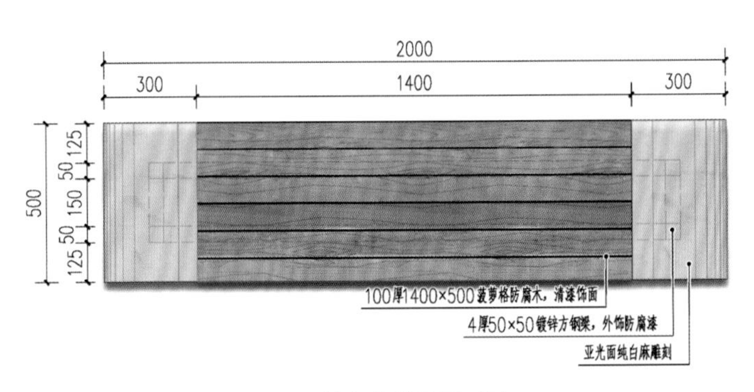

100厚1400×500菠萝格防腐木，清漆饰面
4厚50×50镀锌方钢凳，外饰防腐漆
亚光面纯白麻雕刻

特色坐凳 2 平面图

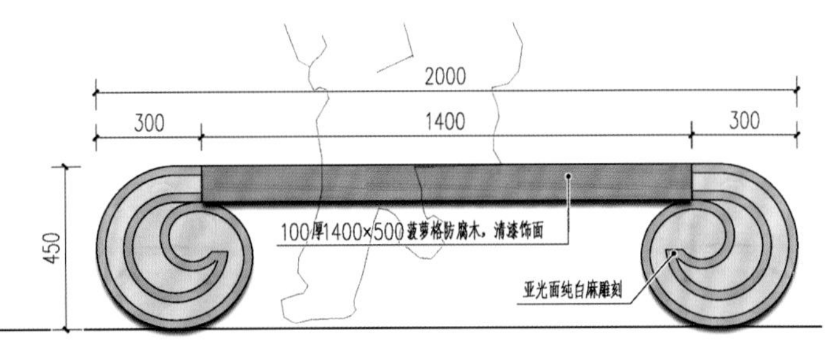

100厚1400×500菠萝格防腐木，清漆饰面
亚光面纯白麻雕刻

特色坐凳 2 立面图

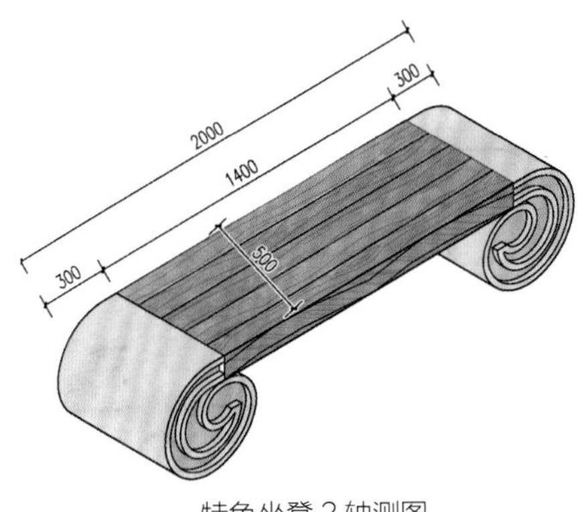

特色坐凳 2 轴测图

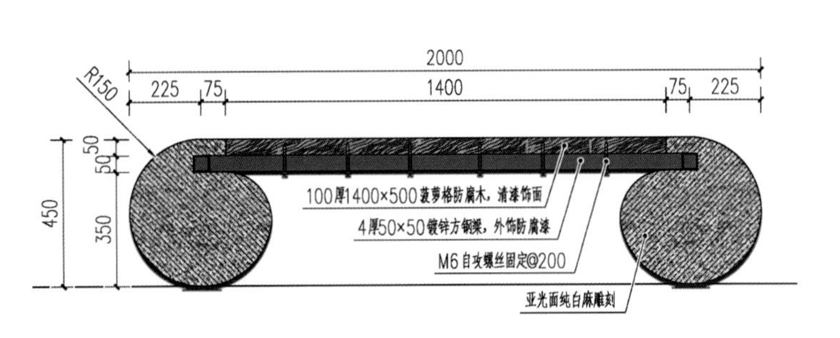

100厚1400×500菠萝格防腐木，清漆饰面
4厚50×50镀锌方钢凳，外饰防腐漆
M6自攻螺丝固定@200
亚光面纯白麻雕刻

特色坐凳 2 剖面图

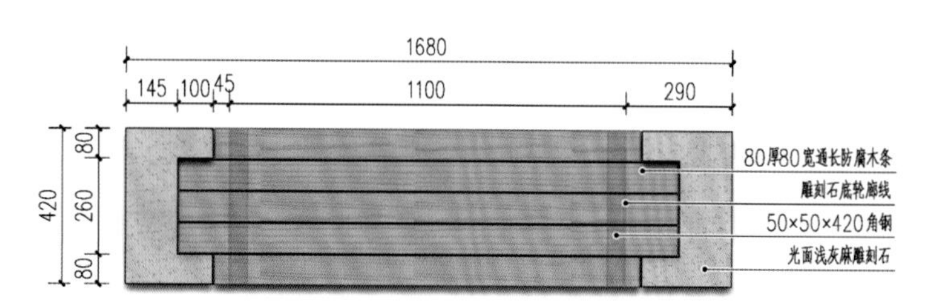
1680
145
100
45
1100
290
420
80
260
80
80厚80宽通长防腐木条
雕刻石底轮廓线
50×50×420角钢
光面浅灰麻雕刻石

特色坐凳 3 平面图

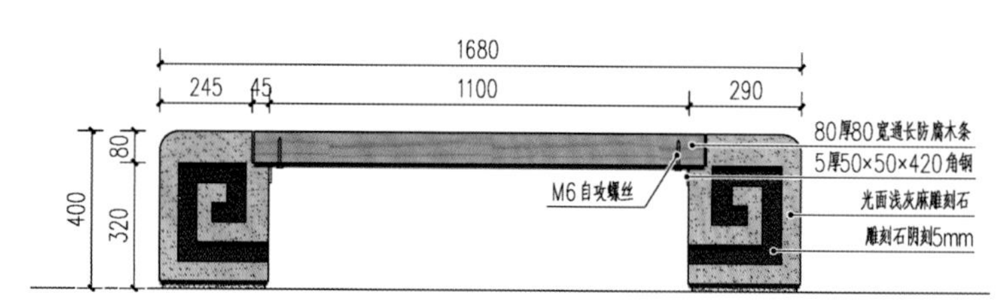
1680
245
45
1100
290
400
80
320
80厚80宽通长防腐木条
5厚50×50×420角钢
光面浅灰麻雕刻石
雕刻石阴刻5mm
M6自攻螺丝

特色坐凳 3 立面图

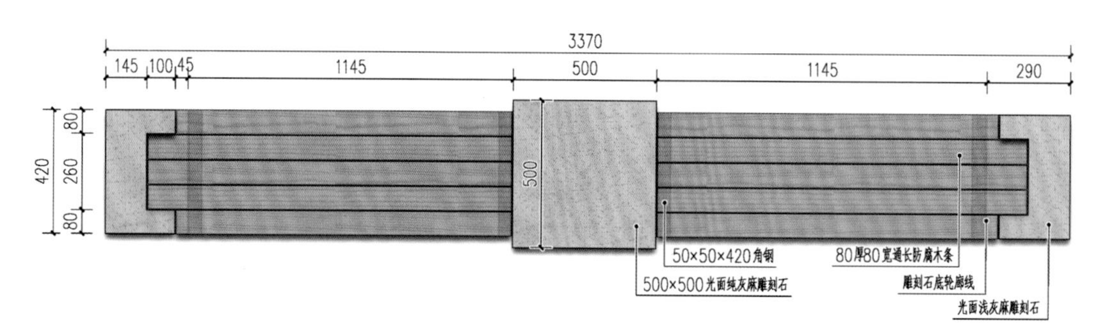
3370
145
100
45
1145
500
1145
290
420
80
260
80
500
50×50×420角钢
500×500光面纯灰麻雕刻石
80厚80宽通长防腐木条
雕刻石底轮廓线
光面浅灰麻雕刻石

特色坐凳 4 平面图

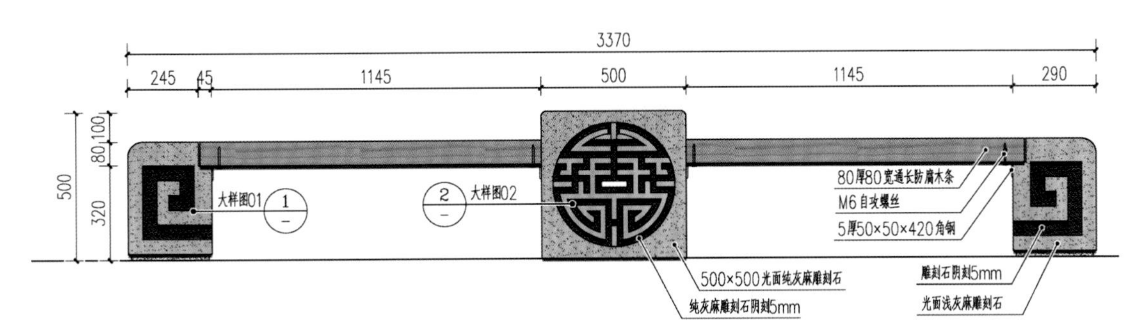
3370
245
45
1145
500
1145
290
500
100
80
320
大样图01
1
大样图02
2
80厚80宽通长防腐木条
M6自攻螺丝
5厚50×50×420角钢
500×500光面纯灰麻雕刻石
纯灰麻雕刻石阴刻5mm
雕刻石阴刻5mm
光面浅灰麻雕刻石

特色坐凳 4 立面图

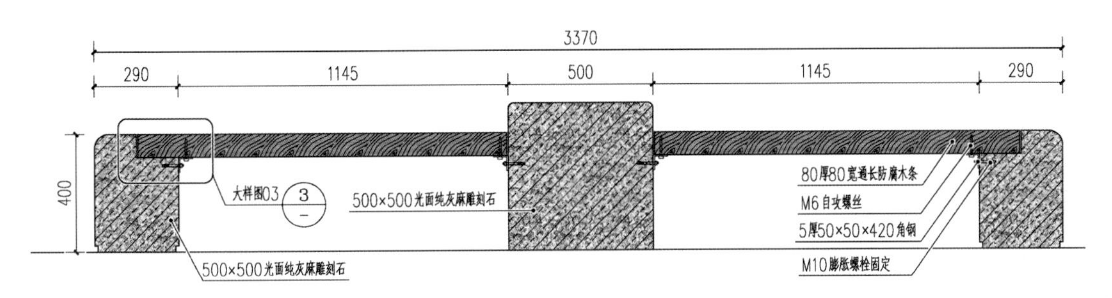
3370
290
1145
500
1145
290
400
大样图03
3
500×500光面纯灰麻雕刻石
80厚80宽通长防腐木条
M6自攻螺丝
5厚50×50×420角钢
M10膨胀螺栓固定
500×500光面纯灰麻雕刻石

特色坐凳 4 剖面图

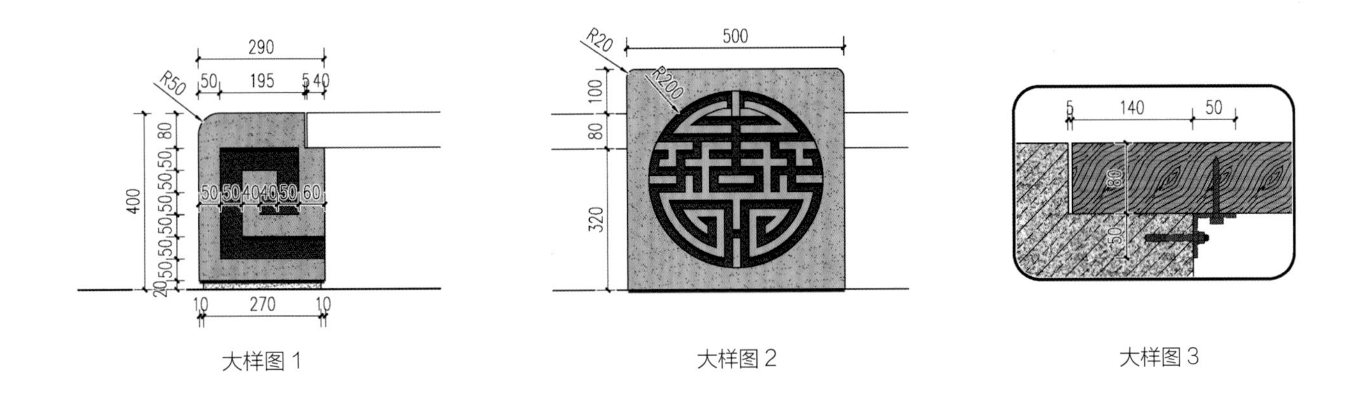
290
R50
50
195
5
40
400
80
270
10
R20
500
R200
100
80
320
5
140
50

大样图 1　　大样图 2　　大样图 3

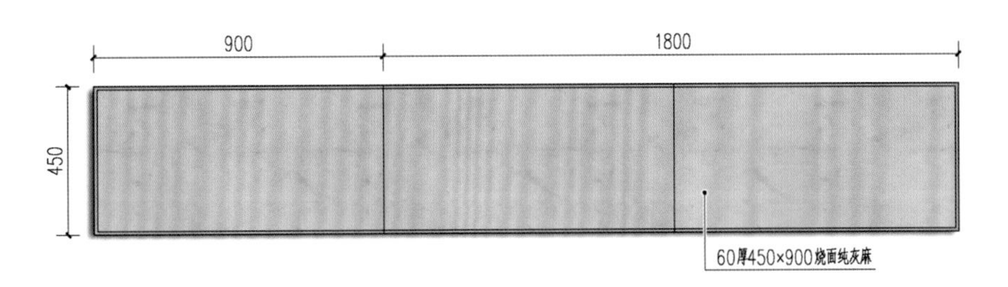
900
1800
450
60厚450×900烧面纯灰麻

特色坐墙 1 平面图

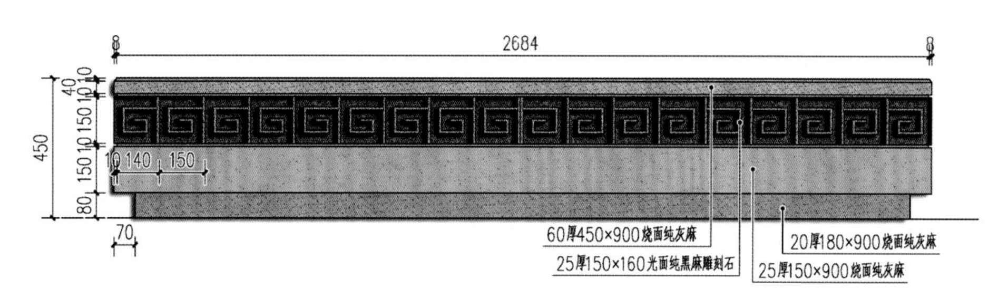
2684
40
10
10
150
10
150
80
450
10 140 150
70
60厚450×900烧面纯灰麻
25厚150×160光面纯黑麻雕刻石
20厚180×900烧面纯灰麻
25厚150×900烧面纯灰麻

特色坐墙 1 立面图

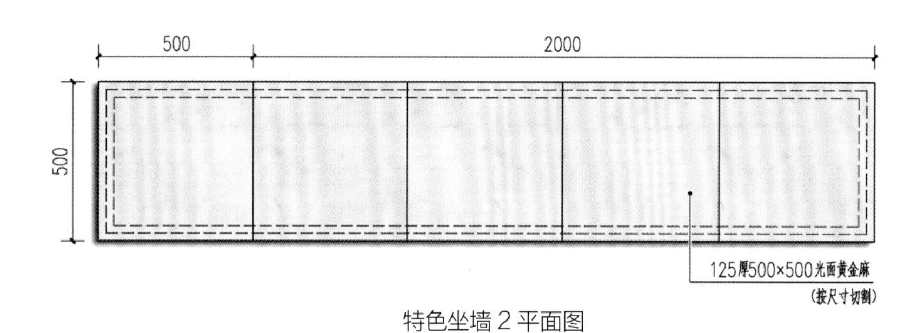
500
2000
500
125厚500×500光面黄金麻
(按尺寸切割)

特色坐墙 2 平面图

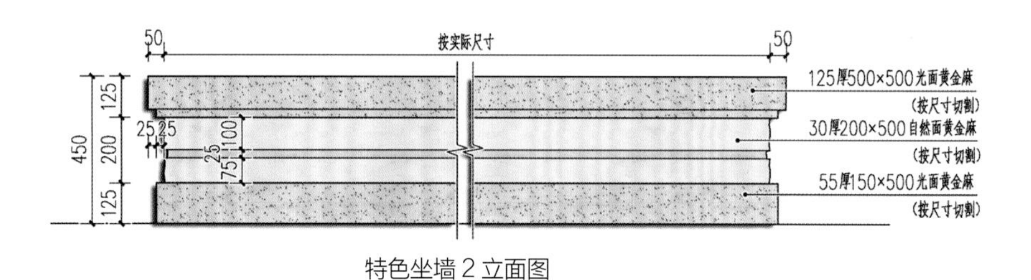
50
按实际尺寸
50
125
200
125
450
25 25
100
25
75
125厚500×500光面黄金麻
(按尺寸切割)
30厚200×500自然面黄金麻
(按尺寸切割)
55厚150×500光面黄金麻
(按尺寸切割)

特色坐墙 2 立面图

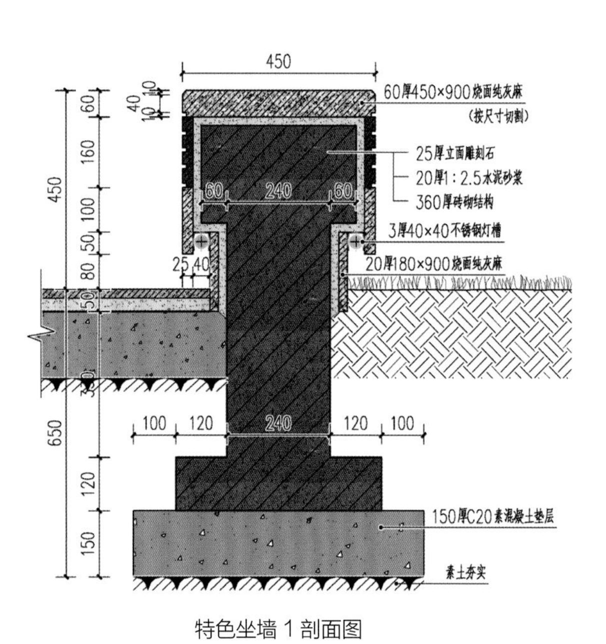
450
60
160
100
50
80
450
650
120
150
60 240 60
25 40
100 120 240 120 100
60厚450×900烧面纯灰麻
(按尺寸切割)
25厚立面雕刻石
20厚1:2.5水泥砂浆
360厚砖砌结构
3厚40×40不锈钢灯槽
20厚180×900烧面纯灰麻
150厚C20素混凝土垫层
素土夯实

特色坐墙 1 剖面图

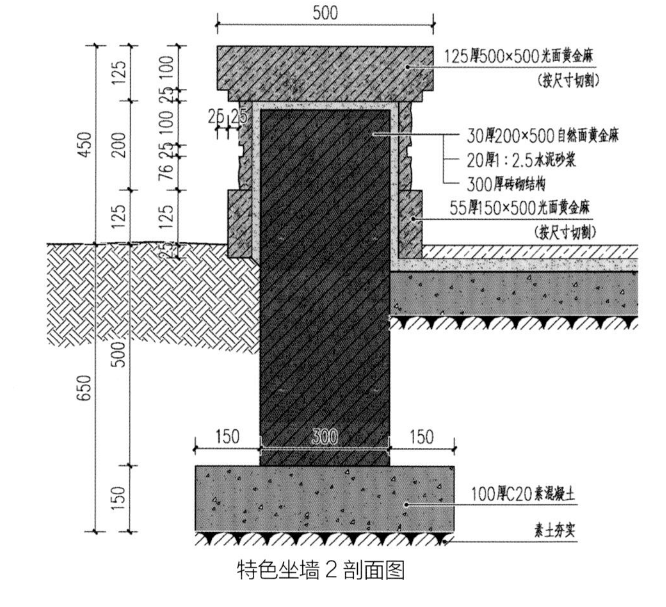
500
125
200
125
450
500
650
150
100
25
25
100
76
25
125
25 25
150 300 150
125厚500×500光面黄金麻
(按尺寸切割)
30厚200×500自然面黄金麻
20厚1:2.5水泥砂浆
300厚砖砌结构
55厚150×500光面黄金麻
(按尺寸切割)
100厚C20素混凝土
素土夯实

特色坐墙 2 剖面图

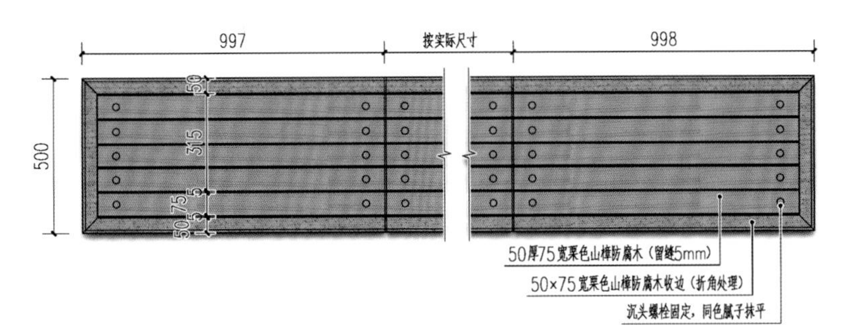

50厚75宽栗色山樟防腐木（留缝5mm）
50×75宽栗色山樟防腐木收边（折角处理）
沉头螺栓固定，同色腻子抹平

特色坐墙 3 平面图

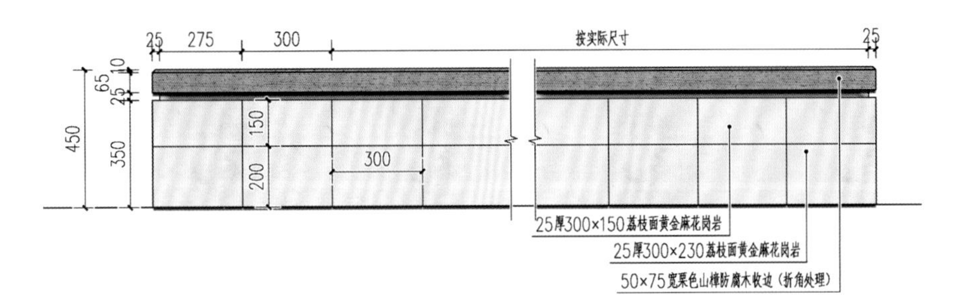

25厚300×150荔枝面黄金麻花岗岩
25厚300×230荔枝面黄金麻花岗岩
50×75宽栗色山樟防腐木收边（折角处理）

特色坐墙 3 立面图

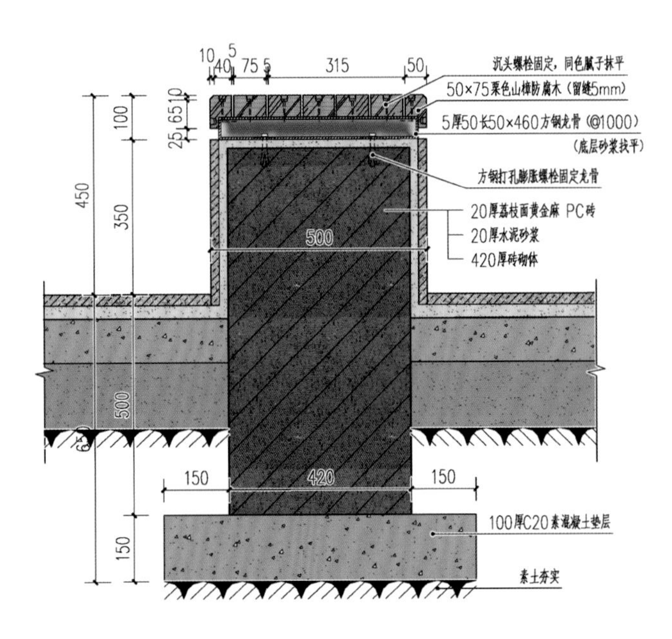

沉头螺栓固定，同色腻子抹平
50×75栗色山樟防腐木（留缝5mm）
5厚50×50长×460方钢龙骨（@1000）
（底层砂浆找平）
方钢打孔膨胀螺栓固定龙骨
20厚荔枝面黄金麻 PC砖
20厚水泥砂浆
420厚砖砌体
100厚C20素混凝土垫层
素土夯实

特色坐墙 3 剖面图

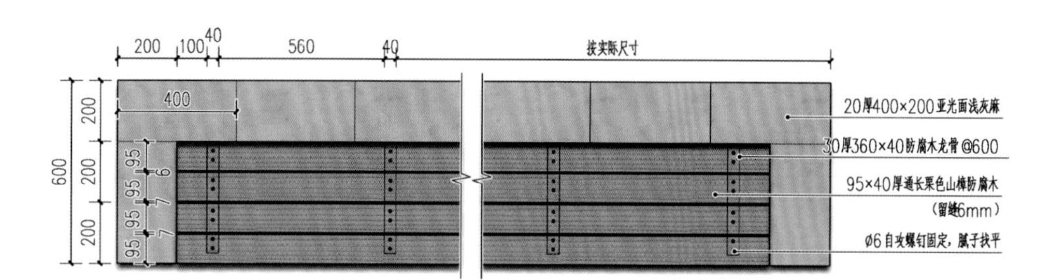
200
100
40
560
40
按实际尺寸
400
600
200
200
200
95
95
95
95
6
7
7
20厚400×200亚光面浅灰麻
30厚360×40防腐木龙骨@600
95×40厚通长栗色山樟防腐木
(留缝6mm)
Ø6自攻螺钉固定，腻子抹平

特色坐墙 4 平面图

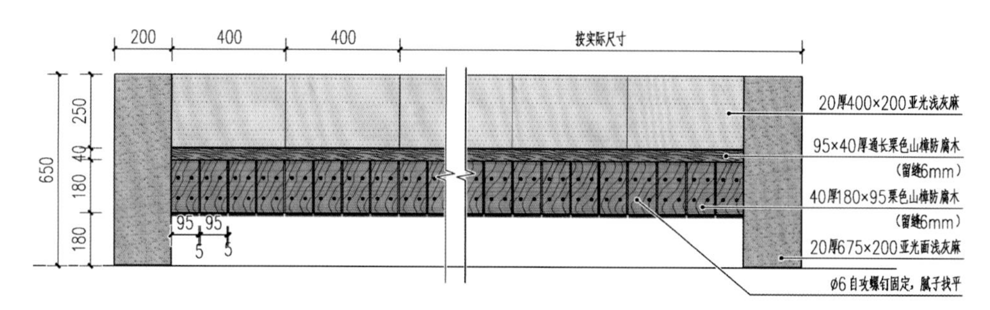
200
400
400
按实际尺寸
650
250
40
180
180
95
95
5
5
20厚400×200亚光面浅灰麻
95×40厚通长栗色山樟防腐木
(留缝6mm)
40厚180×95栗色山樟防腐木
(留缝6mm)
20厚675×200亚光面浅灰麻
Ø6自攻螺钉固定，腻子抹平

特色坐墙 4 立面图

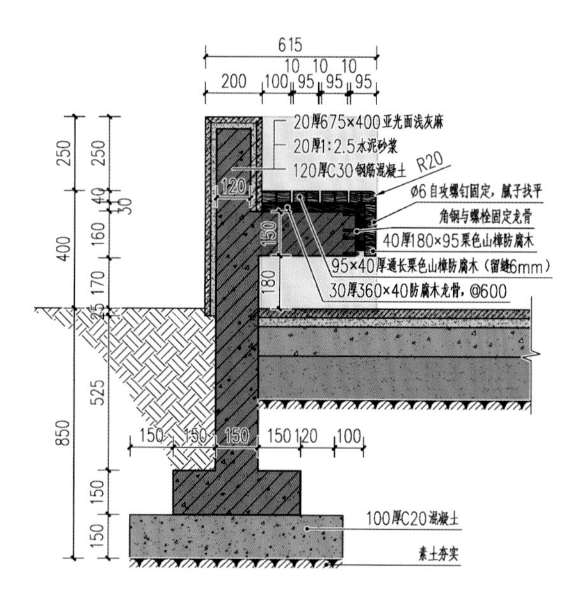
615
10
10
10
200
100
95
95
95
20厚675×400亚光面浅灰麻
20厚1:2.5水泥砂浆
120厚C30钢筋混凝土
R20
120
Ø6自攻螺钉固定，腻子抹平
角钢与螺栓固定龙骨
40厚180×95栗色山樟防腐木
95×40厚通长栗色山樟防腐木（留缝6mm）
30厚360×40防腐木龙骨，@600
150
180
250
250
40
30
160
400
170
25
525
850
150
150
150
150
150
120
100
100厚C20混凝土
素土夯实

特色坐墙 4 剖面图

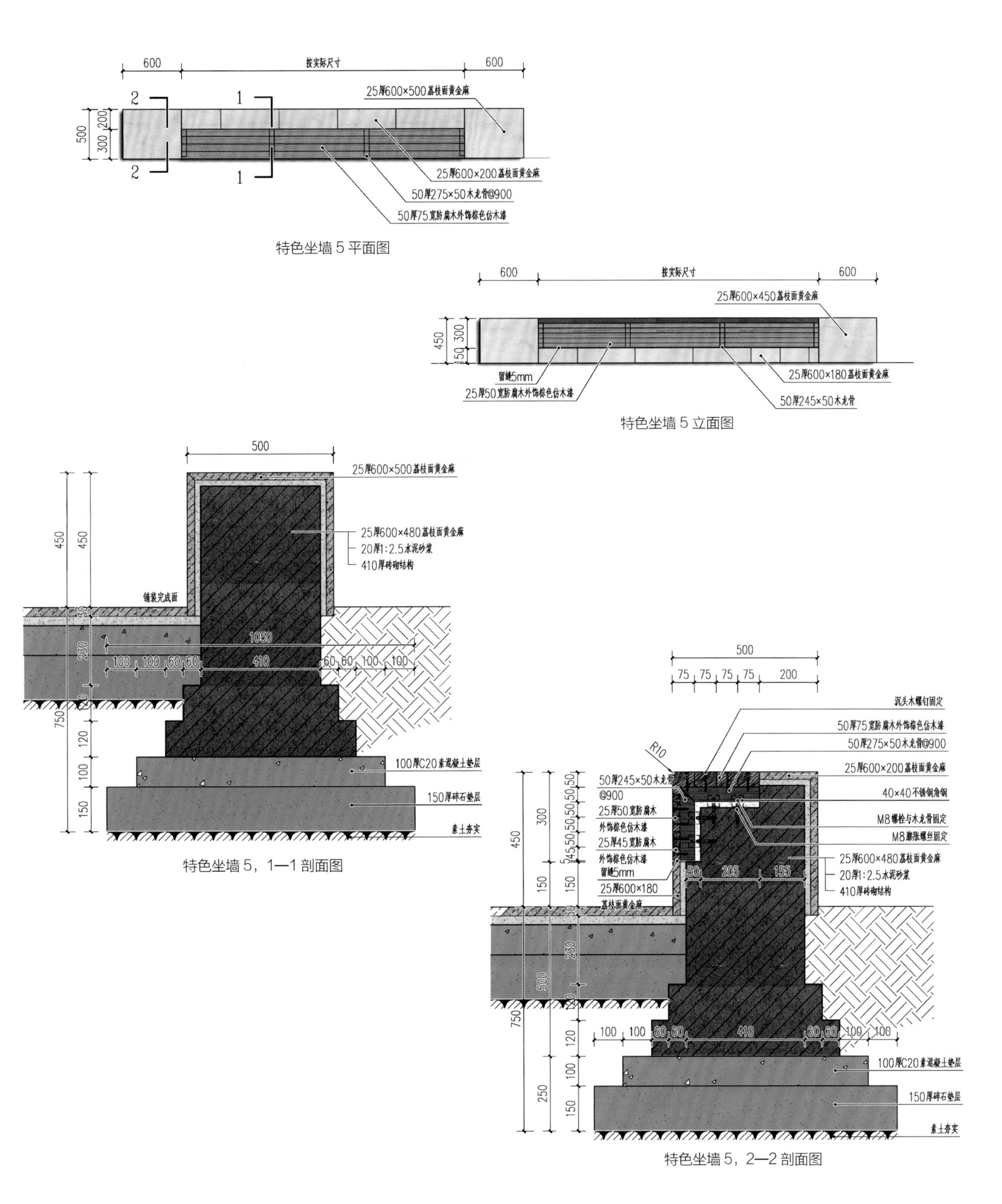

600　　　　　　按实际尺寸　　　　　　600

25厚600×500荔枝面黄金麻

25厚600×200荔枝面黄金麻
50厚275×50木龙骨@900
50厚75宽防腐木外饰棕色仿木漆

特色坐墙 5 平面图

600　　　　　　按实际尺寸　　　　　　600

25厚600×450荔枝面黄金麻

留缝5mm
25厚50宽防腐木外饰棕色仿木漆
25厚600×180荔枝面黄金麻
50厚245×50木龙骨

特色坐墙 5 立面图

500

25厚600×500荔枝面黄金麻

25厚600×480荔枝面黄金麻
20厚1:2.5水泥砂浆
410厚砖砌结构

铺装完成面

1050
410

100　100　60 60　　60 60　100　100

100厚C20素混凝土垫层

150厚碎石垫层

素土夯实

特色坐墙 5，1—1 剖面图

500

75　75　75　75　　200

沉头木螺钉固定
50厚75宽防腐木外饰棕色仿木漆
50厚275×50木龙骨@900
25厚600×200荔枝面黄金麻
40×40不锈钢角钢
M8螺栓与木龙骨固定
M8膨胀螺丝固定

R10

50厚245×50木龙骨@900
25厚50宽防腐木外饰棕色仿木漆
25厚45宽防腐木外饰棕色仿木漆留缝5mm
25厚600×180荔枝面黄金麻

50　205　155

25厚600×480荔枝面黄金麻
20厚1:2.5水泥砂浆
410厚砖砌结构

100　100　60 60　　410　　60 60　100　100

100厚C20素混凝土垫层

150厚碎石垫层

素土夯实

特色坐墙 5，2—2 剖面图

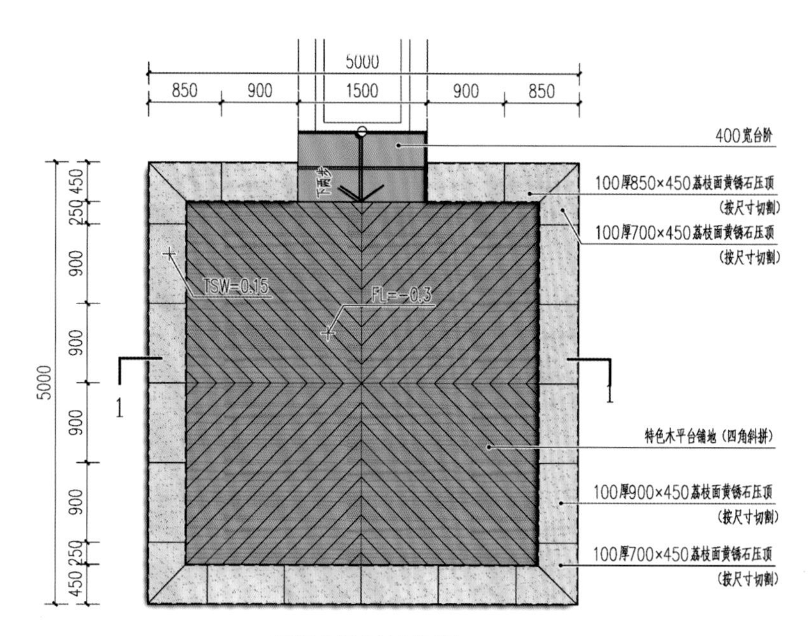

400宽台阶

100厚850×450荔枝面黄锈石压顶
（按尺寸切割）

100厚700×450荔枝面黄锈石压顶
（按尺寸切割）

特色木平台铺地（四角斜拼）

100厚900×450荔枝面黄锈石压顶
（按尺寸切割）

100厚700×450荔枝面黄锈石压顶
（按尺寸切割）

下沉空间坐墙平面图

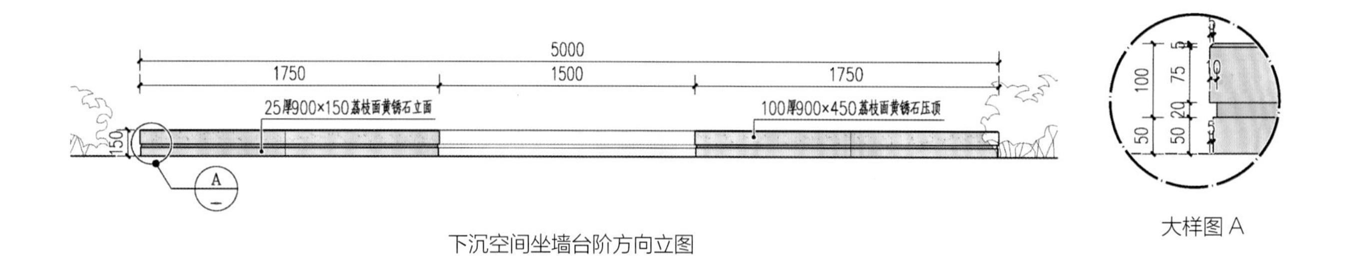

25厚900×150荔枝面黄锈石立面

100厚900×450荔枝面黄锈石压顶

下沉空间坐墙台阶方向立图

大样图 A

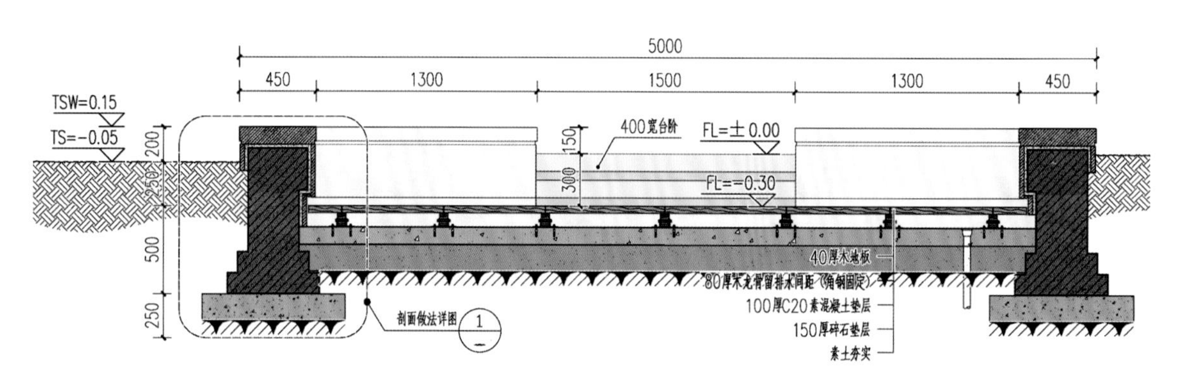

400宽台阶

FL=±0.00

FL=-0.30

40厚木地板

80厚木龙骨留排木间距（角钢固定）

100厚C20素混凝土垫层

150厚碎石垫层

素土夯实

剖面做法详图

下沉空间坐墙 1—1 剖面图

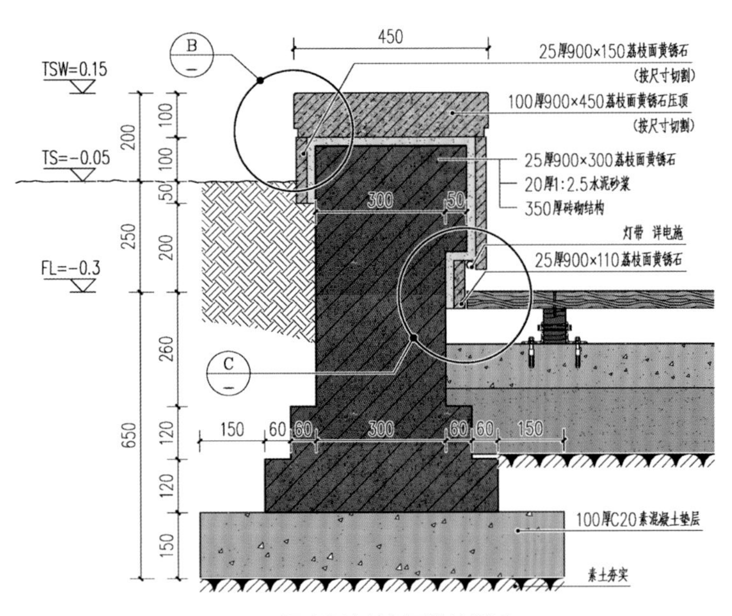

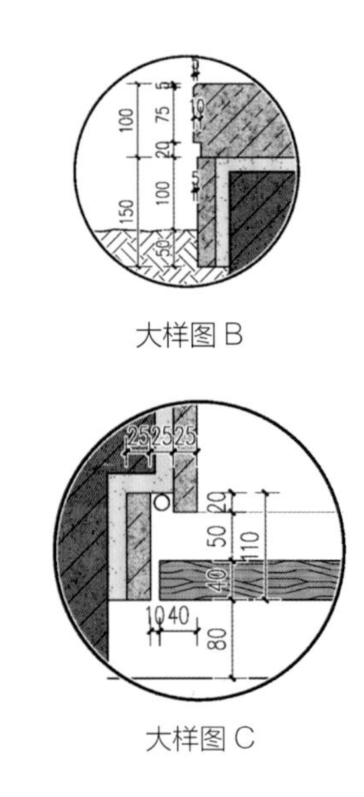

大样图 B

大样图 C

下沉空间坐墙剖面做法详图

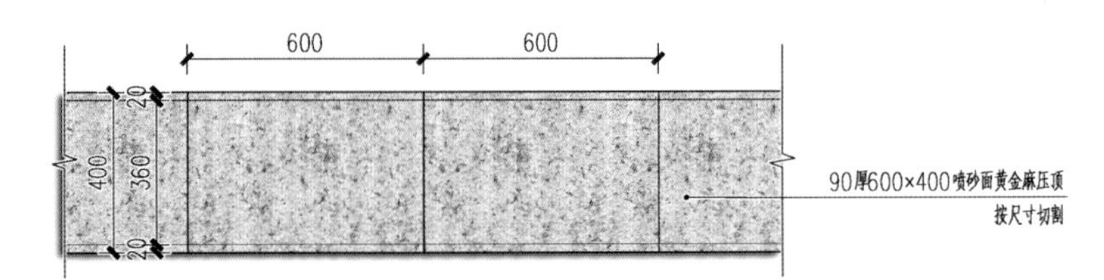

矮墙 1 平面图

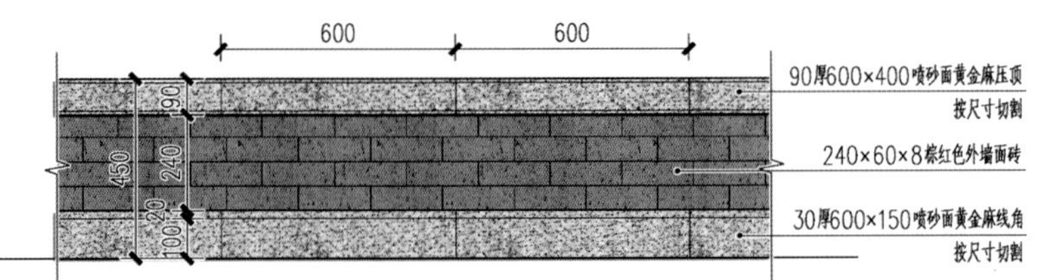

矮墙 1 立面图

大样图 A

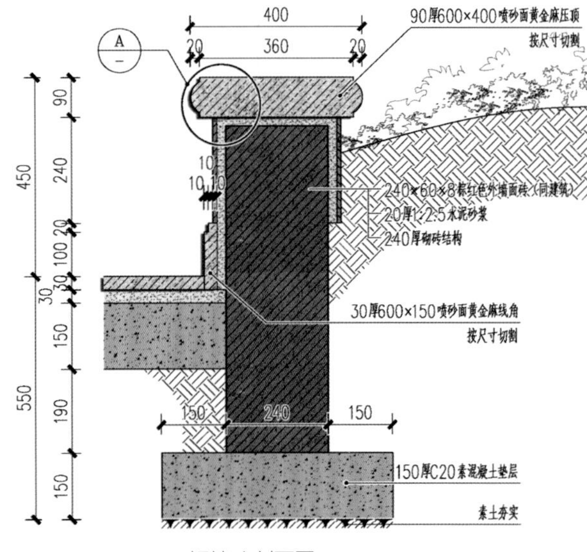

矮墙 1 剖面图

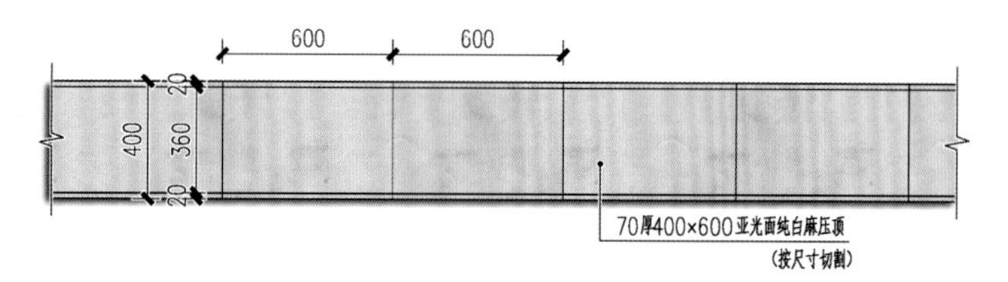

600   600

20   400   360   20

70厚400×600亚光面纯白麻压顶
(按尺寸切割)

矮墙 2 平面图

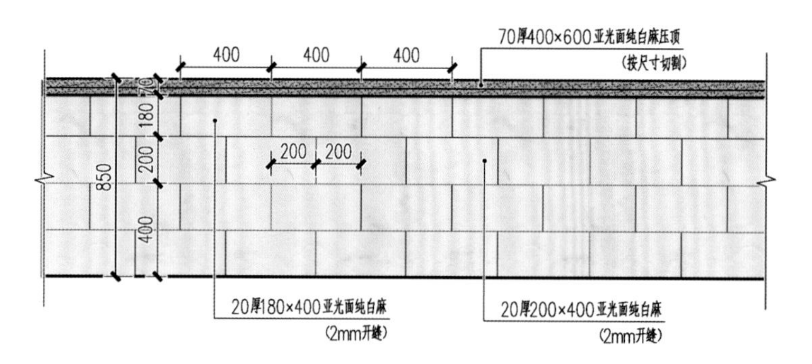

400   400   400

70厚400×600亚光面纯白麻压顶
(按尺寸切割)

850   180   200   400

200   200

20厚180×400亚光面纯白麻
(2mm开缝)

20厚200×400亚光面纯白麻
(2mm开缝)

矮墙 2 立面图

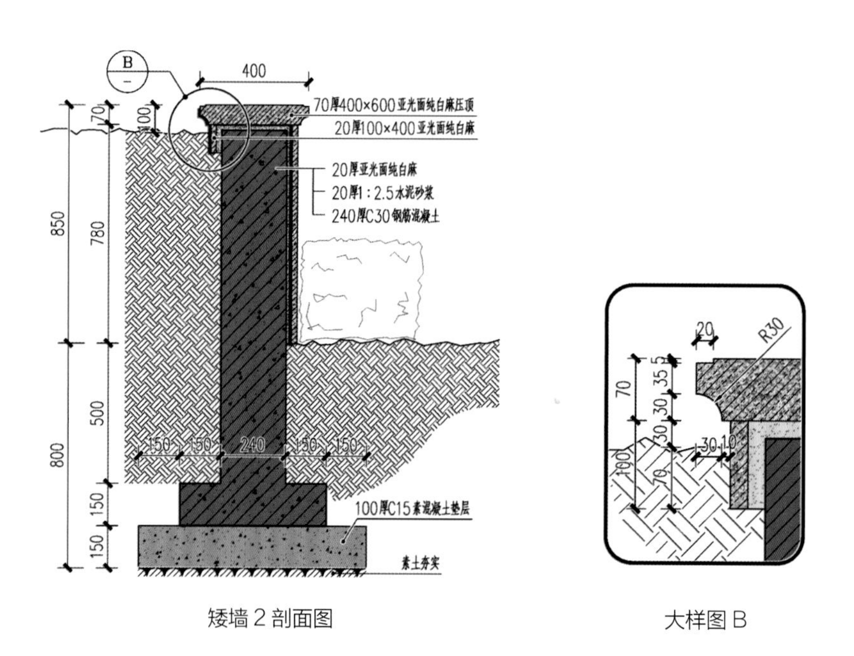

B

400

70   400

70厚400×600亚光面纯白麻压顶
20厚100×400亚光面纯白麻

20厚亚光面纯白麻
20厚1:2.5水泥砂浆
240厚C30钢筋混凝土

850   780

500

800

150 150 240 150 150

150   150

100厚C15素混凝土垫层

素土夯实

矮墙 2 剖面图

20   R30

70   30 30 35 5

30 10

100   70

大样图 B

台阶侧墙

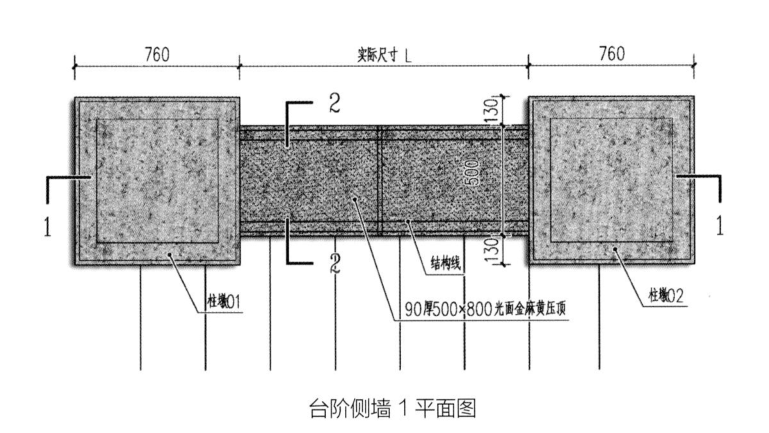

760　实际尺寸 L　760

90厚500×800光面金麻黄压顶

柱墩01　结构线　柱墩02

台阶侧墙 1 平面图

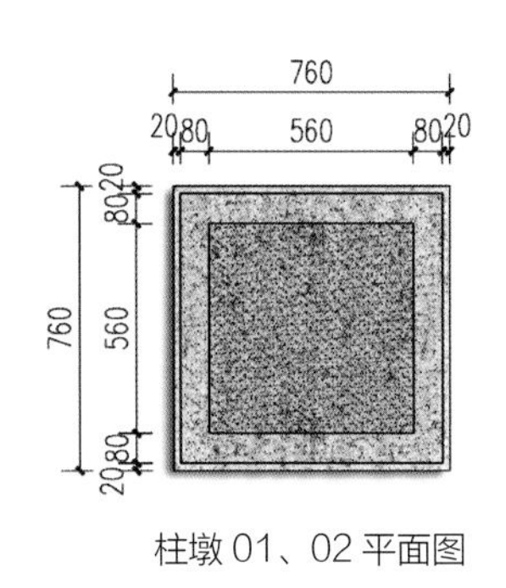

柱墩 01、02 平面图

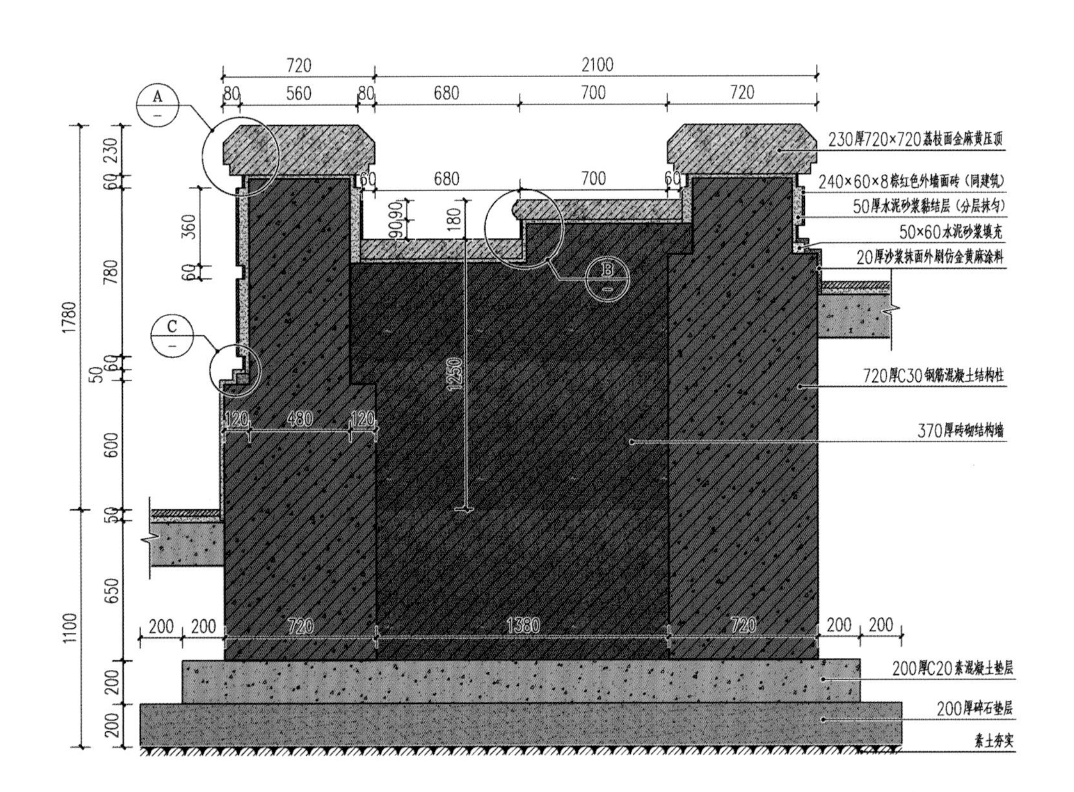

230厚720×720荔枝面金麻黄压顶
240×60×8棕红色外墙面砖(同建筑)
50厚水泥砂浆黏结层(分层抹匀)
50×60水泥砂浆填充
20厚沙浆抹面外刷仿金黄麻涂料
720厚C30钢筋混凝土结构柱
370厚砖砌结构墙
200厚C20素混凝土垫层
200厚碎石垫层
素土夯实

台阶侧墙 1，1—1 剖面图

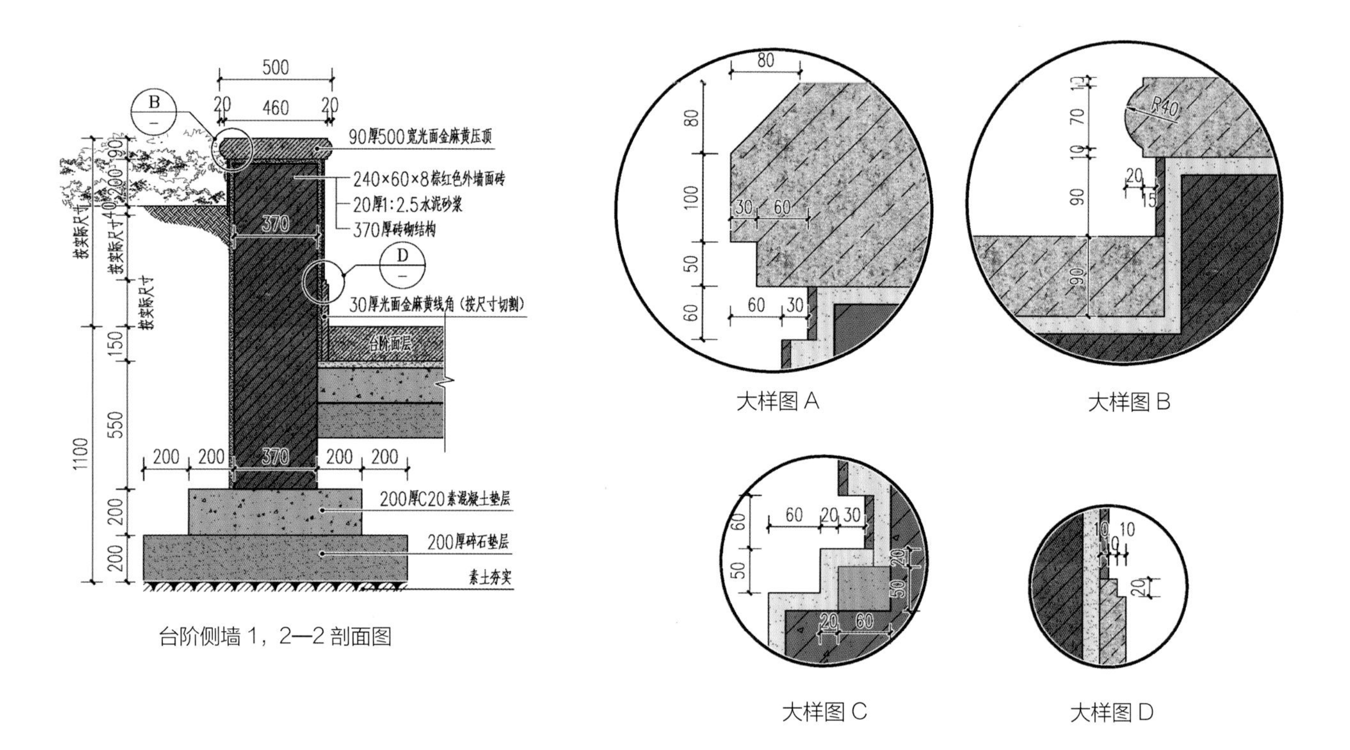

90厚500宽光面金麻黄压顶
240×60×8棕红色外墙面砖
20厚1:2.5水泥砂浆
370厚砖砌结构

30厚光面金麻黄线角（按尺寸切割）

台阶面层

200厚C20素混凝土垫层

200厚碎石垫层

素土夯实

台阶侧墙 1，2—2 剖面图

大样图 A

大样图 B

大样图 C

大样图 D

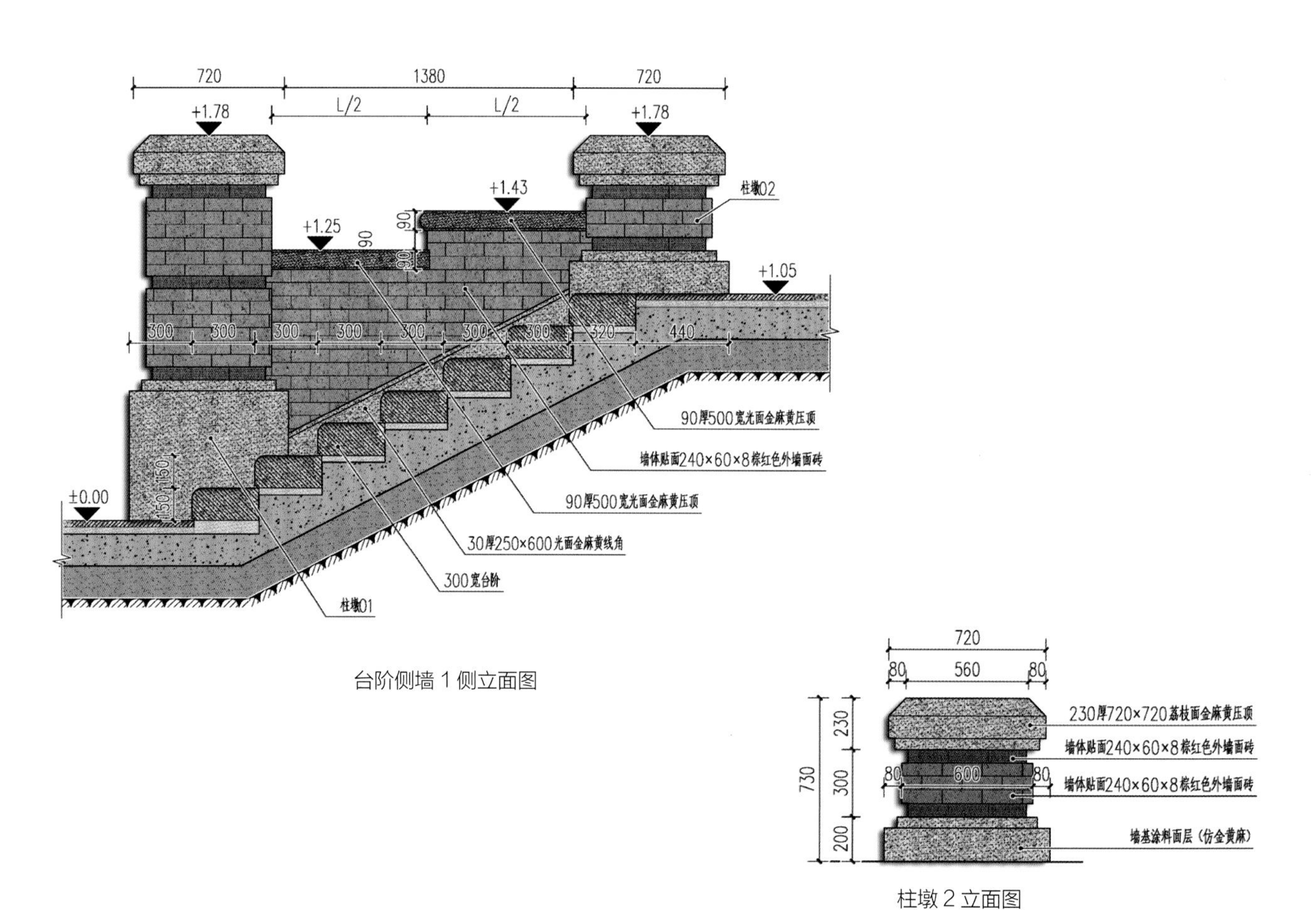

台阶侧墙 1 侧立面图

90厚500宽光面金麻黄压顶
墙体贴面240×60×8棕红色外墙面砖
90厚500宽光面金麻黄压顶
30厚250×600光面金麻黄线角
300宽台阶
柱墩01

柱墩02

230厚720×720荔枝面金麻黄压顶
墙体贴面240×60×8棕红色外墙面砖
墙体贴面240×60×8棕红色外墙面砖
墙基涂料面层（仿金黄麻）

柱墩 2 立面图

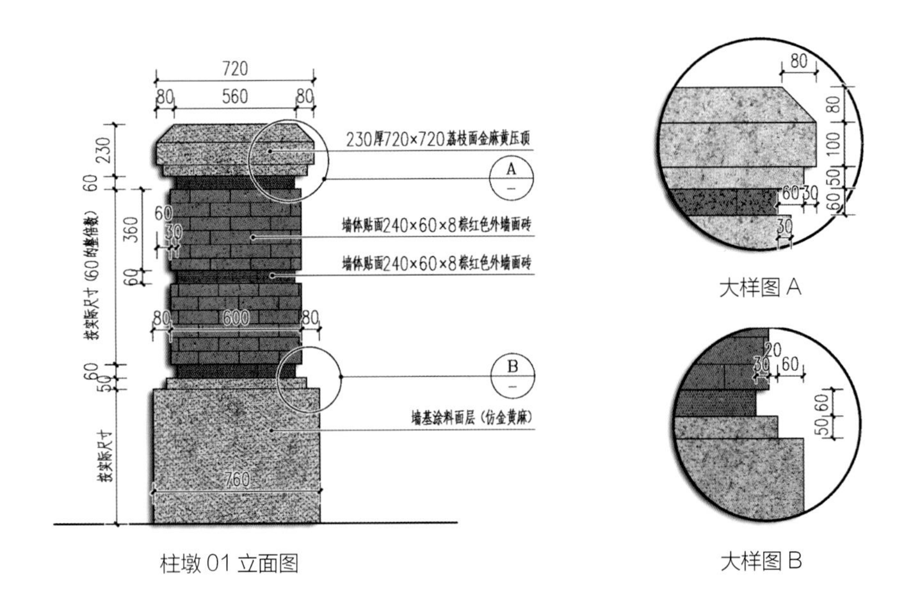

230厚720×720荔枝面金麻黄压顶

墙体贴面240×60×8紫红色外墙面砖

墙体贴面240×60×8紫红色外墙面砖

墙基涂料面层(仿金黄麻)

柱墩01立面图

大样图 A

大样图 B

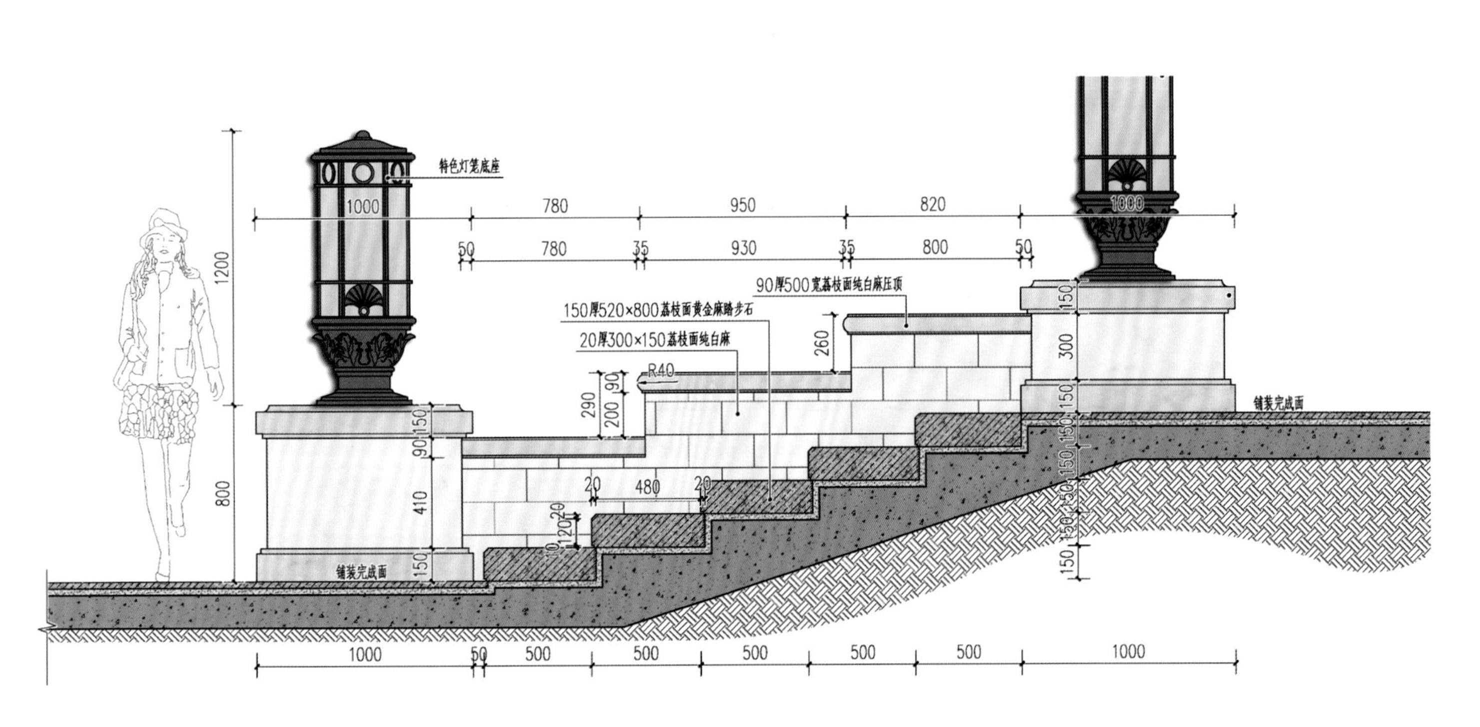

特色灯笼底座

90厚500宽荔枝面纯白麻压顶

150厚520×800荔枝面黄金麻踏步石

20厚300×150荔枝面纯白麻

铺装完成面

铺装完成面

台阶侧墙2立面图

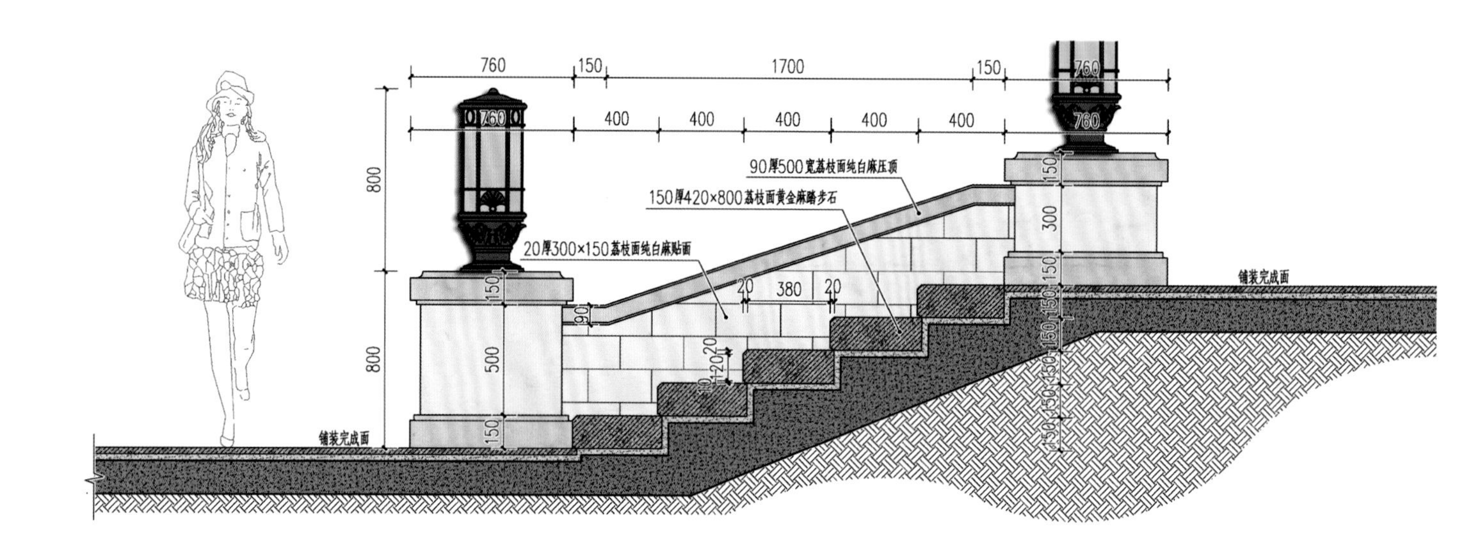

台阶侧墙 03 立面图

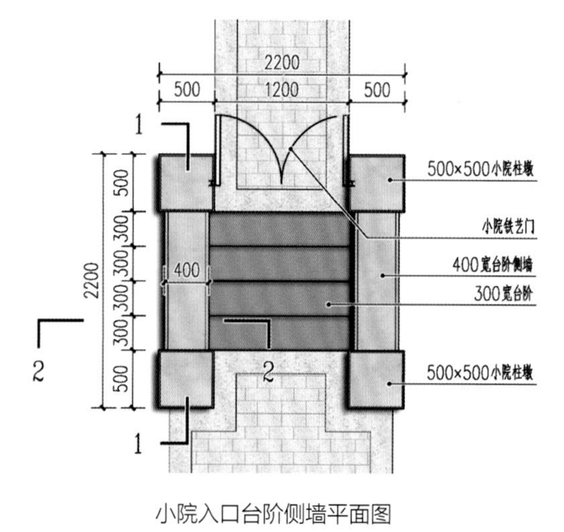

小院入口台阶侧墙平面图

小院入口台阶侧墙立面图

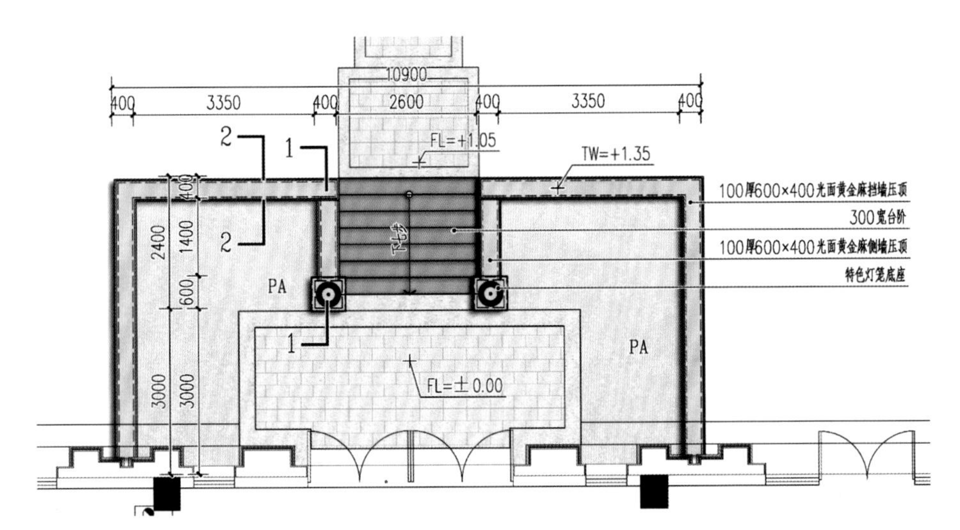

下沉庭院台阶侧墙平面图

图中标注：
10900
400 | 3350 | 400 | 2600 | 540 | 3350 | 400
FL=+1.05
TW=+1.35
2400 | 1400 | 600 | 3000 | 3000
PA
FL=±0.00
PA

100厚600×400光面黄金麻挡墙压顶
300宽台阶
100厚600×400光面黄金麻侧墙压顶
特色灯笼底座

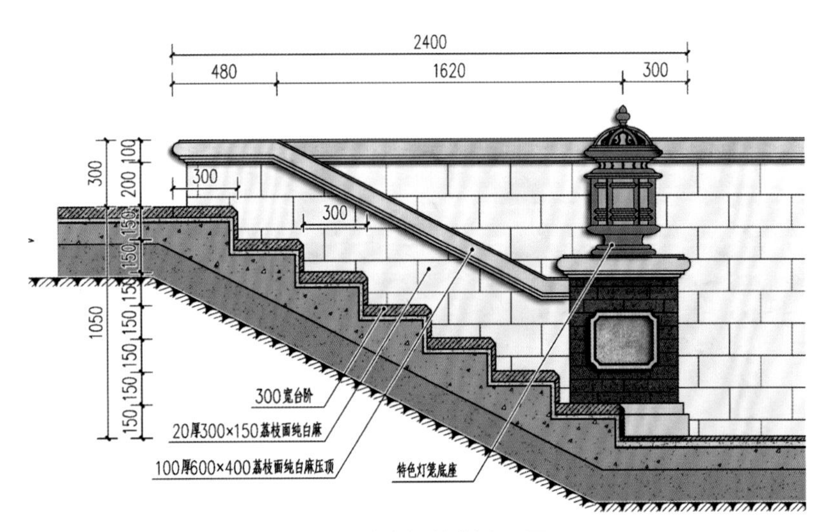

下沉庭院台阶侧墙立面图

图中标注：
2400
480 | 1620 | 300
300 | 200 | 100
300
300
1050
150 150 150 150 150 150
300宽台阶
20厚300×150荔枝面纯白麻
100厚600×400荔枝面纯白麻压顶
特色灯笼底座

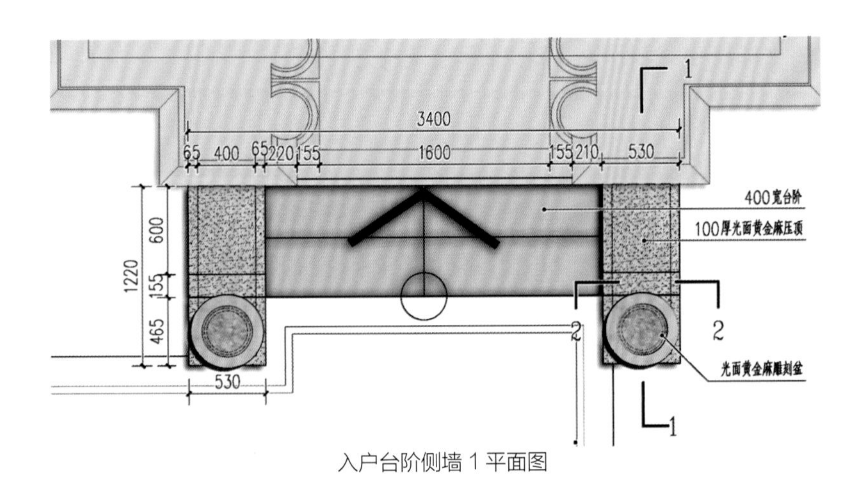

入户台阶侧墙1平面图

图中标注：
3400
65 400 65 220 155 | 1600 | 155 210 530
1220 | 600 | 155 | 465
530
400宽台阶
100厚光面黄金麻压顶
光面黄金麻雕刻盆

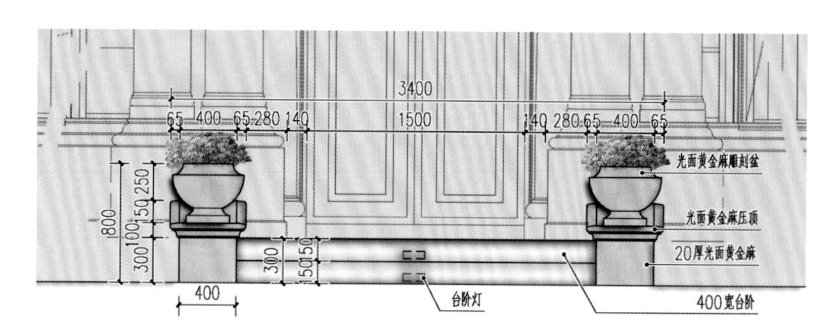

入户台阶侧墙 1 正立面图

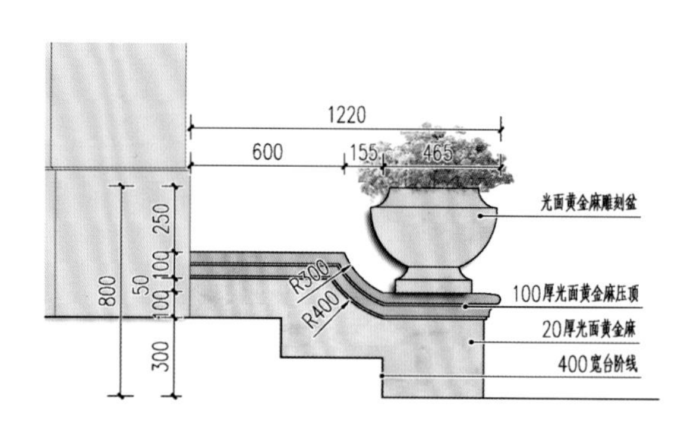

入户台阶侧墙 1 侧立面图

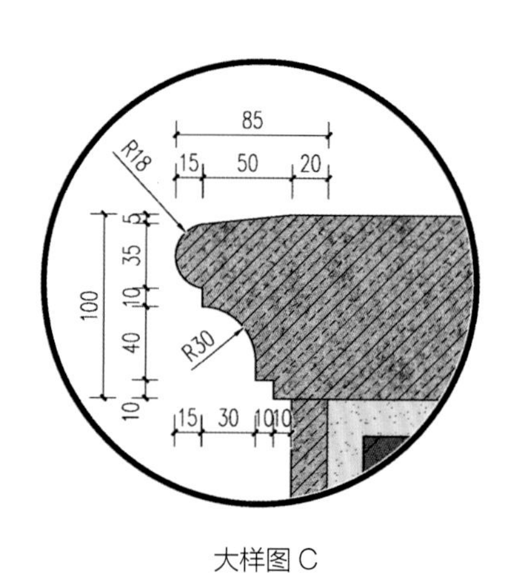

大样图 C

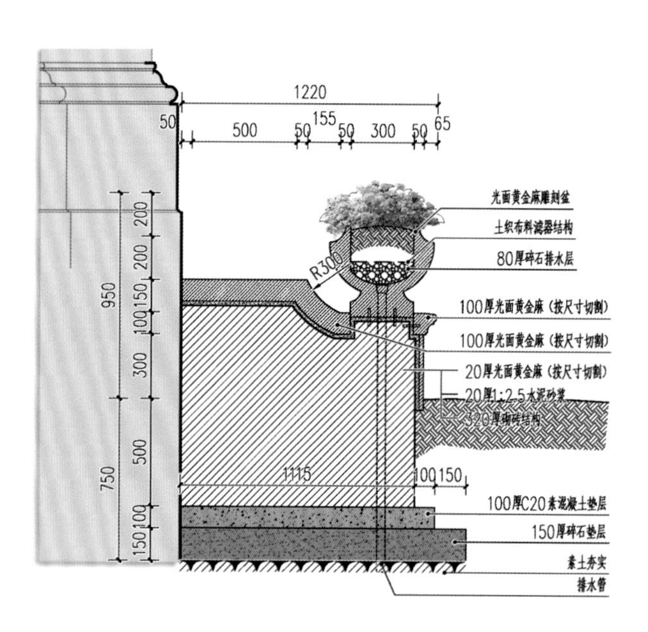

入户台阶侧墙 1，1—1 剖面图

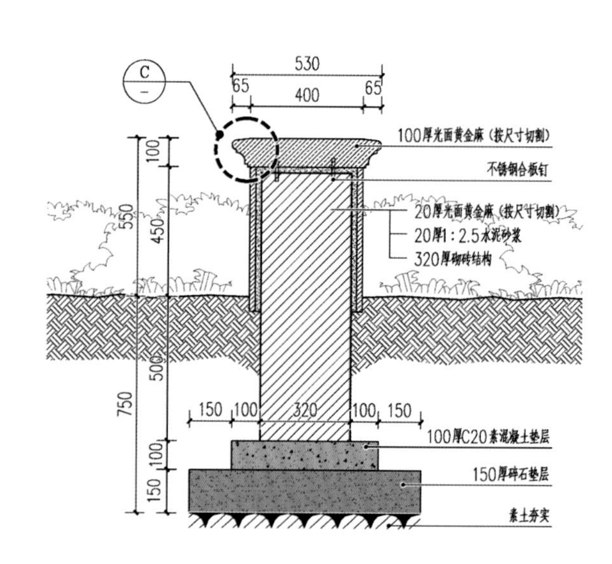

入户台阶侧墙 1，2—2 剖面图

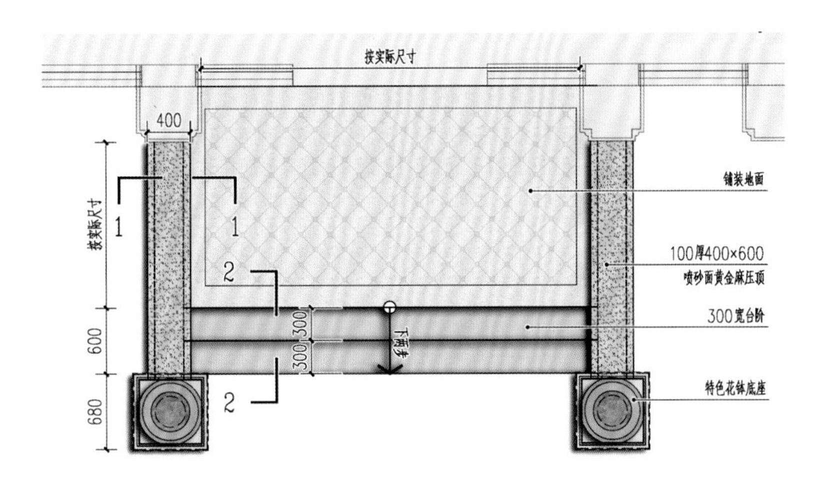
按实际尺寸
400
铺装地面
100厚400×600
喷砂面黄金麻压顶
300宽台阶
特色花钵底座
600
680
300
300

入户台阶侧墙 2 平面图

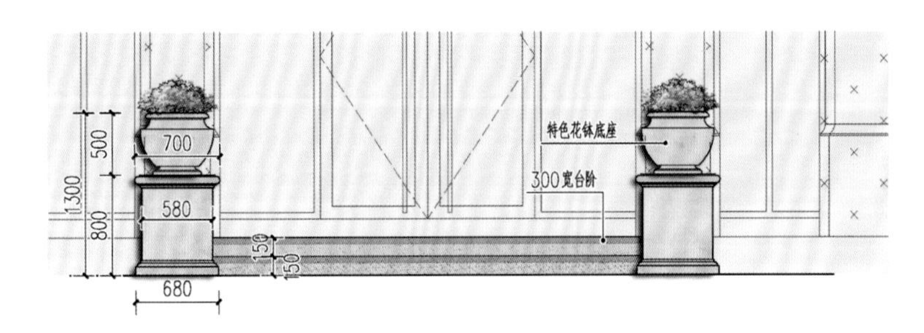
特色花钵底座
300宽台阶
700
580
680
500
800
1300
150
150

入户台阶侧墙 2 立面图

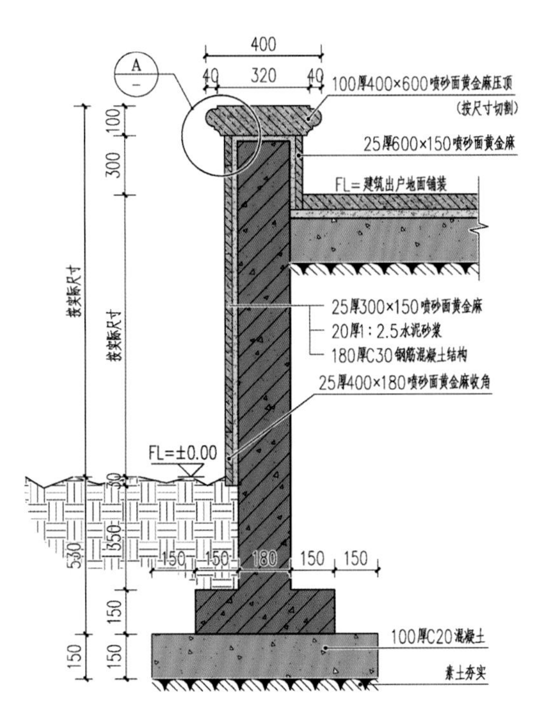
400
40
320
40
100厚400×600喷砂面黄金麻压顶
(按尺寸切割)
25厚600×150喷砂面黄金麻
FL=建筑出户地面铺装
25厚300×150喷砂面黄金麻
20厚1:2.5水泥砂浆
180厚C30钢筋混凝土结构
25厚400×180喷砂面黄金麻收角
FL=±0.00
100厚C20混凝土
素土夯实
按实际尺寸
150
180

入户台阶侧墙 2，1—1 剖面图

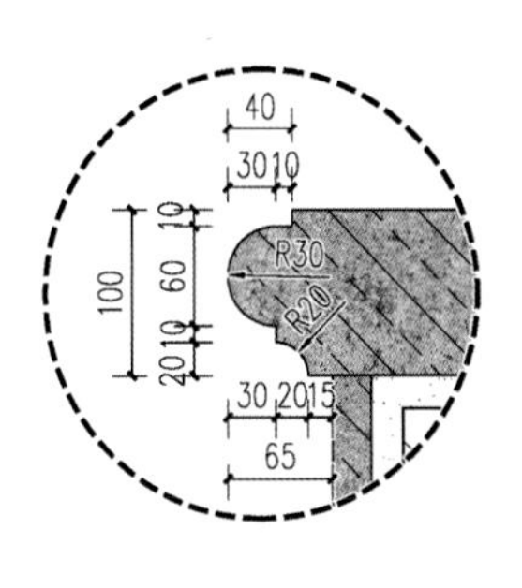
40
100
60
R30
R20
65

大样图 A

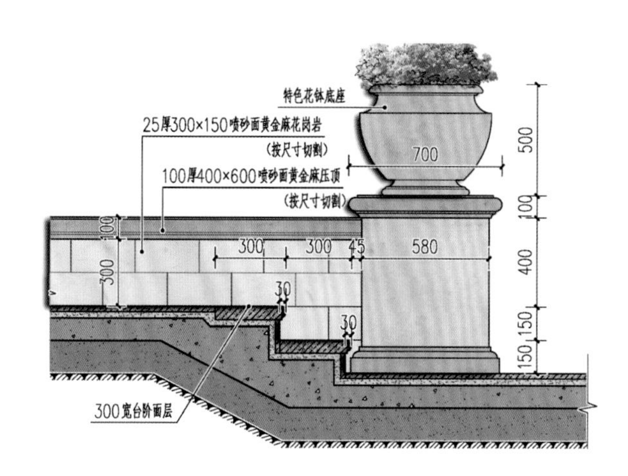

特色花钵底座
25厚300×150喷砂面黄金麻花岗岩
（按尺寸切割）
100厚400×600喷砂面黄金麻压顶
（按尺寸切割）
300宽台阶面层

入户台阶侧墙 2，2—2 剖面图（高差较小采用的形式）

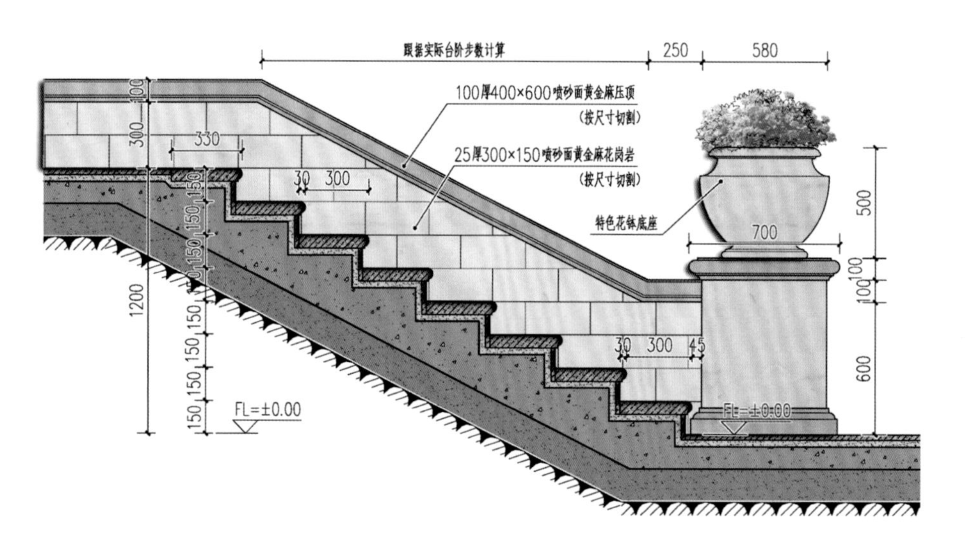

跟据实际台阶步数计算
100厚400×600喷砂面黄金麻压顶
（按尺寸切割）
25厚300×150喷砂面黄金麻花岗岩
（按尺寸切割）
特色花钵底座
FL=±0.00

入户台阶侧墙 2，2—2 剖面图（高差较大采用的形式）

栏杆

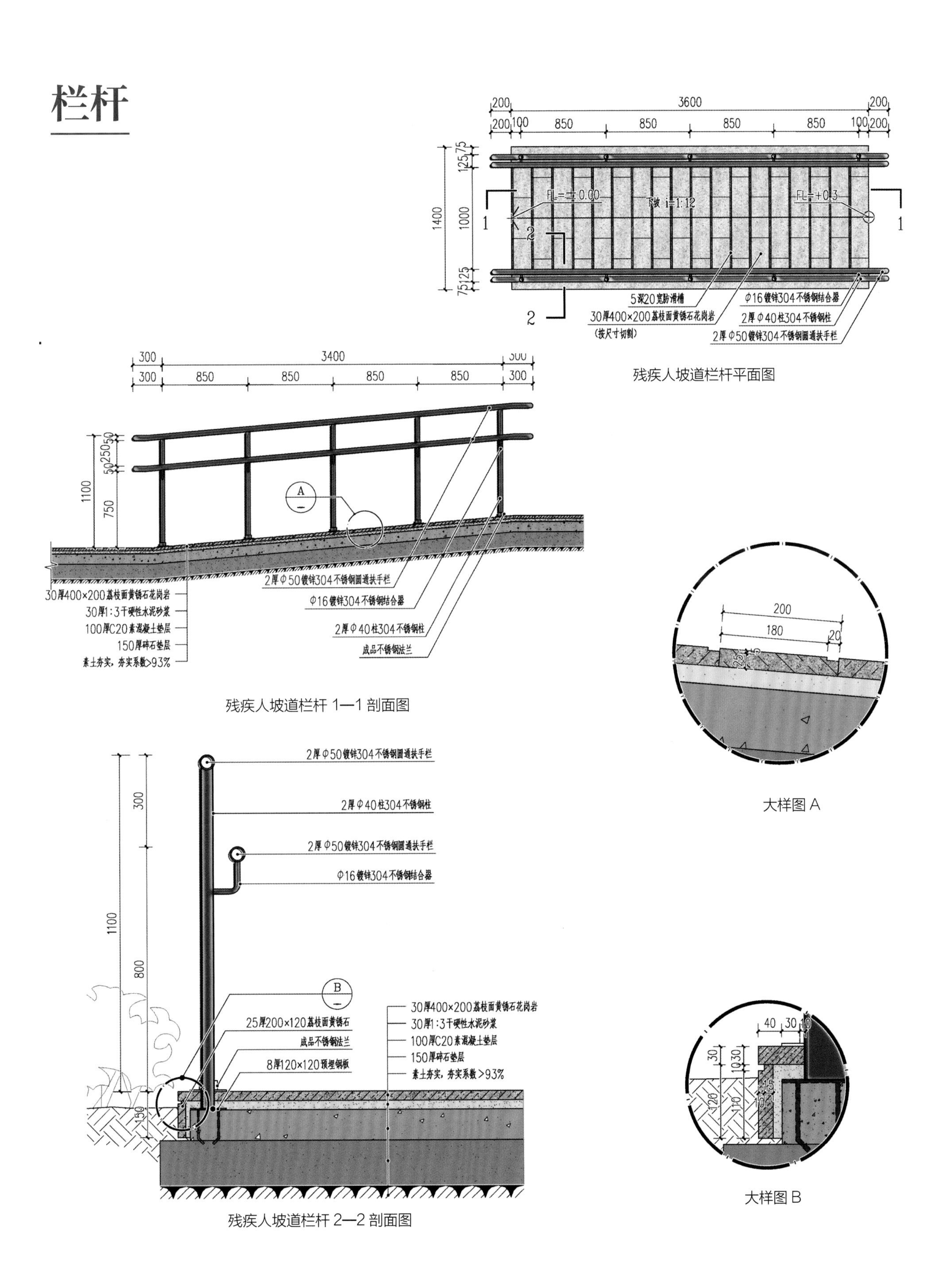

残疾人坡道栏杆平面图

5深20宽防滑槽
30厚400×200荔枝面黄锈石花岗岩
（按尺寸切割）
Φ16镀锌304不锈钢结合器
2厚Φ40柱304不锈钢柱
2厚Φ50镀锌304不锈钢圆通扶手栏

残疾人坡道栏杆 1—1 剖面图

30厚400×200荔枝面黄锈石花岗岩
30厚1:3干硬性水泥砂浆
100厚C20素混凝土垫层
150厚碎石垫层
素土夯实，夯实系数>93%

2厚Φ50镀锌304不锈钢圆通扶手栏
Φ16镀锌304不锈钢结合器
2厚Φ40柱304不锈钢柱
成品不锈钢法兰

大样图 A

残疾人坡道栏杆 2—2 剖面图

2厚Φ50镀锌304不锈钢圆通扶手栏
2厚Φ40柱304不锈钢柱
2厚Φ50镀锌304不锈钢圆通扶手栏
Φ16镀锌304不锈钢结合器

25厚200×120荔枝面黄锈石
成品不锈钢法兰
8厚120×120预埋钢板

30厚400×200荔枝面黄锈石花岗岩
30厚1:3干硬性水泥砂浆
100厚C20素混凝土垫层
150厚碎石垫层
素土夯实，夯实系数>93%

大样图 B

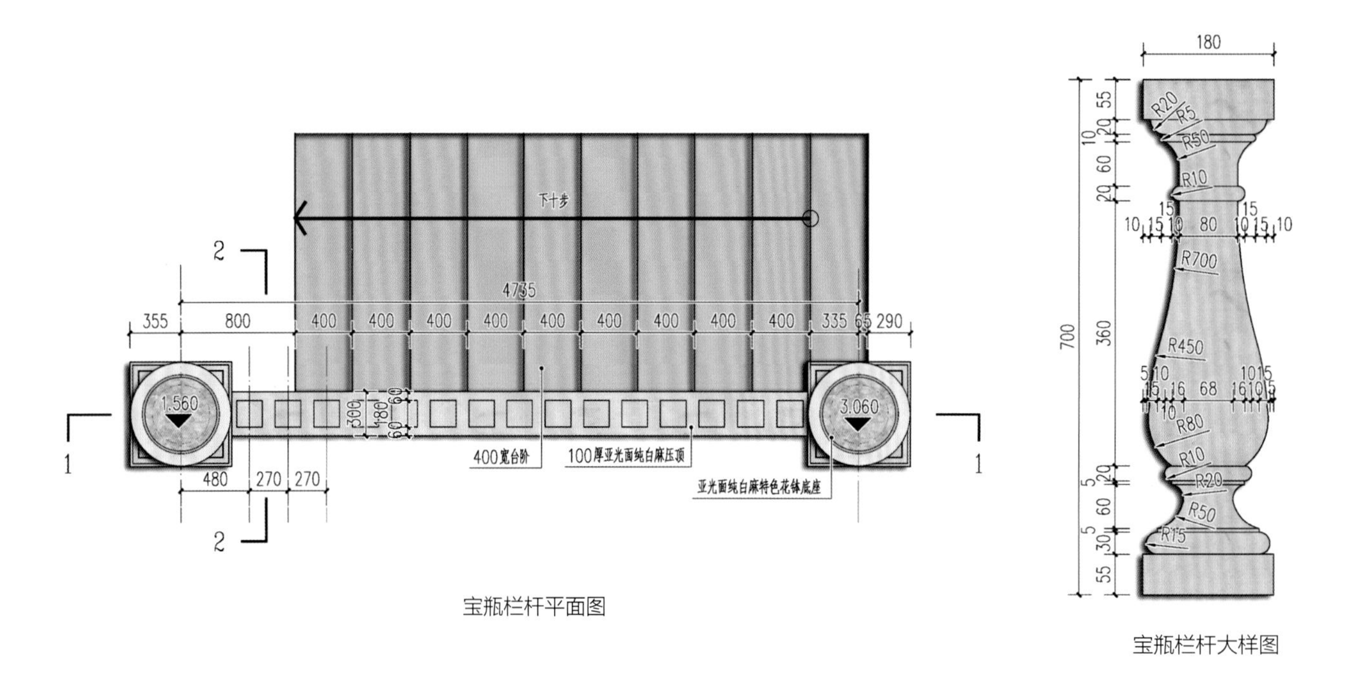
下十步
4735
355
800
400
335
65
290
1.560
3.060
300
180
60
480
270
400宽台阶
100厚亚光面纯白麻压顶
亚光面纯白麻特色花钵底座
1
2
180
R20
R5
R50
R10
R700
R450
R80
R15
700
360
55
20
10
60
80
68

宝瓶栏杆平面图

宝瓶栏杆大样图

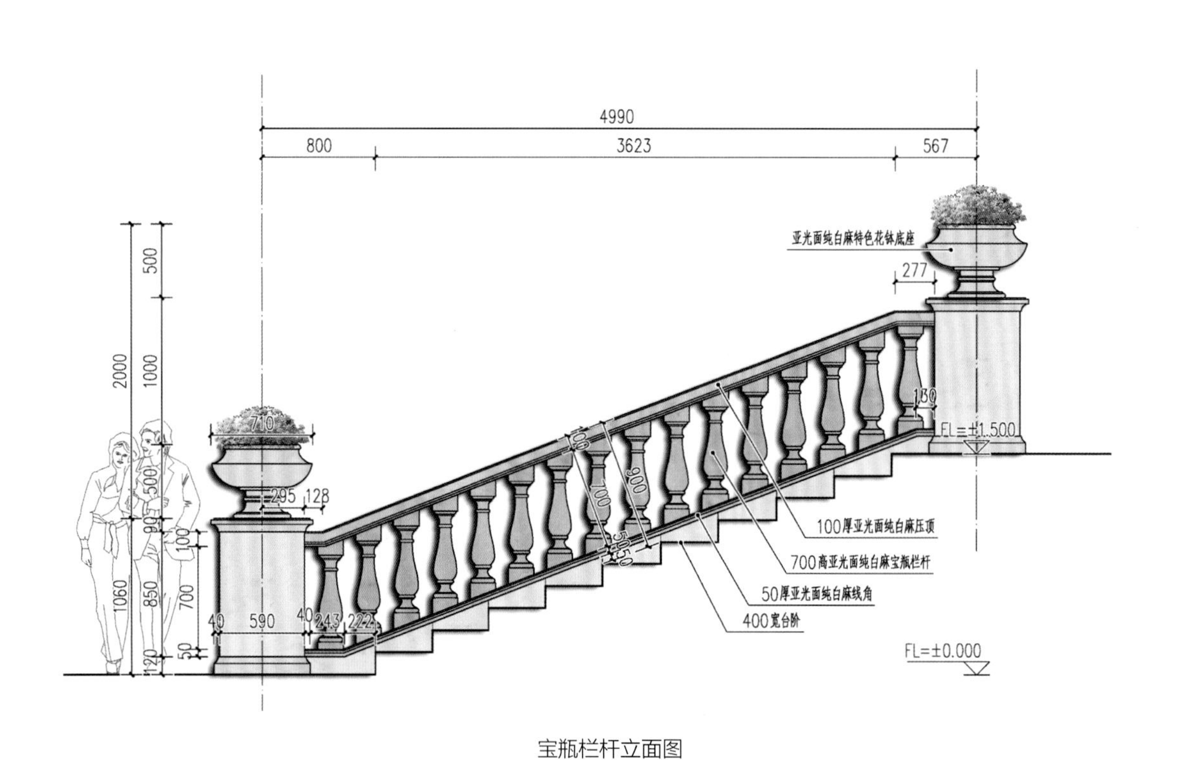
4990
800
3623
567
亚光面纯白麻特色花钵底座
277
130
FL=±1.500
100厚亚光面纯白麻压顶
700高亚光面纯白麻宝瓶栏杆
50厚亚光面纯白麻线角
400宽台阶
FL=±0.000
2000
1000
500
710
295
128
1060
850
700
100
40
590
243
222
900

宝瓶栏杆立面图

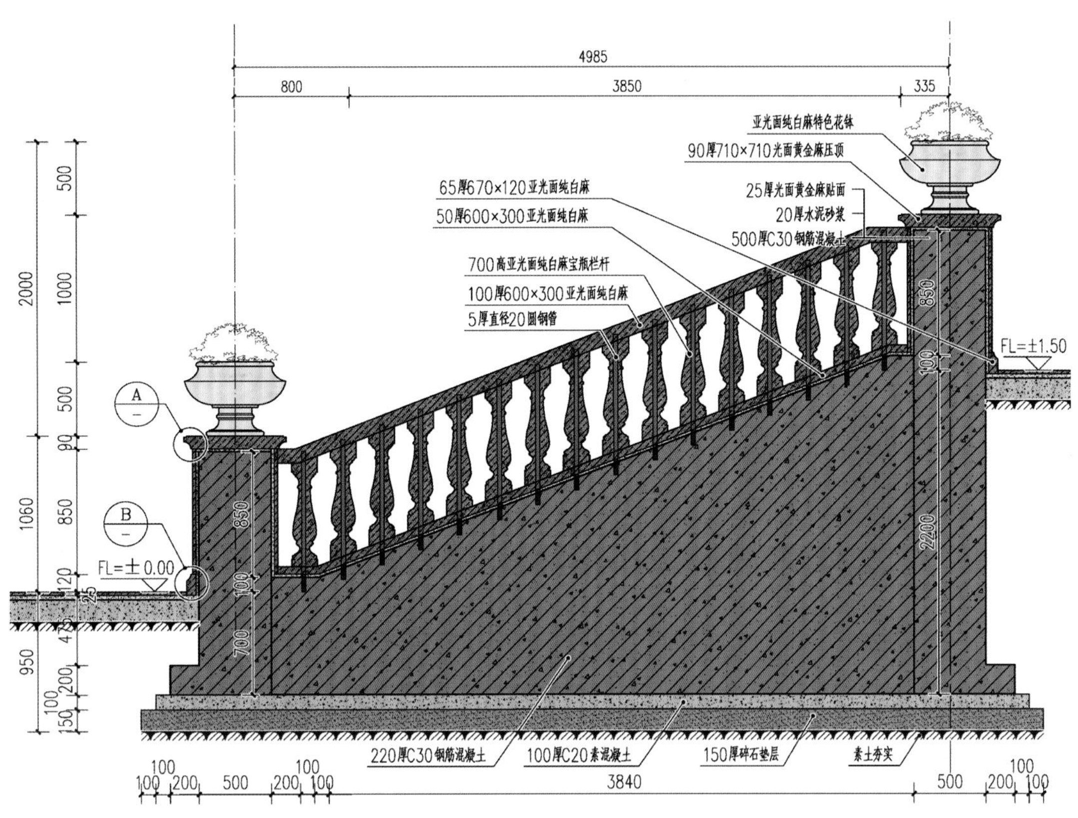

亚光面纯白麻特色花钵
90厚710×710光面黄金麻压顶
65厚670×120亚光面纯白麻
25光面黄金麻贴面
50厚600×300亚光面纯白麻
20厚水泥砂浆
500厚C30钢筋混凝土
700高亚光面纯白麻宝瓶栏杆
100厚600×300亚光面纯白麻
5厚直径20圆钢管

220厚C30钢筋混凝土
100厚C20素混凝土
150厚碎石垫层
素土夯实

宝瓶栏杆 1—1 剖面图

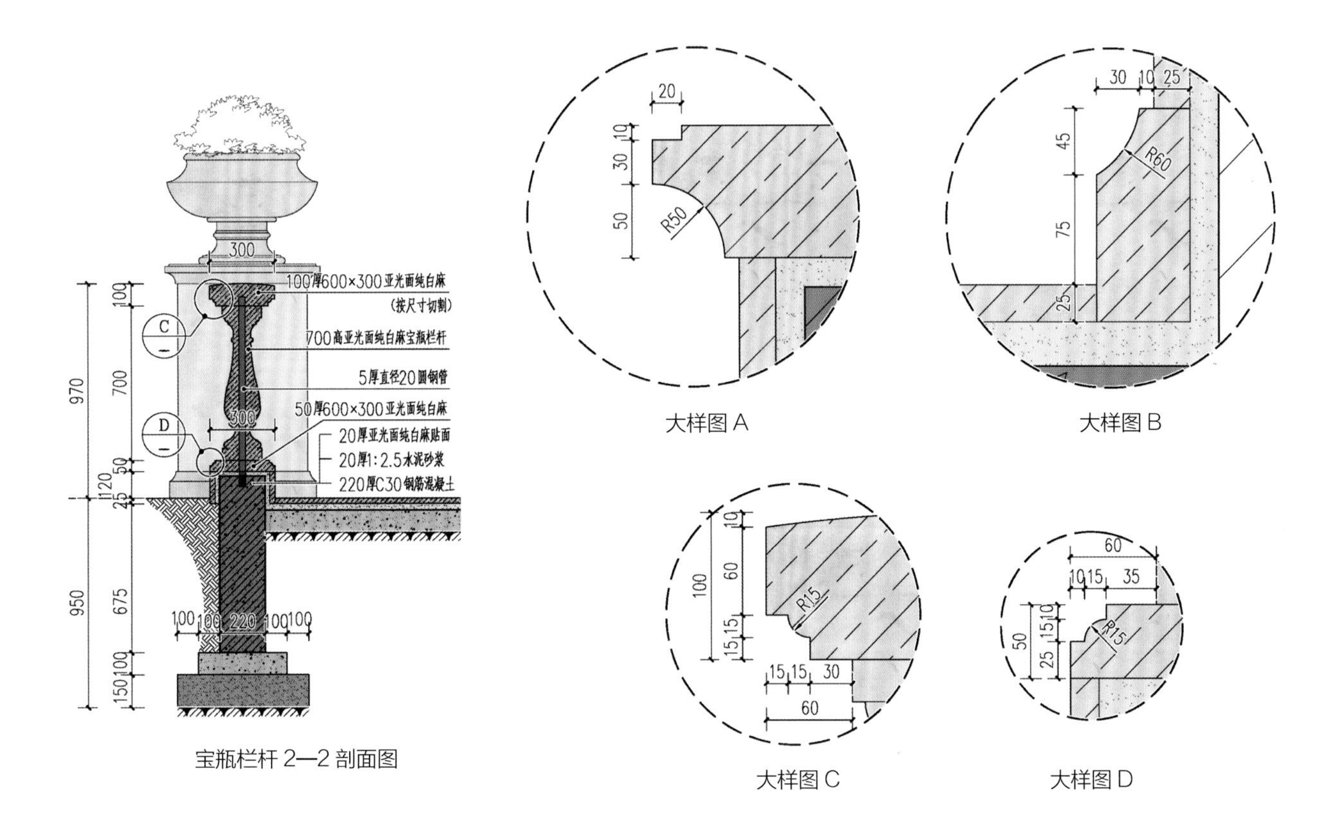

100厚600×300亚光面纯白麻
(按尺寸切割)
700高亚光面纯白麻宝瓶栏杆
5厚直径20圆钢管
50厚600×300亚光面纯白麻
20厚亚光面纯白麻贴面
20厚1:2.5水泥砂浆
220厚C30钢筋混凝土

宝瓶栏杆 2—2 剖面图

大样图 A

大样图 B

大样图 C

大样图 D

81

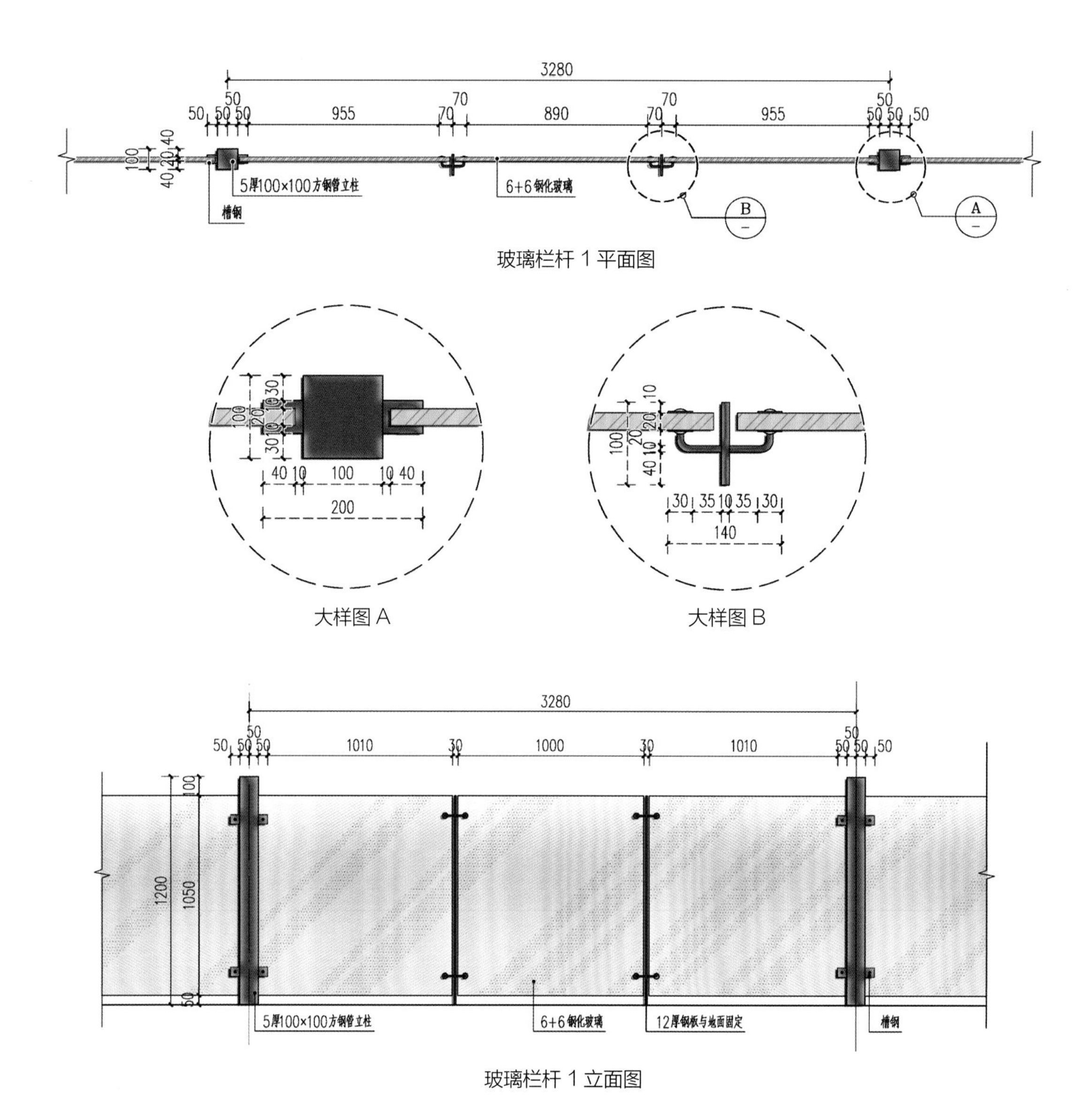

玻璃栏杆 1 平面图

大样图 A   大样图 B

玻璃栏杆 1 立面图

玻璃栏杆 1 剖面图   玻璃栏杆 2 立面图

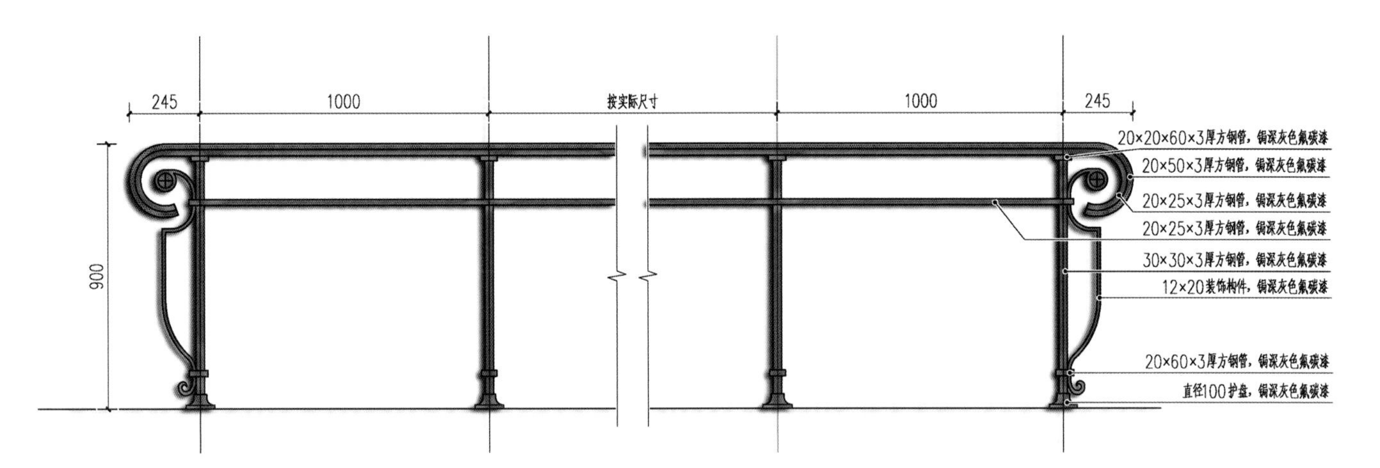

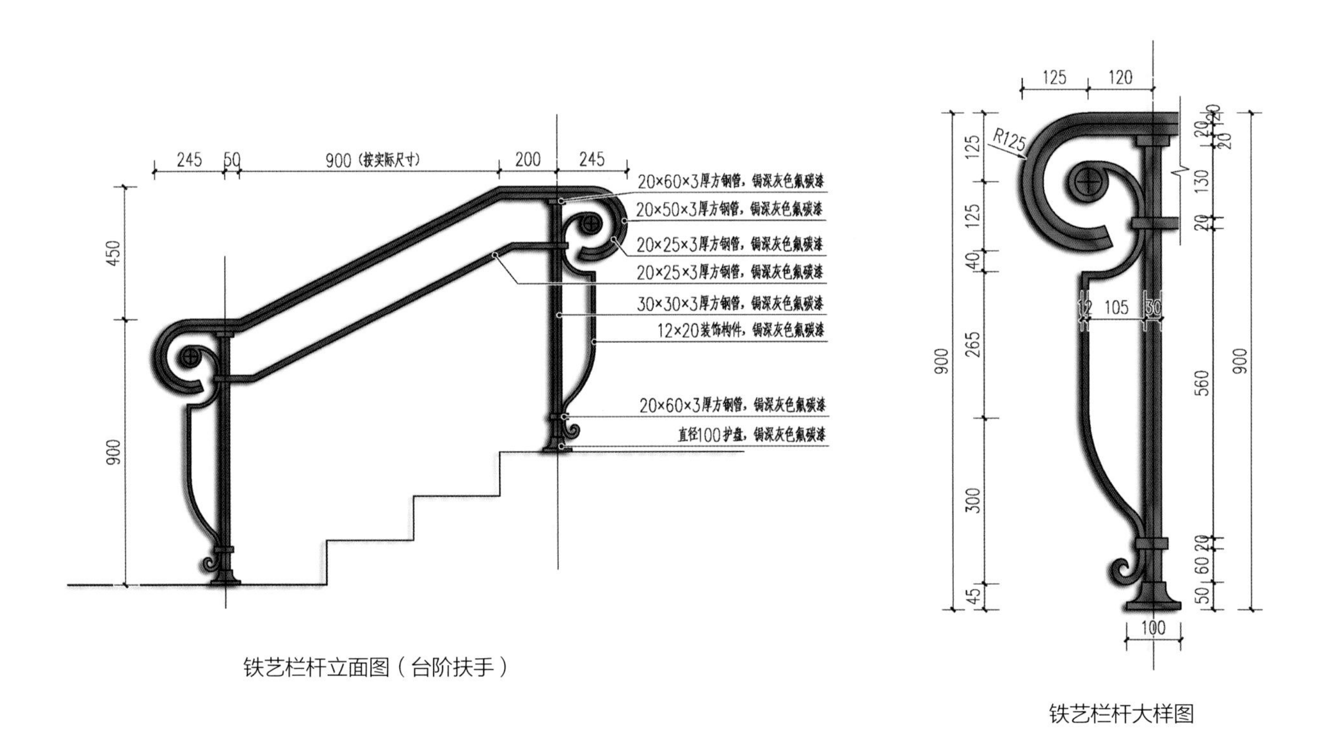

铁艺栏杆立面图（平地栏杆）

20×20×60×3厚方钢管，铜泥灰色氟碳漆
20×50×3厚方钢管，铜泥灰色氟碳漆
20×25×3厚方钢管，铜泥灰色氟碳漆
20×25×3厚方钢管，铜泥灰色氟碳漆
30×30×3厚方钢管，铜泥灰色氟碳漆
12×20装饰构件，铜泥灰色氟碳漆

20×60×3厚方钢管，铜泥灰色氟碳漆
直径100护盘，铜泥灰色氟碳漆

铁艺栏杆立面图（台阶扶手）

20×60×3厚方钢管，铜泥灰色氟碳漆
20×50×3厚方钢管，铜泥灰色氟碳漆
20×25×3厚方钢管，铜泥灰色氟碳漆
20×25×3厚方钢管，铜泥灰色氟碳漆
30×30×3厚方钢管，铜泥灰色氟碳漆
12×20装饰构件，铜泥灰色氟碳漆

20×60×3厚方钢管，铜泥灰色氟碳漆
直径100护盘，铜泥灰色氟碳漆

铁艺栏杆大样图

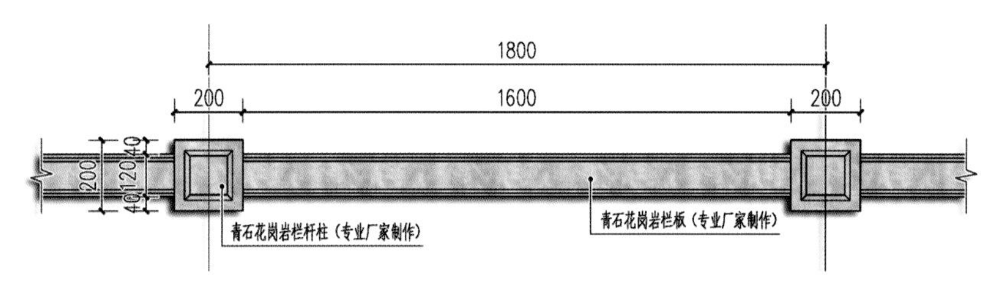
1800
200
1600
200
青石花岗岩栏杆柱（专业厂家制作）
青石花岗岩栏板（专业厂家制作）

中式栏杆 1 平面图

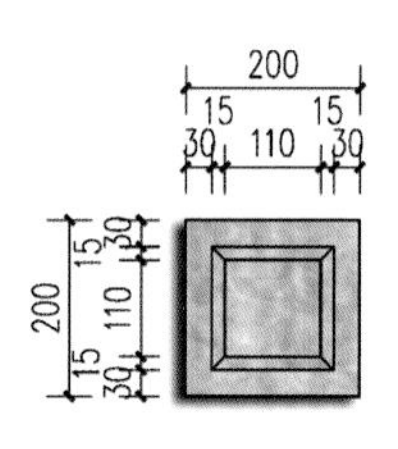
200
15
15
30
110
30

栏杆柱平面图

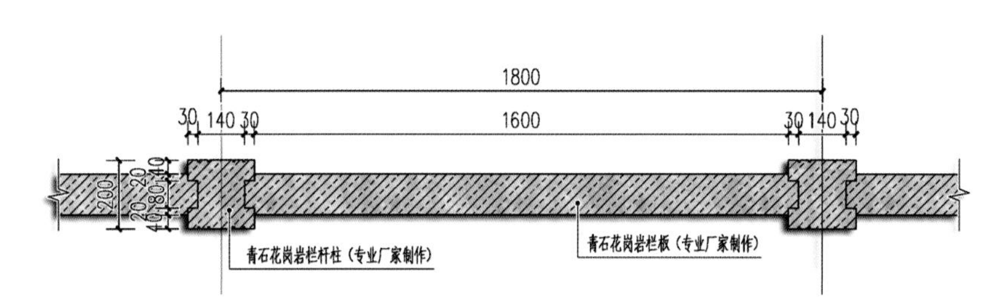
1800
1600
青石花岗岩栏杆柱（专业厂家制作）
青石花岗岩栏板（专业厂家制作）

中式栏杆 1 平剖图

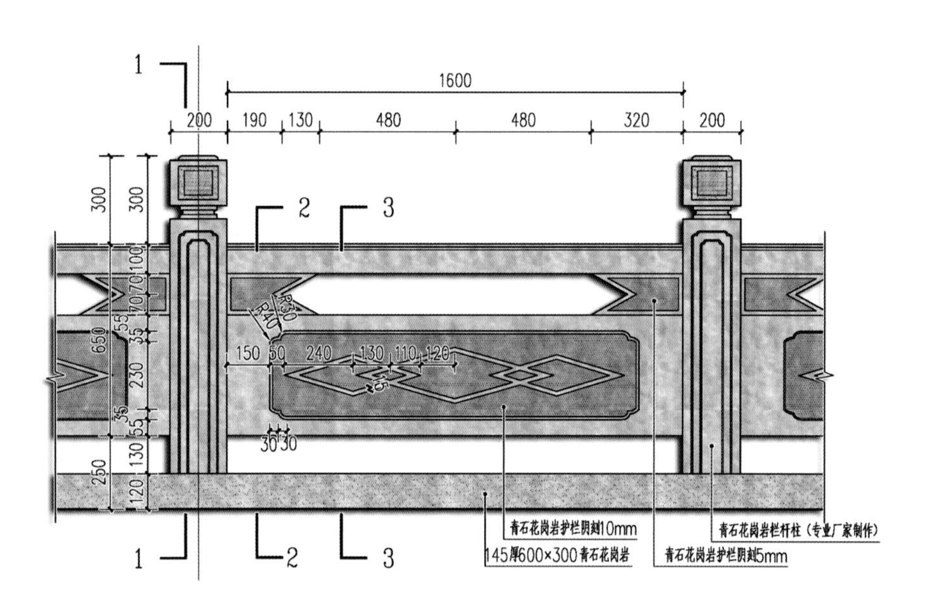
1600
200
190
130
480
480
320
200
青石花岗岩护栏阴刻10mm
145厚600×300青石花岗岩
青石花岗岩栏杆柱（专业厂家制作）
青石花岗岩护栏阴刻5mm

中式栏杆 1 立面图

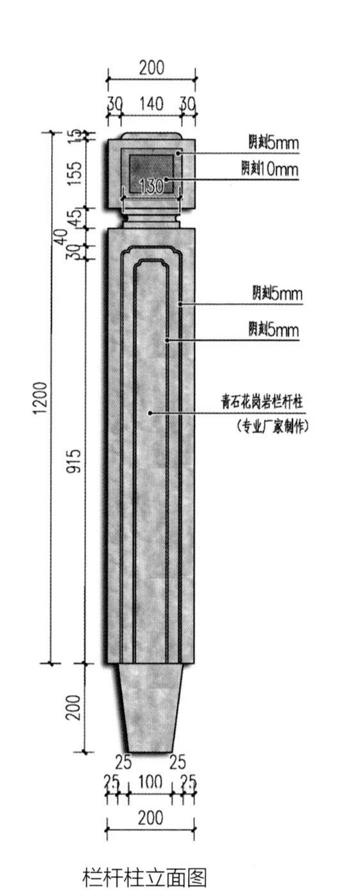
200
30
140
30
阴刻5mm
阴刻10mm
130
阴刻5mm
阴刻5mm
青石花岗岩栏杆柱
（专业厂家制作）
1200
915
200
25
25
100
200

栏杆柱立面图

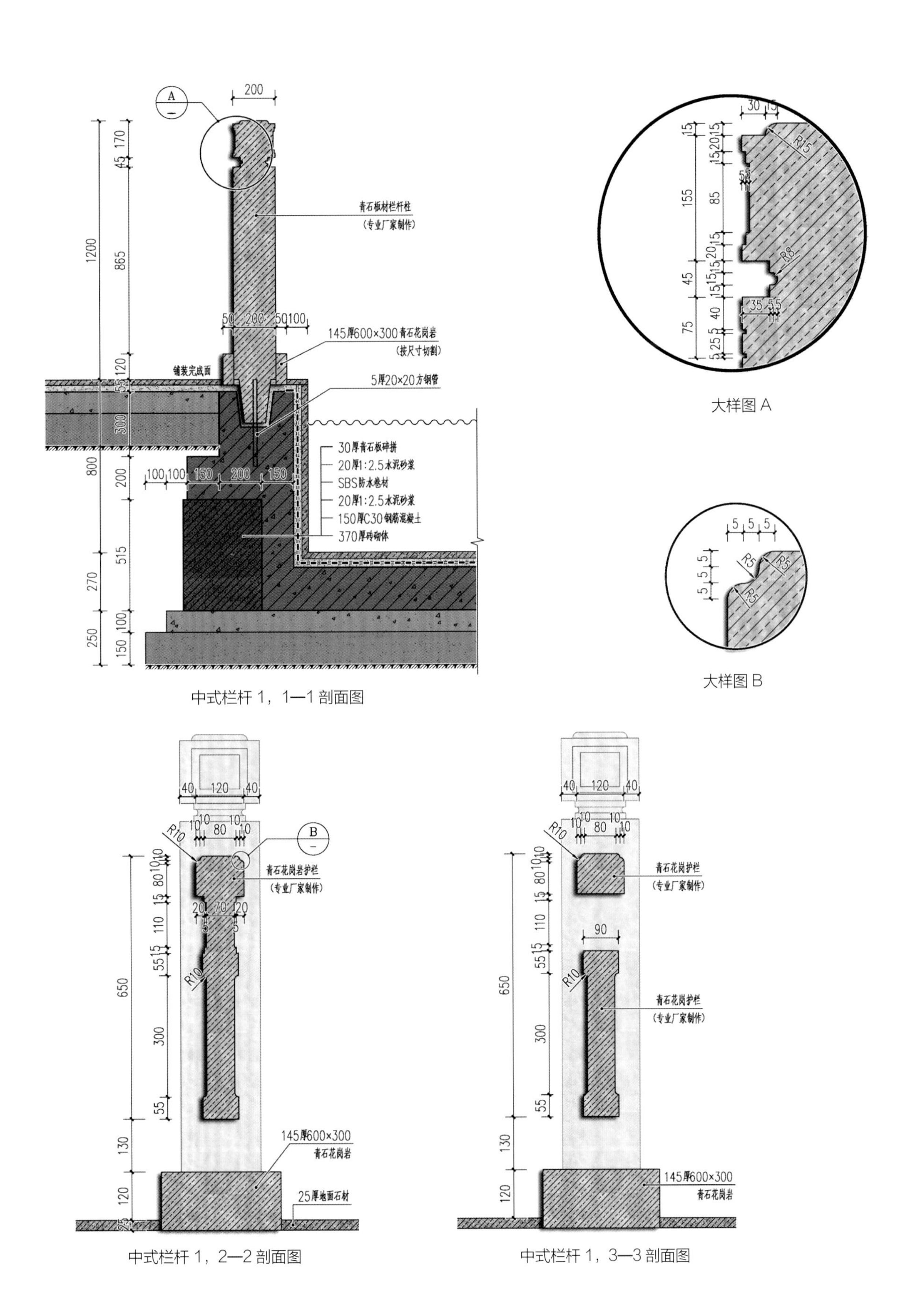

大样图 A

大样图 B

青石板材栏杆柱
（专业厂家制作）

145厚600×300青石花岗岩
（按尺寸切割）

铺装完成面

5厚20×20方钢管

30厚青石板碎拼
20厚1:2.5水泥砂浆
SBS防水卷材
20厚1:2.5水泥砂浆
150厚C30钢筋混凝土
370厚砖砌体

中式栏杆 1，1—1 剖面图

青石花岗岩护栏
（专业厂家制作）

145厚600×300
青石花岗岩

25厚地面石材

中式栏杆 1，2—2 剖面图

青石花岗岩护栏
（专业厂家制作）

青石花岗岩护栏
（专业厂家制作）

145厚600×300
青石花岗岩

中式栏杆 1，3—3 剖面图

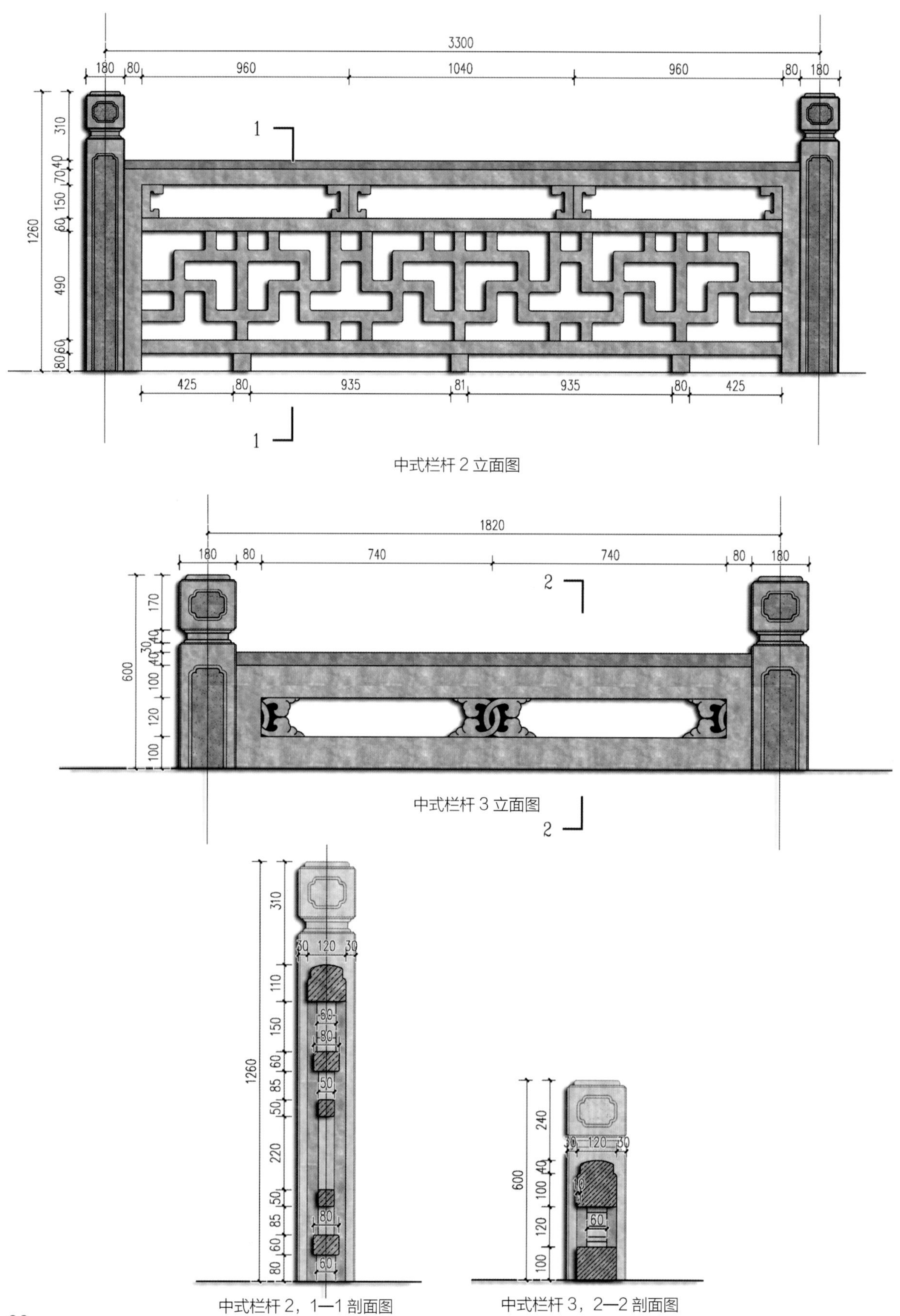
3300
180
80
960
1040
960
80
180
1260
310
40
70
150
60
490
60
80
425
80
935
81
935
80
425
1
1
1820
180
80
740
740
80
180
600
170
40
30
40
100
120
100
2
2
310
30
120
30
110
150
60
80
60
85
50
50
220
50
85
80
60
60
80
240
30
120
30
40
100
120
100
10
60

中式栏杆 2 立面图

中式栏杆 3 立面图

中式栏杆 2，1—1 剖面图

中式栏杆 3，2—2 剖面图

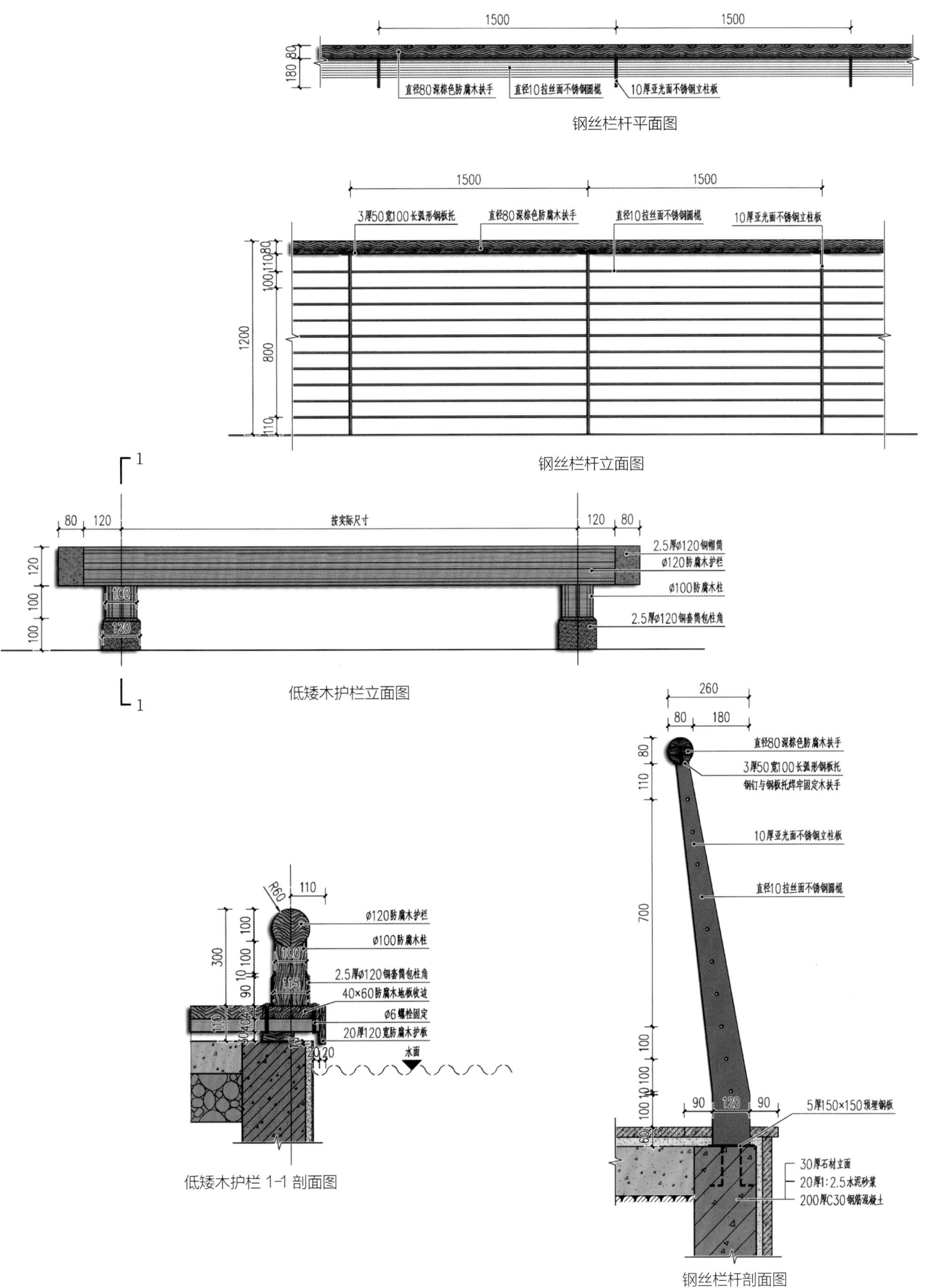

钢丝栏杆平面图

直径80深棕色防腐木扶手　直径10拉丝面不锈钢圆棍　10厚亚光面不锈钢立柱板

3厚50宽100长弧形钢板托　直径80深棕色防腐木扶手　直径10拉丝面不锈钢圆棍　10厚亚光面不锈钢立柱板

钢丝栏杆立面图

低矮木护栏立面图

2.5厚Ø120钢帽筒
Ø120防腐木护栏
Ø100防腐木柱
2.5厚Ø120钢套筒包柱角

直径80深棕色防腐木扶手
3厚50宽100长弧形钢板托
钢钉与钢板托焊牢固定木扶手
10厚亚光面不锈钢立柱板
直径10拉丝面不锈钢圆棍

Ø120防腐木护栏
Ø100防腐木柱
2.5厚Ø120钢套筒包柱角
40×60防腐木地板收边
Ø6螺栓固定
20厚120宽防腐木护板

水面

低矮木护栏 1-1 剖面图

5厚150×150预埋钢板

30厚石材立面
20厚1:2.5水泥砂浆
200厚C30钢筋混凝土

钢丝栏杆剖面图

水池与水岸

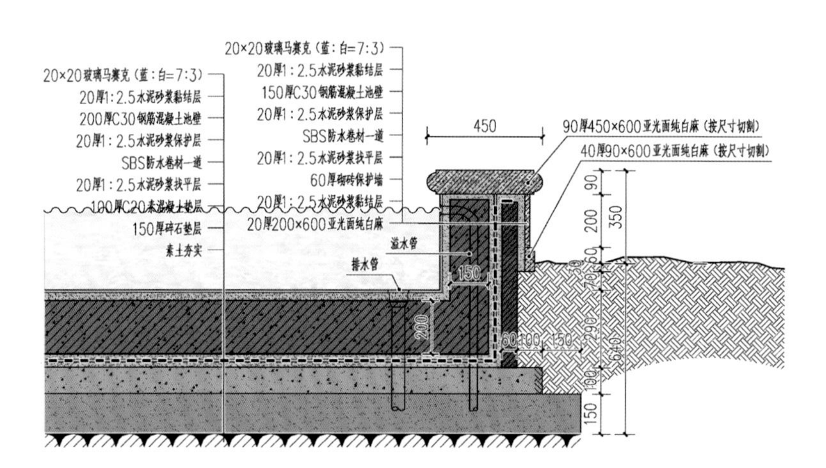

刚性水池做法详图（外防水处理方式）

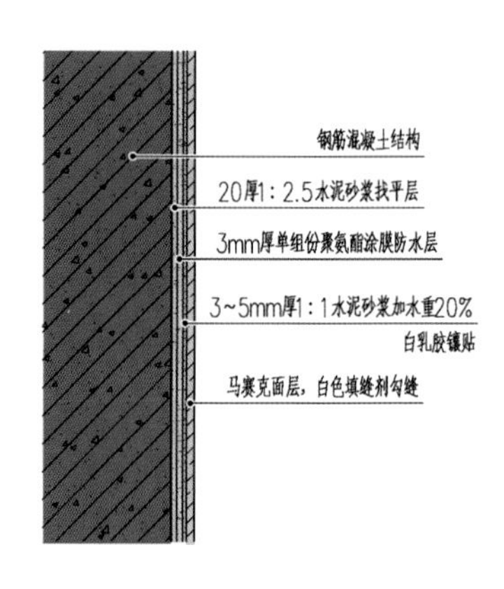

马赛克镶贴标准做法

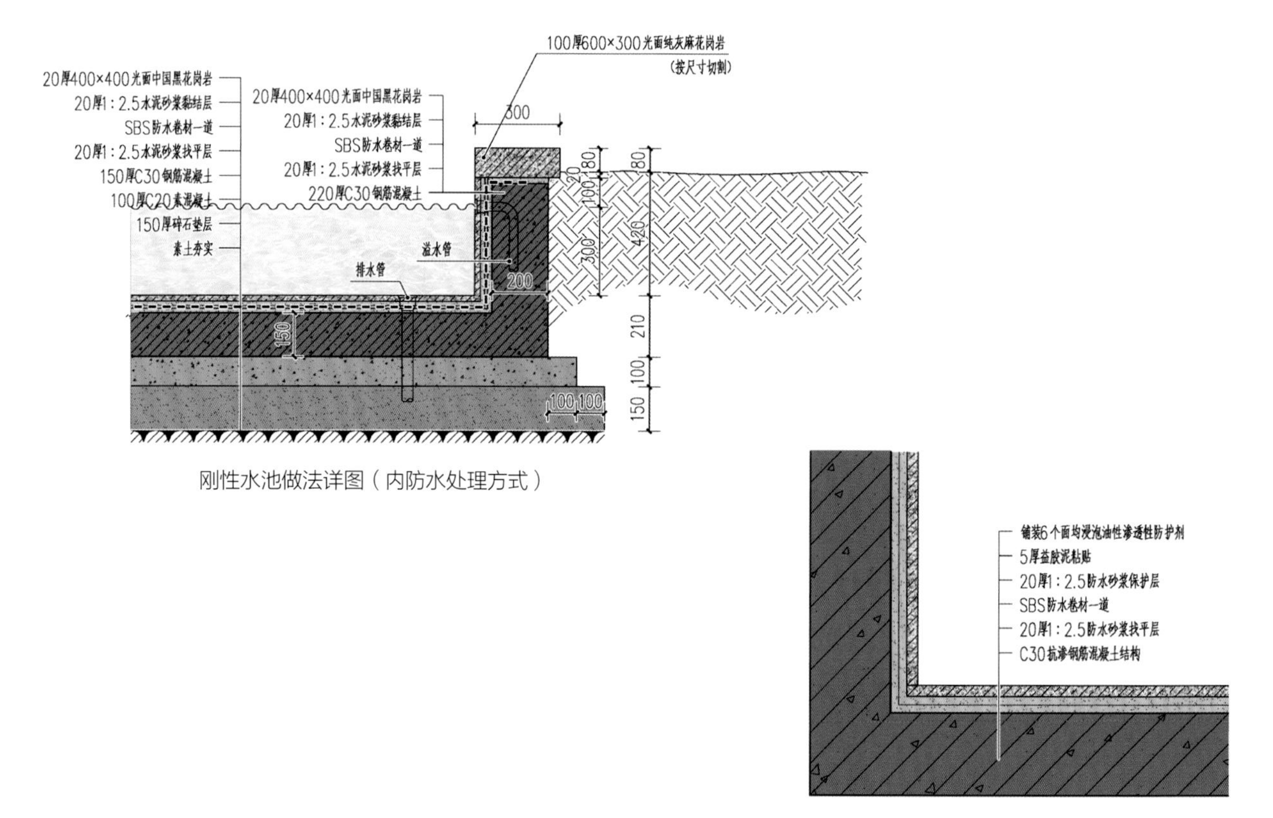

刚性水池做法详图（内防水处理方式）

刚性水池防碱做法

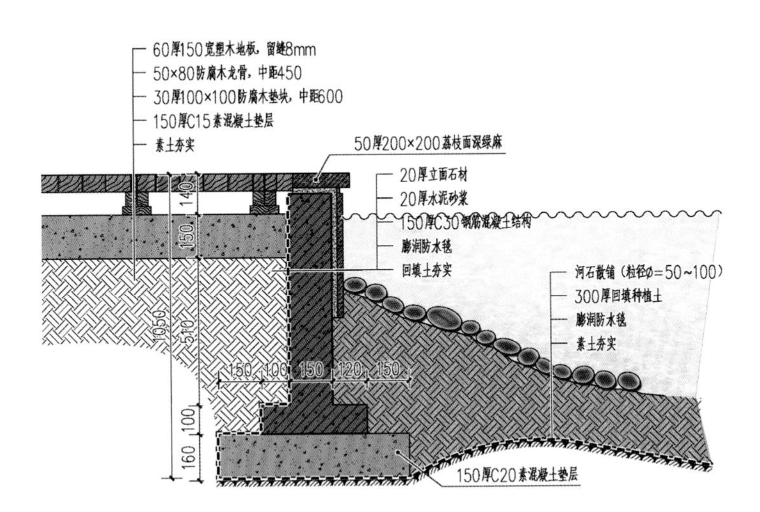

60厚150宽塑木地板,留缝8mm
50×80防腐木龙骨,中距450
30厚100×100防腐木垫块,中距600
150厚C15素混凝土垫层
素土夯实

50厚200×200墓枝面窓绿麻
20厚立面石材
20厚水泥砂浆
150厚C30钢筋混凝土结构
膨润防水毯
回填土夯实

河石散铺(粒径∅=50~100)
300厚回填种植土
膨润防水毯
素土夯实

150厚C20素混凝土垫层

自然水系钢性水岸1做法详图(适用于小面积的人造水系)

400~800毛石砌筑
20厚1:2.5水泥砂浆保护层
膨润防水毯
20厚1:2.5水泥砂浆找平层
120厚砖垫砌

种植土
200厚砂砾石
100厚中砂层
膨润防水毯
素土夯实

湖底

200厚C20素混凝土垫层
(伸缩缝间距6m)

自然水系钢性水岸1做法详图(适用于普通人工湖)

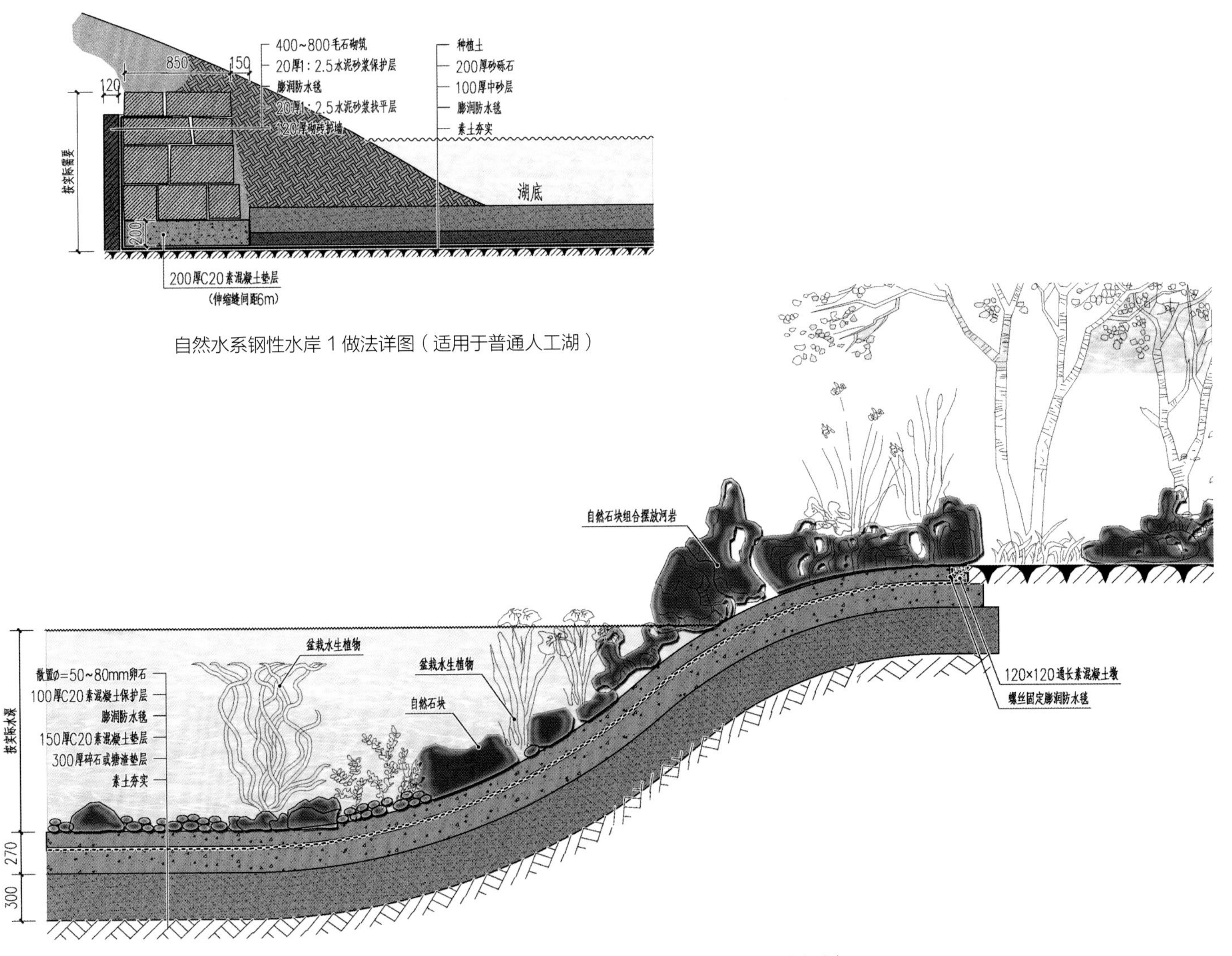

自然石块组合摆放河岸

散置∅=50~80mm卵石
100厚C20素混凝土保护层
膨润防水毯
150厚C20素混凝土垫层
300厚碎石或塘渣垫层
素土夯实

盆栽水生植物
盆栽水生植物
自然石块

120×120通长素混凝土墩
螺丝固定膨润防水毯

自然水系钢性水岸2做法详图(适用于小面积的人造水池)

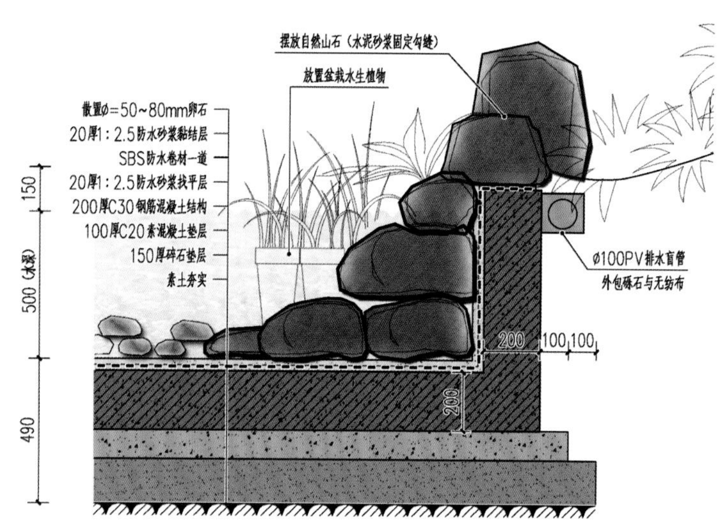

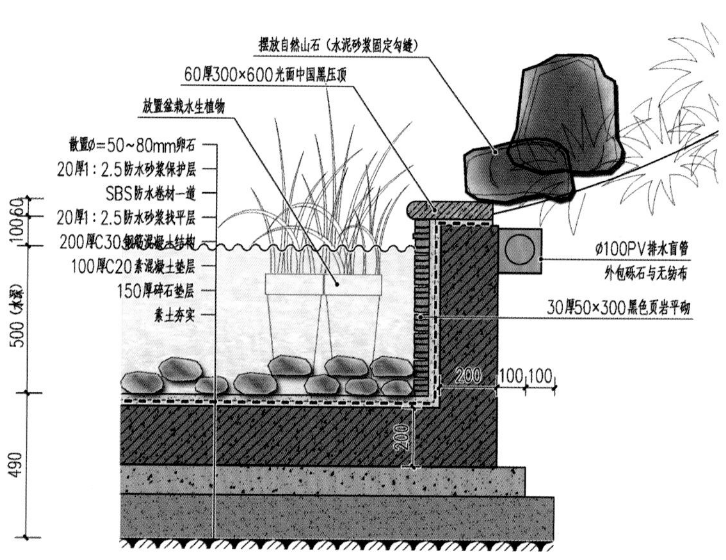

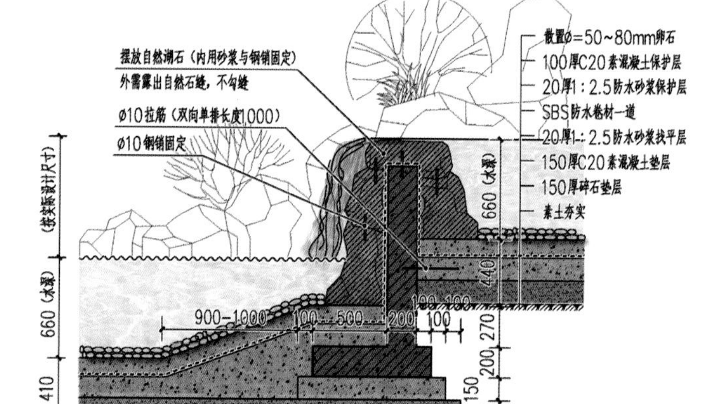

钢性水系河岸做法详图 1
（适用于小面积的人造水池与水系）

钢性水系河岸做法详图 2
（适用于小面积的人造水池与水系）

钢性水系叠水做法详图 1（适用于小面积的人造水系）

钢性水系叠水做法详图 2（适用于小面积的人造水系）

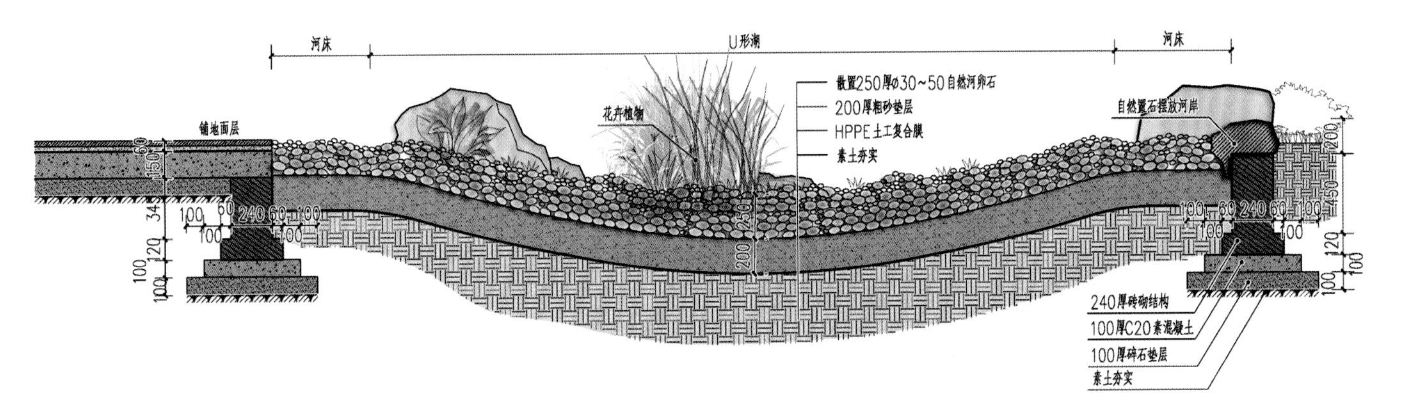

旱溪景观做法详图（适用于小面积）

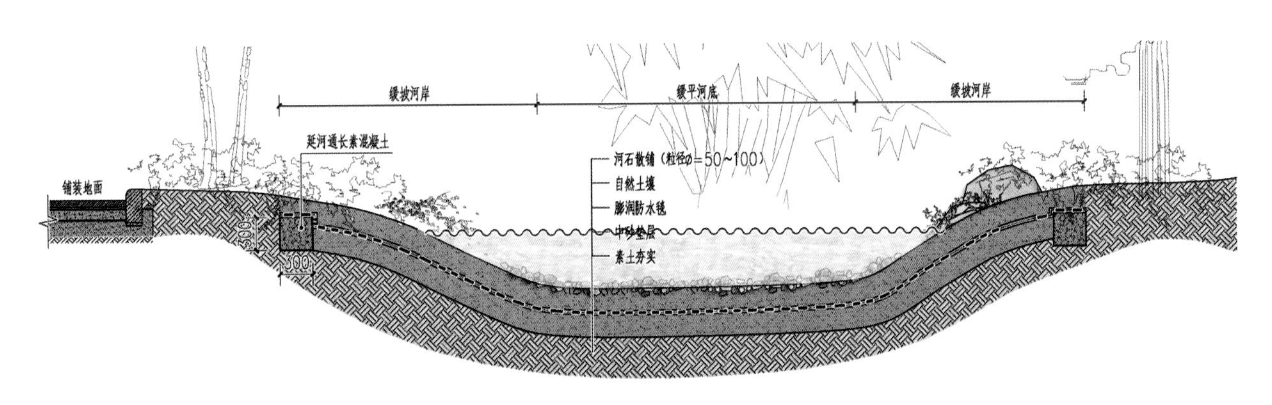

柔性水系做法详图（适用于人工小水景）

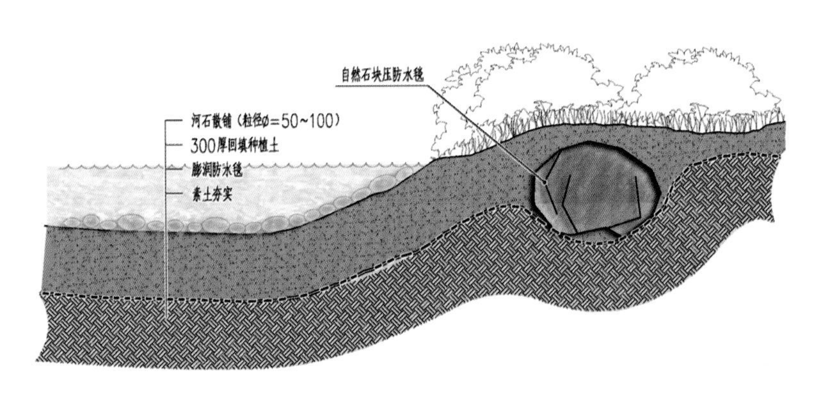

柔性湖案做法详图（适用于住宅区内人工湖）

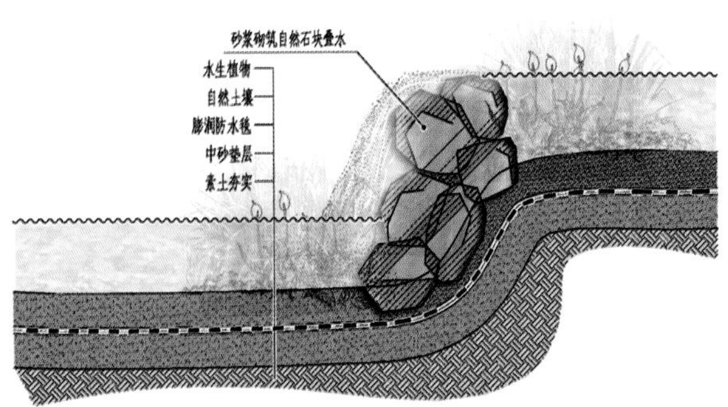

柔性溪流叠水做法详图（适用于人工自然溪流叠水）

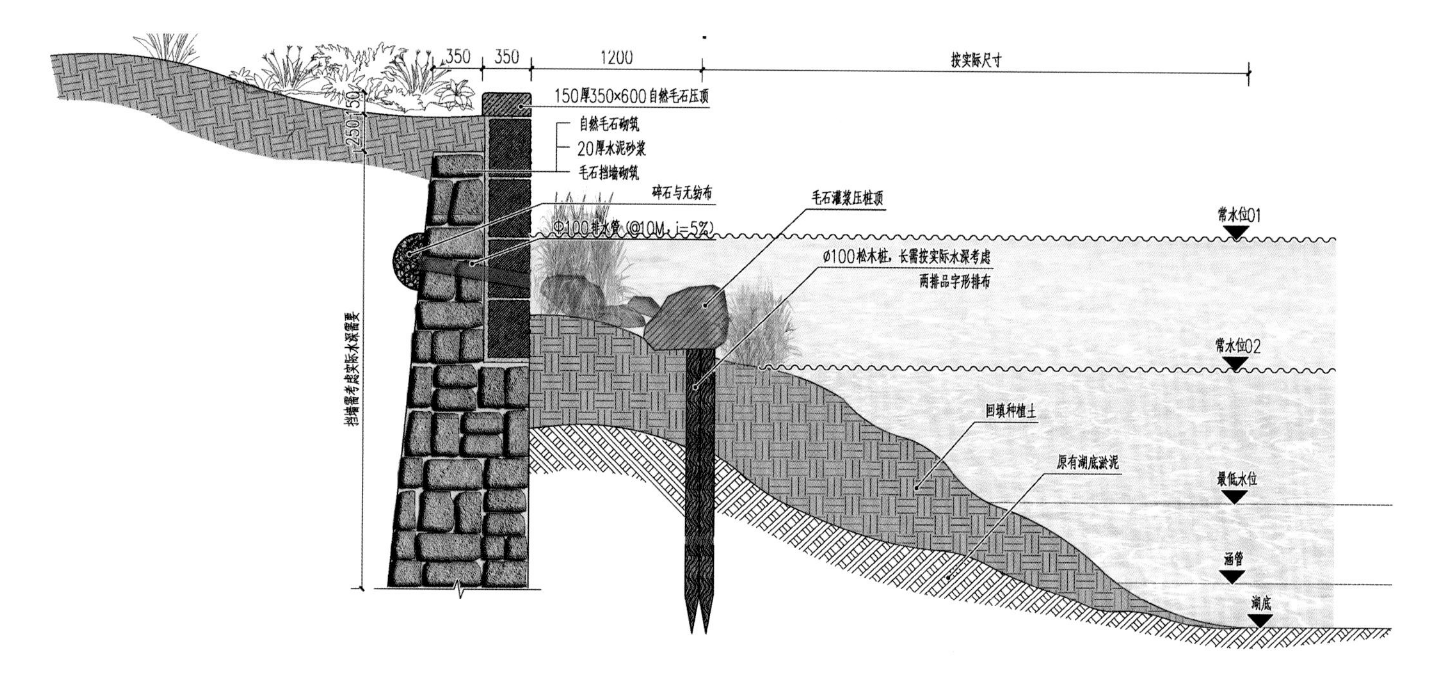

自然湖岸处理详图 1（适用于高差较大的自然湖泊）

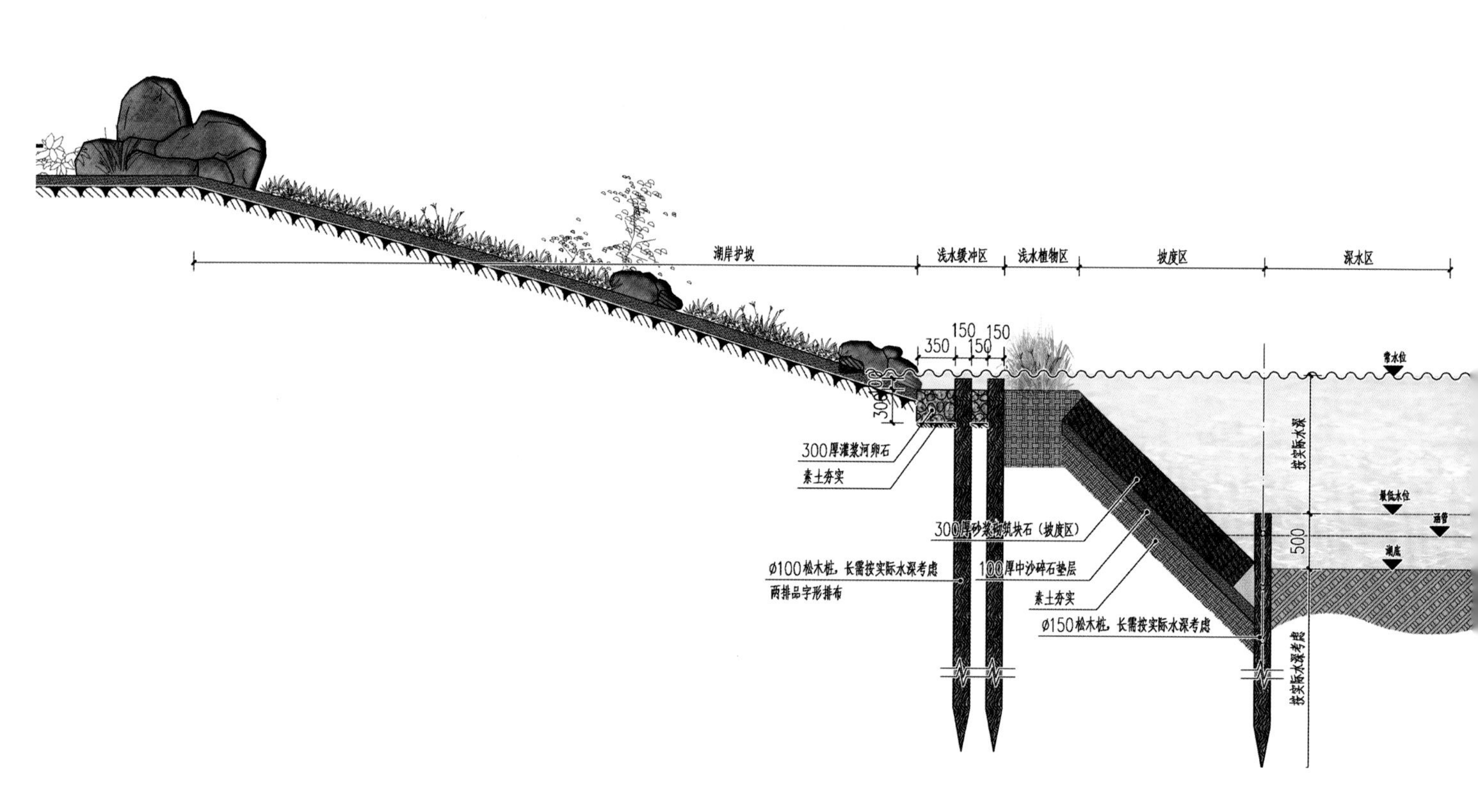

自然湖岸处理详图 2（适用于高差较小的自然湖泊）

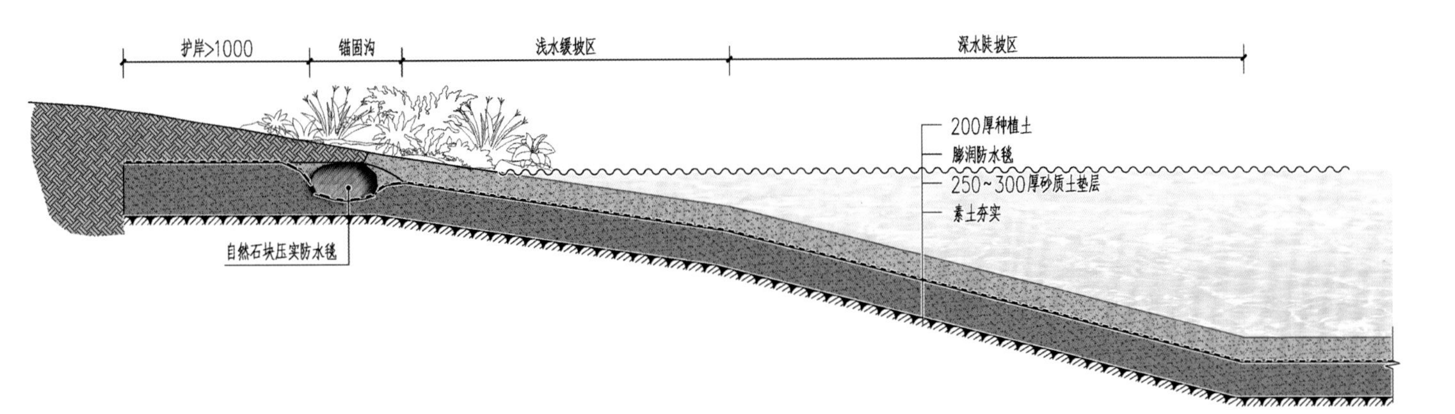

人工湖岸 1 做法详图（适用于面积较大的人工湖）

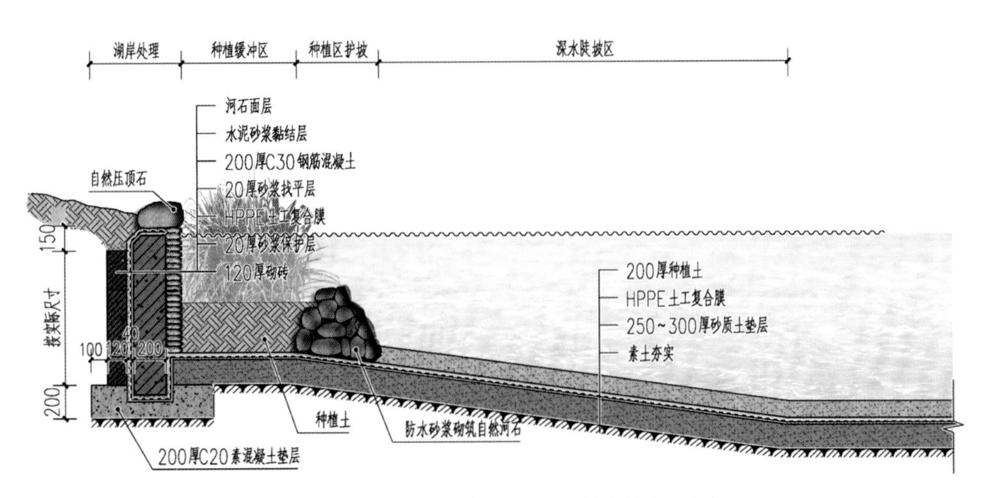

人工湖岸 2 做法详图（适用于面积较小的人工湖）

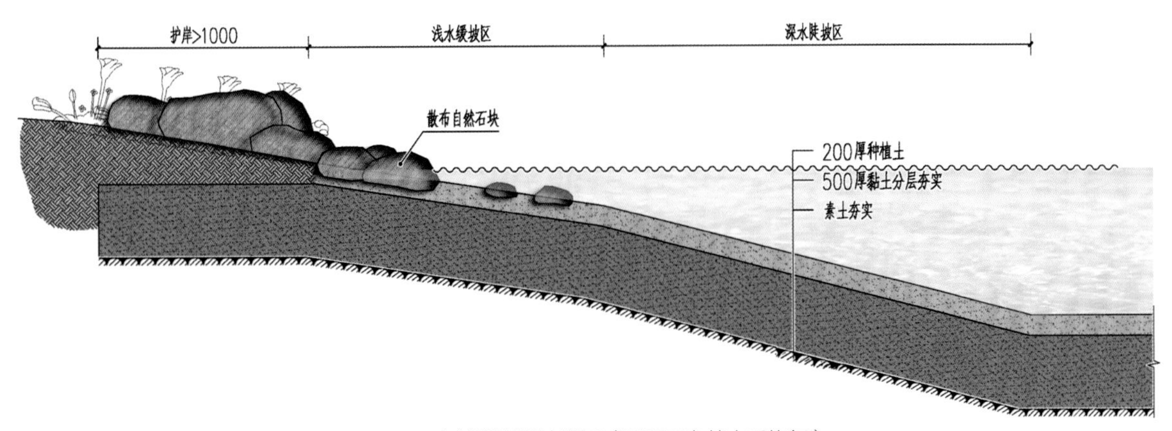

自然湖岸做法详图（适用于自然水系修复）

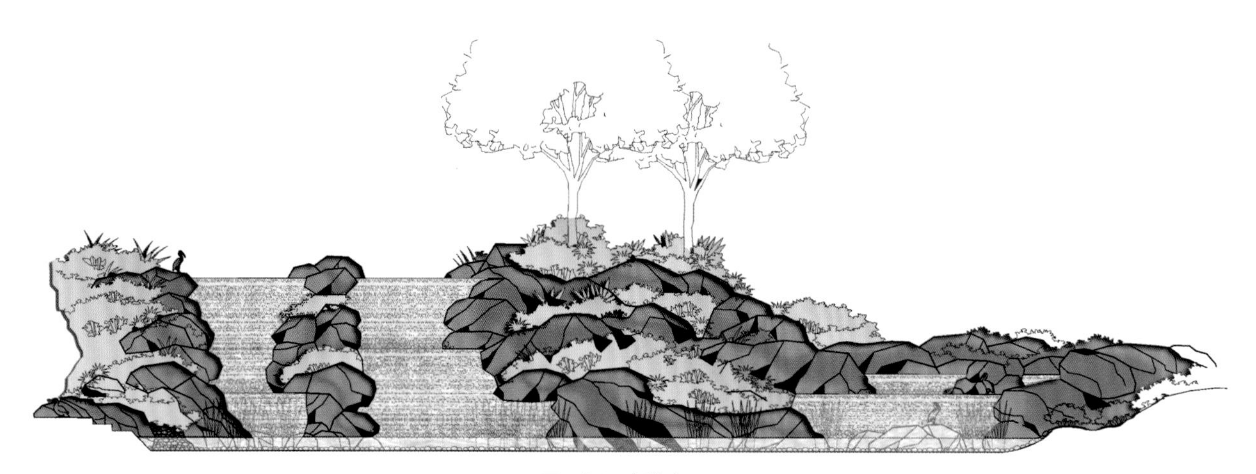

叠石与叠水样式 1

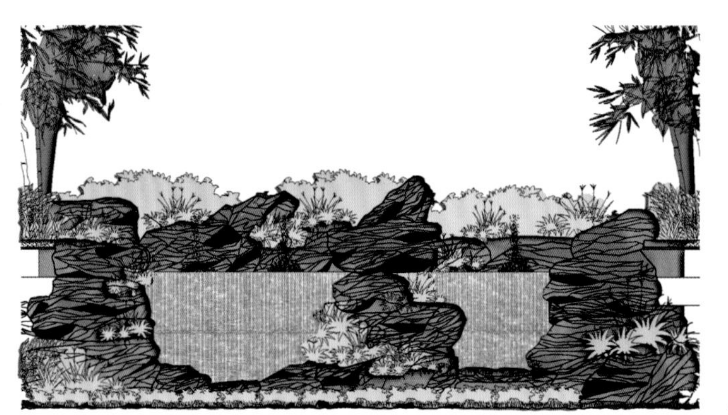

叠石与叠水样式 2

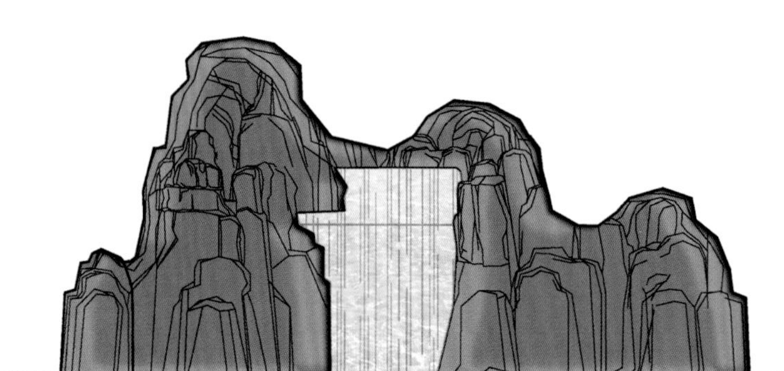

假山与叠水样式 1

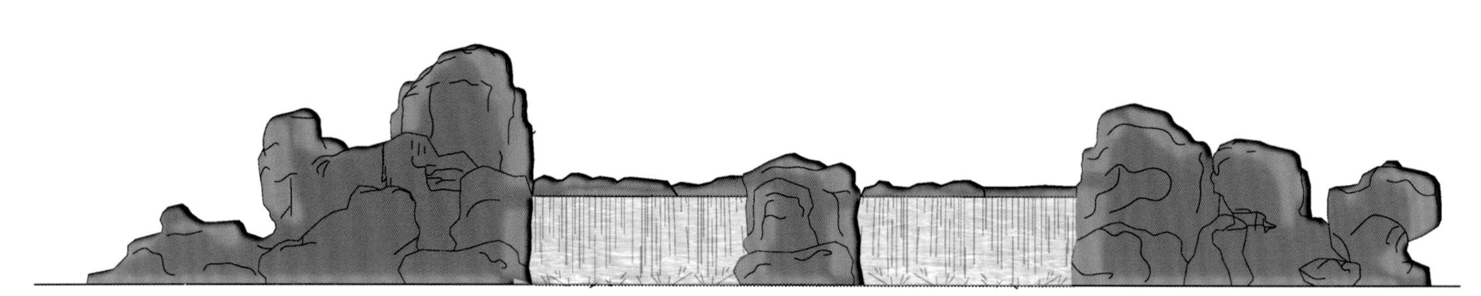

假山与叠水样式 2

园桥

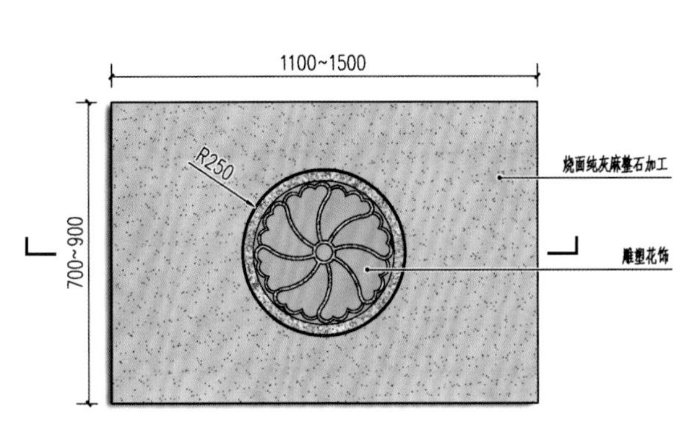

石板桥平面图

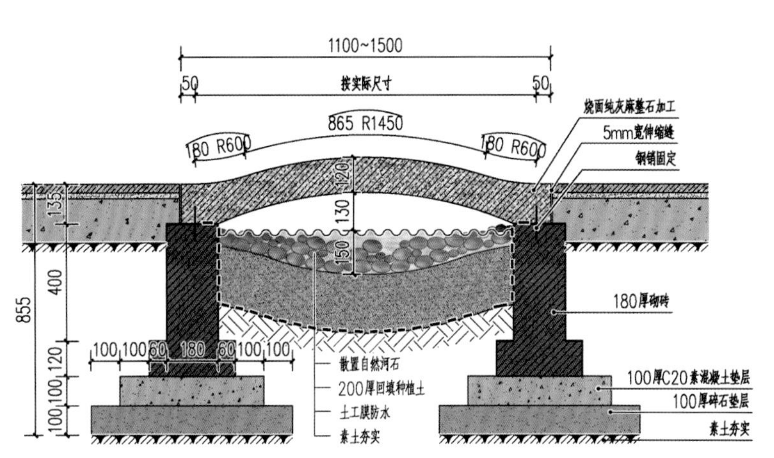

石板桥柔性水底1剖面图（适用于桥两侧接铺装位置）

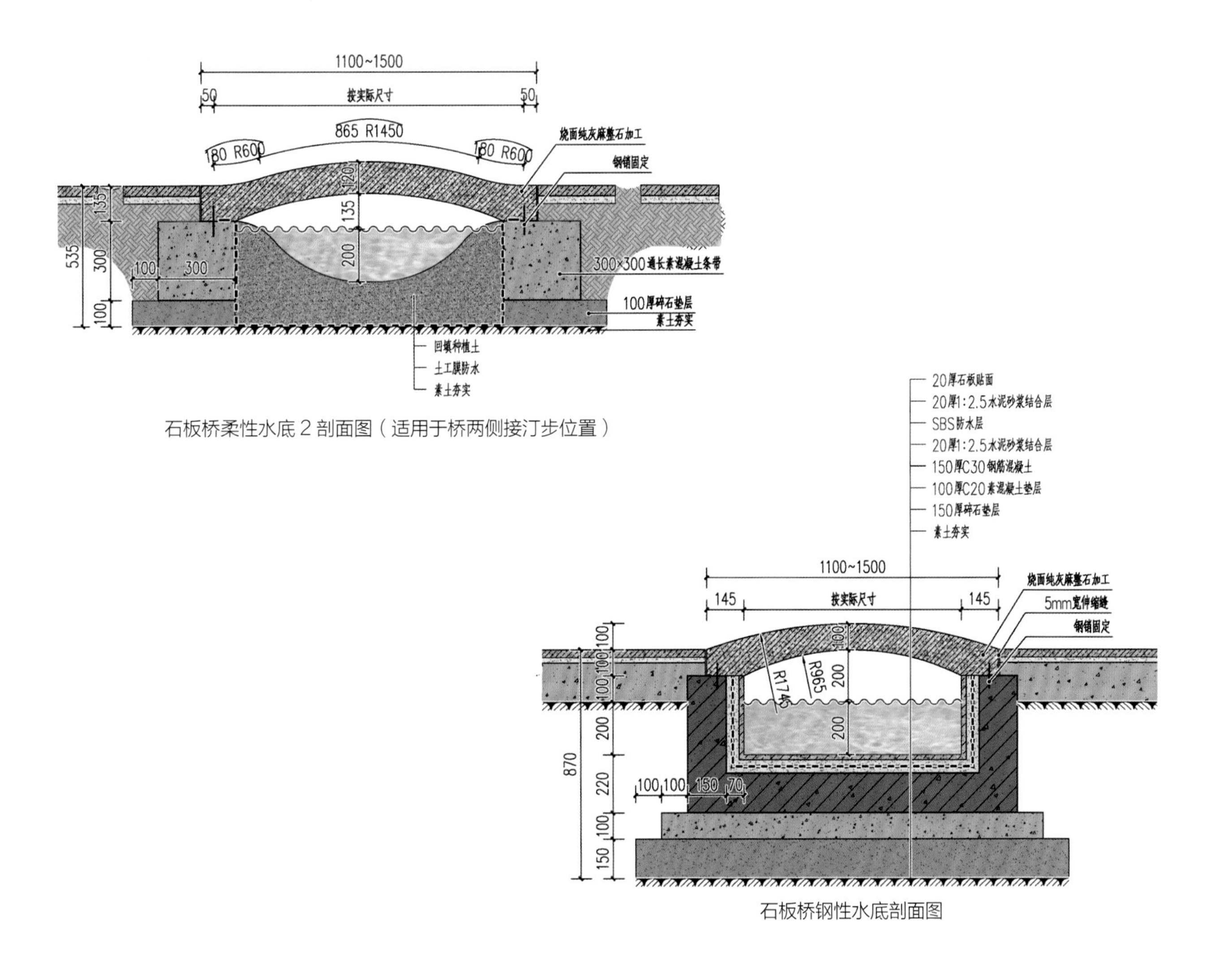

石板桥柔性水底2剖面图（适用于桥两侧接汀步位置）

石板桥钢性水底剖面图

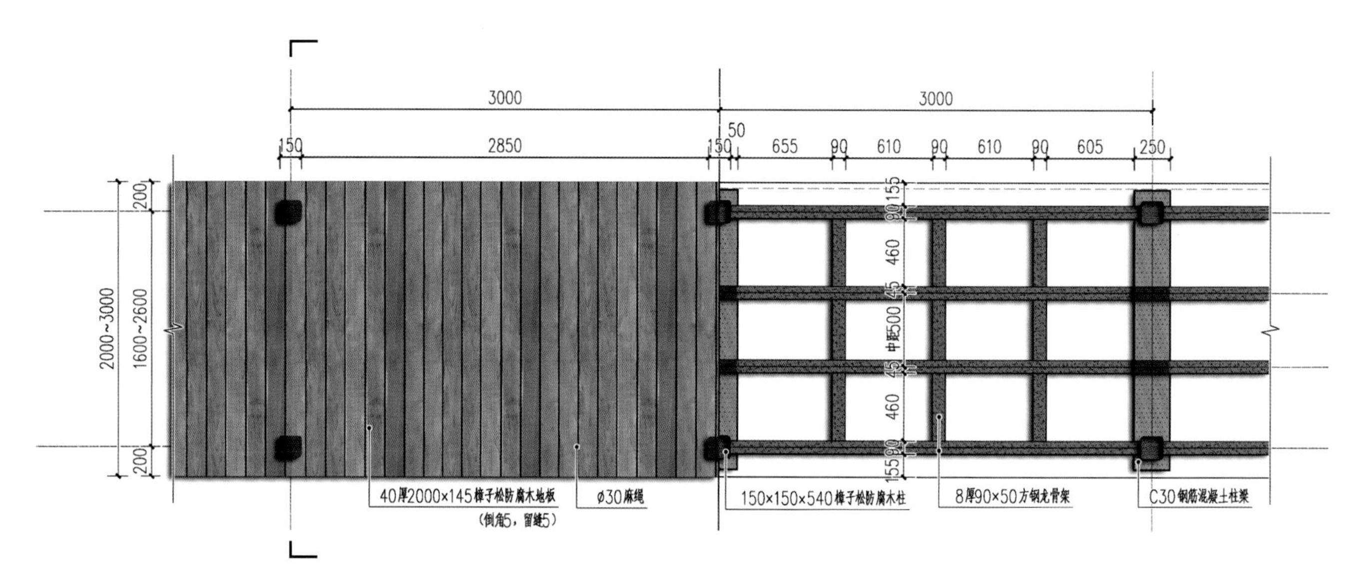
3000
3000
150
2850
150
50
655
90
610
90
610
90
605
250
2000~3000
1600~2600
200
200
155
460
500
460
155
40厚2000×145樟子松防腐木地板
(倒角5，留缝5)
ø30麻绳
150×150×540樟子松防腐木柱
8厚90×50方钢龙骨架
C30钢筋混凝土柱梁

水中木栈道 1 平面及龙骨布置图（钢筋混凝土结构）

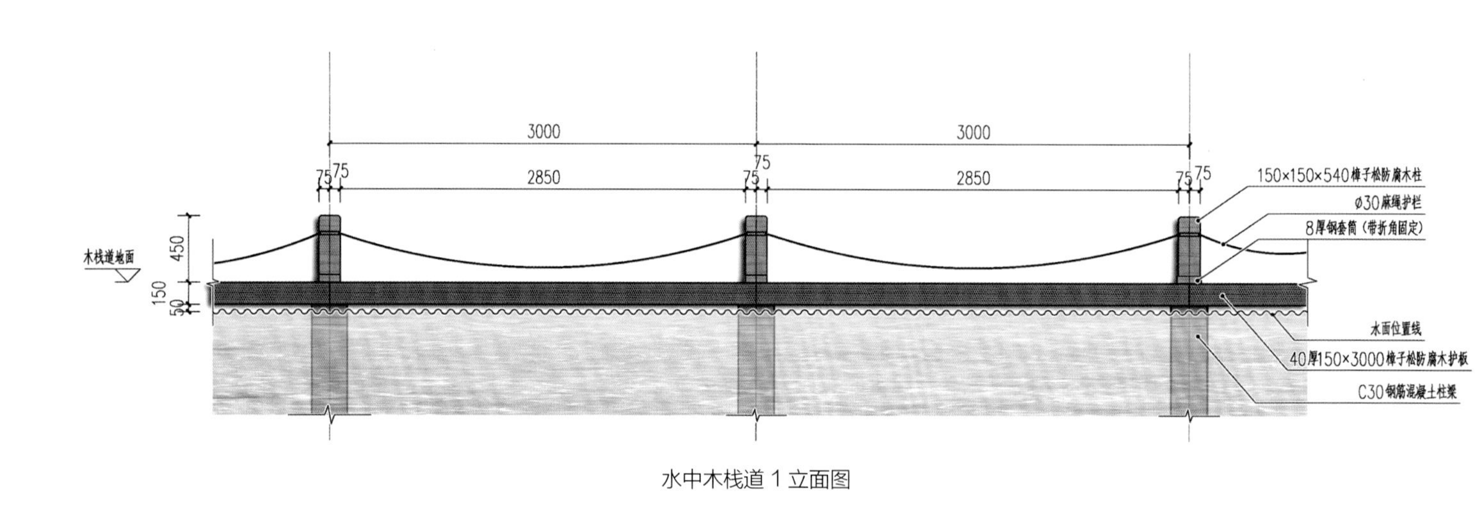
3000
3000
75
75
2850
75
2850
75
75
450
150
50
木栈道地面
150×150×540樟子松防腐木柱
ø30麻绳护栏
8厚钢套筒（带折角固定）
水面位置线
40厚150×3000樟子松防腐木护板
C30钢筋混凝土柱梁

水中木栈道 1 立面图

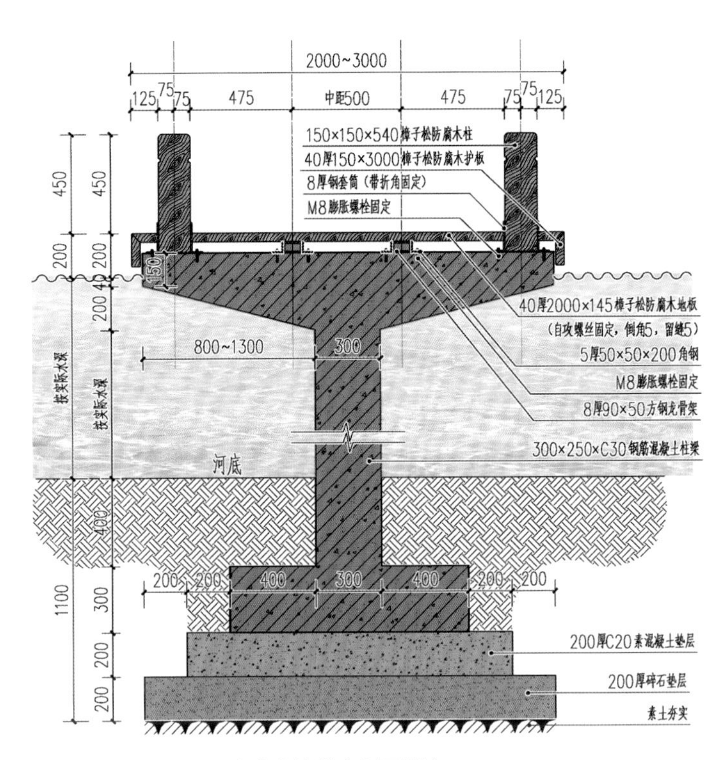
2000~3000
125 75 75 475 中距500 475 75 75 125
150×150×540樟子松防腐木柱
40厚150×3000樟子松防腐木护板
8厚钢套筒（带折角固定）
M8膨胀螺栓固定
40厚2000×145樟子松防腐木地板
（自攻螺丝固定，倒角5，留缝5）
5厚50×50×200角钢
M8膨胀螺栓固定
8厚90×50方钢龙骨架
300×250×C30钢筋混凝土柱梁
800~1300
300
河底
200 200 400 300 400 200 200
200厚C20素混凝土垫层
200厚碎石垫层
素土夯实
按实际水深
1100

水中木栈道 1 剖面做法一

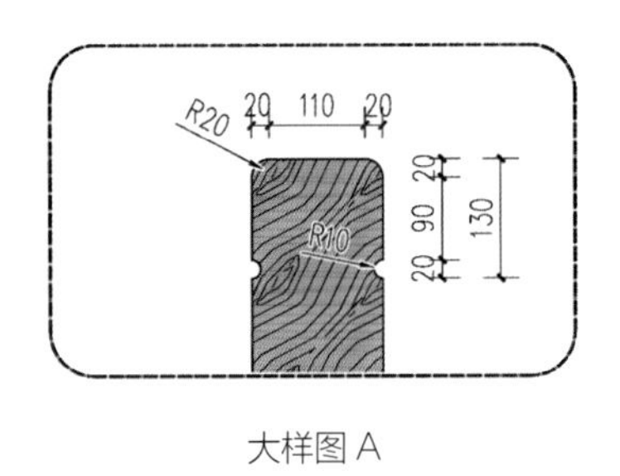
R20
20 110 20
R10
20 90 20
130

大样图 A

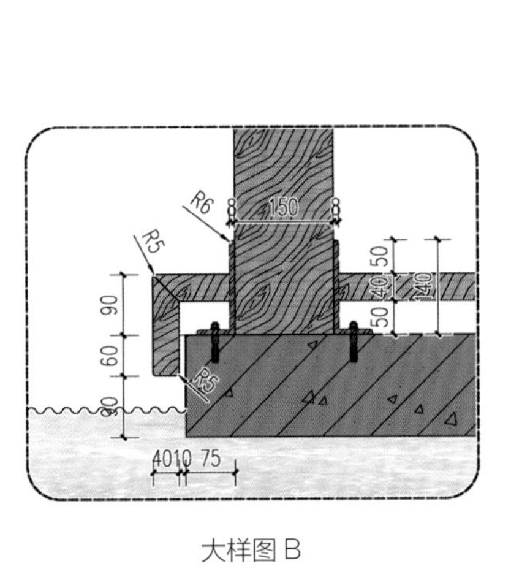
R6
8 150 8
R5
R5
50 40 50
140
90 60 90
40 10 75

大样图 B

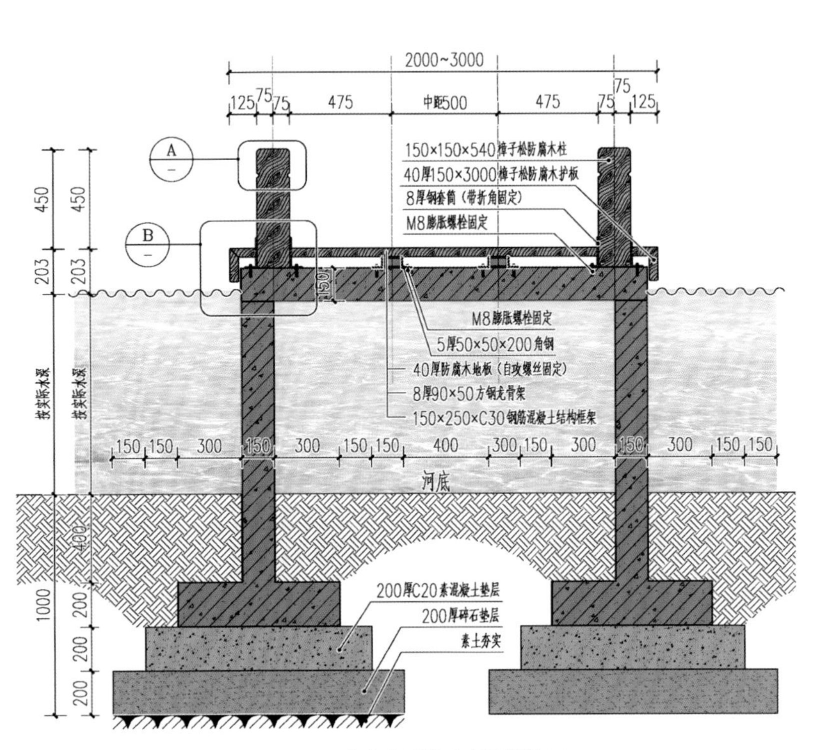
2000~3000
125 75 75 475 中距500 475 75 75 125
A
B
150×150×540樟子松防腐木柱
40厚150×3000樟子松防腐木护板
8厚钢套筒（带折角固定）
M8膨胀螺栓固定
M8膨胀螺栓固定
5厚50×50×200角钢
40厚防腐木地板（自攻螺丝固定）
8厚90×50方钢龙骨架
150×250×C30钢筋混凝土结构框架
按实际水深
河底
200厚C20素混凝土垫层
200厚碎石垫层
素土夯实
1000

水中木栈道 1 剖面做法二

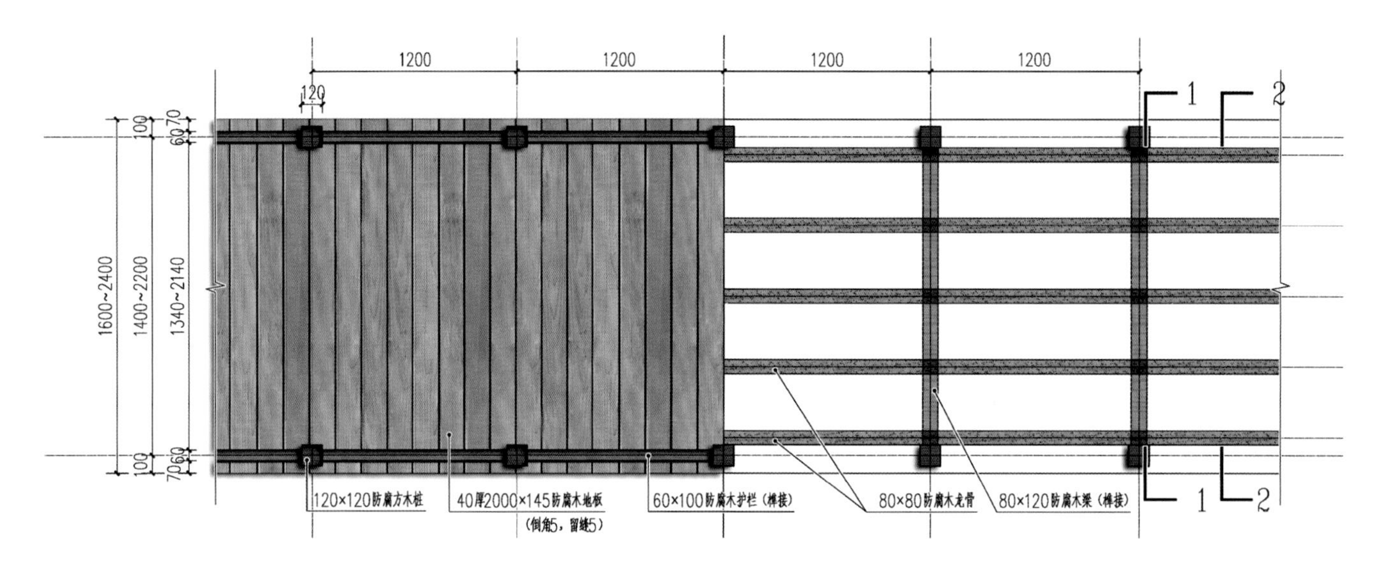
1200
1200
1200
1200
120
1600~2400
1400~2200
1340~2140
120×120防腐方木桩
40厚2000×145防腐木地板
(倒角5，留缝5)
60×100防腐木护栏（榫接）
80×80防腐木龙骨
80×120防腐木梁（榫接）
1
2

水中木栈道 2 平面及龙骨布置图（木桩结构）

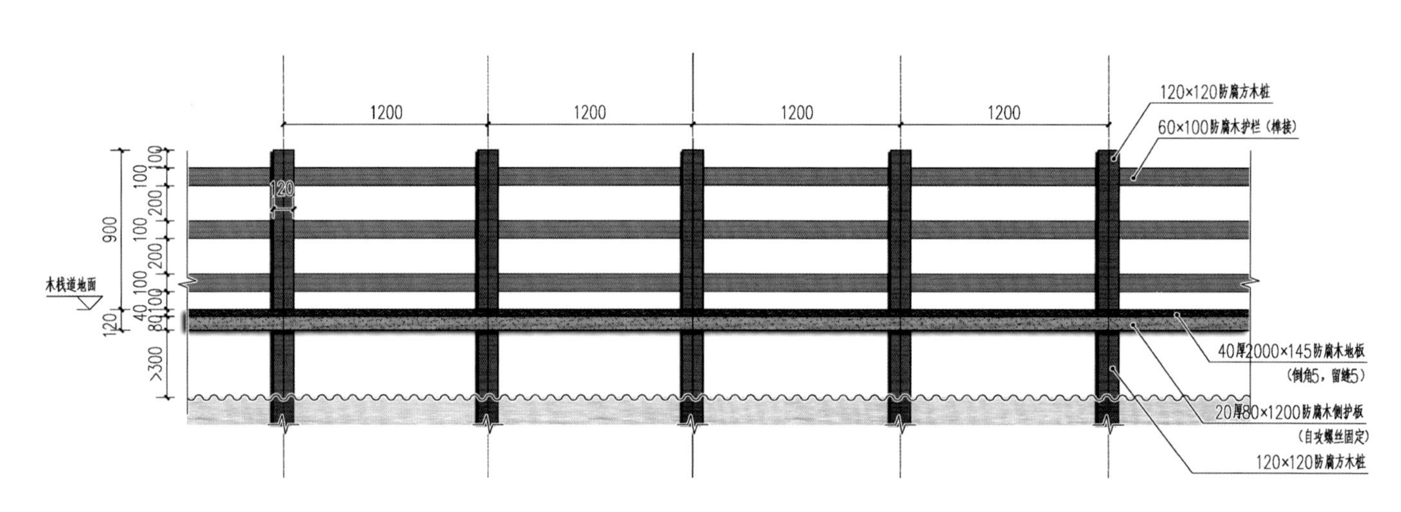
1200
1200
1200
1200
120
900
木栈道地面
>300
120×120防腐方木桩
60×100防腐木护栏（榫接）
40厚2000×145防腐木地板
(倒角5，留缝5)
20厚80×1200防腐木侧护板
(自攻螺丝固定)
120×120防腐方木桩

水中木栈道 2 立面图

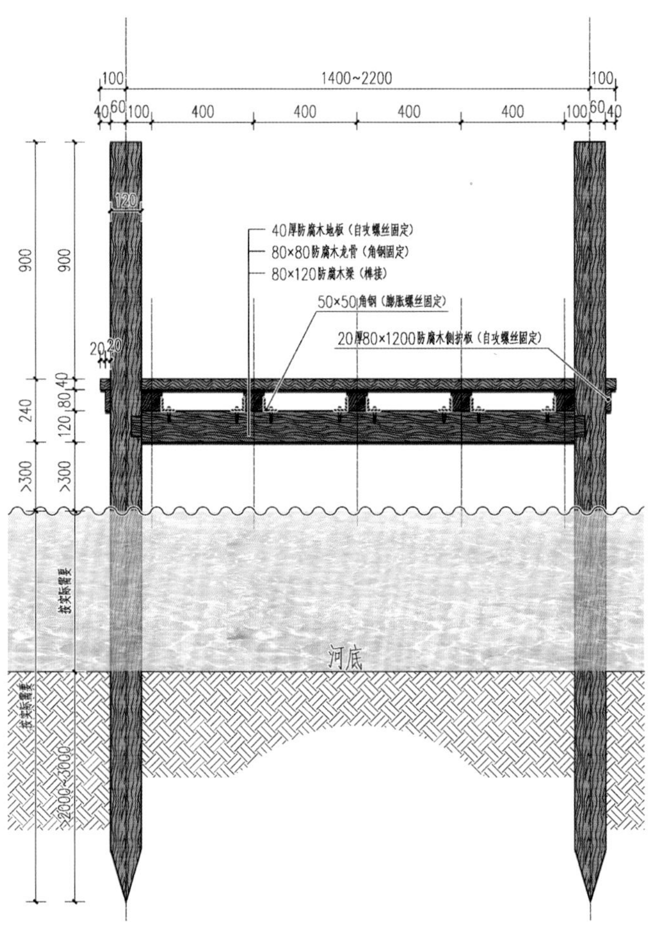
1400~2200
100
100
40
60
100
400
400
400
400
100
60
40
120
900
900
240
120
80
40
20
20
>300
>300
2000~3000
40厚防腐木地板（自攻螺丝固定）
80×80防腐木龙骨（角钢固定）
80×120防腐木梁（榫接）
50×50角钢（膨胀螺丝固定）
20厚80×1200防腐木侧护板（自攻螺丝固定）
河底

水中木栈道 2，1—1 剖面图

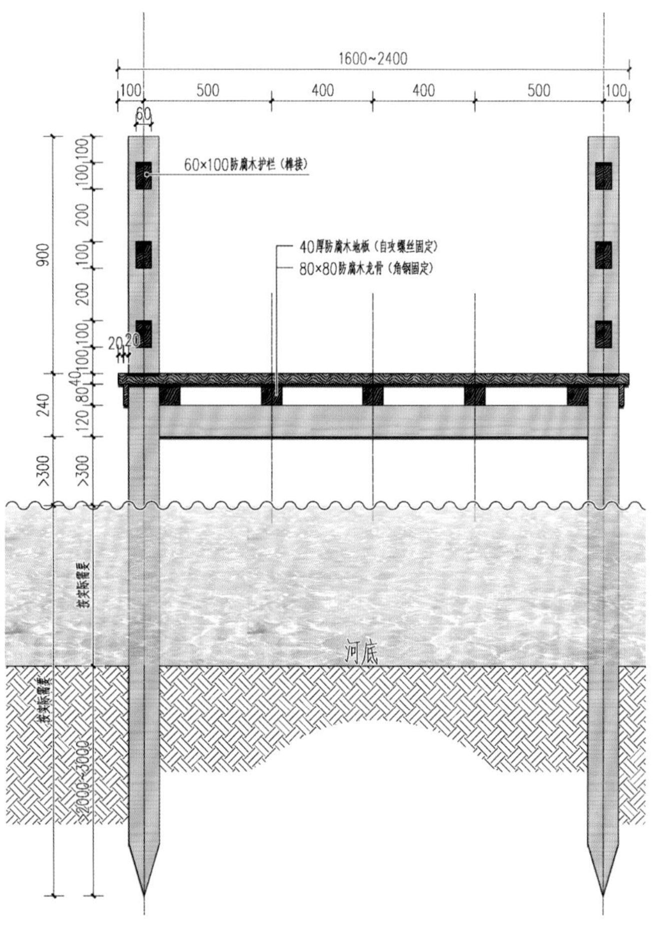
1600~2400
100
500
400
400
500
100
60
60×100防腐木护栏（榫接）
40厚防腐木地板（自攻螺丝固定）
80×80防腐木龙骨（角钢固定）
900
240
>300
>300
20
20
2000~3000
河底

水中木栈道 2，2—2 剖面图

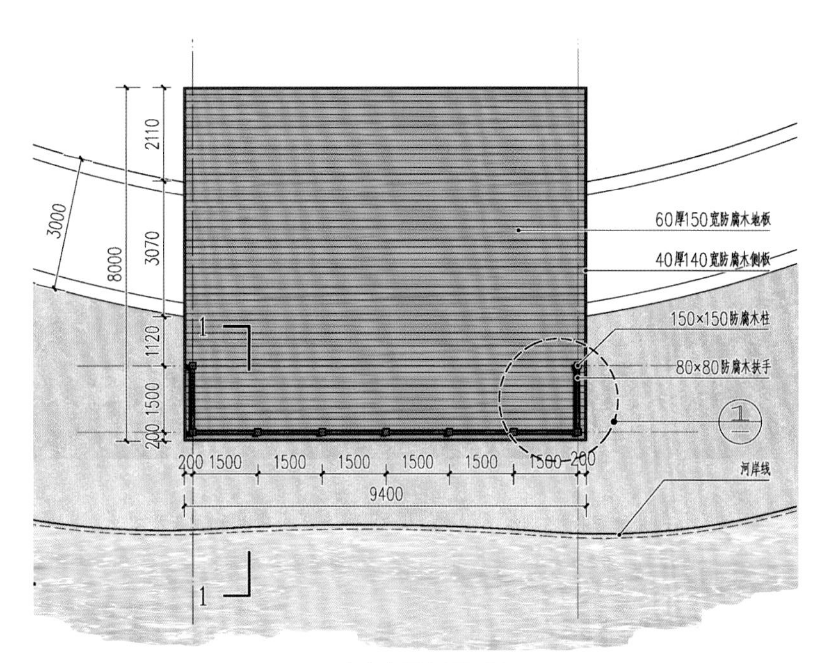

60厚150宽防腐木地板
40厚140宽防腐木侧板
150×150防腐木柱
80×80防腐木扶手

河岸线

亲水木平台平面图

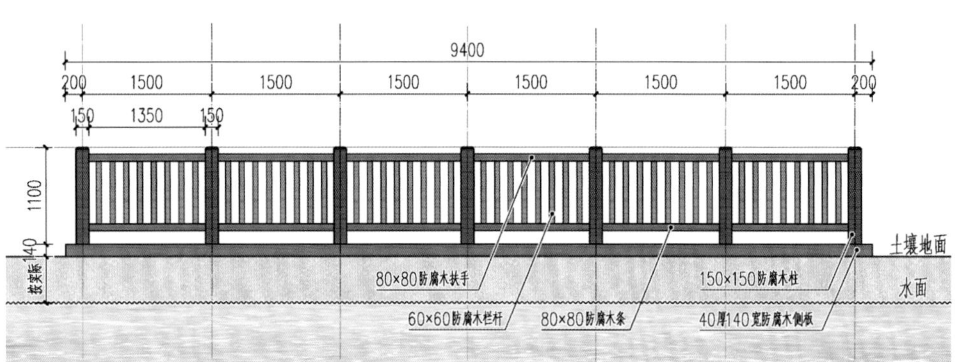

80×80防腐木扶手
60×60防腐木栏杆
80×80防腐木条
150×150防腐木柱
40厚140宽防腐木侧板
土壤地面
水面

亲水木平台正立面图

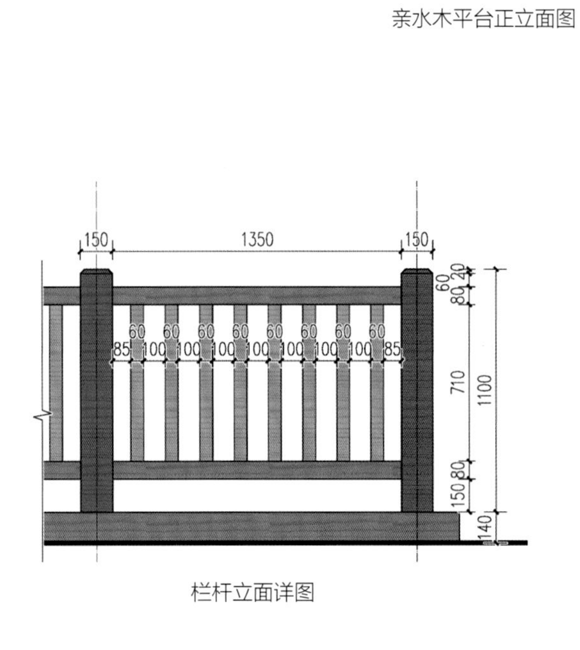

栏杆立面详图

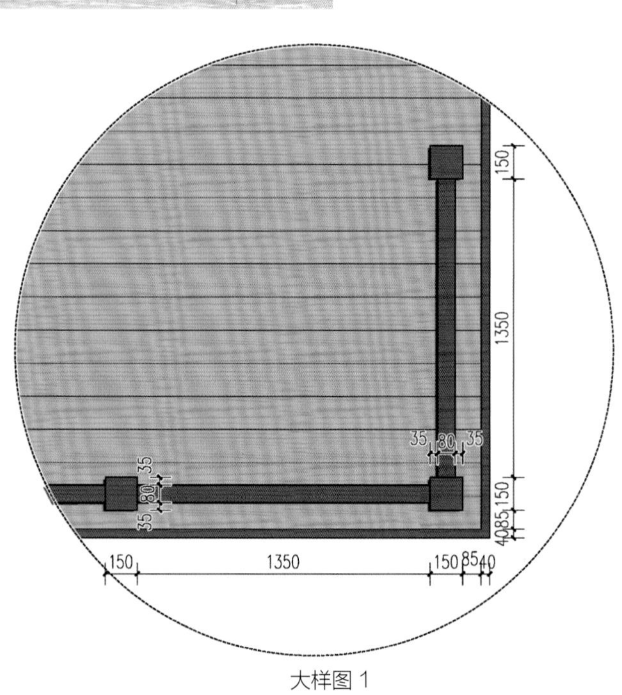

大样图 1

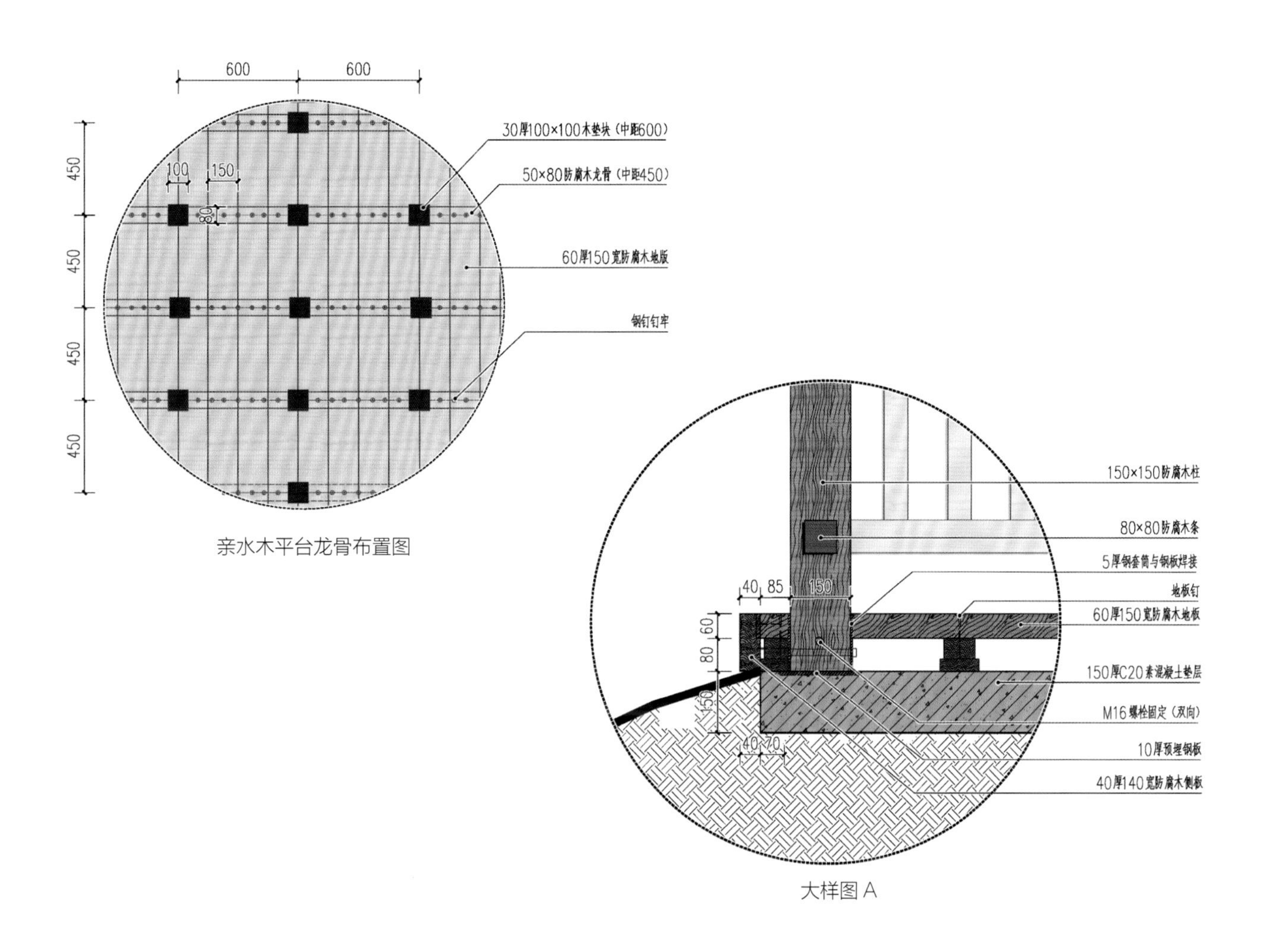

30厚100×100木垫块（中距600）

50×80防腐木龙骨（中距450）

60厚150宽防腐木地板

钢钉钉牢

亲水木平台龙骨布置图

150×150防腐木柱

80×80防腐木条

5厚钢套筒与钢板焊接

地板钉

60厚150宽防腐木地板

150厚C20素混凝土垫层

M16螺栓固定（双向）

10厚预埋钢板

40厚140宽防腐木侧板

大样图 A

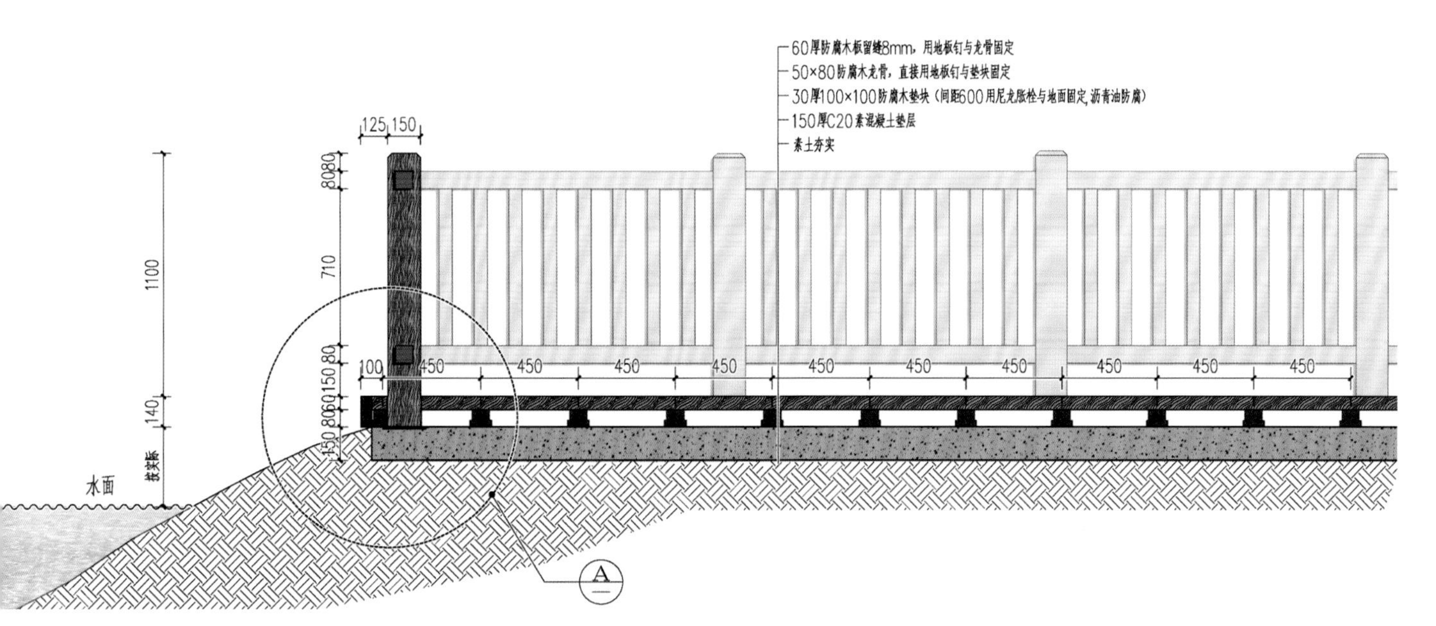

60厚防腐木板留缝8mm，用地板钉与龙骨固定

50×80防腐木龙骨，直接用地板钉与垫块固定

30厚100×100防腐木垫块（间距600用尼龙膨胀栓与地面固定，沥青油防腐）

150厚C20素混凝土垫层

素土夯实

水面

亲水木平台 1—1 剖面图

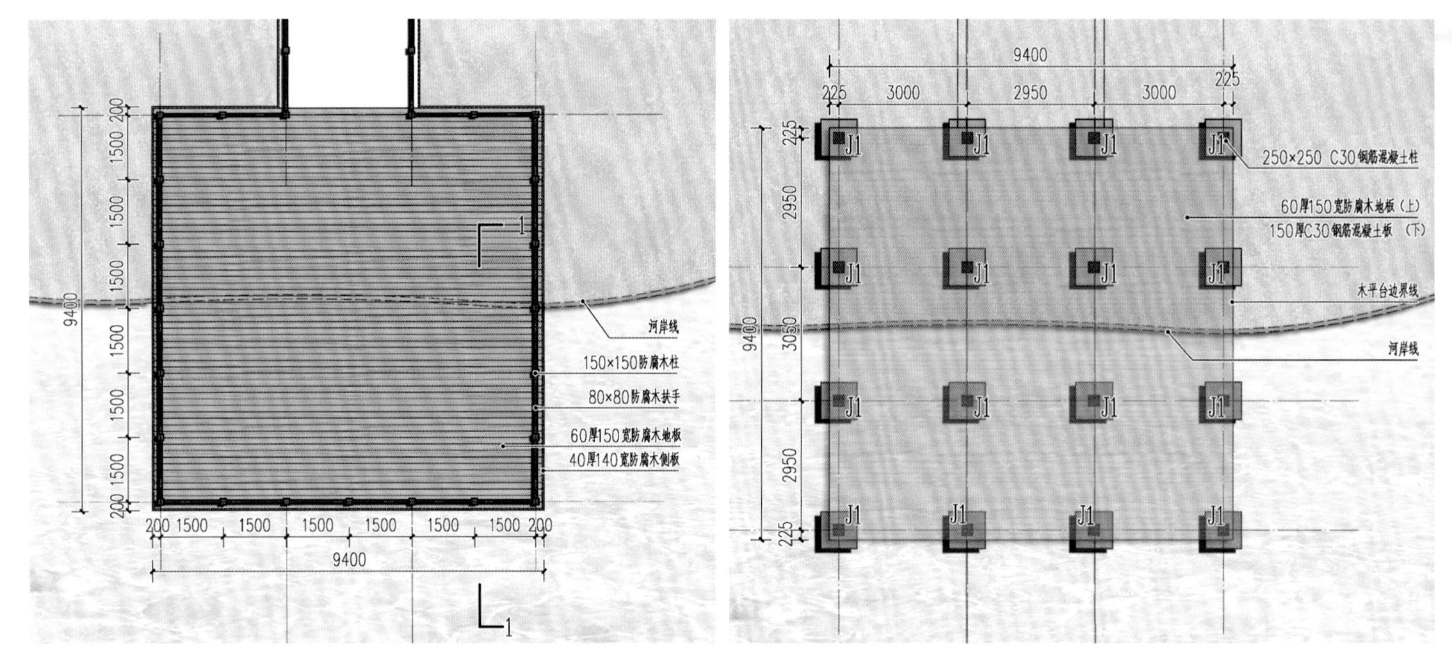

挑水木平台 1 平面图

挑水木平台 1 结构柱布置平面图

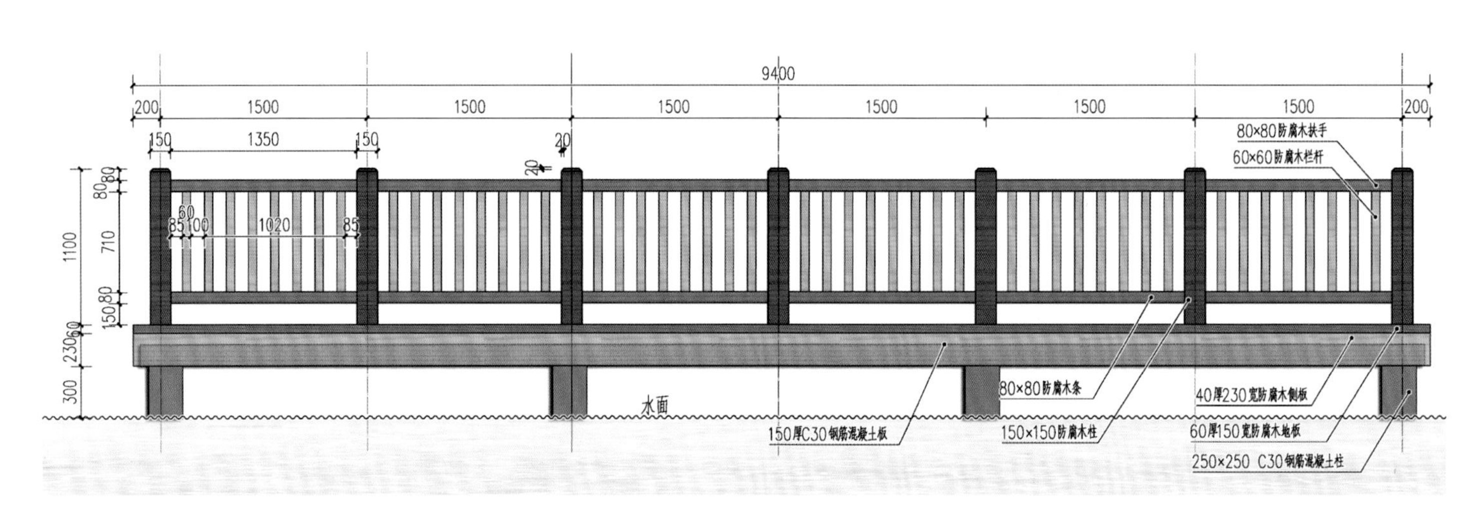

挑水木平台 1 正立面图

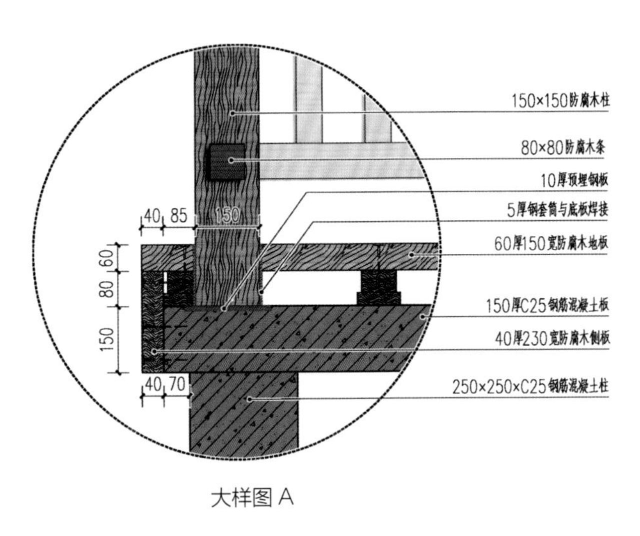

150×150防腐木柱
80×80防腐木条
10厚预埋钢板
5厚钢套筒与底板焊接
60厚150宽防腐木地板
150厚C25钢筋混凝土板
40厚230宽防腐木侧板
250×250×C25钢筋混凝土柱

大样图 A

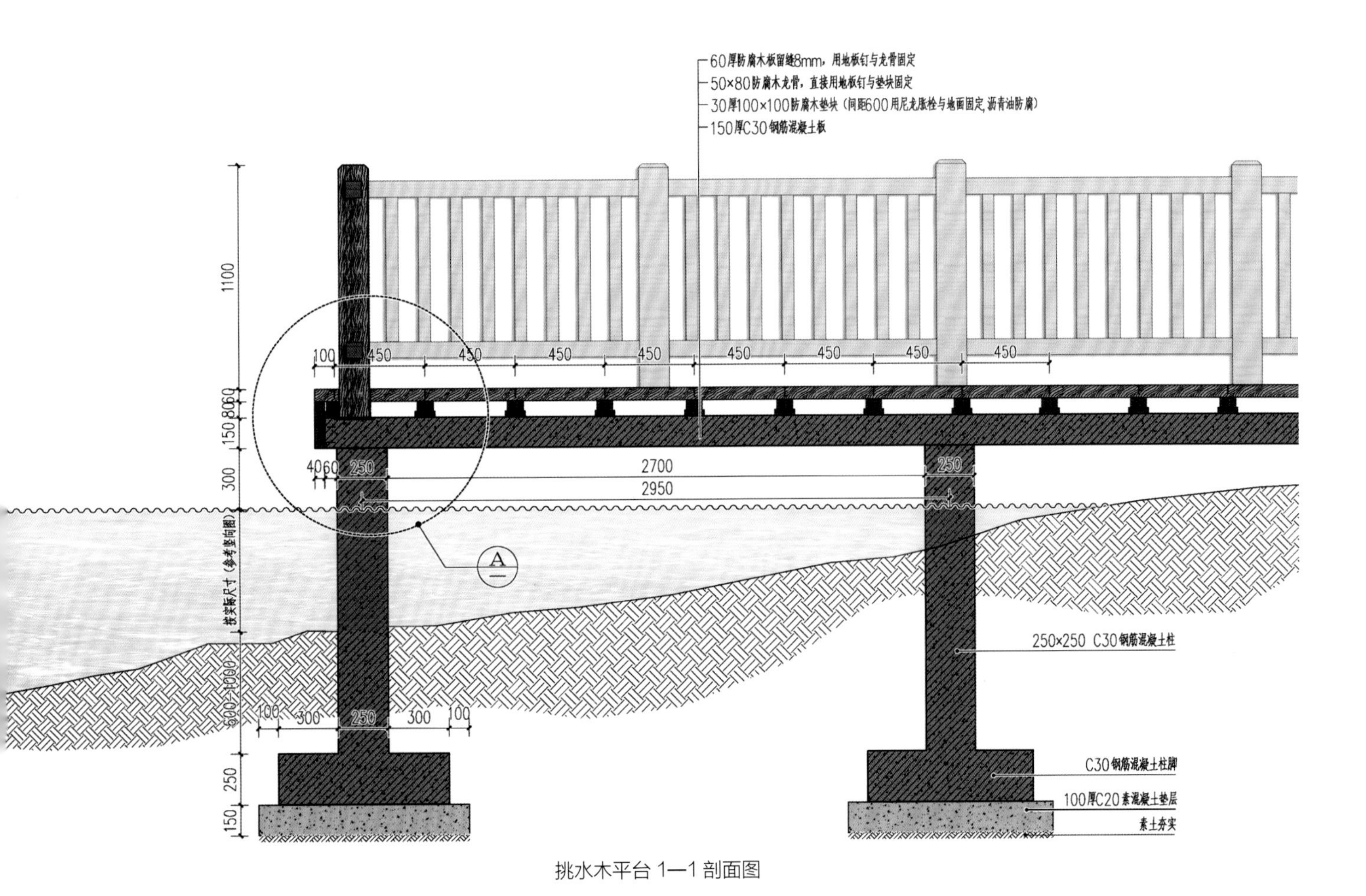

60厚防腐木板留缝8mm,用地板钉与龙骨固定
50×80防腐木龙骨,直接用地板钉与垫块固定
30厚100×100防腐木垫块(间距600用尼龙膨栓与地面固定,沥青油防腐)
150厚C30钢筋混凝土板

250×250 C30钢筋混凝土柱

C30钢筋混凝土柱脚
100厚C20素混凝土垫层
素土夯实

挑水木平台 1—1 剖面图

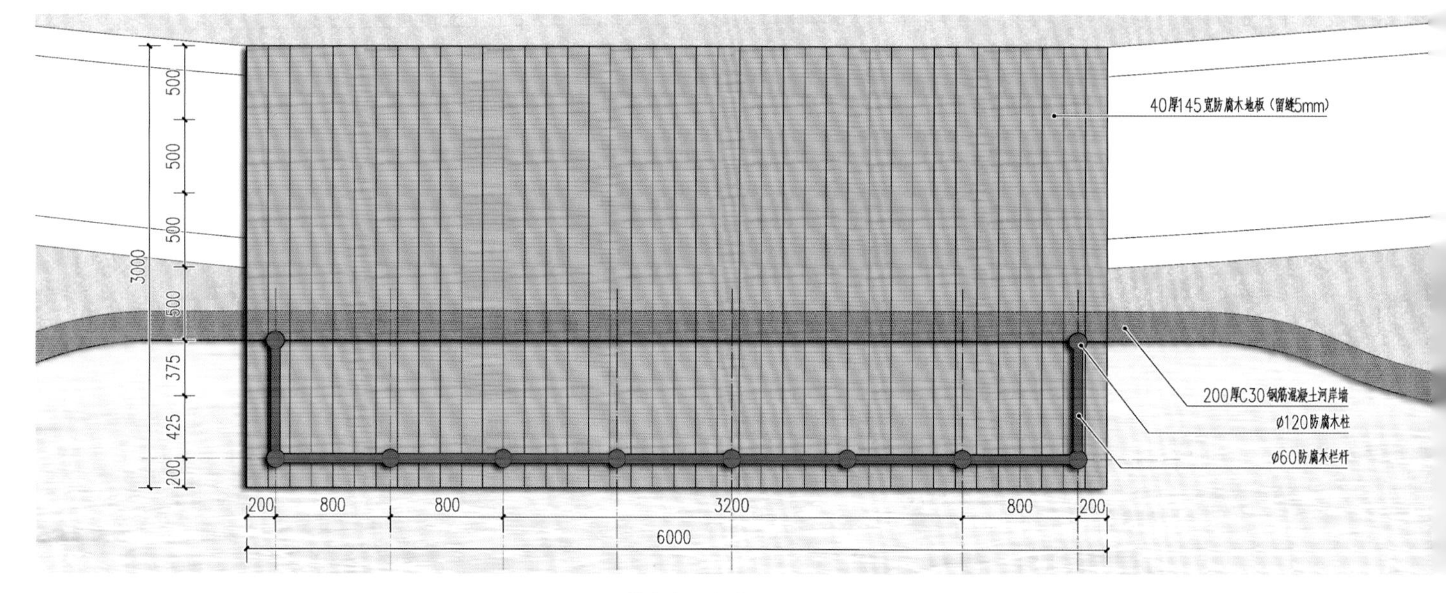

40厚145宽防腐木地板（留缝5mm）

200厚C30钢筋混凝土河岸墙

Ø120防腐木柱

Ø60防腐木栏杆

挑水木平台 2 平面图

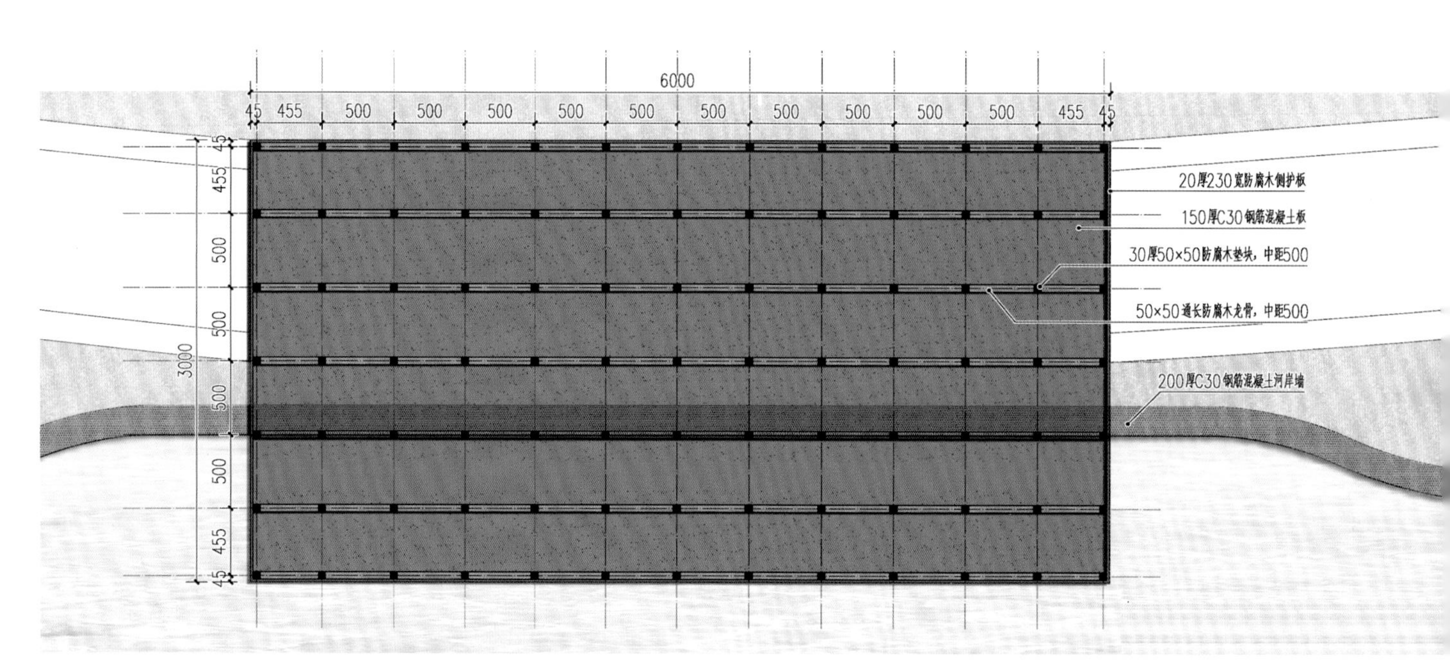

20厚230宽防腐木侧护板

150厚C30钢筋混凝土板

30厚50×50防腐木垫块，中距500

50×50通长防腐木龙骨，中距500

200厚C30钢筋混凝土河岸墙

挑水木平台 2 平面龙骨布置图

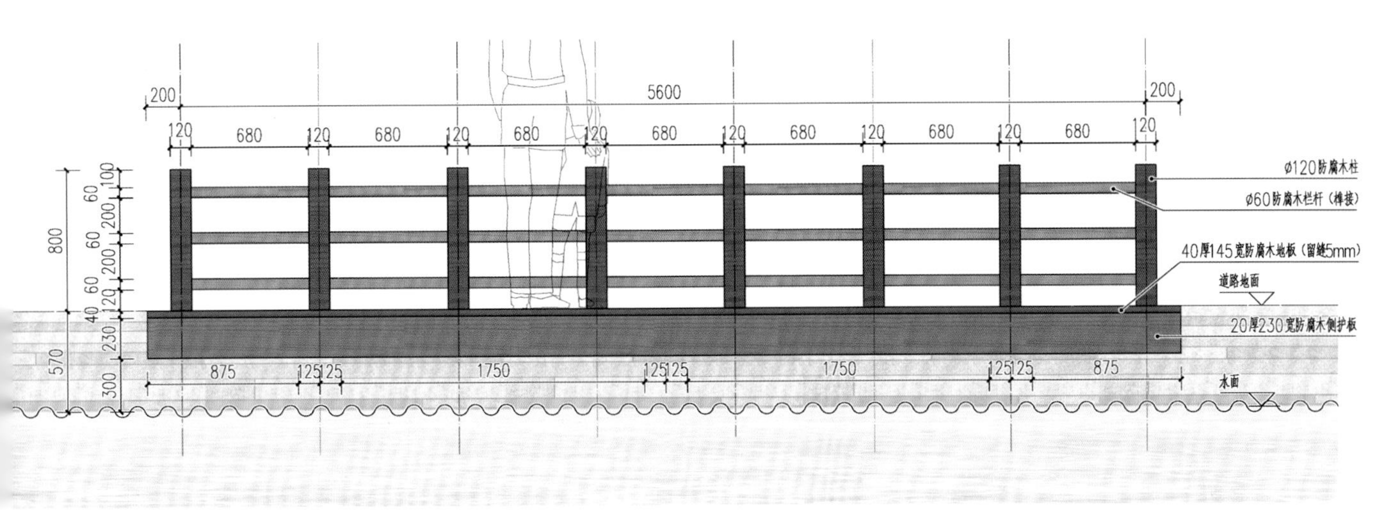

挑水木平台2正立面图

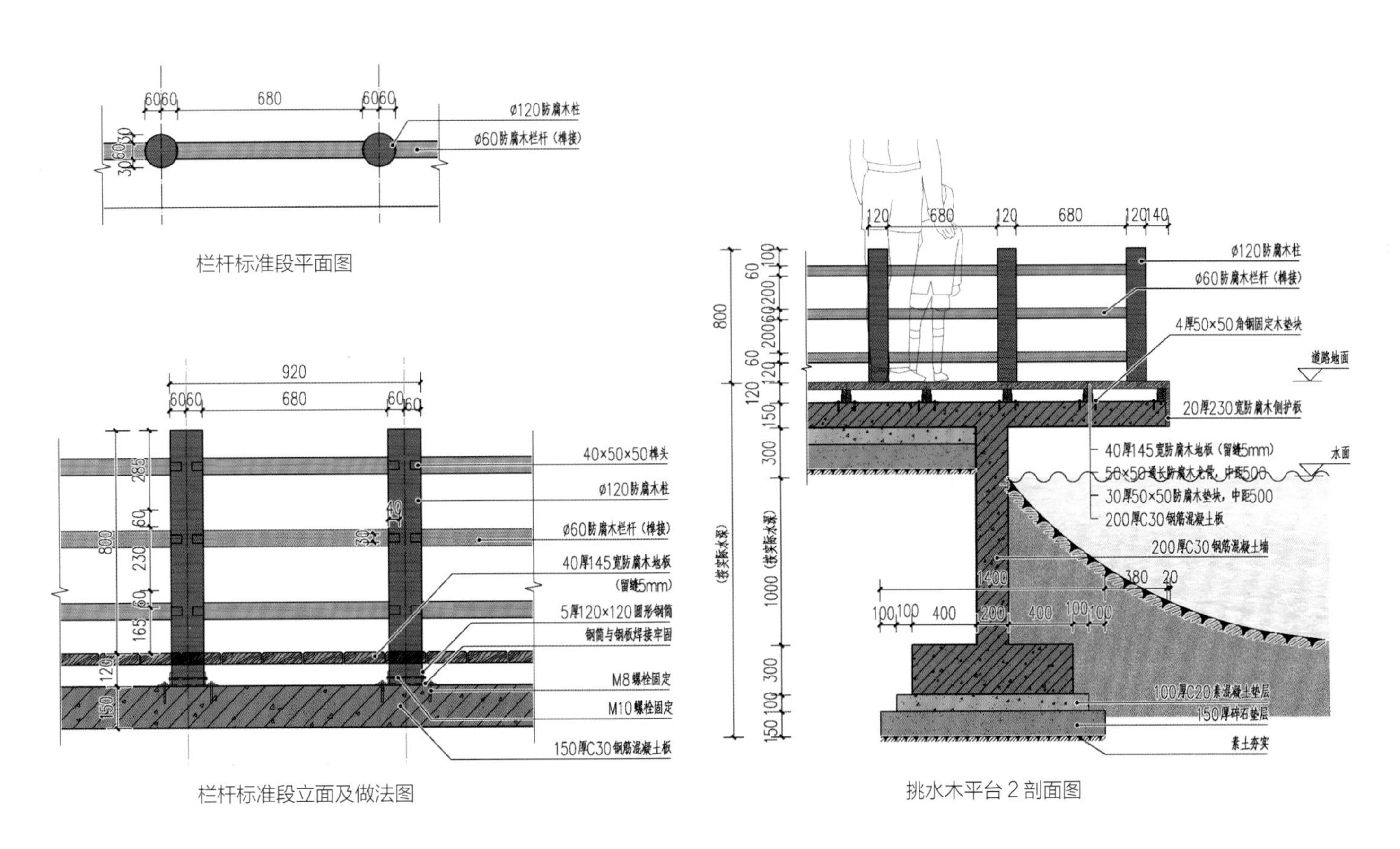

栏杆标准段平面图

栏杆标准段立面及做法图

挑水木平台2剖面图

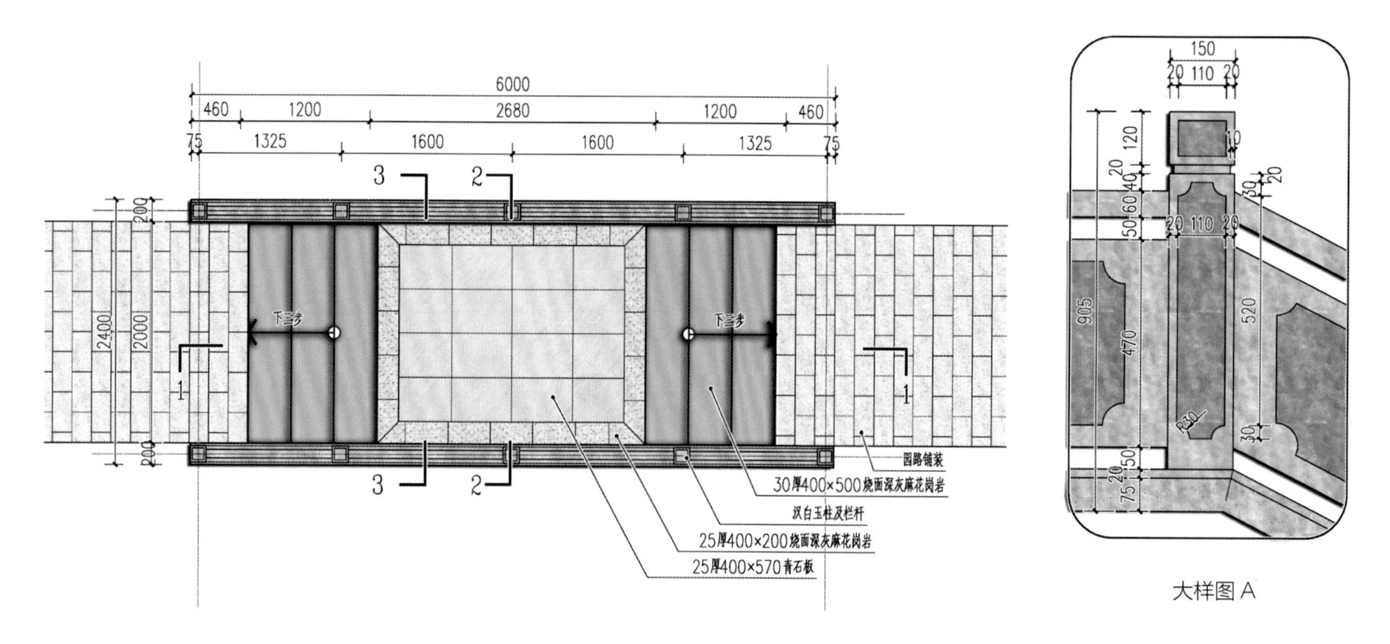

中式拱桥平面图

大样图 A

30厚400×500烧面深灰麻花岗岩
汉白玉柱及栏杆
25厚400×200烧面深灰麻花岗岩
25厚400×570青石板
园路铺装

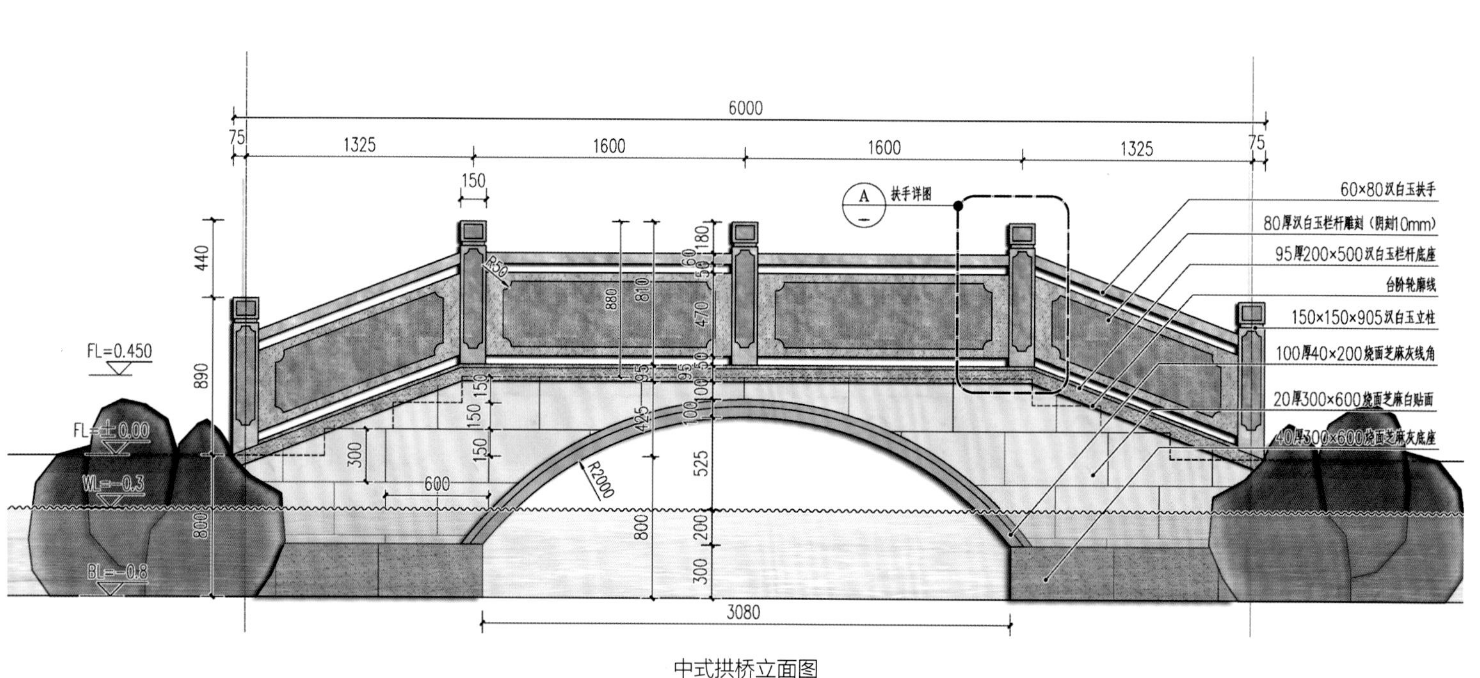

中式拱桥立面图

60×80汉白玉扶手
80厚汉白玉栏杆雕刻(阴刻10mm)
95厚200×500汉白玉栏杆底座
台阶轮廓线
150×150×905汉白玉立柱
100厚40×200烧面芝麻灰线角
20厚300×600烧面芝麻白贴面
40厚300×600烧面芝麻灰底座

扶手详图

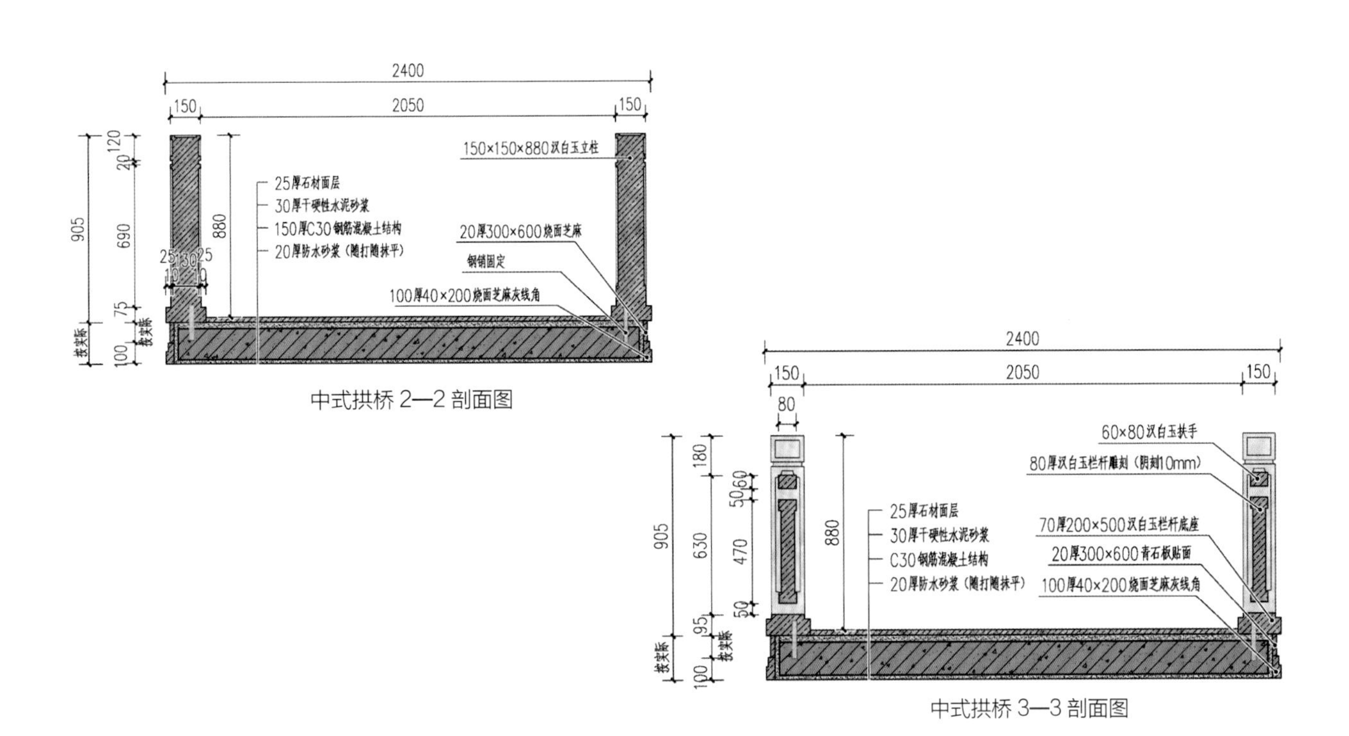
2400
150
2050
150
150×150×880汉白玉立柱
25厚石材面层
30厚干硬性水泥砂浆
150厚C30钢筋混凝土结构
20厚防水砂浆（随打随抹平）
20厚300×600烧面芝麻
钢销固定
100厚40×200烧面芝麻灰线角
905
880
60×80汉白玉扶手
80厚汉白玉栏杆雕刻（阴刻10mm）
C30钢筋混凝土结构
70厚200×500汉白玉栏杆底座
20厚300×600青石板贴面

中式拱桥 2—2 剖面图

中式拱桥 3—3 剖面图

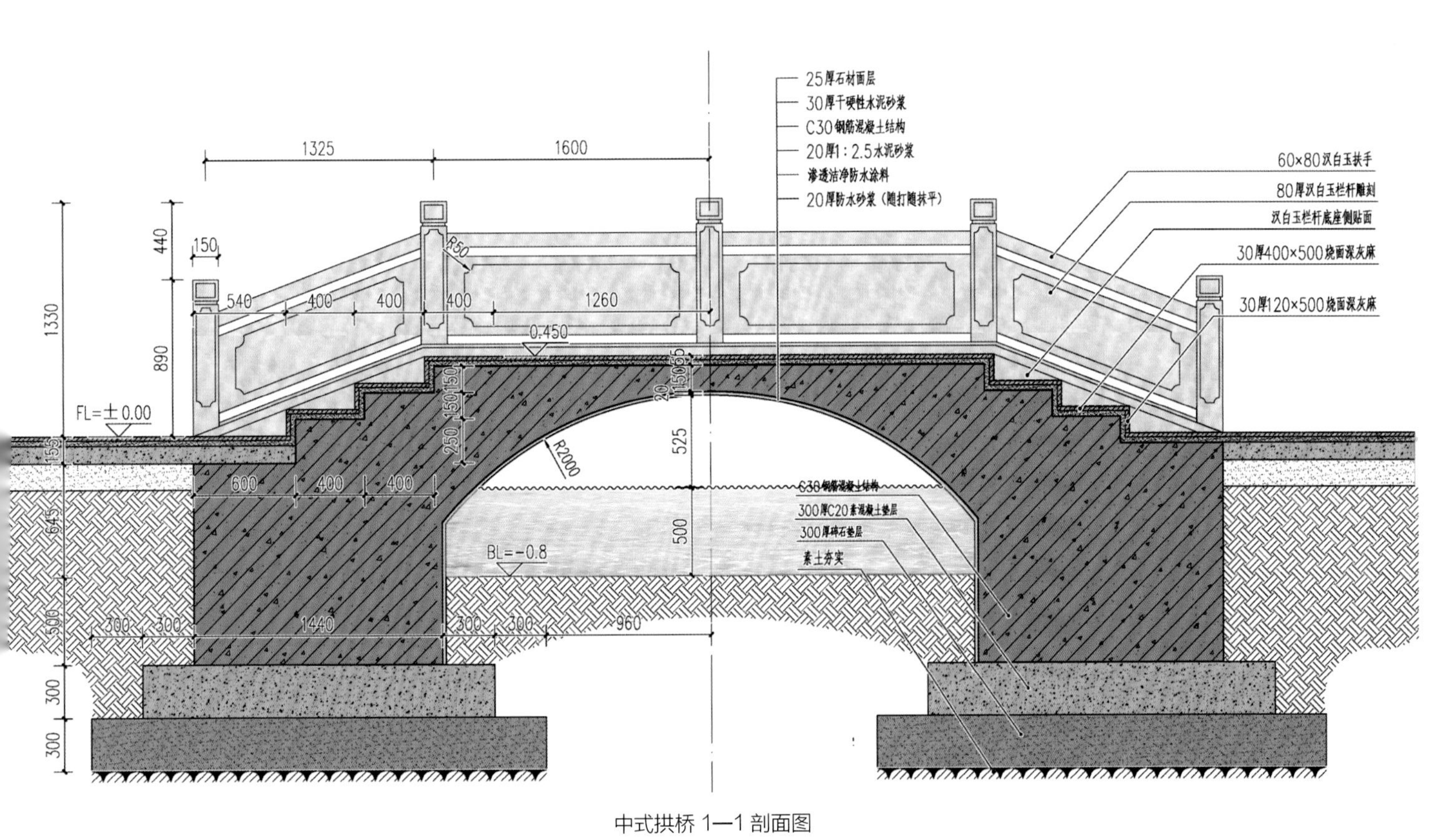
25厚石材面层
30厚干硬性水泥砂浆
C30钢筋混凝土结构
20厚1：2.5水泥砂浆
渗透洁净防水涂料
20厚防水砂浆（随打随抹平）
60×80汉白玉扶手
80厚汉白玉栏杆雕刻
汉白玉栏杆底座侧贴面
30厚400×500烧面深灰麻
30厚120×500烧面深灰麻
FL=±0.00
0.450
R2000
BL=-0.8
C30钢筋混凝土结构
300厚C20素混凝土垫层
300厚碎石垫层
素土夯实

中式拱桥 1—1 剖面图

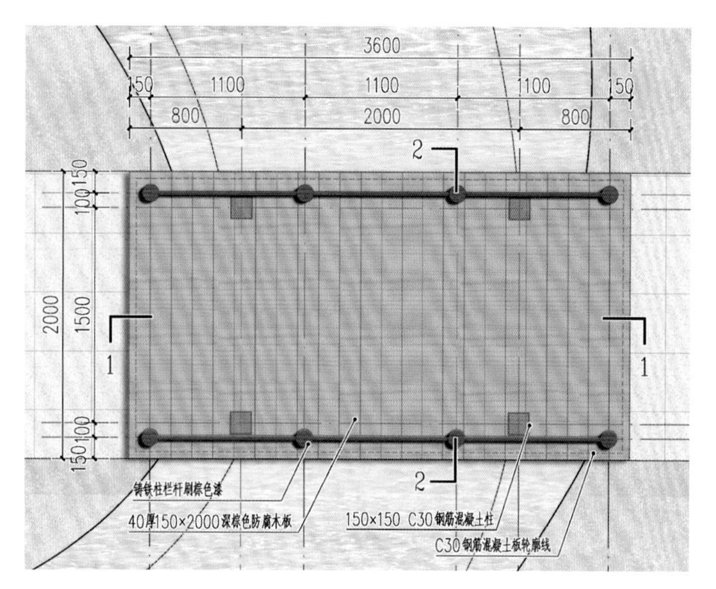
3600
150
1100
1100
1100
150
800
2000
800
2
1
1
2
150
100
1500
2000
100
150
铸铁柱栏杆刷棕色漆
40厚150×2000深棕色防腐木板
150×150 C30钢筋混凝土柱
C30钢筋混凝土板轮廓线

人行桥 1 平面图

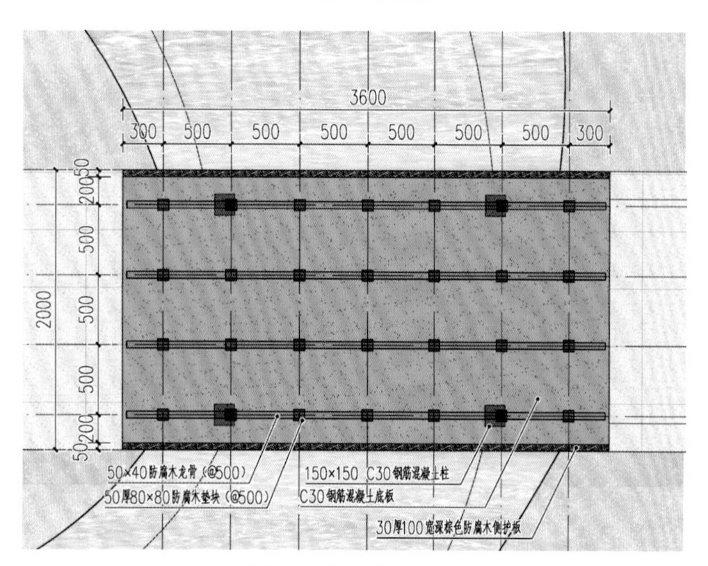
3600
300
500
500
500
500
500
500
300
50
200
500
500
500
200
50
2000
50×40防腐木龙骨（@500）
50厚80×80防腐木垫块（@500）
150×150 C30钢筋混凝土柱
C30钢筋混凝土底板
30厚100宽深棕色防腐木侧护板

人行桥 1 龙骨布置平面图

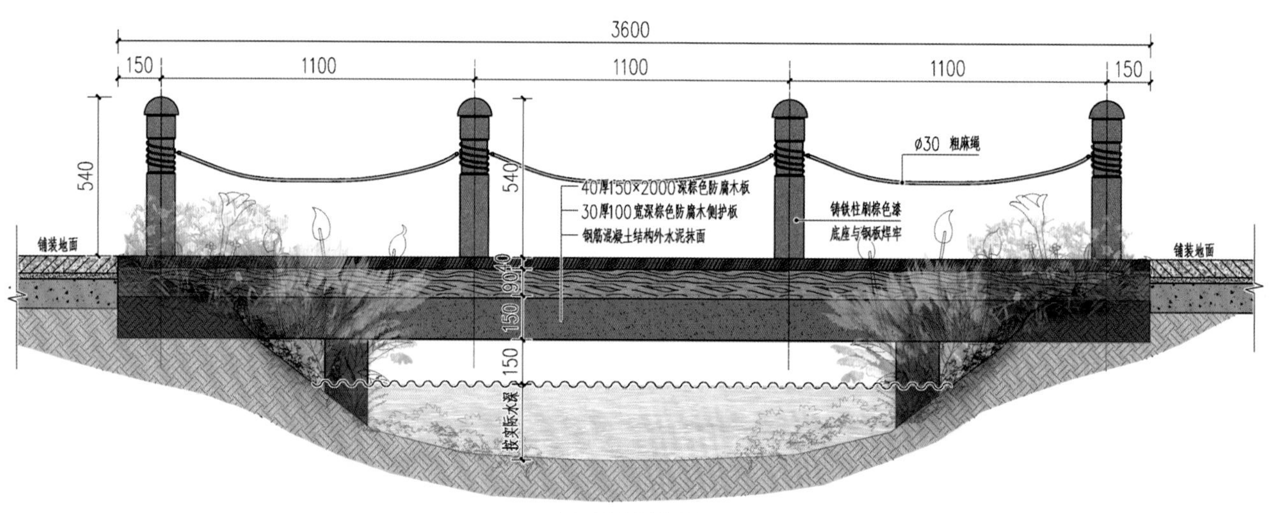
3600
150
1100
1100
1100
150
540
540
ø30 粗麻绳
40厚150×2000深棕色防腐木板
30厚100宽深棕色防腐木侧护板
钢筋混凝土结构外水泥抹面
铸铁柱刷棕色漆
底座与钢板焊牢
铺装地面
铺装地面
40
90
150
150
按实际水深

人行桥 1 侧立面图

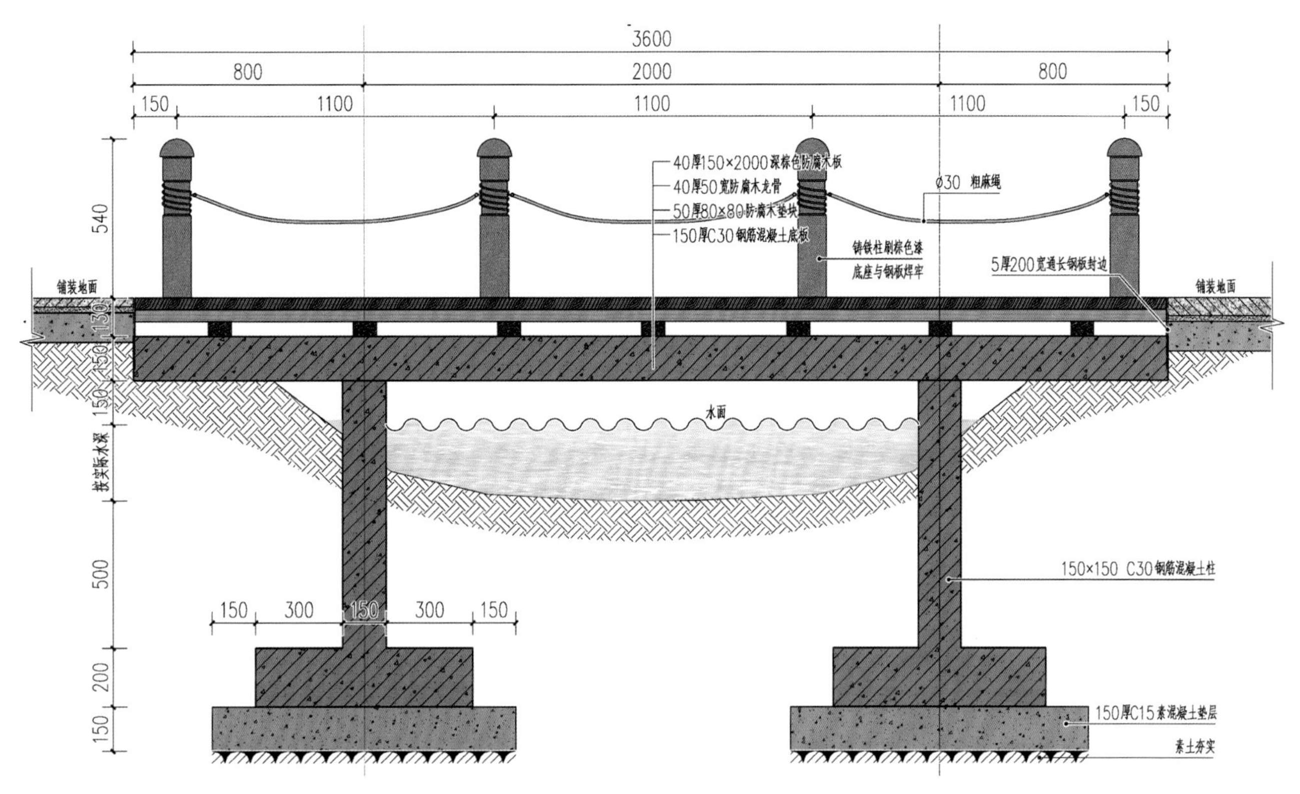
3600
800
2000
800
150
1100
1100
1100
150
40厚150×2000深棕色防腐木板
40厚50宽防腐木龙骨
50厚80×80防腐木垫块
150厚C30钢筋混凝土底板
φ30 粗麻绳
铸铁柱刷棕色漆
底座与钢板焊牢
5厚200宽通长钢板封边
铺装地面
水面
150×150 C30钢筋混凝土柱
150厚C15素混凝土垫层
素土夯实

人行桥 1，1—1 剖面图

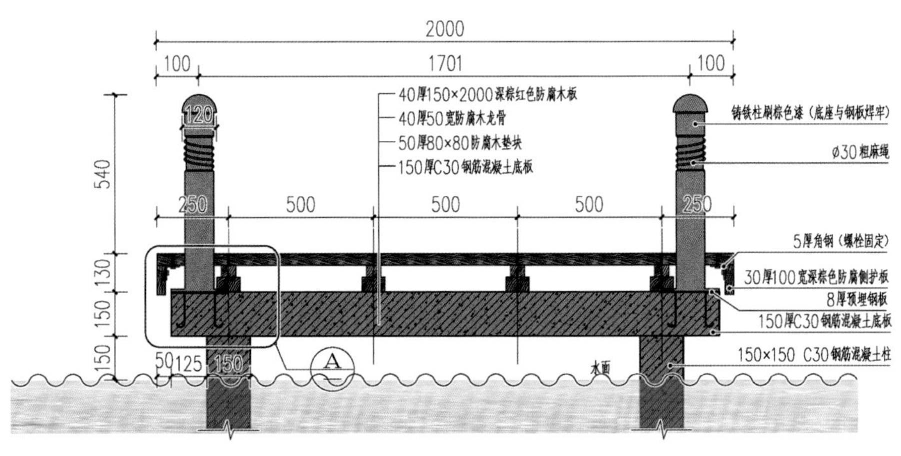
2000
100
1701
100
40厚150×2000深棕红色防腐木板
40厚50宽防腐木龙骨
50厚80×80防腐木垫块
150厚C30钢筋混凝土底板
铸铁柱刷棕色漆（底座与钢板焊牢）
φ30 粗麻绳
250
500
500
500
250
5厚角钢（螺栓固定）
30厚100宽深棕色防腐侧护板
8厚预埋钢板
150厚C30钢筋混凝土底板
150×150 C30钢筋混凝土柱
水面

人行桥 1，2—2 剖面图

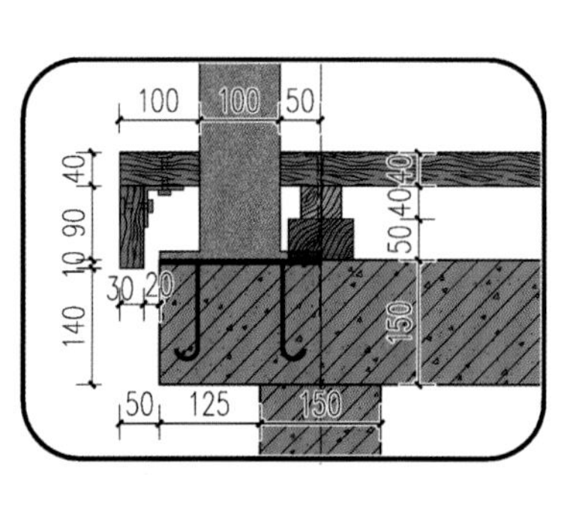

大样图 A

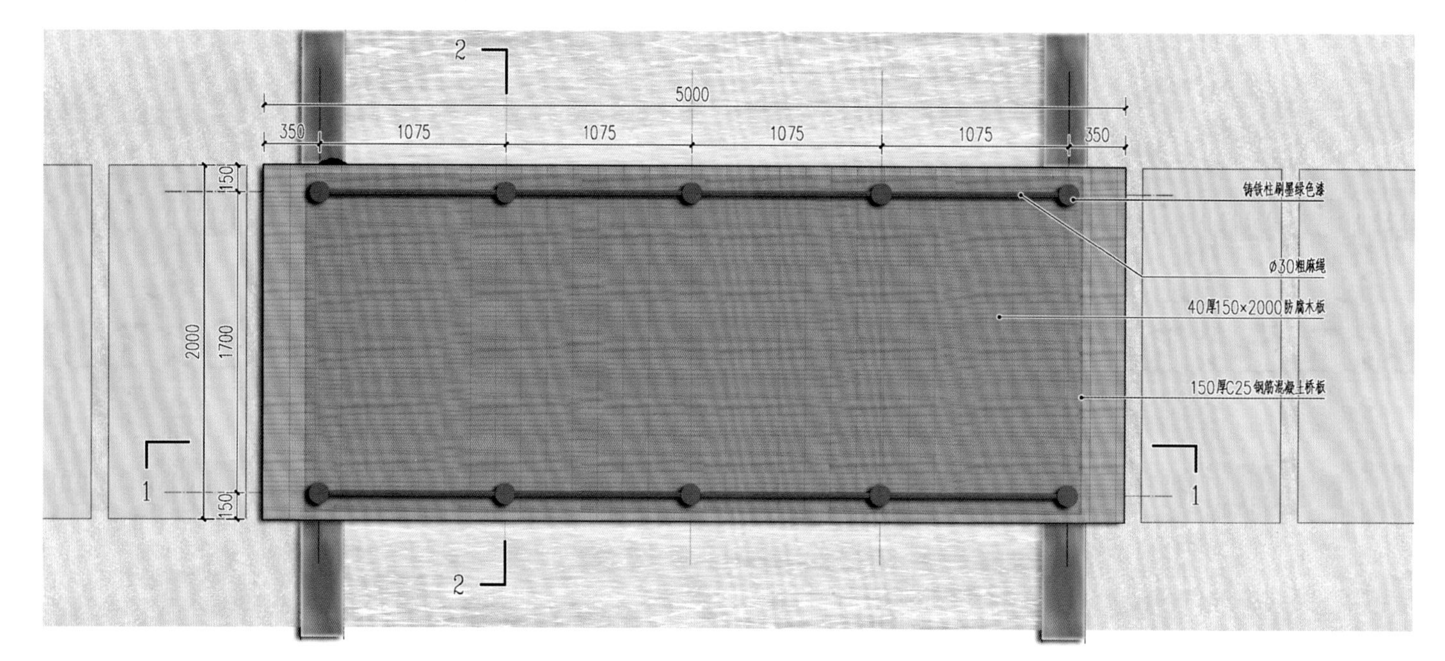
5000
350
1075
1075
1075
1075
350
铸铁柱刷墨绿色漆
ø30粗麻绳
40厚150×2000防腐木板
150厚C25钢筋混凝土桥板
2000
1700
150
150
1
1
2
2

人行桥 2 平面图

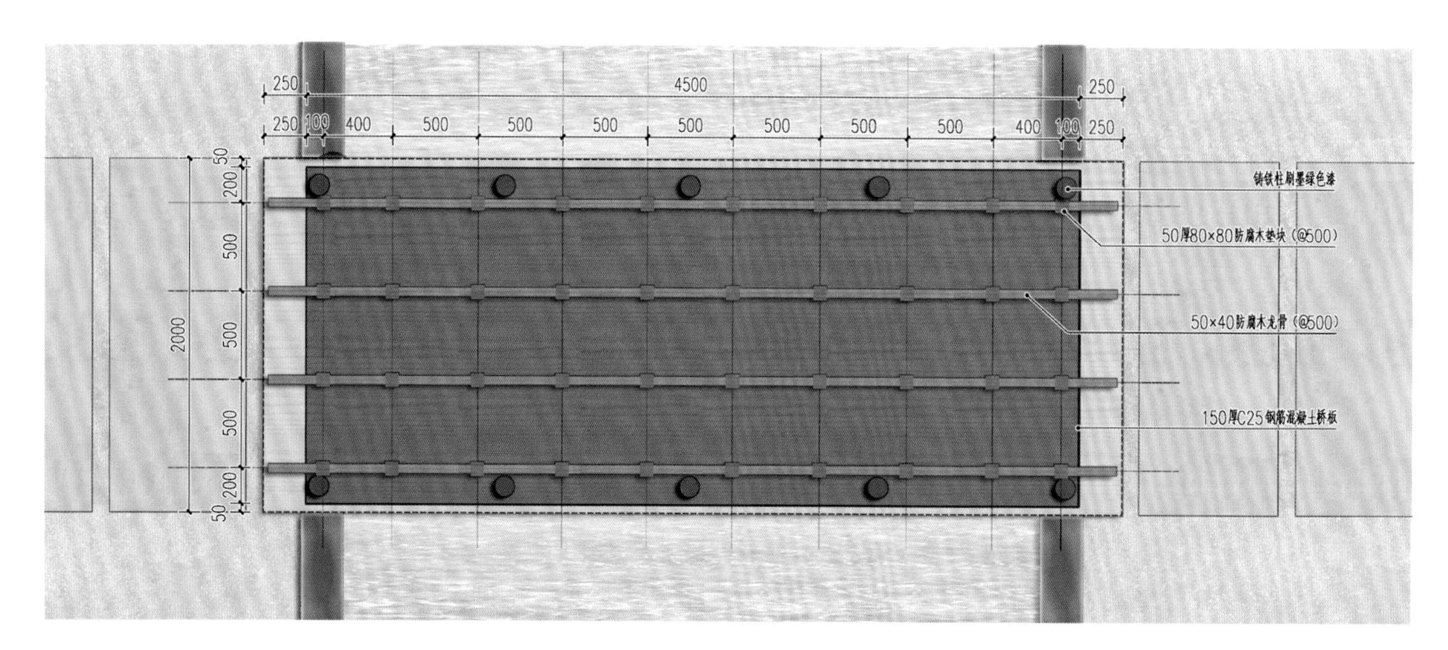
250
4500
250
250
100
400
500
500
500
500
500
500
500
400
100
250
铸铁柱刷墨绿色漆
50厚80×80防腐木垫块（@500）
50×40防腐木龙骨（@500）
150厚C25钢筋混凝土桥板
2000
50
200
500
500
500
200
50

人行桥 2 龙骨布置平面图

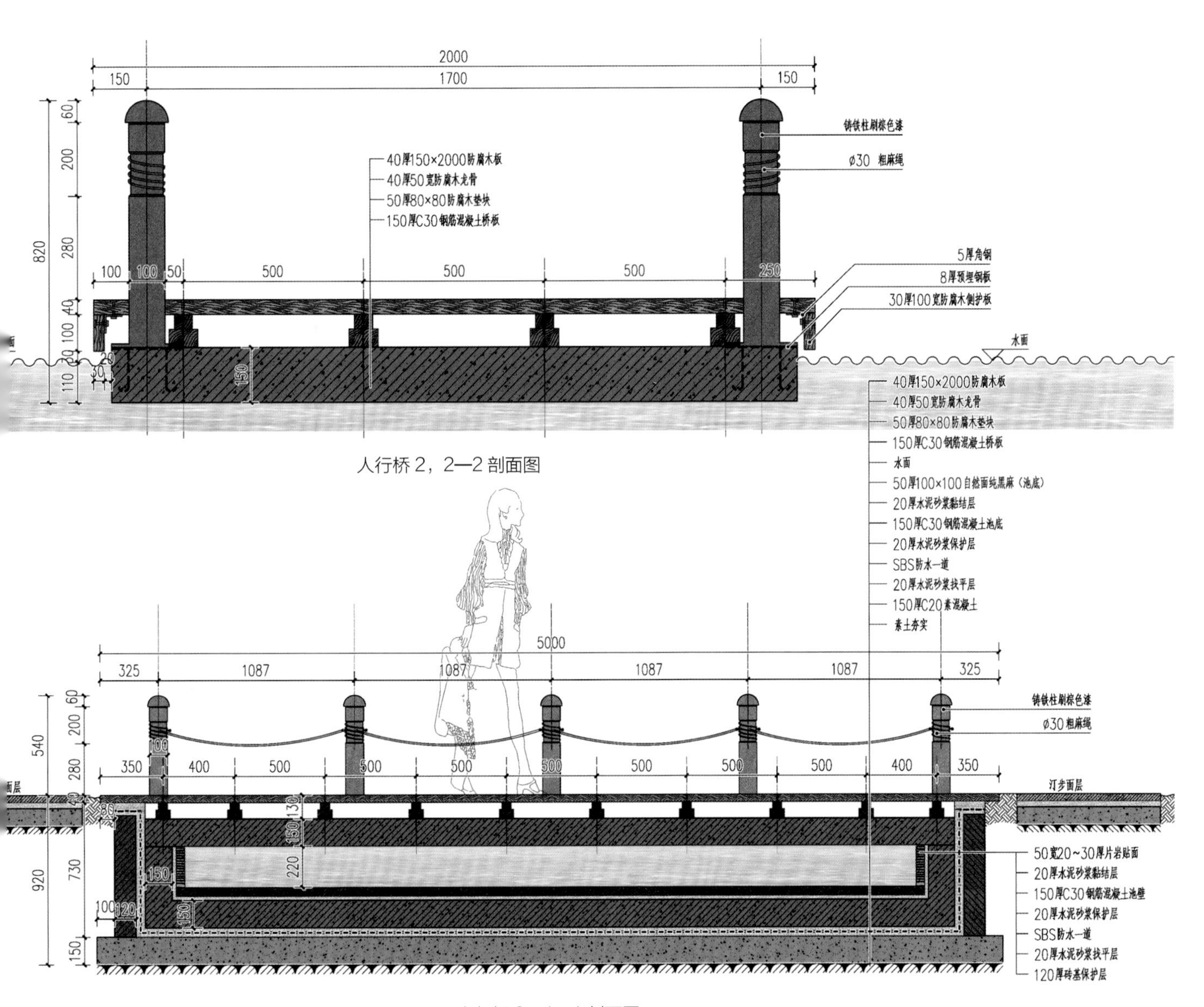

2000
150
1700
150
820
60
200
280
铸铁柱刷棕色漆
ø30 粗麻绳
40厚150×2000防腐木板
40厚50宽防腐木龙骨
50厚80×80防腐木垫块
150厚C30钢筋混凝土桥板
100
100
50
500
500
500
250
5厚角钢
8厚预埋钢板
30厚100宽防腐木侧护板
水面
150
40厚150×2000防腐木板
40厚50宽防腐木龙骨
50厚80×80防腐木垫块
150厚C30钢筋混凝土桥板
水面
50厚100×100自然面纯黑麻（池底）
20厚水泥砂浆黏结层
150厚C30钢筋混凝土池底
20厚水泥砂浆保护层
SBS防水一道
20厚水泥砂浆找平层
150厚C20素混凝土
素土夯实
5000
325
1087
1087
1087
1087
325
540
铸铁柱刷棕色漆
ø30 粗麻绳
350
400
500
500
500
500
500
500
400
350
汀步面层
920
730
130
150
220
150
150
100
120
50宽20～30厚片岩贴面
20厚水泥砂浆黏结层
150厚C30钢筋混凝土池壁
20厚水泥砂浆保护层
SBS防水一道
20厚水泥砂浆找平层
120厚砖基保护层

人行桥 2，2—2 剖面图

人行桥 2，1—1 剖面图

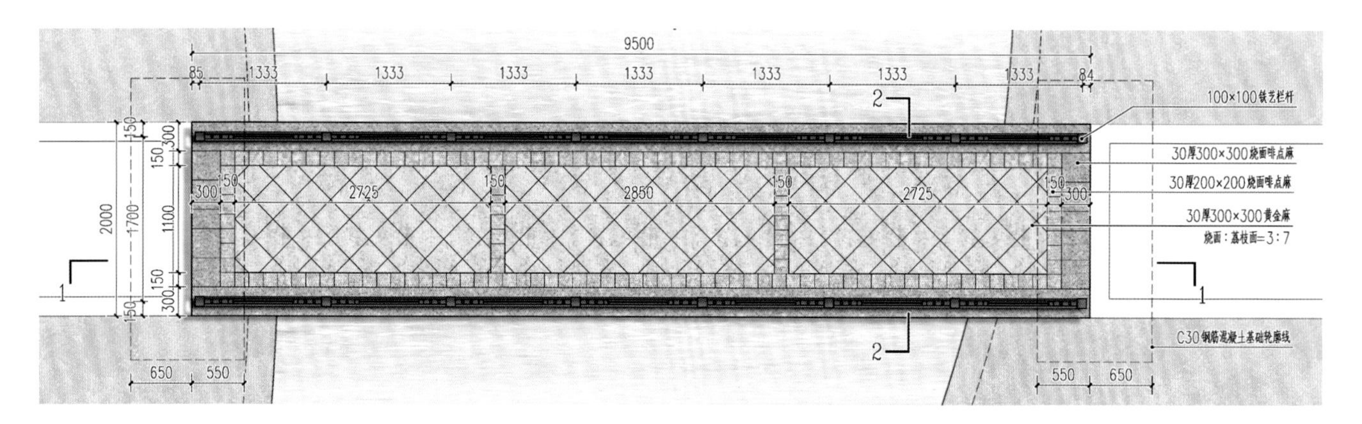
9500
85
1333
1333
1333
1333
1333
1333
1333
84
100×100铁艺栏杆
30厚300×300烧面啡点麻
30厚200×200烧面啡点麻
30厚300×300黄金麻
烧面：荔枝面=3:7
C30钢筋混凝土基础轮廓线
2725
2850
2725
2000
1700
1100
650
550
550
650

人行桥 3 平面图

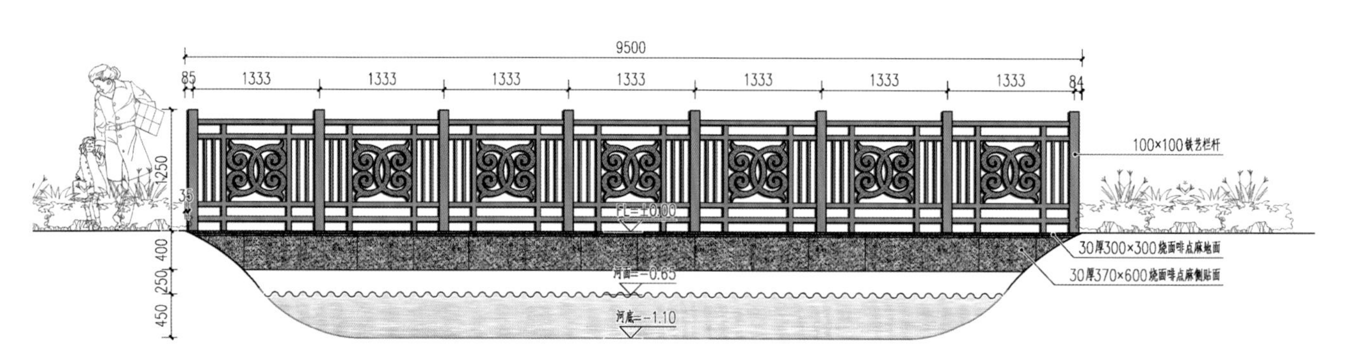
9500
85
1333
1333
1333
1333
1333
1333
1333
84
100×100铁艺栏杆
30厚300×300烧面啡点麻地面
30厚370×600烧面啡点麻侧贴面
1250
400
250
450

人行桥 3 立面图

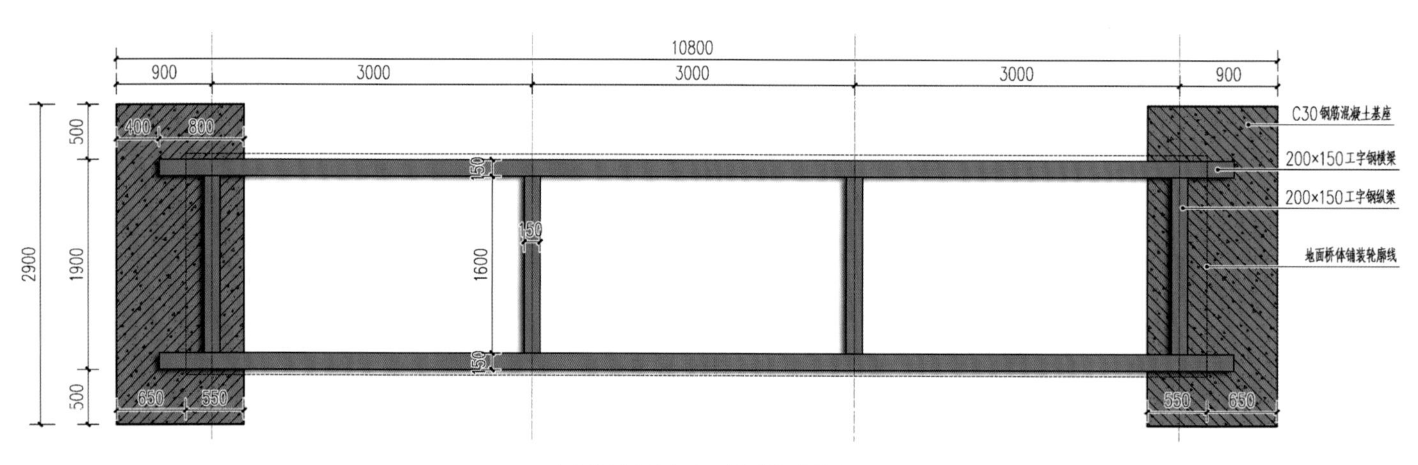
10800
900
3000
3000
3000
900
C30钢筋混凝土基座
200×150工字钢横梁
200×150工字钢纵梁
地面桥体铺装轮廓线
2900
500
1900
500
400
800
650
550
550
650
1600
150

人行桥 3 桥板下工字钢梁平面图

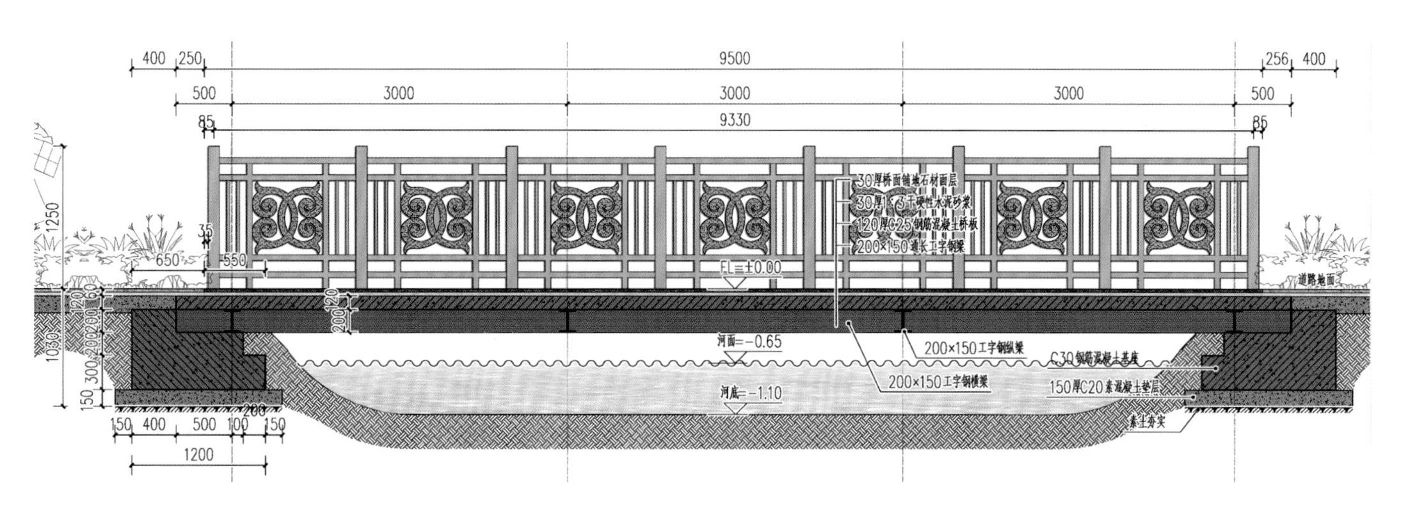
30厚桥面铺地石材面层
30厚1:3干硬性水泥砂浆
120厚C25钢筋混凝土桥板
200×150通长工字钢梁
FL=±0.00
道路地面
河面=-0.65
河底=-1.10
200×150工字钢纵梁
200×150工字钢横梁
C30钢筋混凝土基座
150厚C20素混凝土垫层
素土夯实
9500
9330
3000
500
1200

人行桥 3，1—1 剖面图

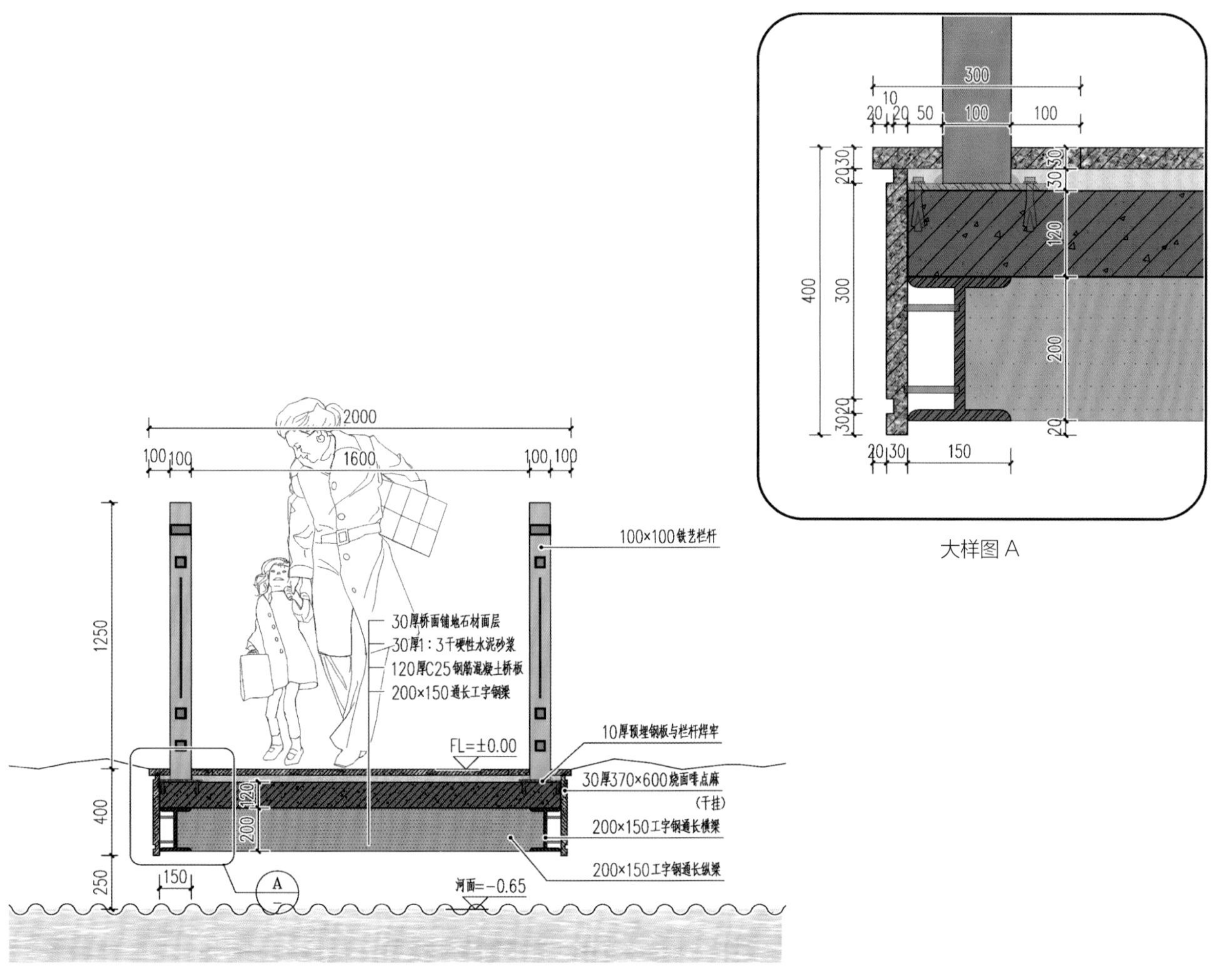
100×100铁艺栏杆
30厚桥面铺地石材面层
30厚1:3干硬性水泥砂浆
120厚C25钢筋混凝土桥板
200×150通长工字钢梁
10厚预埋钢板与栏杆焊牢
FL=±0.00
30厚370×600烧面啡点麻
(干挂)
200×150工字钢通长横梁
200×150工字钢通长纵梁
河面=-0.65
A
2000
1600
1250
400
250

大样图 A

人行桥 3，2—2 剖面图

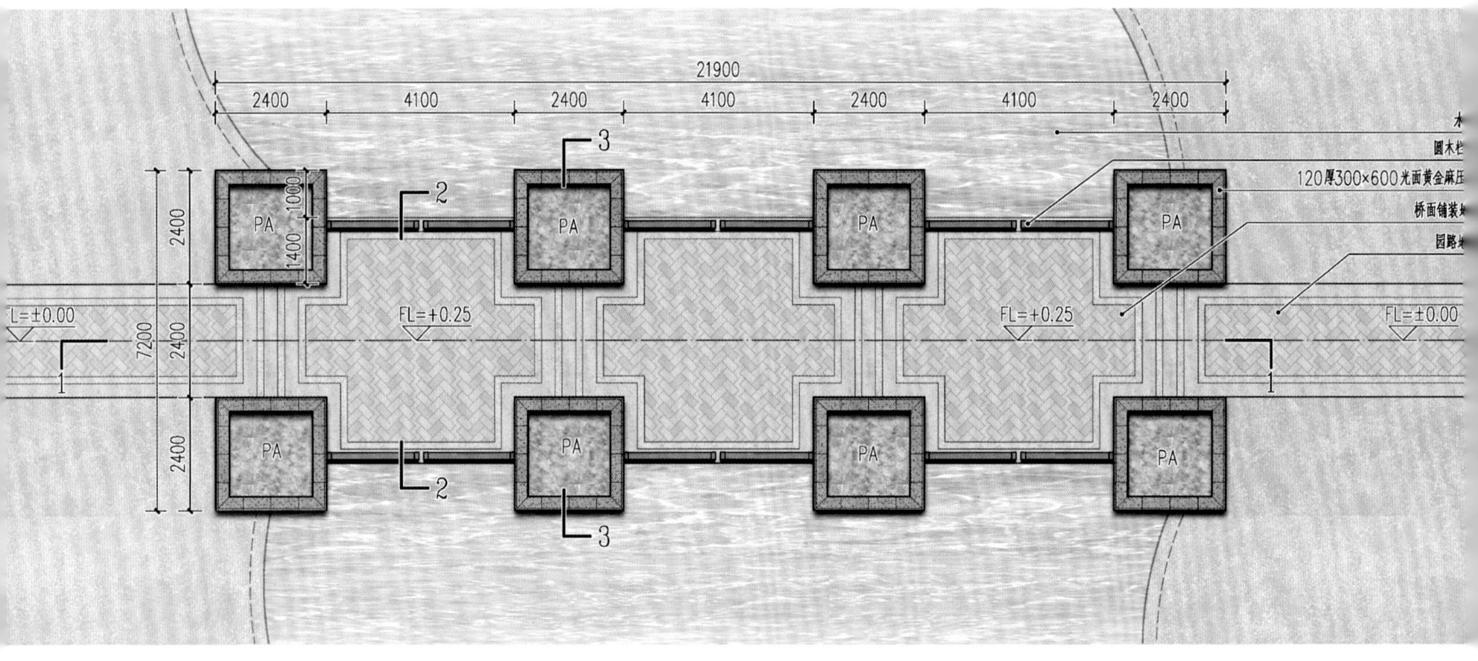
21900
2400
4100
2400
4100
2400
4100
2400
7200
1000
1400
PA
FL=±0.00
FL=+0.25
圆木栏
120厚300×600光面黄金麻压
桥面铺装
园路

人行桥 4 平面图

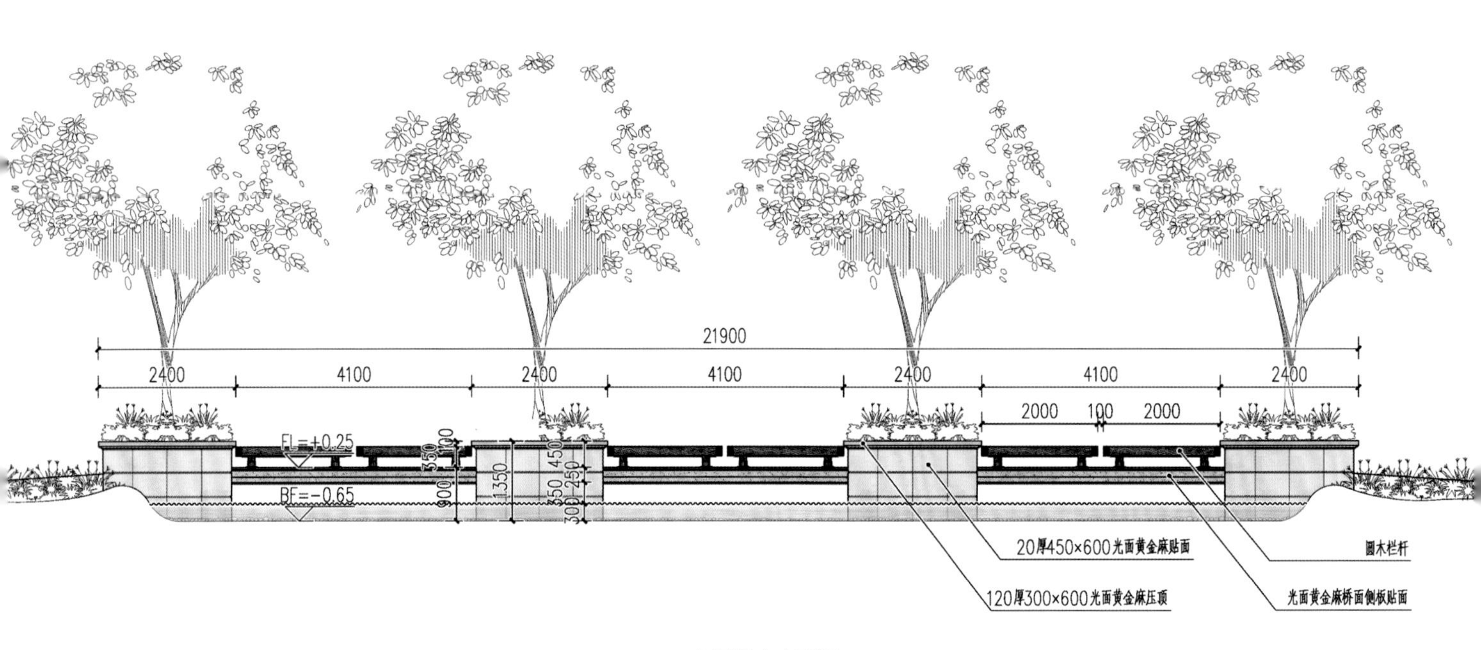
21900
2400
4100
2400
4100
2400
4100
2400
2000
100
2000
FL=+0.25
BF=-0.65
1350
20厚450×600光面黄金麻贴面
120厚300×600光面黄金麻压顶
圆木栏杆
光面黄金麻桥面侧板贴面

人行桥 4 立面图

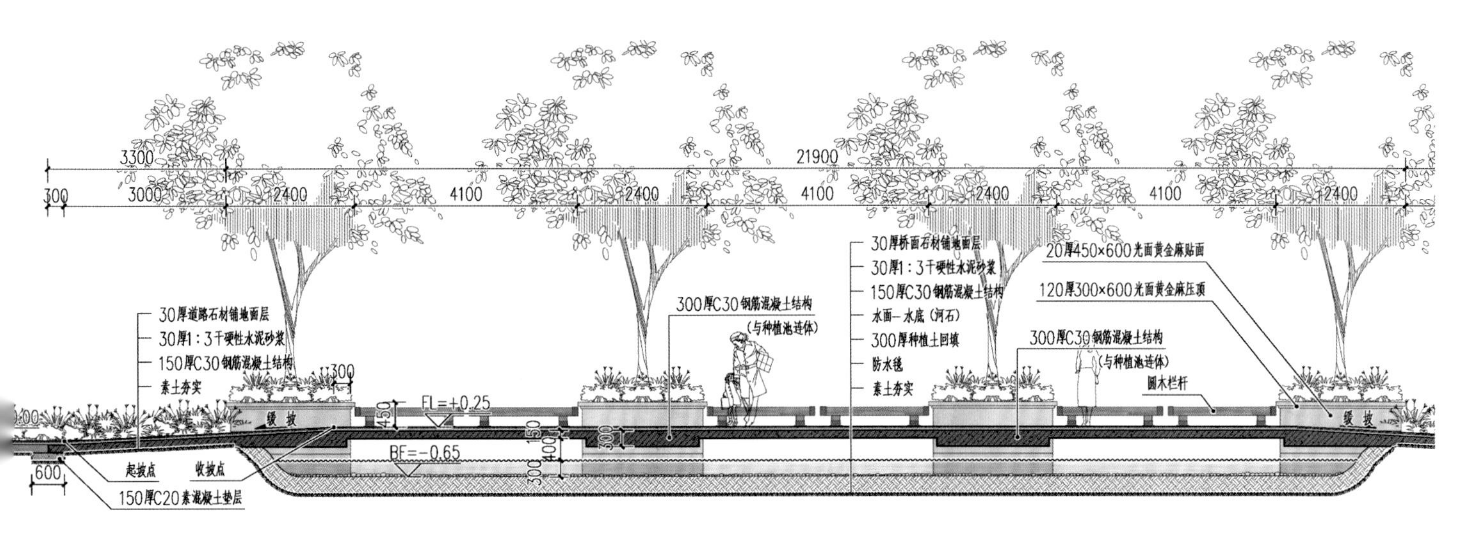
3300
21900
300
3000
2400
4100
2400
4100
2400
4100
2400
30厚桥面石材铺地面层
30厚1：3干硬性水泥砂浆
150厚C30钢筋混凝土结构
水面－水底（河石）
300厚种植土回填
防水毯
素土夯实
20厚450×600光面黄金麻贴面
120厚300×600光面黄金麻压顶
300厚C30钢筋混凝土结构
（与种植池连体）
圆木栏杆
30厚道路石材铺地面层
30厚1：3干硬性水泥砂浆
150厚C30钢筋混凝土结构
素土夯实
300
缓坡
450
FL=+0.25
150
400
300
BF=−0.65
600
起坡点
收坡点
150厚C20素混凝土垫层

人行桥 4，1—1 剖面图

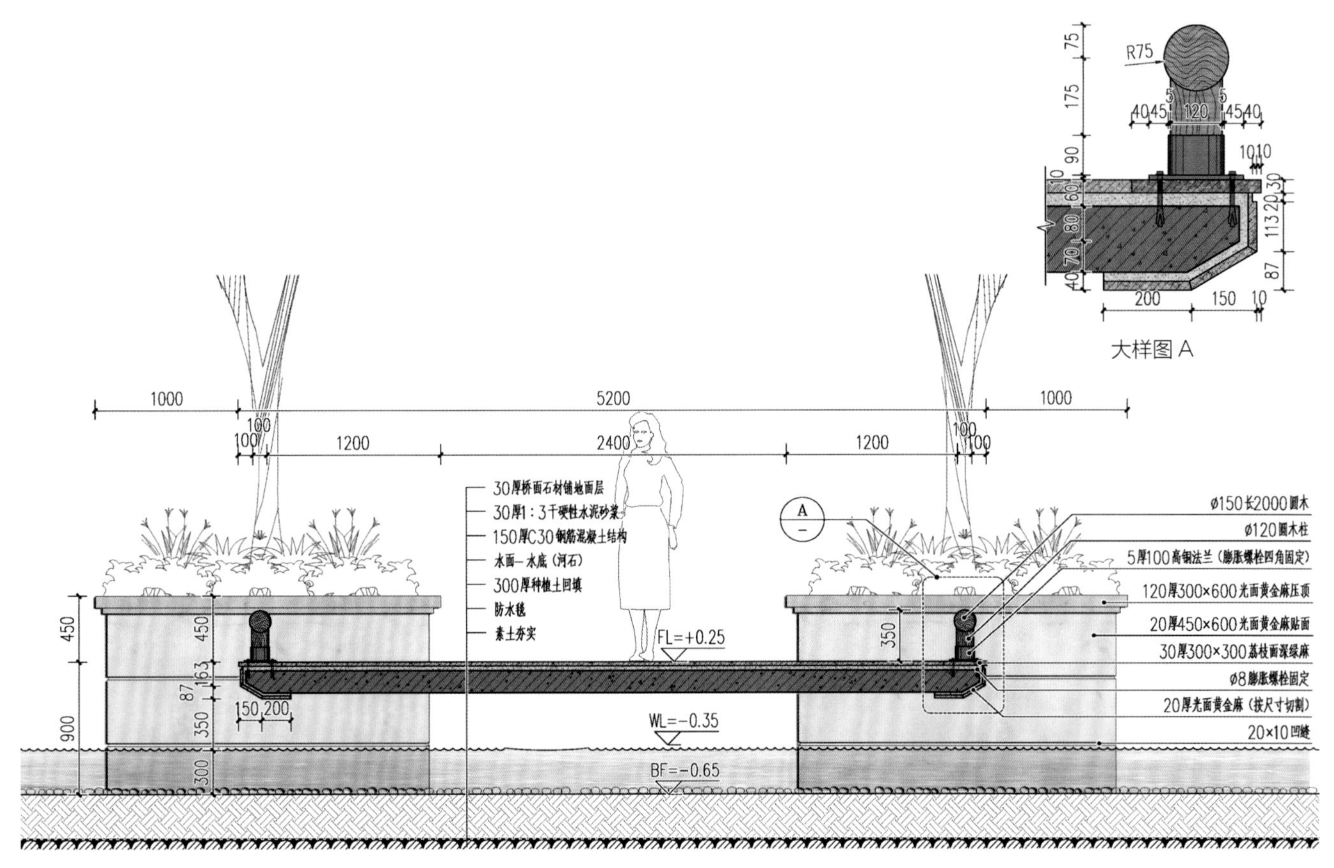
R75
75
175
90
10
60
80
70
40
40 45
5
120
5
45 40
10 10
30
20
113
87
200
150
10
大样图 A
1000
5200
1000
100
100
1200
2400
1200
100
100
30厚桥面石材铺地面层
30厚1：3干硬性水泥砂浆
150厚C30钢筋混凝土结构
水面－水底（河石）
300厚种植土回填
防水毯
素土夯实
A
ø150长2000圆木
ø120圆木柱
5厚100高钢法兰（膨胀螺栓四角固定）
120厚300×600光面黄金麻压顶
20厚450×600光面黄金麻贴面
30厚300×300荔枝面深绿麻
ø8膨胀螺栓固定
20厚光面黄金麻（按尺寸切割）
20×10凹缝
450
900
450
163
87
350
300
350
150
200
FL=+0.25
WL=−0.35
BF=−0.65

人行桥 4，2—2 剖面图

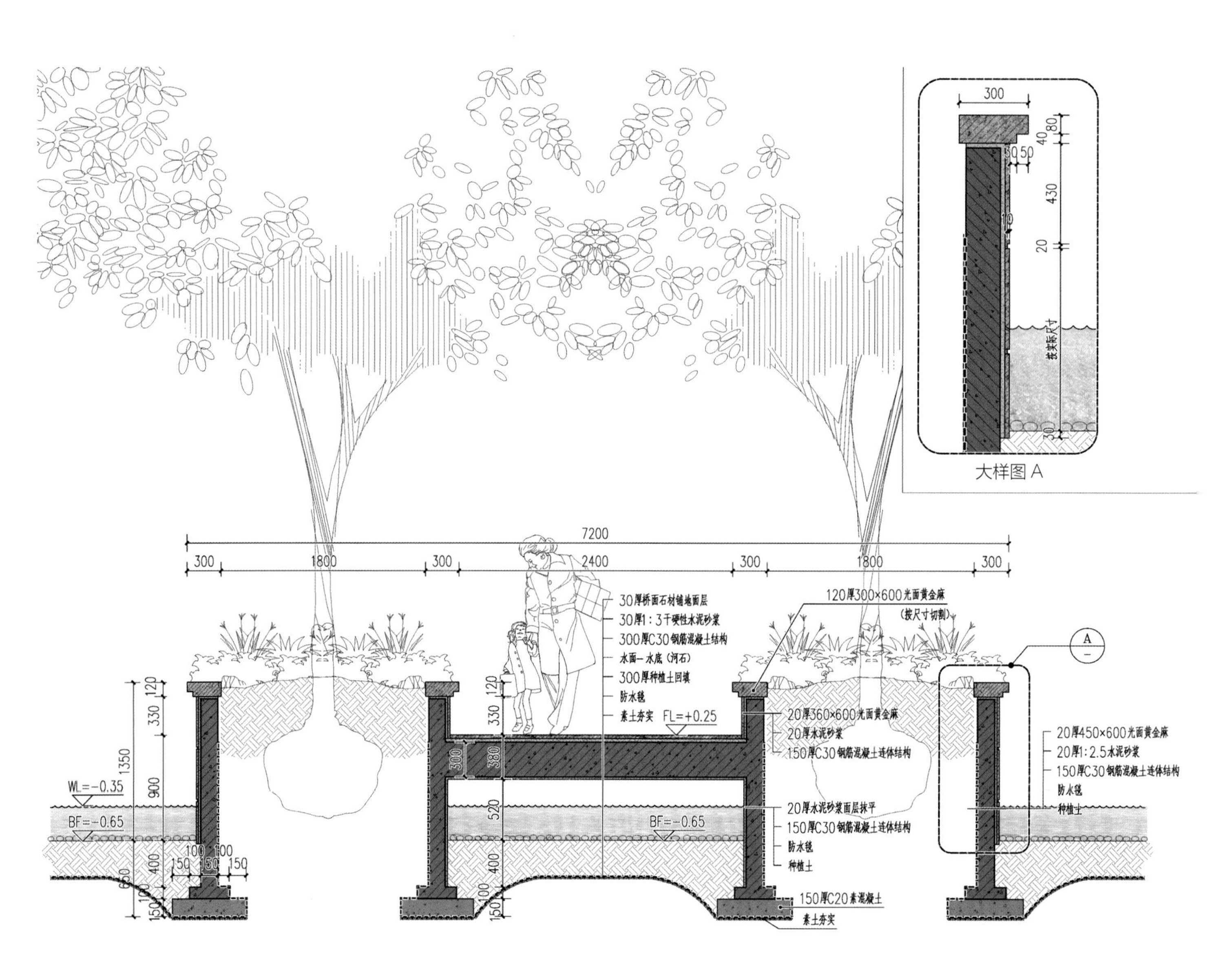

大样图 A

7200

300　1800　300　2400　300　1800　300

30厚桥面石材铺地面层
30厚1:3干硬性水泥砂浆
300厚C30钢筋混凝土结构
水面—水底（河石）
300厚种植土回填
防水毯
素土夯实　FL=+0.25

120厚300×600光面黄金麻
（按尺寸切割）

20厚360×600光面黄金麻
20厚水泥砂浆
150厚C30钢筋混凝土连体结构

20厚水泥砂浆面层抹平
150厚C30钢筋混凝土连体结构
防水毯
种植土

150厚C20素混凝土
素土夯实

20厚450×600光面黄金麻
20厚1:2.5水泥砂浆
150厚C30钢筋混凝土连体结构
防水毯
种植土

人行桥 4，3—3 剖面图

花廊

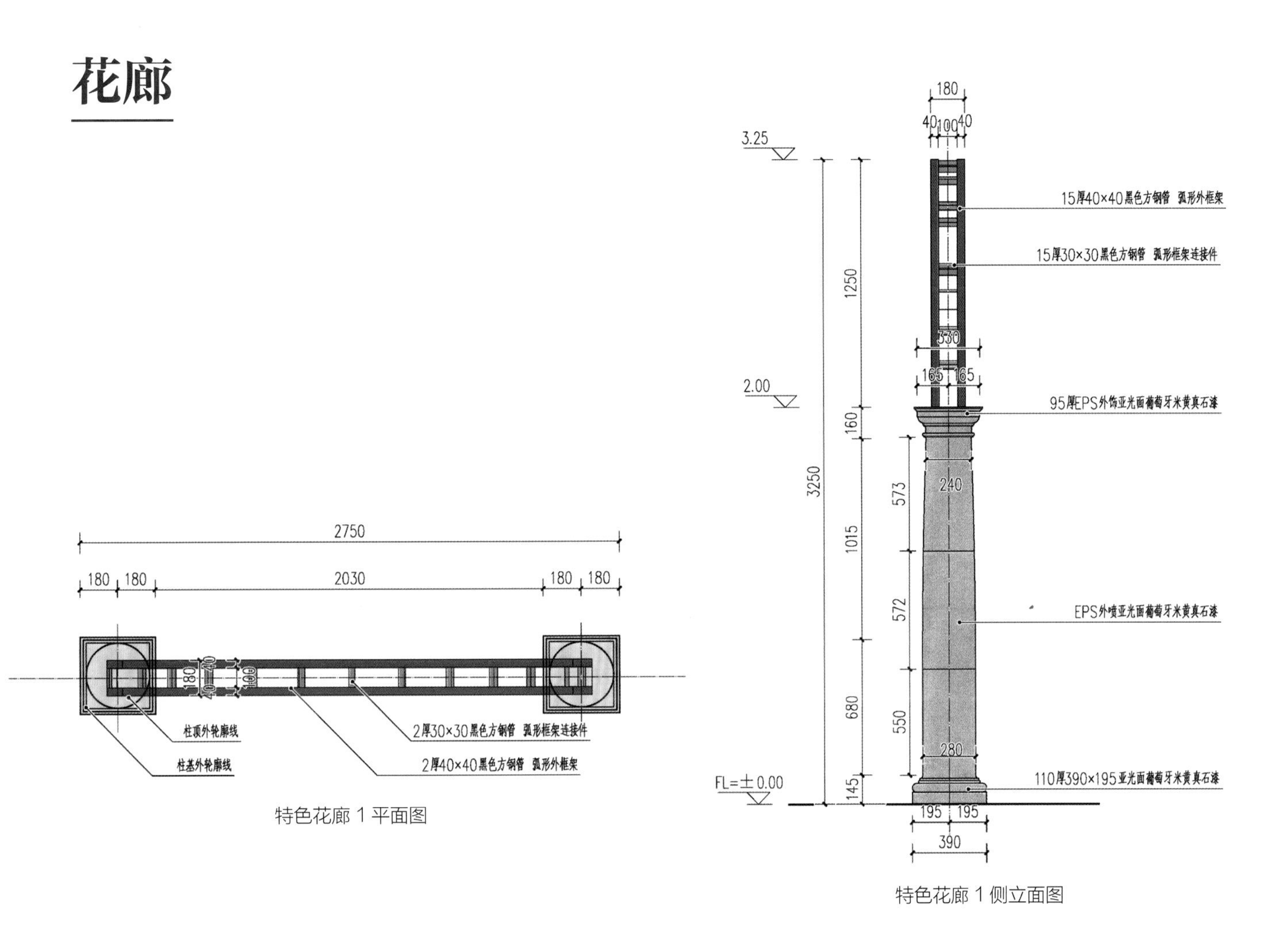

特色花廊 1 平面图

- 15厚40×40黑色方钢管 弧形外框架
- 15厚30×30黑色方钢管 弧形框架连接件
- 95厚EPS外饰亚光面葡萄牙米黄真石漆
- EPS外喷亚光面葡萄牙米黄真石漆
- 110厚390×195亚光面葡萄牙米黄真石漆

特色花廊 1 侧立面图

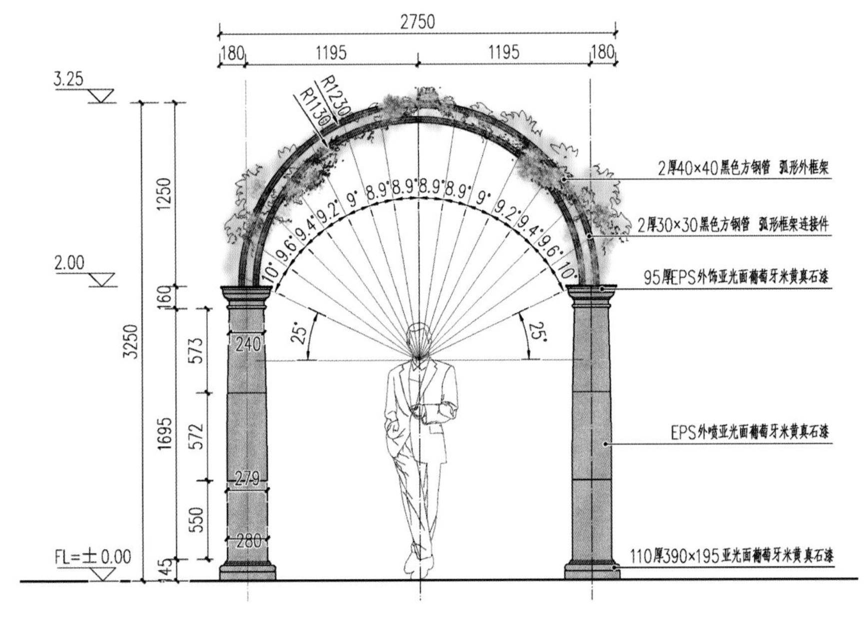

- 2厚30×30黑色方钢管 弧形框架连接件
- 2厚40×40黑色方钢管 弧形外框架

柱顶外轮廓线
柱基外轮廓线

- 2厚40×40黑色方钢管 弧形外框架
- 2厚30×30黑色方钢管 弧形框架连接件
- 95厚EPS外饰亚光面葡萄牙米黄真石漆
- EPS外喷亚光面葡萄牙米黄真石漆
- 110厚390×195亚光面葡萄牙米黄真石漆

特色花廊 1 正立面图

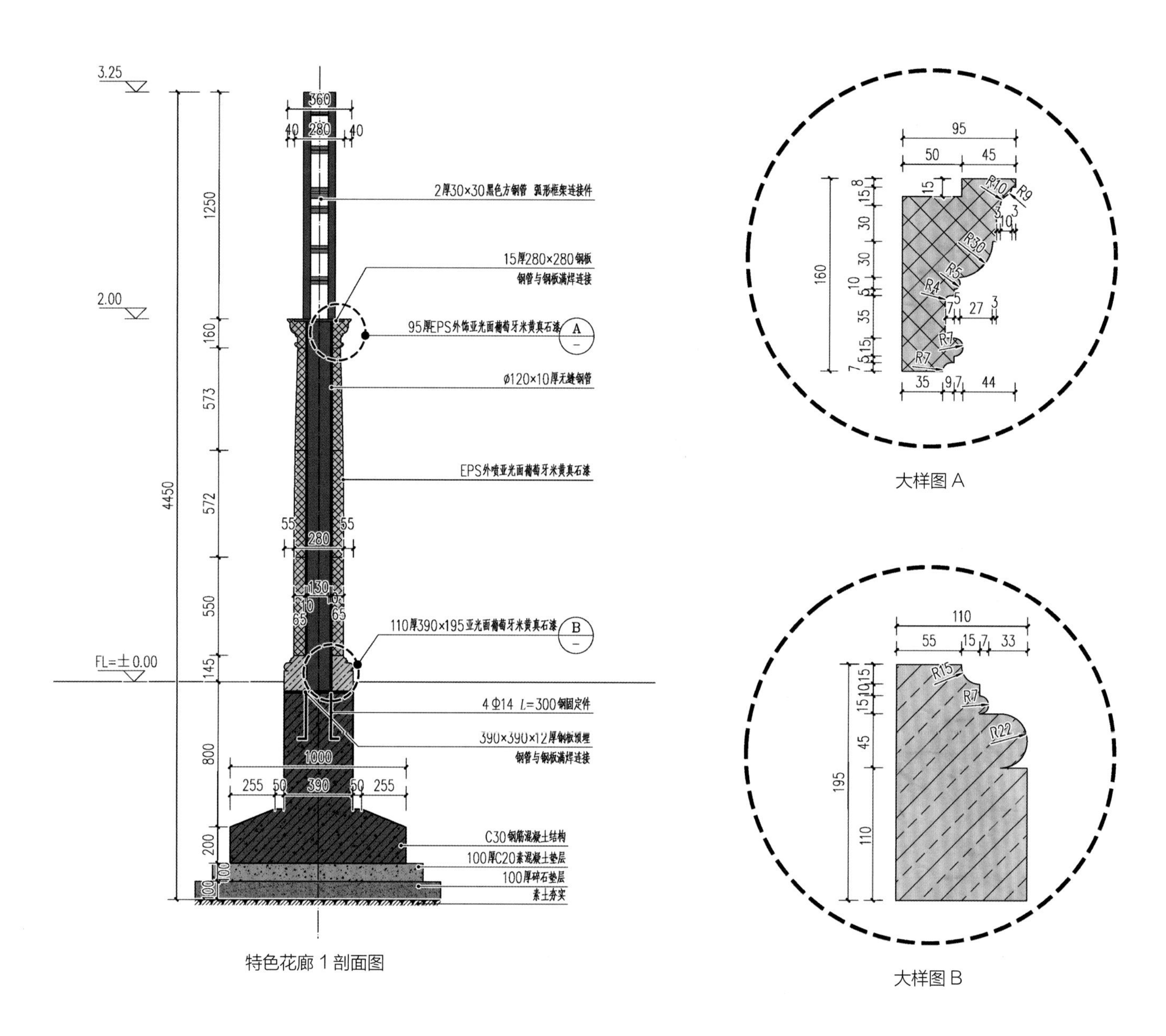

3.25
2.00
FL=±0.00
360
40 280 40
1250
160
573
572
550
145
800
200
100
100
4450
2厚30×30黑色方钢管 弧形框架连接件
15厚280×280钢板
钢管与钢板满焊连接
95厚EPS外饰亚光面葡萄牙米黄真石漆
A
ø120×10厚无缝钢管
EPS外喷亚光面葡萄牙米黄真石漆
55 280 55
130
10 10
65 65
110厚390×195亚光面葡萄牙米黄真石漆
B
4Φ14 L=300钢固定件
390×390×12厚钢板预埋
钢管与钢板满焊连接
1000
255 50 390 50 255
C30钢筋混凝土结构
100厚C20素混凝土垫层
100厚碎石垫层
素土夯实
95
50 45
R10 R9
R30
R5
R4
R7
R7
160
27 3
35 9 7 44
110
55 15 7 33
R15
R7
R22
195
45
110

特色花廊 1 剖面图

大样图 A

大样图 B

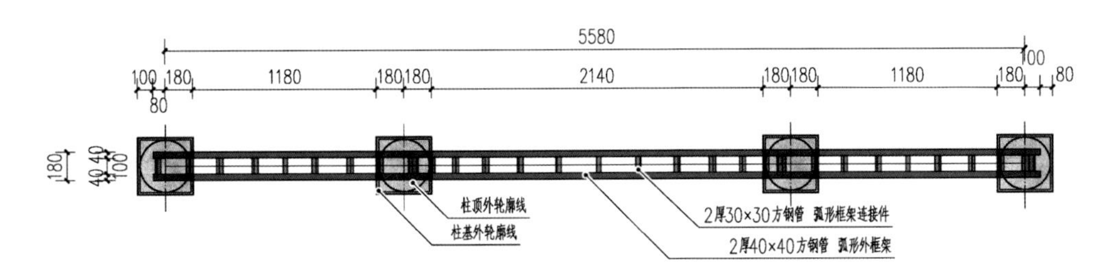
5580
100
180
1180
180
180
2140
180
180
1180
180
100
80
80
180
40
40
100
柱顶外轮廓线
柱基外轮廓线
2厚30×30方钢管 弧形框架连接件
2厚40×40方钢管 弧形外框架

特色花廊 2 平面图

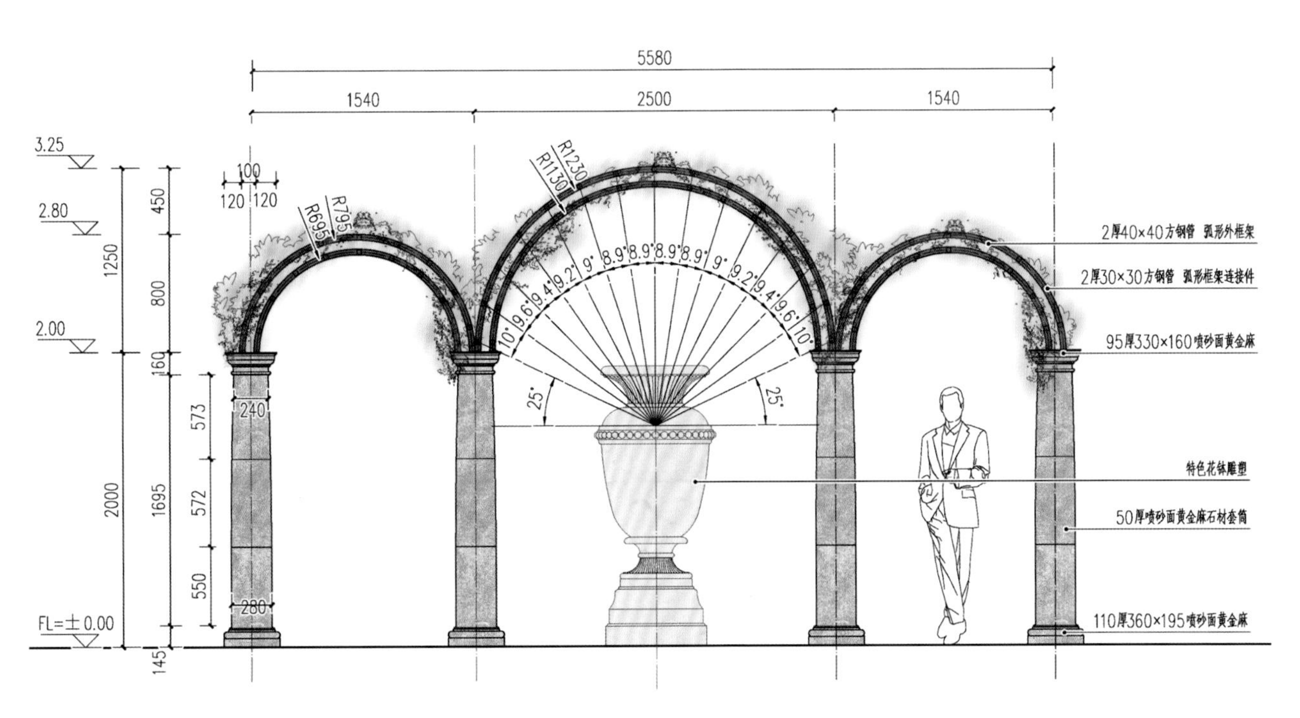
5580
1540
2500
1540
3.25
2.80
2.00
FL=±0.00
450
800
1250
160
2000
1695
573
572
550
145
100
120
120
240
280
R795
R695
R1230
R1130
25°
25°
2厚40×40方钢管 弧形外框架
2厚30×30方钢管 弧形框架连接件
95厚330×160喷砂面黄金麻
特色花钵雕塑
50厚喷砂面黄金麻石材套筒
110厚360×195喷砂面黄金麻

特色花廊 2 正立面图

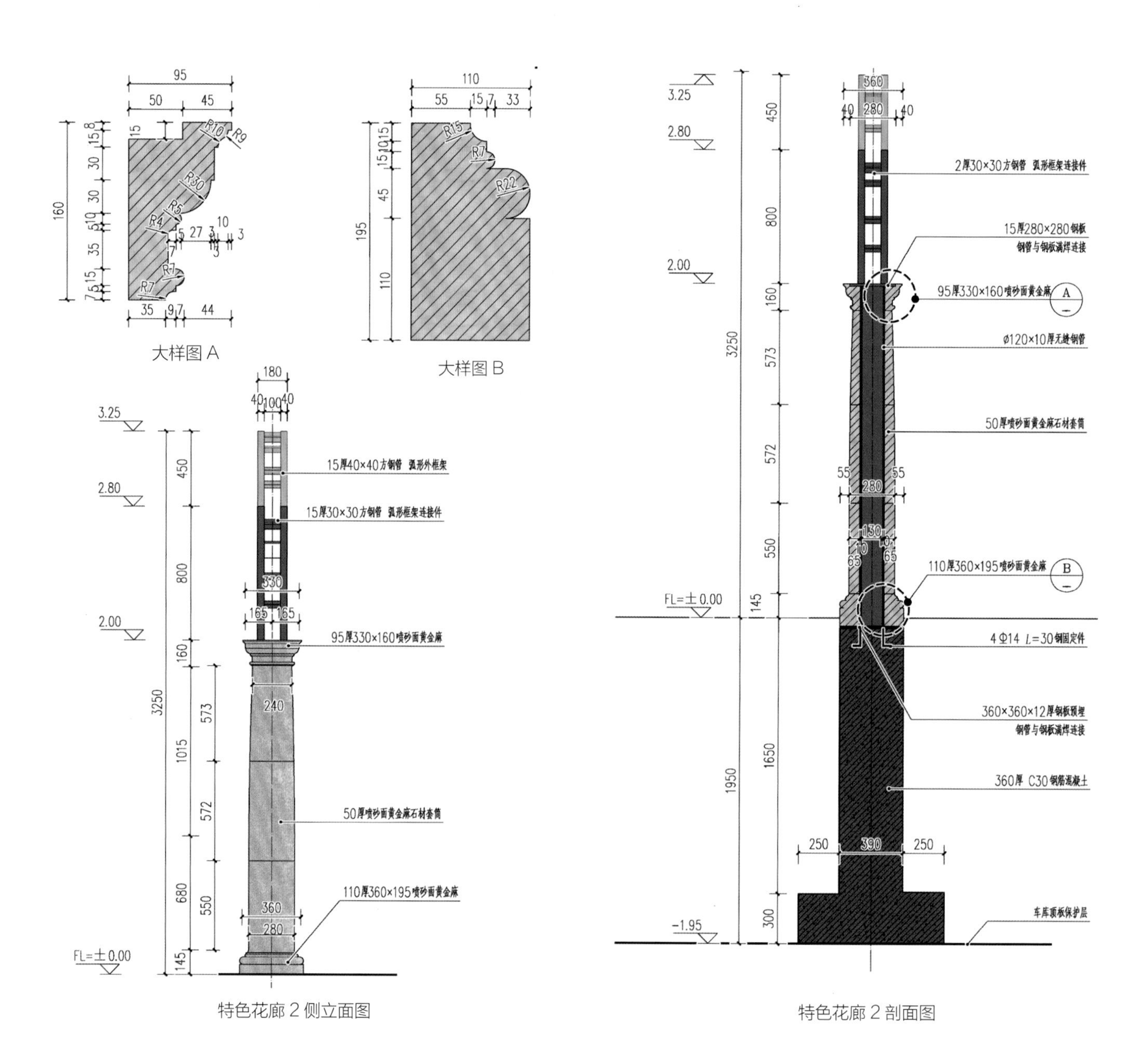

大样图 A

大样图 B

15厚40×40方钢管 弧形外框架
15厚30×30方钢管 弧形框架连接件
95厚330×160喷砂面黄金麻
50厚喷砂面黄金麻石材套筒
110厚360×195喷砂面黄金麻

特色花廊 2 侧立面图

2厚30×30方钢管 弧形框架连接件
15厚280×280钢板 钢管与钢板满焊连接
95厚330×160喷砂面黄金麻 Ⓐ
∅120×10厚无缝钢管
50厚喷砂面黄金麻石材套筒
110厚360×195喷砂面黄金麻 Ⓑ
4 Φ14 L=30钢固定件
360×360×12厚钢板预埋 钢管与钢板满焊连接
360厚 C30钢筋混凝土
车库顶板保护层

特色花廊 2 剖面图

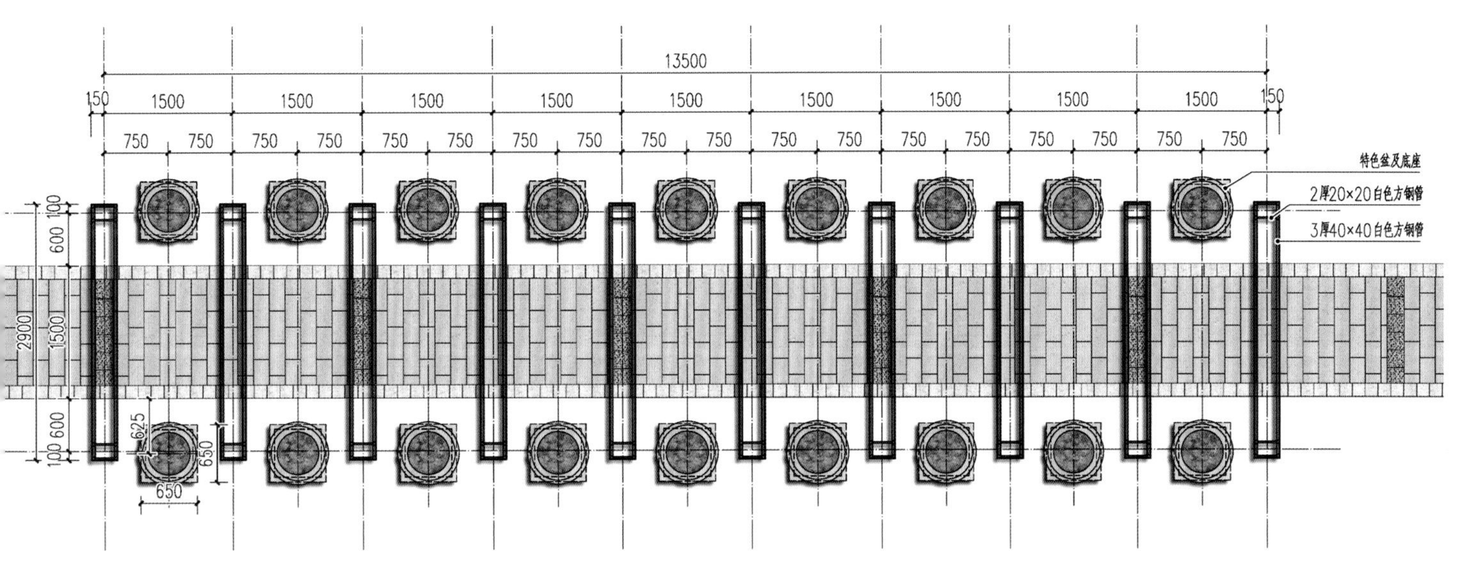
13500
150
1500
1500
1500
1500
1500
1500
1500
1500
1500
150
750
750
特色盆及底座
2厚20×20白色方钢管
3厚40×40白色方钢管
2900
1500
600
100
625
650
650

特色花廊 3 平面图

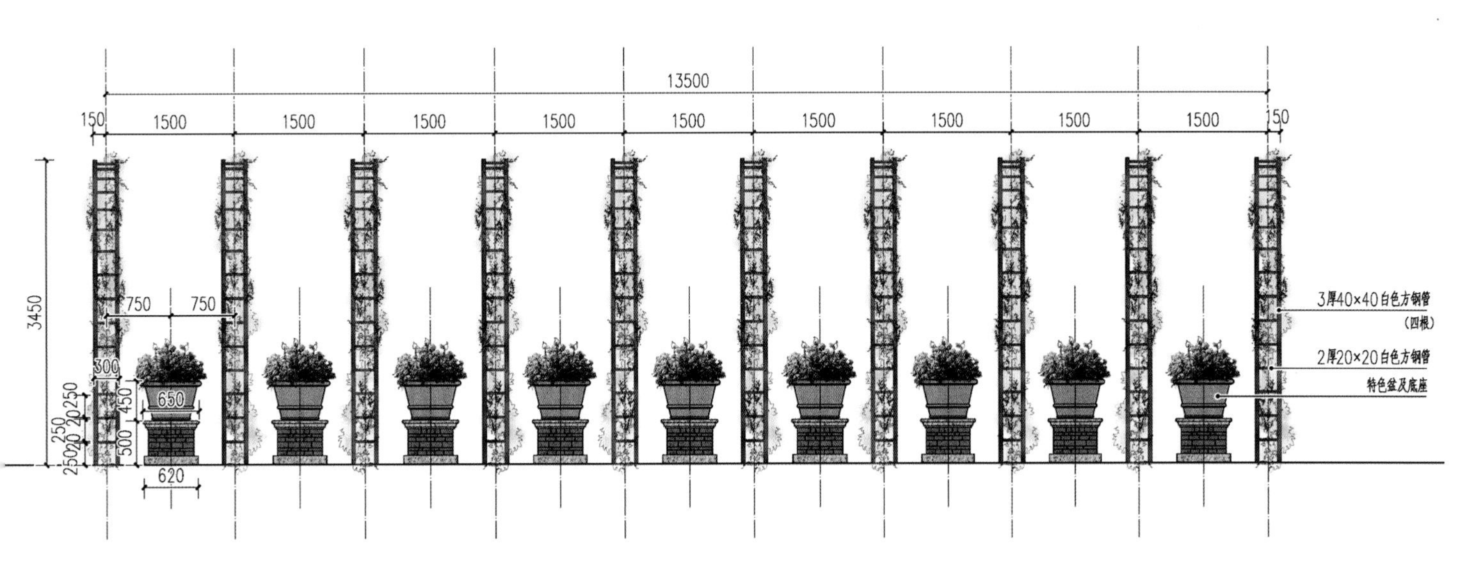
13500
150
1500
150
3450
750
750
300
650
250
450
500
620
3厚40×40白色方钢管
(四根)
2厚20×20白色方钢管
特色盆及底座

特色花廊 3 侧立面图

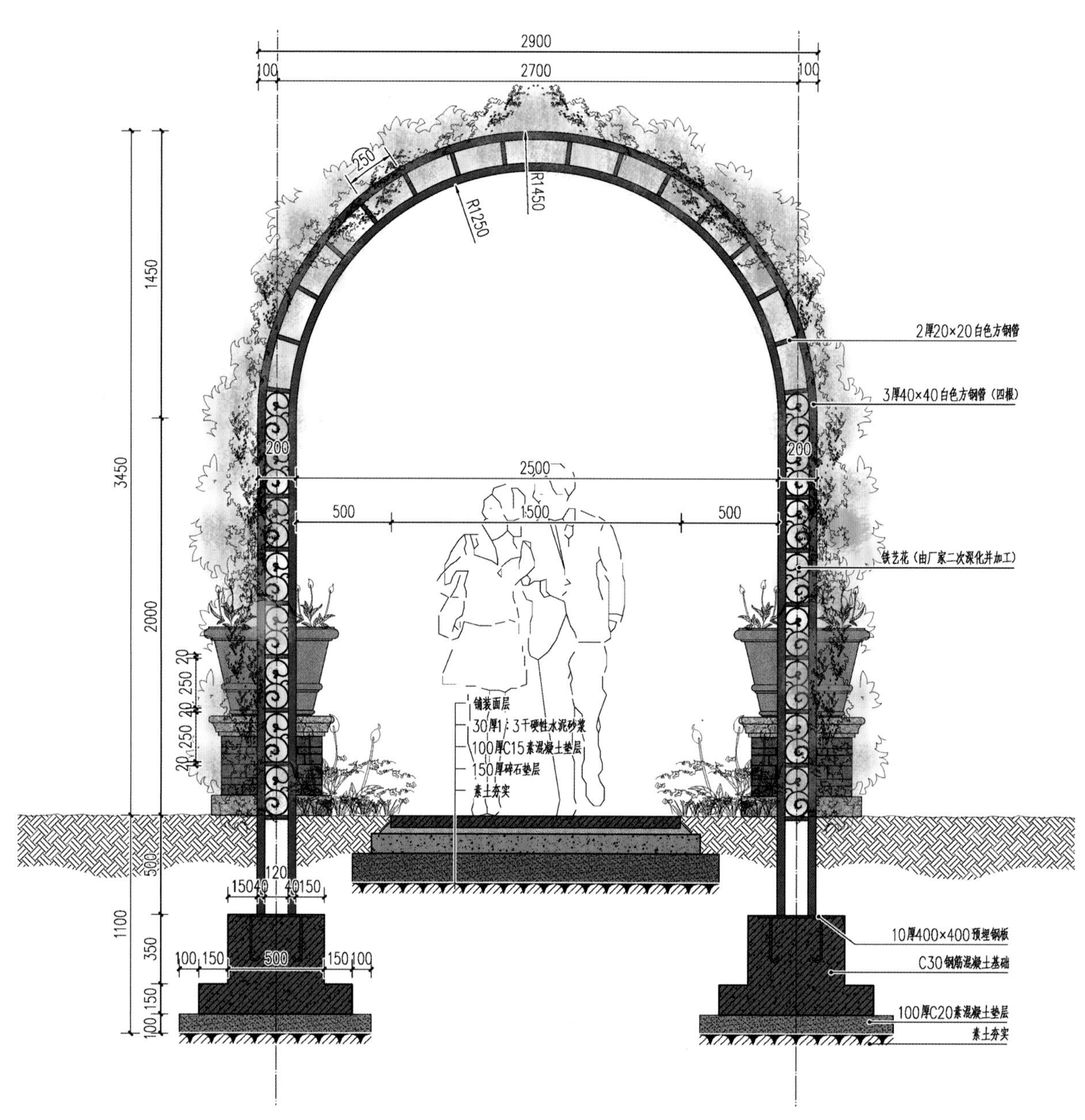

2900
2700
100
100
250
R1450
R1250
1450
200
200
3450
2500
500
1500
500
2000
20 250 20 20
20 250 20
铺装面层
30厚1:3干硬性水泥砂浆
100厚C15素混凝土垫层
150厚碎石垫层
素土夯实
500
120
15040 40150
1100
100 150
500
150 100
100 150

2厚20×20白色方钢管
3厚40×40白色方钢管（四根）
铁艺花（由厂家二次深化并加工）
10厚400×400预埋钢板
C30钢筋混凝土基础
100厚C20素混凝土垫层
素土夯实

特色花廊 3 正立面及剖面图

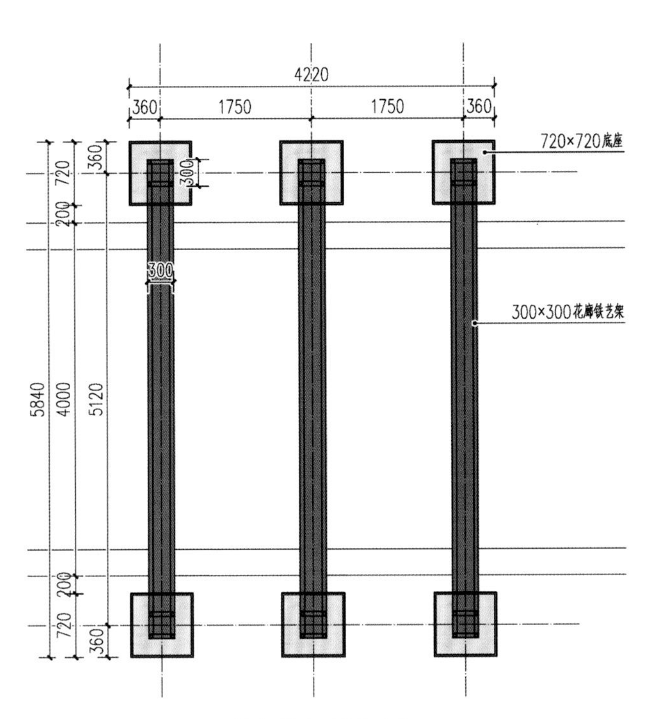
4220
360
1750
1750
360
720×720底座
300
300
300×300花廊铁艺架
5840
4000
5120
720
200
360

特色花廊 4 平面图

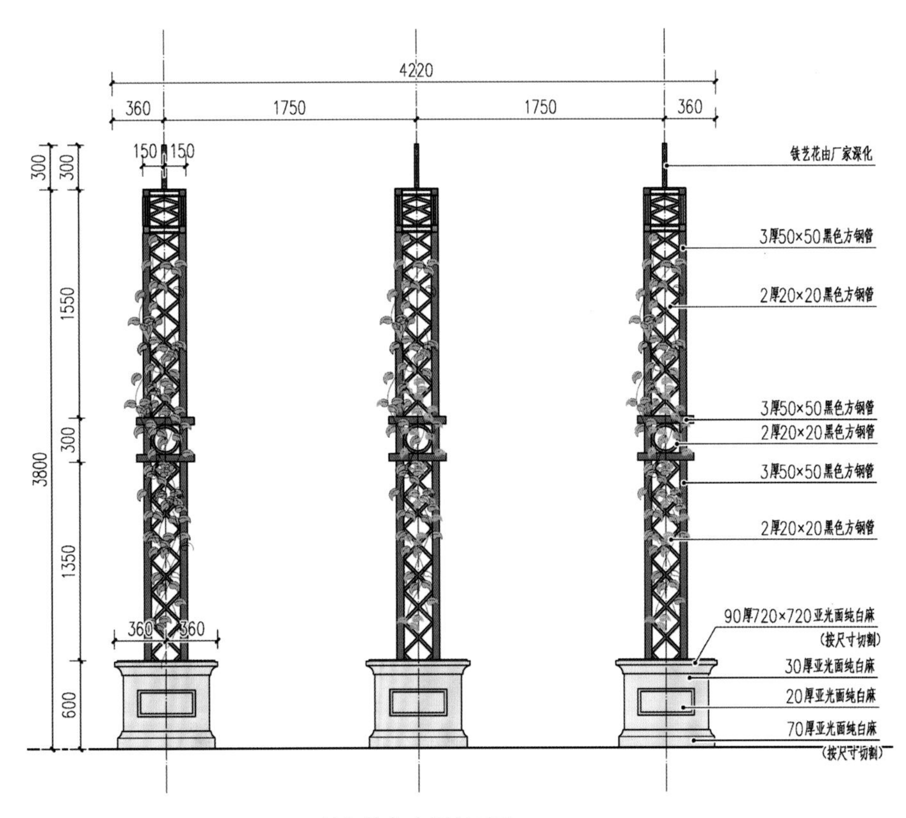
4220
360
1750
1750
360
150
150
铁艺花由厂家深化
3厚50×50黑色方钢管
2厚20×20黑色方钢管
3厚50×50黑色方钢管
2厚20×20黑色方钢管
3厚50×50黑色方钢管
2厚20×20黑色方钢管
90厚720×720亚光面纯白麻
(按尺寸切割)
30厚亚光面纯白麻
20厚亚光面纯白麻
70厚亚光面纯白麻
(按尺寸切割)
300
300
1550
300
3800
1350
600
360
360

特色花廊 4 侧立面图

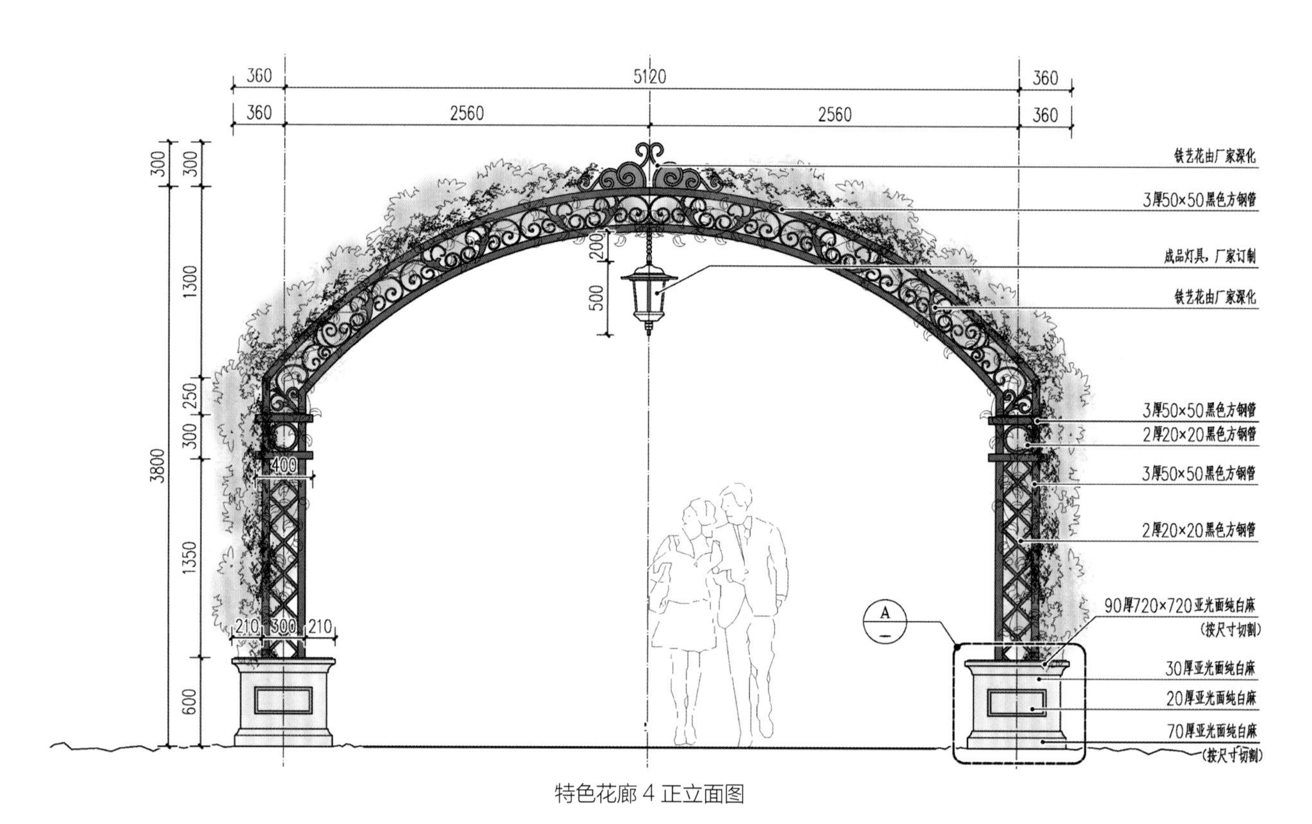

特色花廊 4 正立面图

右侧标注（从上到下）：
铁艺花由厂家深化
3厚50×50黑色方钢管
成品灯具，厂家订制
铁艺花由厂家深化
3厚50×50黑色方钢管
2厚20×20黑色方钢管
3厚50×50黑色方钢管
2厚20×20黑色方钢管
90厚720×720亚光面纯白麻（按尺寸切割）
30厚亚光面纯白麻
20厚亚光面纯白麻
70厚亚光面纯白麻（按尺寸切割）

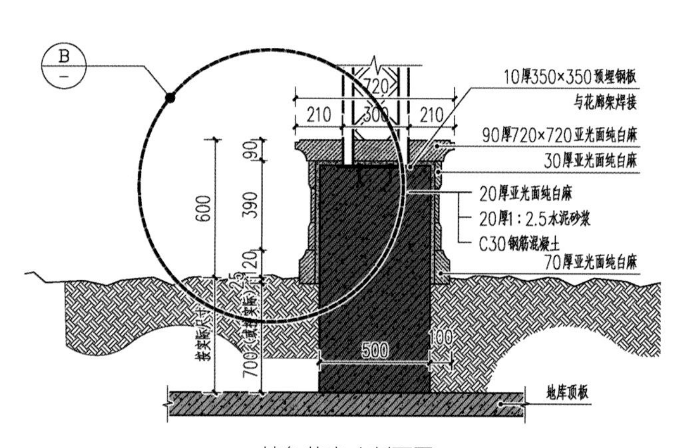

特色花廊 4 剖面图

10厚350×350预埋钢板与花廊架焊接
90厚720×720亚光面纯白麻
30厚亚光面纯白麻
20厚亚光面纯白麻
20厚1：2.5水泥砂浆
C30钢筋混凝土
70厚亚光面纯白麻
地库顶板

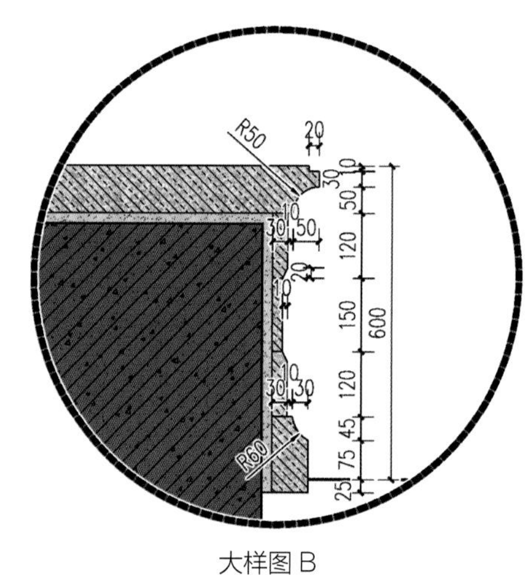

大样图 B

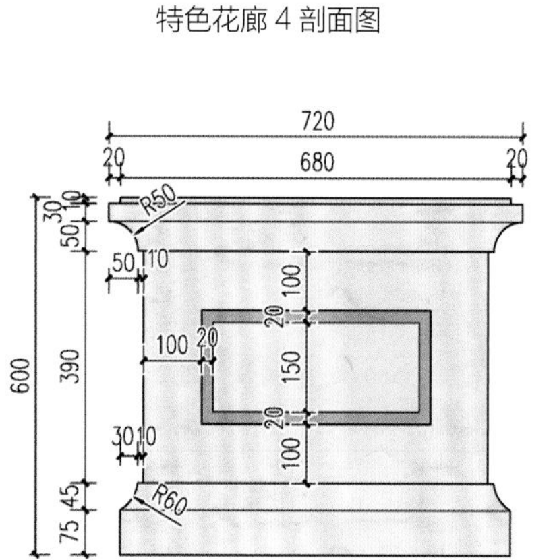

大样图 A

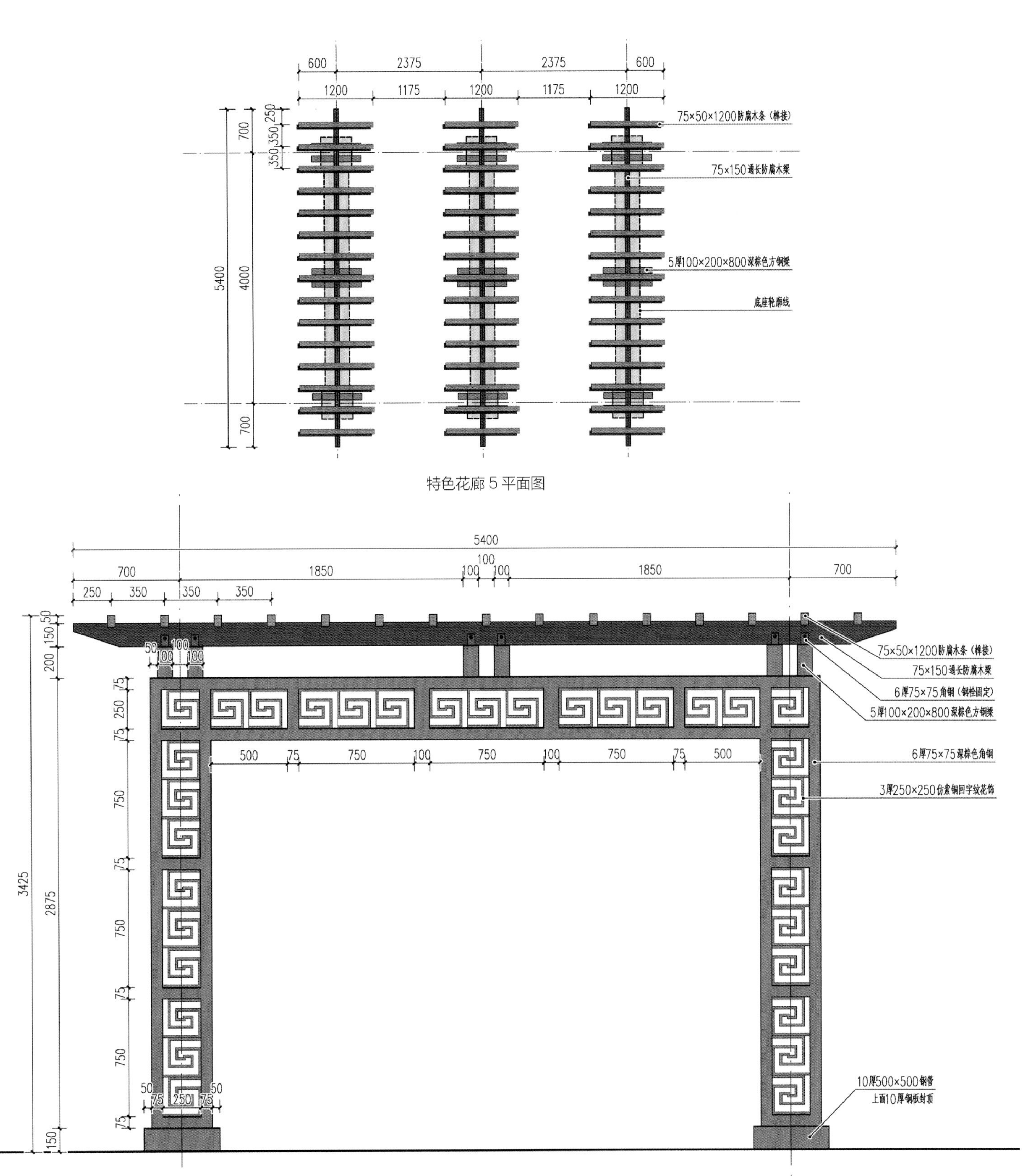

600
2375
2375
600
1200
1175
1200
1175
1200
75×50×1200防腐木条（榫接）
75×150通长防腐木梁
5厚100×200×800深棕色方钢梁
底座轮廓线
5400
700
4000
700
350
350
250

特色花廊 5 平面图

5400
700
1850
100
100
100
1850
700
250
350
350
350
75×50×1200防腐木条（榫接）
75×150通长防腐木梁
6厚75×75角钢（钢栓固定）
5厚100×200×800深棕色方钢梁
6厚75×75深棕色角钢
3厚250×250仿紫铜回字纹花饰
10厚500×500钢管
上面10厚钢板封顶
500
75
750
100
750
100
750
75
500
3425
2875
200
150
50
250
750
75
150

特色花廊 5 正立面图

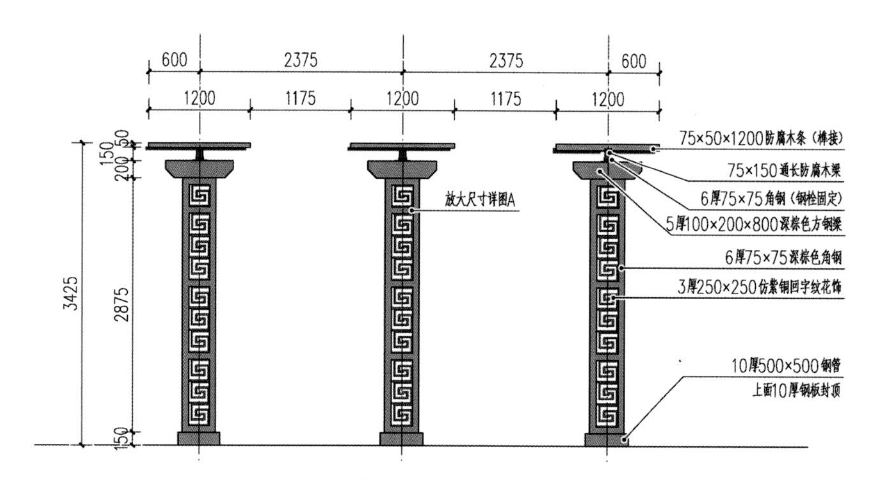
600
2375
2375
600
1200
1175
1200
1175
1200
3425
2875
150
50
150
200
150
75×50×1200防腐木条（榫接）
75×150通长防腐木梁
6厚75×75角钢（钢栓固定）
5厚100×200×800深棕色方钢梁
放大尺寸详图A
6厚75×75深棕色角钢
3厚250×250仿紫铜回字纹花饰
10厚500×500钢管
上面10厚钢板封顶

特色花廊 5 侧立面图

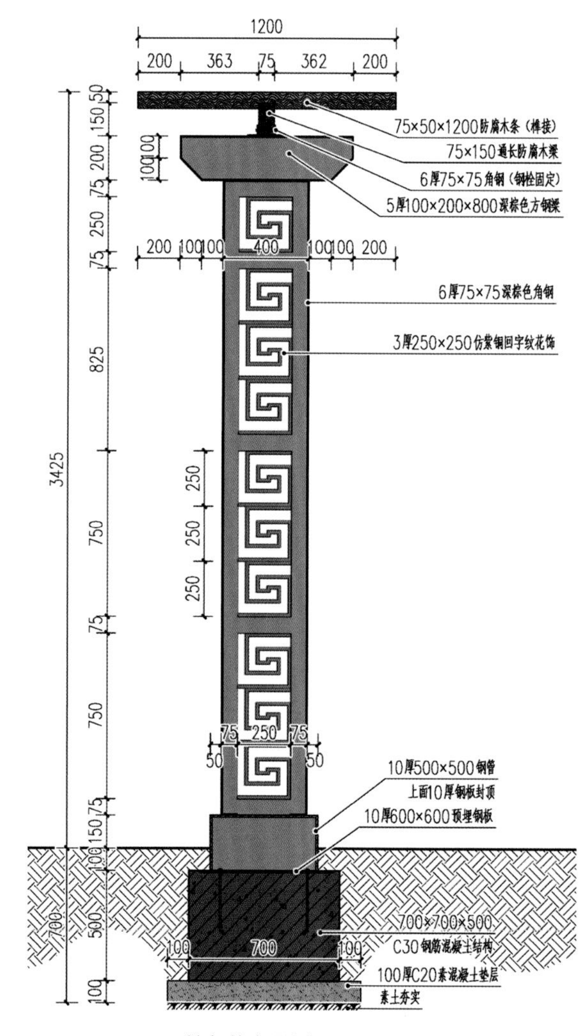
1200
200
363
75
362
200
200
100
100
400
100
100
200
3425
825
750
750
250
250
250
75
250
75
50
50
700
100
700
100
75×50×1200防腐木条（榫接）
75×150通长防腐木梁
6厚75×75角钢（钢栓固定）
5厚100×200×800深棕色方钢梁
6厚75×75深棕色角钢
3厚250×250仿紫铜回字纹花饰
10厚500×500钢管
上面10厚钢板封顶
10厚600×600预埋钢板
700×700×500
C30钢筋混凝土结构
100厚C20素混凝土垫层
素土夯实

特色花廊 5 剖面图

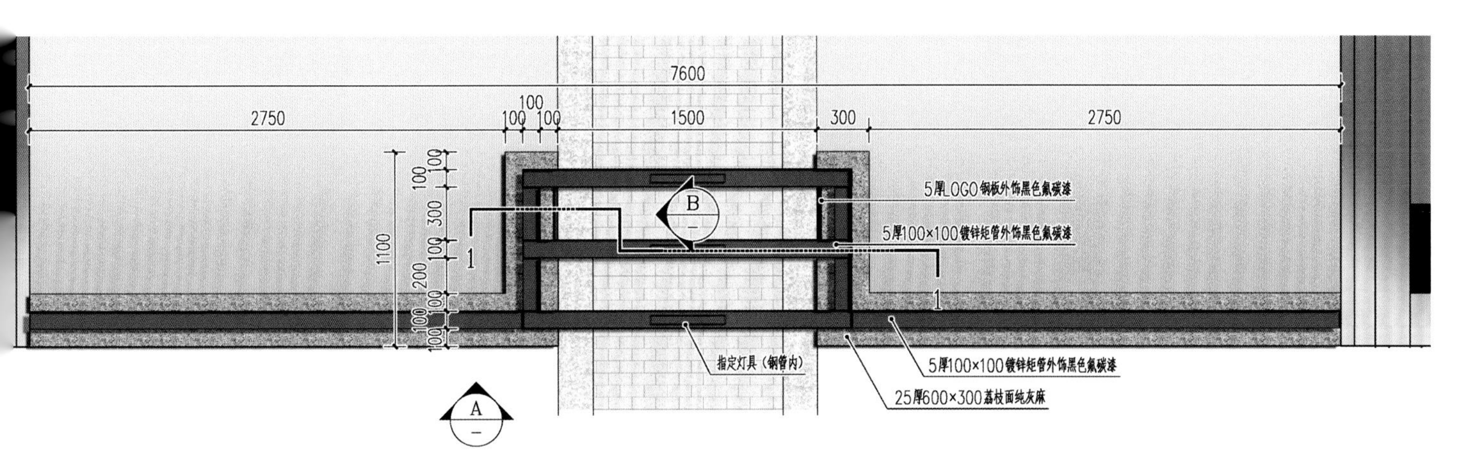

特色花廊6平面图

5厚LOGO钢板外饰黑色氟碳漆
5厚100×100镀锌矩管外饰黑色氟碳漆
指定灯具(钢管内)
5厚100×100镀锌矩管外饰黑色氟碳漆
25厚600×300荔枝面纯灰麻

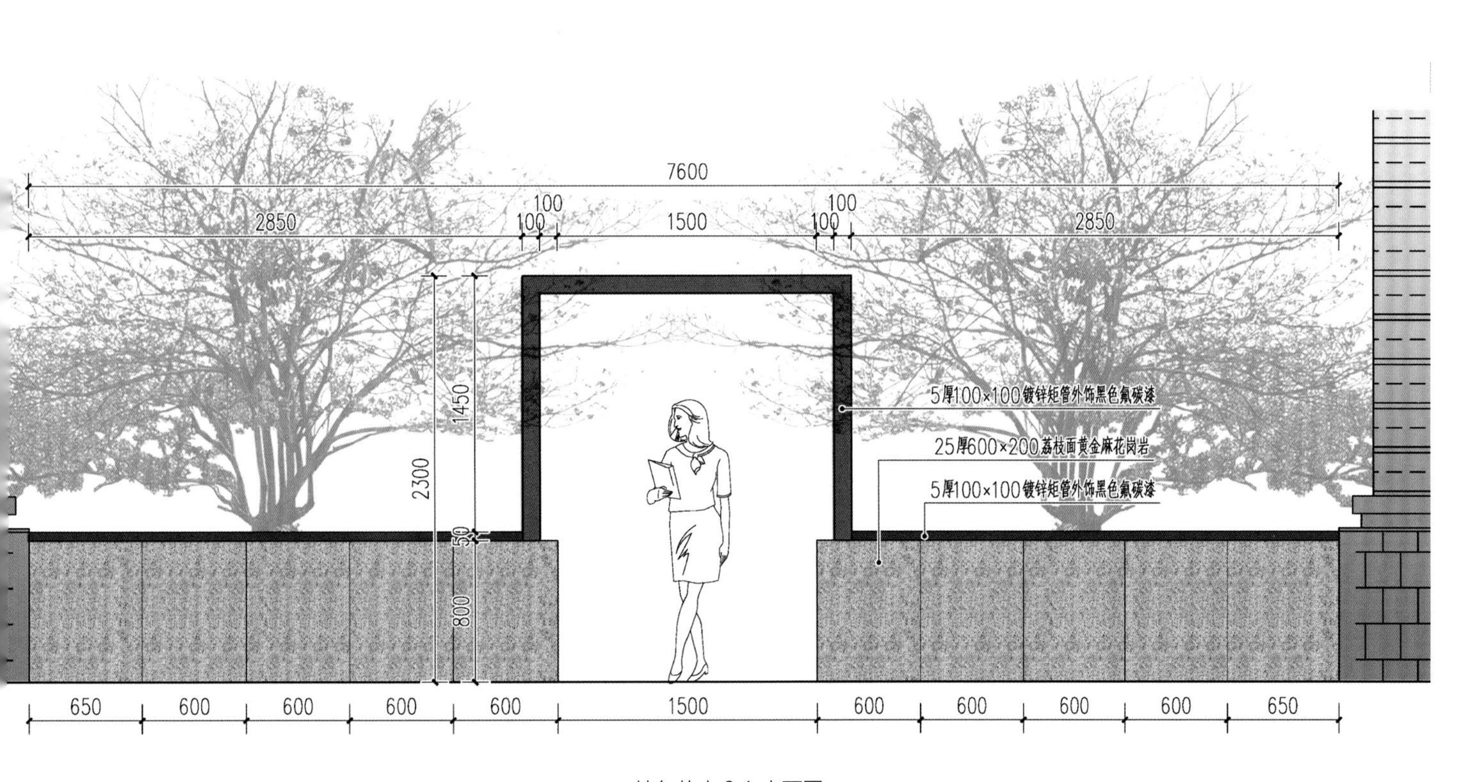

特色花廊6A立面图

5厚100×100镀锌矩管外饰黑色氟碳漆
25厚600×200荔枝面黄金麻花岗岩
5厚100×100镀锌矩管外饰黑色氟碳漆

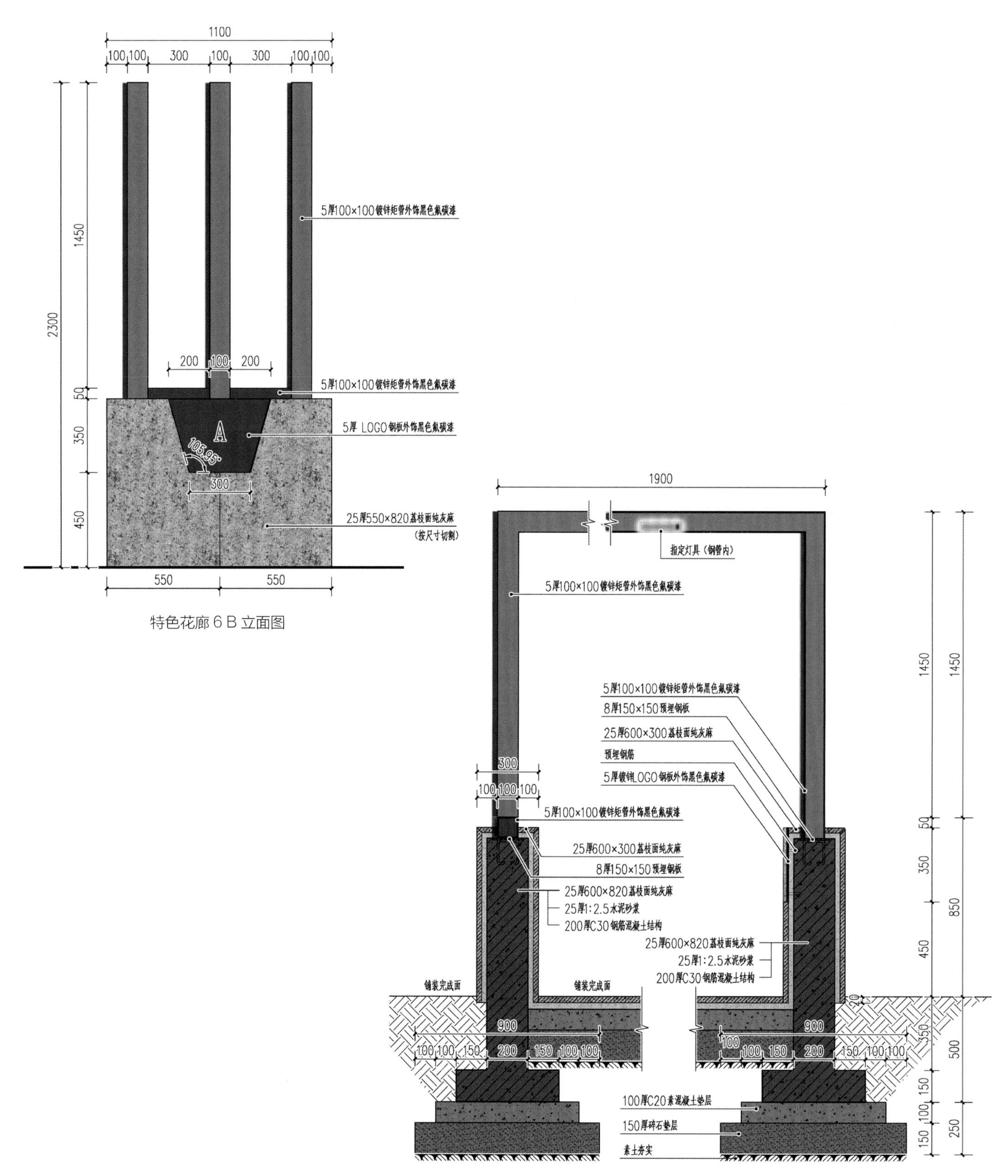
1100
100 100 300 100 300 100 100
2300
1450
5厚100×100镀锌矩管外饰黑色氟碳漆
200 100 200
5厚100×100镀锌矩管外饰黑色氟碳漆
50
350
5厚 LOGO钢板外饰黑色氟碳漆
105.95°
300
450
25厚550×820荔枝面纯灰麻
(按尺寸切割)
550 550
1900
指定灯具（钢管内）
5厚100×100镀锌矩管外饰黑色氟碳漆
5厚100×100镀锌矩管外饰黑色氟碳漆
8厚150×150预埋钢板
25厚600×300荔枝面纯灰麻
预埋钢筋
5厚镀锌LOGO钢板外饰黑色氟碳漆
300
100 100 100
5厚100×100镀锌矩管外饰黑色氟碳漆
25厚600×300荔枝面纯灰麻
8厚150×150预埋钢板
25厚600×820荔枝面纯灰麻
25厚1:2.5水泥砂浆
200厚C30钢筋混凝土结构
25厚600×820荔枝面纯灰麻
25厚1:2.5水泥砂浆
200厚C30钢筋混凝土结构
铺装完成面
铺装完成面
900
100 100 150 200 150 100 100
900
100 100 150 200 150 100 100
100厚C20素混凝土垫层
150厚碎石垫层
素土夯实
1450 1450 50 350 850 450 20 350 500 150 100 150 250
特色花廊 6 B 立面图

特色花廊 6，1—1 剖面图

灯具

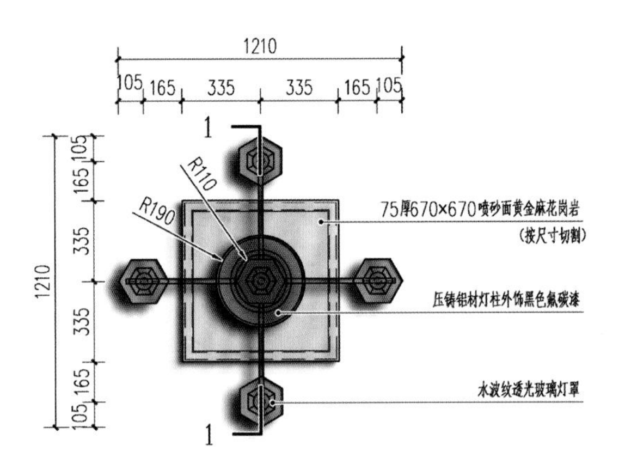

特色灯柱 1 平面图

75厚670×670喷砂面黄金麻花岗岩（按尺寸切割）
压铸铝材灯柱外饰黑色氟碳漆
水波纹透光玻璃灯罩

大样图 A

大样图 B

特色灯柱 1 剖面图

压铸铝材灯柱外饰黑色氟碳漆
4φ8@300
10厚300×300预埋钢板与灯柱焊满
100厚700×700喷砂面黄金麻花岗岩（按尺寸切割）
10厚紫铜 LOGO（建筑胶结合）
20厚1：2.5水泥砂浆
490厚C30钢筋混凝土
25厚喷砂面黄金麻贴面
150厚680×75喷砂面黄金麻花岗岩（按尺寸切割）
FL=地面铺装
100厚C20素混凝土
150厚碎石垫层
素土夯实

特色灯柱 1 立面图

水波纹透光玻璃灯罩
压铸铝材灯柱外饰黑色氟碳漆
100厚700×700喷砂面黄金麻花岗岩（按尺寸切割）
25厚喷砂面黄金麻花岗岩
10厚紫铜 LOGO（建筑胶结合）
150厚680×75喷砂面黄金麻花岗岩（按尺寸切割）

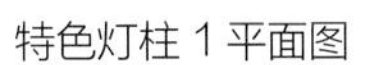

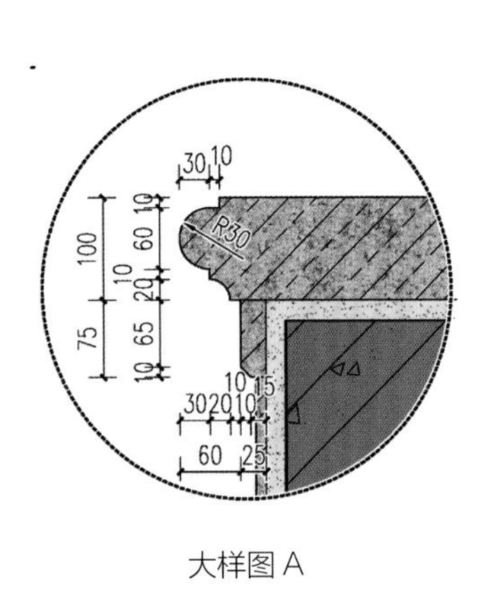

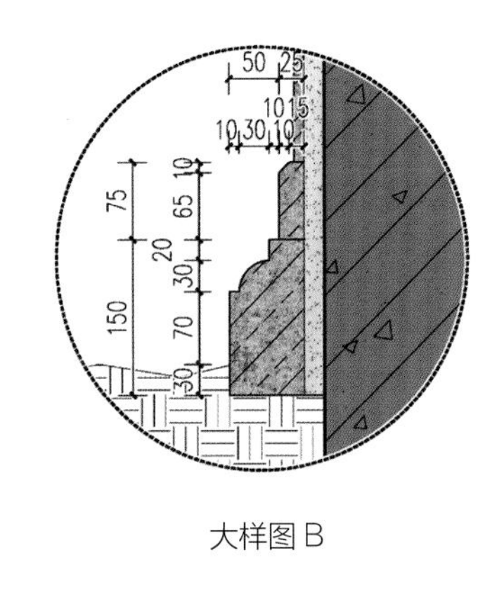

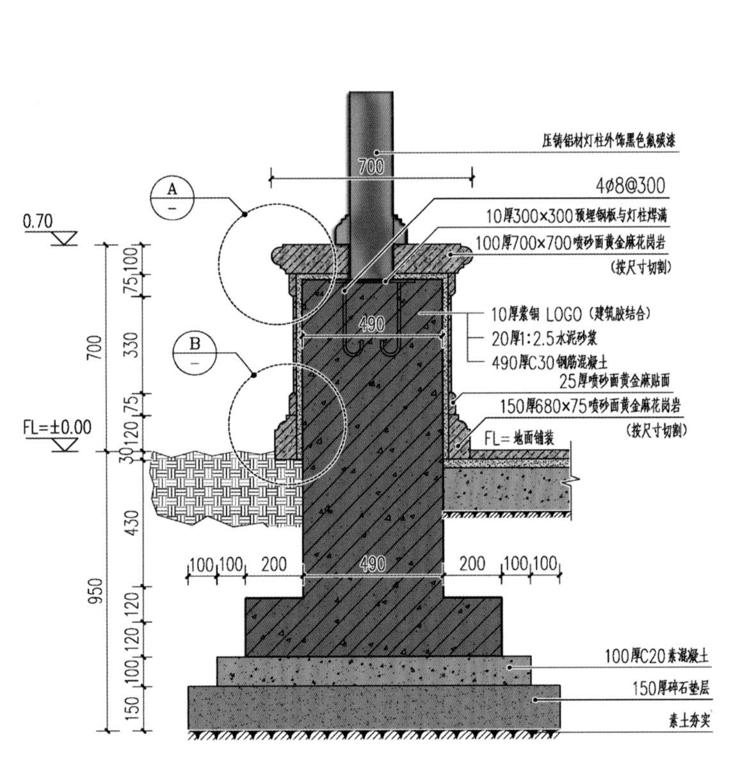

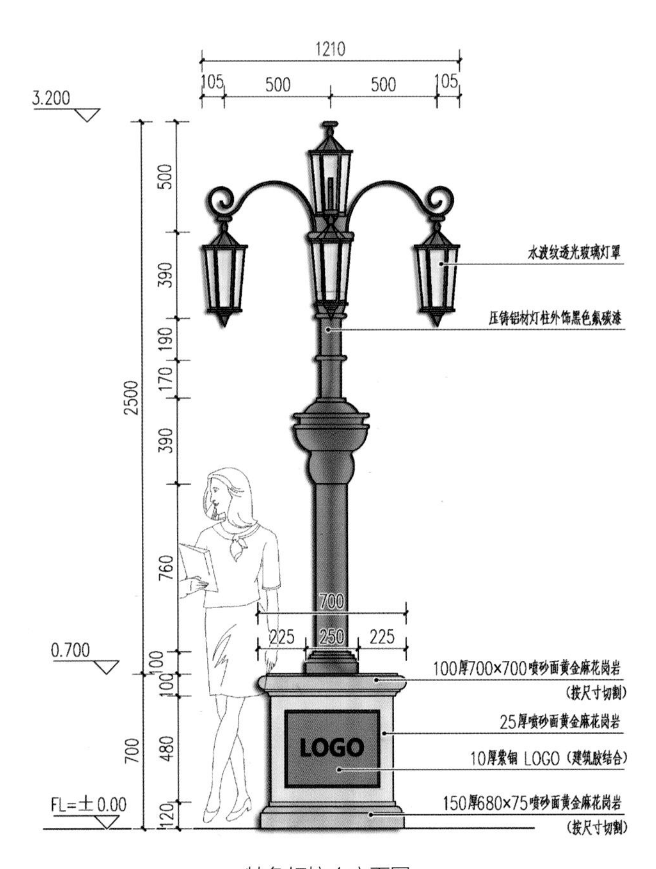

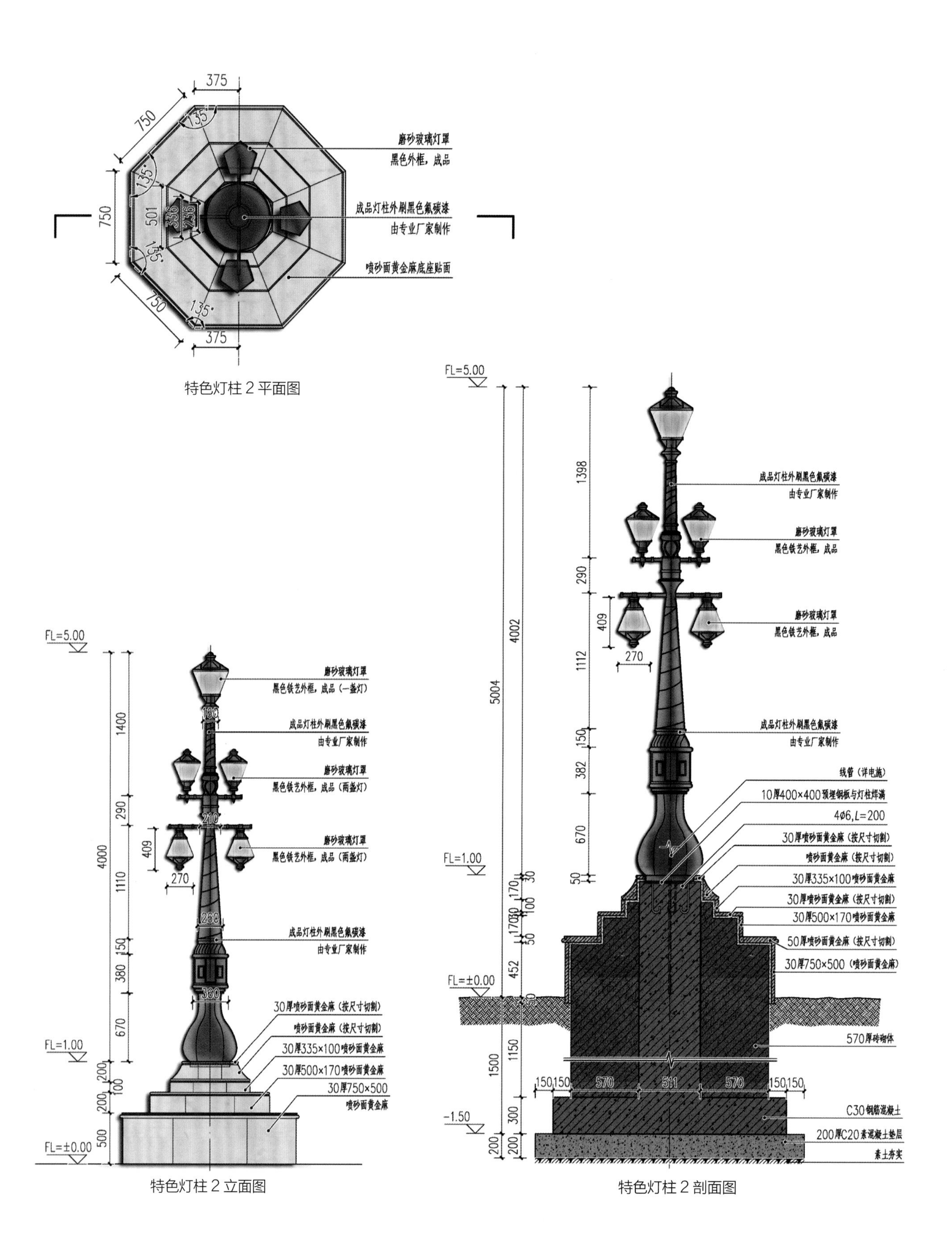

特色灯柱 2 平面图

磨砂玻璃灯罩
黑色外框, 成品

成品灯柱外刷黑色氟碳漆
由专业厂家制作

喷砂面黄金麻底座贴面

FL=5.00

磨砂玻璃灯罩
黑色铁艺外框, 成品 (一盏灯)

成品灯柱外刷黑色氟碳漆
由专业厂家制作

磨砂玻璃灯罩
黑色铁艺外框, 成品 (两盏灯)

磨砂玻璃灯罩
黑色铁艺外框, 成品 (两盏灯)

成品灯柱外刷黑色氟碳漆
由专业厂家制作

30厚喷砂面黄金麻 (按尺寸切割)
喷砂面黄金麻 (按尺寸切割)
30厚335×100喷砂面黄金麻
30厚500×170喷砂面黄金麻
30厚750×500
喷砂面黄金麻

FL=1.00

FL=±0.00

特色灯柱 2 立面图

FL=5.00

成品灯柱外刷黑色氟碳漆
由专业厂家制作

磨砂玻璃灯罩
黑色铁艺外框, 成品

磨砂玻璃灯罩
黑色铁艺外框, 成品

成品灯柱外刷黑色氟碳漆
由专业厂家制作

线管 (详电施)
10厚400×400预埋钢板与灯柱焊满
4φ6, L=200
30厚喷砂面黄金麻 (按尺寸切割)
喷砂面黄金麻 (按尺寸切割)
30厚335×100喷砂面黄金麻
30厚喷砂面黄金麻 (按尺寸切割)
30厚500×170喷砂面黄金麻
50厚喷砂面黄金麻 (按尺寸切割)
30厚750×500 (喷砂面黄金麻)

FL=1.00

FL=±0.00

570厚砖砌体

C30钢筋混凝土
200厚C20素混凝土垫层
素土夯实

-1.50

特色灯柱 2 剖面图

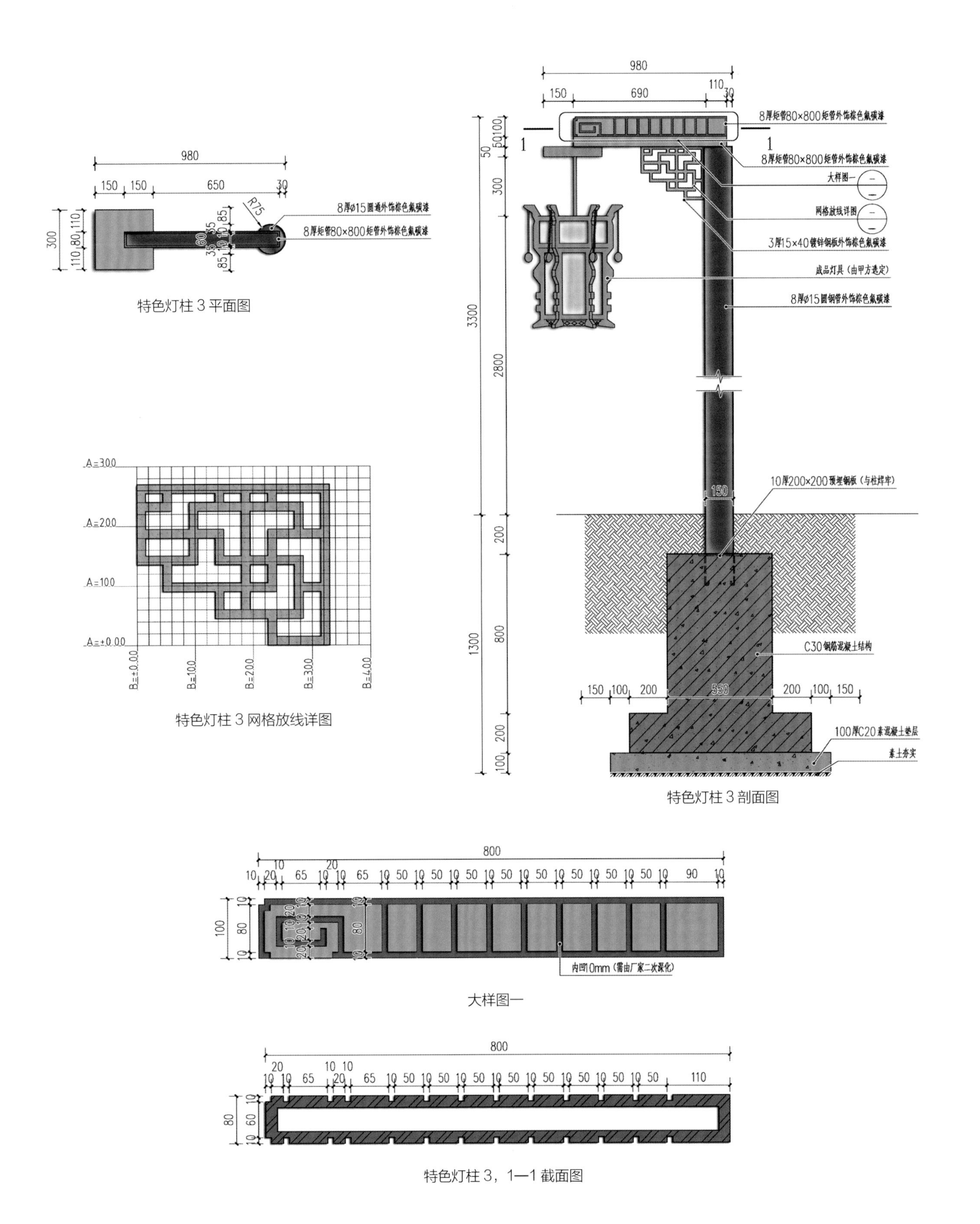

特色灯柱3平面图

特色灯柱3网格放线详图

特色灯柱3剖面图

大样图一

特色灯柱3，1—1截面图

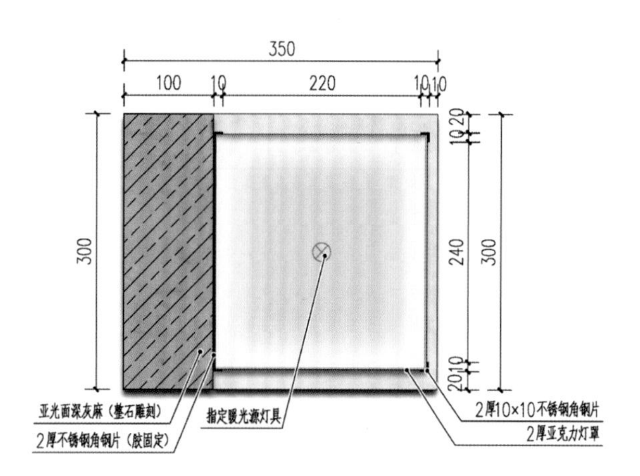

亚光面混灰麻（整石雕刻）
2厚不锈钢角钢片（放固定）
指定镶光源灯具
2厚10×10不锈钢角钢片
2厚亚克力灯罩

现代风格灯笼 1 平剖图

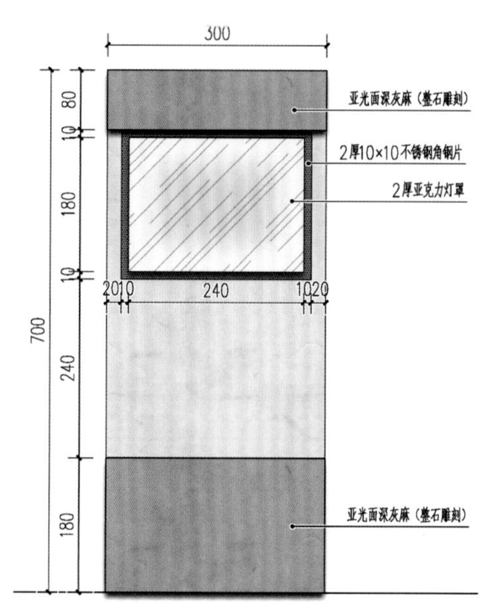

亚光面混灰麻（整石雕刻）
2厚10×10不锈钢角钢片
2厚亚克力灯罩
亚光面混灰麻（整石雕刻）

现代风格灯笼 1 正立面图

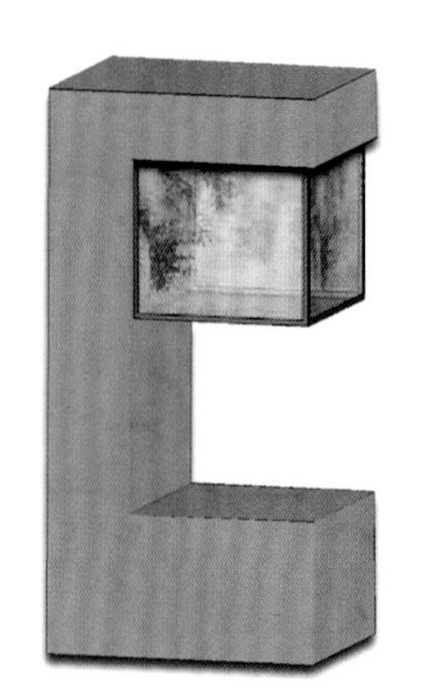

现代风格灯笼 1

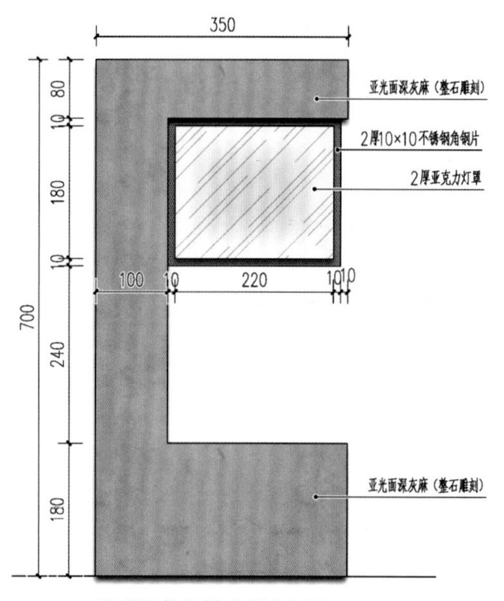

亚光面混灰麻（整石雕刻）
2厚10×10不锈钢角钢片
2厚亚克力灯罩
亚光面混灰麻（整石雕刻）

现代风格灯笼 1 侧立面图

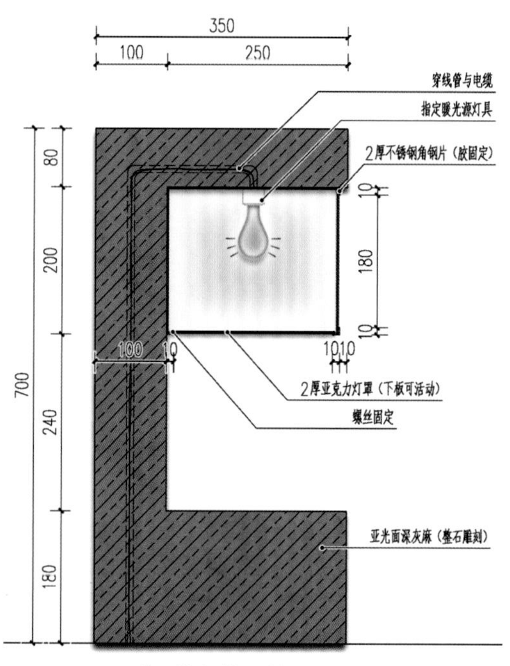

穿线管与电缆
指定镶光源灯具
2厚不锈钢角钢片（放固定）
2厚亚克力灯罩（下板可活动）
螺丝固定
亚光面混灰麻（整石雕刻）

现代风格灯笼 1 剖面图

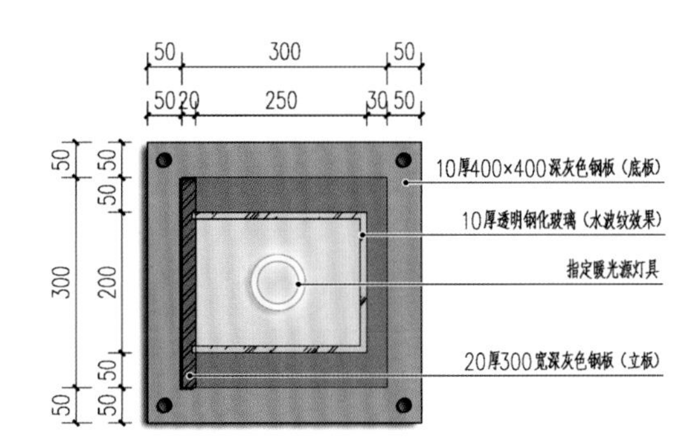

现代风格灯笼 2 平剖图

- 10厚400×400深灰色钢板（底板）
- 10厚透明钢化玻璃（水波纹效果）
- 指定暖光源灯具
- 20厚300宽深灰色钢板（立板）

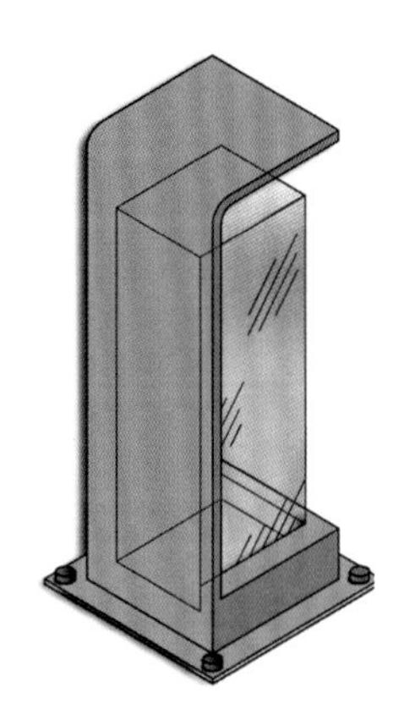

现代风格灯笼 2 轴测图

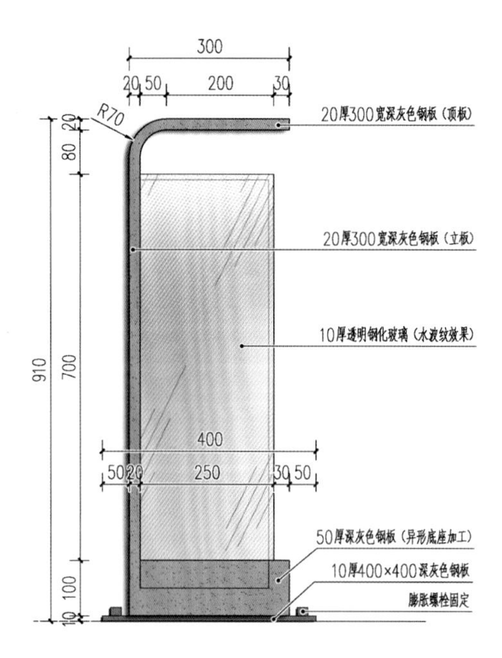

现代风格灯笼 2 侧立面图

- 20厚300宽深灰色钢板（顶板）
- 20厚300宽深灰色钢板（立板）
- 10厚透明钢化玻璃（水波纹效果）
- 50厚深灰色钢板（异形底座加工）
- 10厚400×400深灰色钢板
- 膨胀螺栓固定

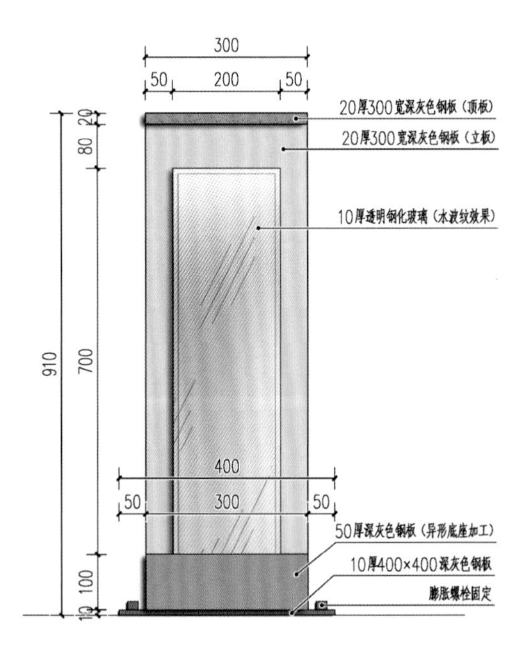

现代风格灯笼 2 正立面图

- 20厚300宽深灰色钢板（顶板）
- 20厚300宽深灰色钢板（立板）
- 10厚透明钢化玻璃（水波纹效果）
- 50厚深灰色钢板（异形底座加工）
- 10厚400×400深灰色钢板
- 膨胀螺栓固定

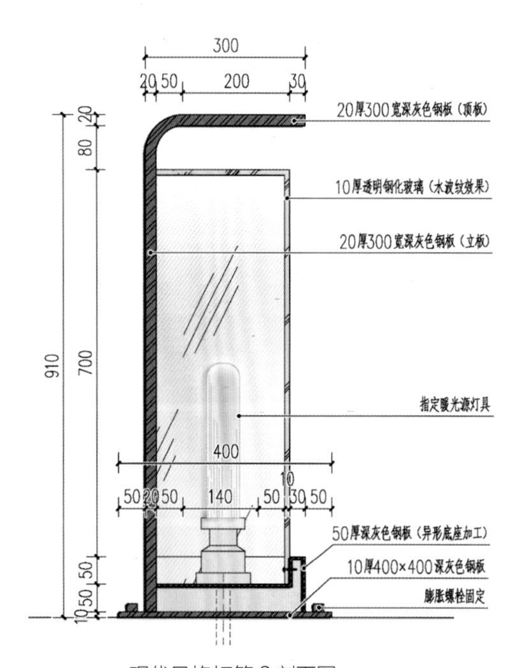

现代风格灯笼 2 剖面图

- 20厚300宽深灰色钢板（顶板）
- 10厚透明钢化玻璃（水波纹效果）
- 20厚300宽深灰色钢板（立板）
- 指定暖光源灯具
- 50厚深灰色钢板（异形底座加工）
- 10厚400×400深灰色钢板
- 膨胀螺栓固定

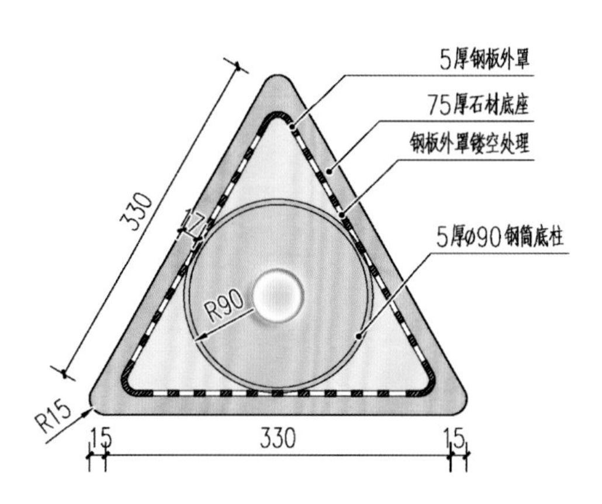
5厚钢板外罩
75厚石材底座
钢板外罩镂空处理
5厚ø90钢筒底柱
330
R90
R15
15
330
15

现代风格灯笼 3 平剖图

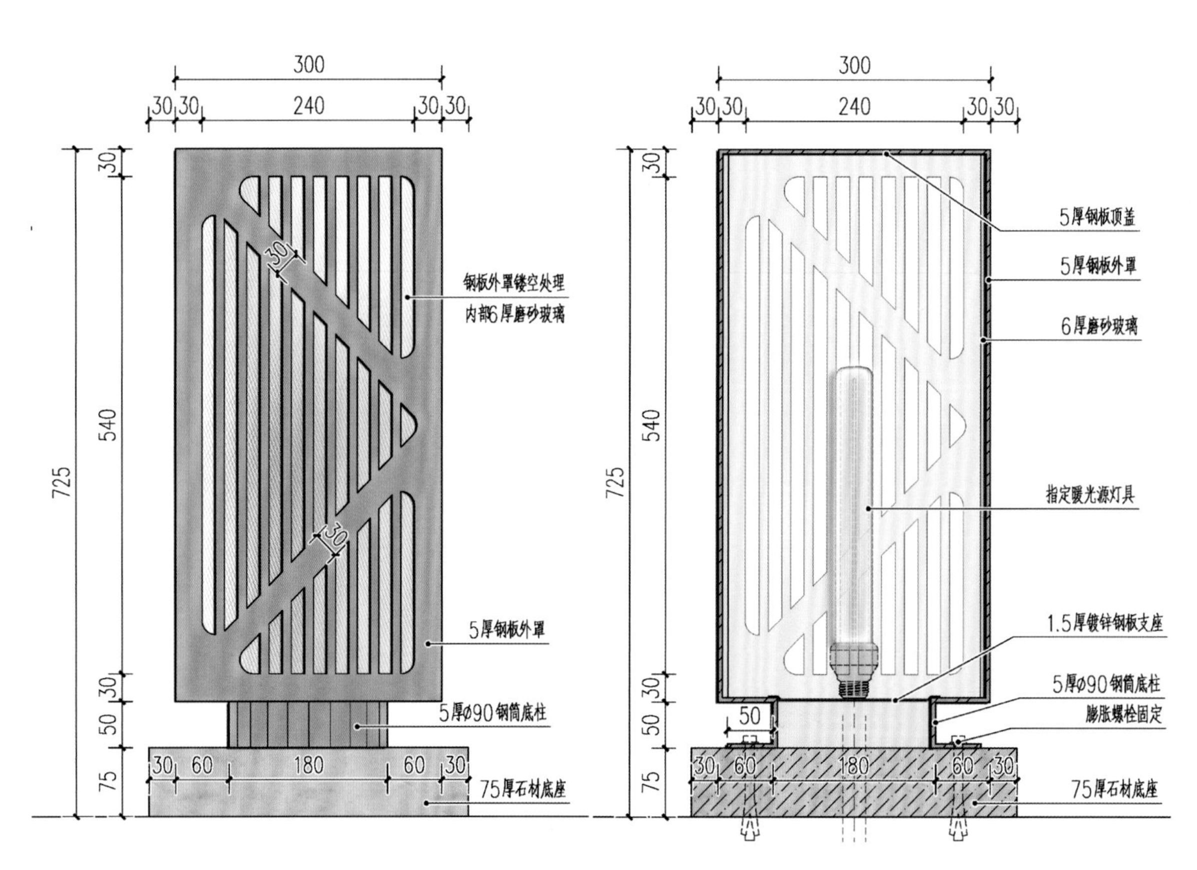
300
30
30
240
30
30
725
540
30
30
50
75
60
180
60
钢板外罩镂空处理
内部6厚磨砂玻璃
5厚钢板外罩
5厚ø90钢筒底柱
75厚石材底座
5厚钢板顶盖
5厚钢板外罩
6厚磨砂玻璃
指定暖光源灯具
1.5厚镀锌钢板支座
5厚ø90钢筒底柱
膨胀螺栓固定
75厚石材底座

现代风格灯笼 3 立面图

现代风格灯笼 3 剖面图

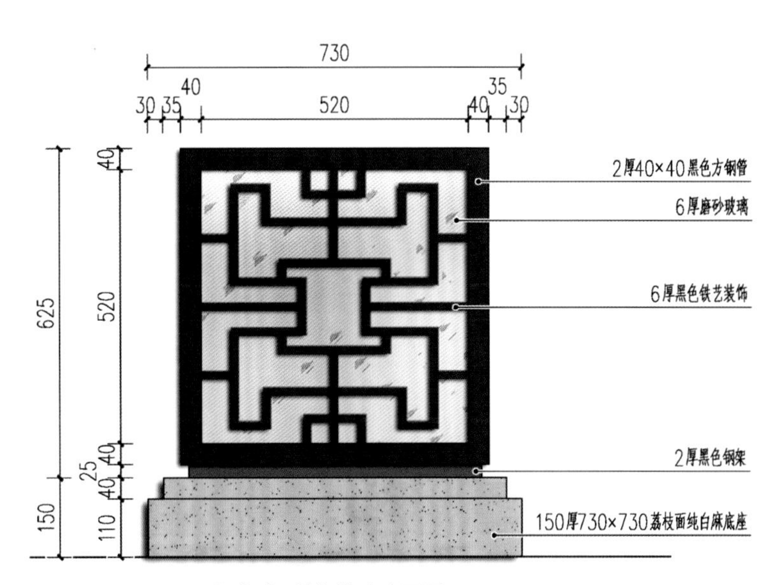

730
40
30 35　　　　520　　　　40　35
30

40
625
520
25
40
150
110

2厚40×40黑色方钢管
6厚磨砂玻璃
6厚黑色铁艺装饰
2厚黑色钢架
150厚730×730荔枝面纯白麻底座

新中式风格灯笼 1 立面图

730
40 65
730
520
65
40

2厚40×40黑色方钢管
150厚730×730荔枝面纯白麻底座
6厚磨砂玻璃
6厚黑色铁艺装饰

新中式风格灯笼 1 平剖图

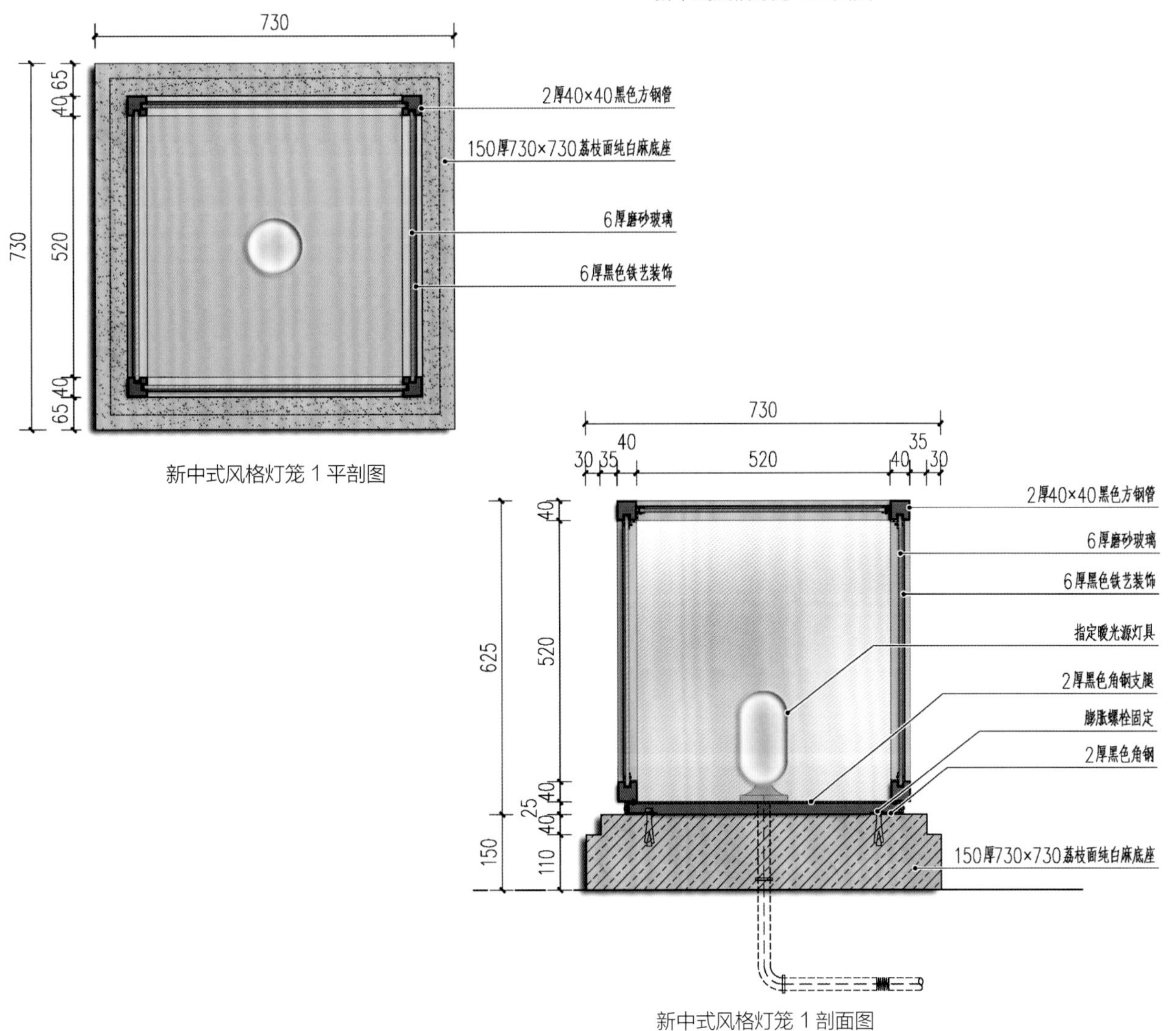

730
40
30 35　　　　520　　　　40 35
30

40
625
520
25
40
150
110

2厚40×40黑色方钢管
6厚磨砂玻璃
6厚黑色铁艺装饰
指定暖光源灯具
2厚黑色角钢支腿
膨胀螺栓固定
2厚黑色角钢
150厚730×730荔枝面纯白麻底座

新中式风格灯笼 1 剖面图

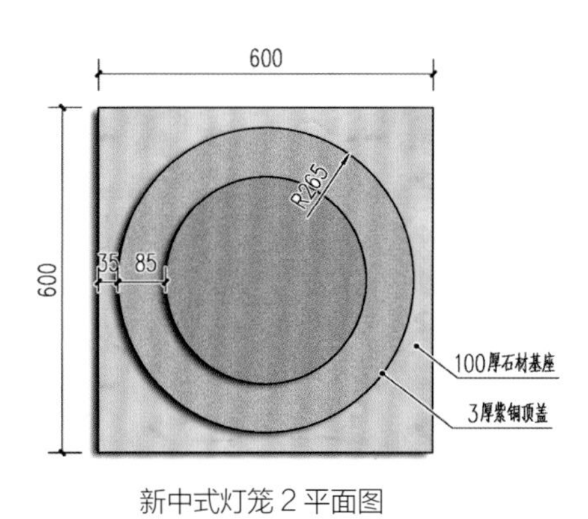

新中式灯笼 2 平面图

R265
35 85
600
600
100 厚石材基座
3 厚紫铜顶盖

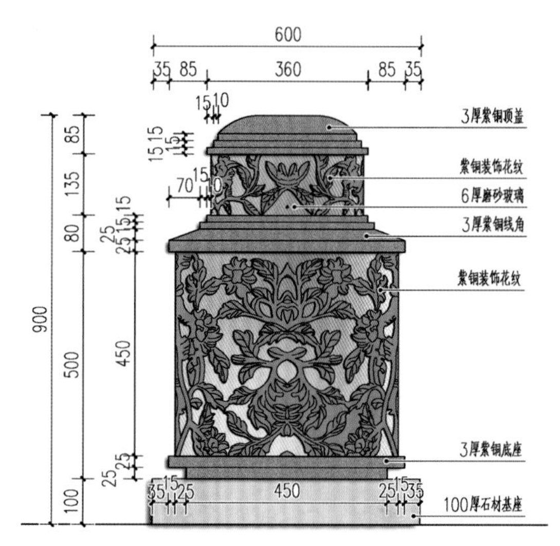

新中式灯笼 2 立面图

600
35 85 360 85 35
15 10
15 15
85
135
15 15
15
70
80
25
15 15
900
500
450
25
100
25
35 15 25 450 25 15 35

3 厚紫铜顶盖
紫铜装饰花纹
6 厚磨砂玻璃
3 厚紫铜线角
紫铜装饰花纹
3 厚紫铜底座
100 厚石材基座

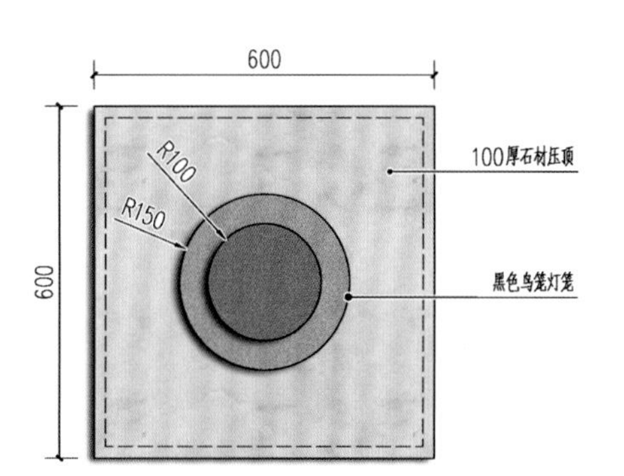

新中式灯笼 3 平面图

600
R100
R150
600
100 厚石材压顶
黑色鸟笼灯笼

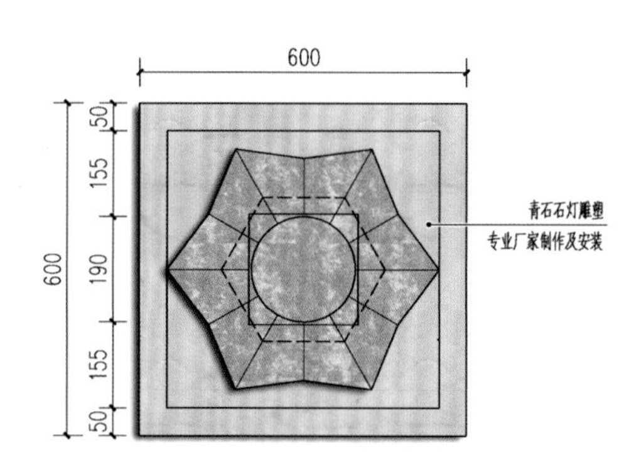

日式灯笼平面图

600
50
155
155
600
190
155
50
青石灯雕塑
专业厂家制作及安装

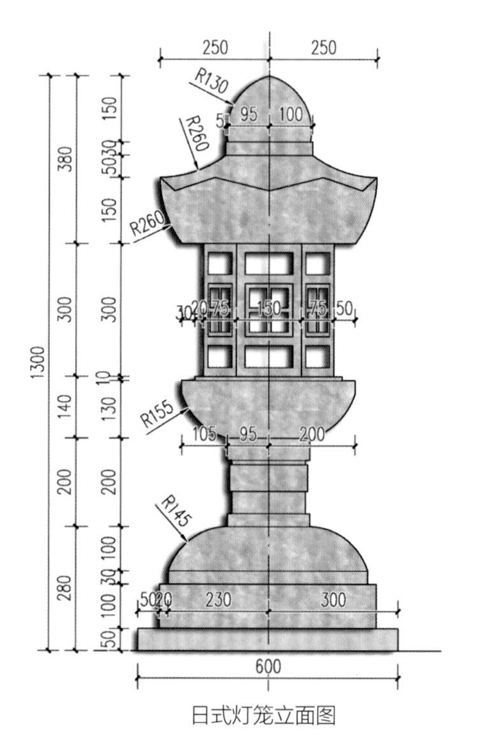

新中式灯笼 3 立面图

600
150 50 200 50 150
30
600
540
30
50 100 30
650
500

3 厚 30~200 黑色圆形顶盖
∅3 黑色钢丝
油纸在钢丝下封面
指定暖光源灯具
100 厚石材压顶
20 厚 50 宽成品祥云浮雕
20 厚石材贴面

日式灯笼立面图

250 250
R130
5 95 100
R260
380
150 50 30
150
R260
1300
300
120 75 150 75 50
140
130 10
R155
105 95 200
200
R145
280
50 20 230 300
50 100
600

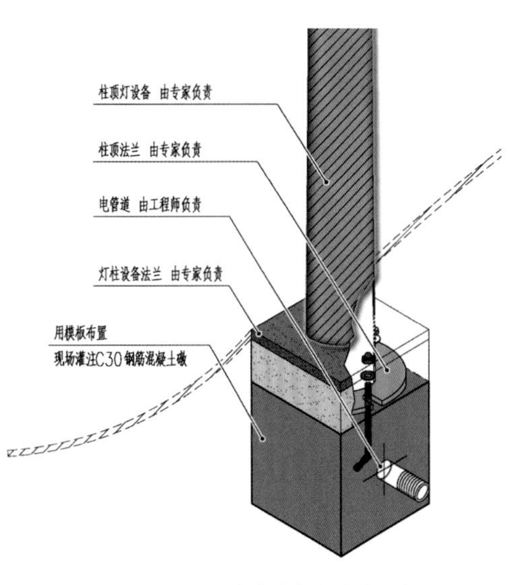

路旁高杆灯平面图

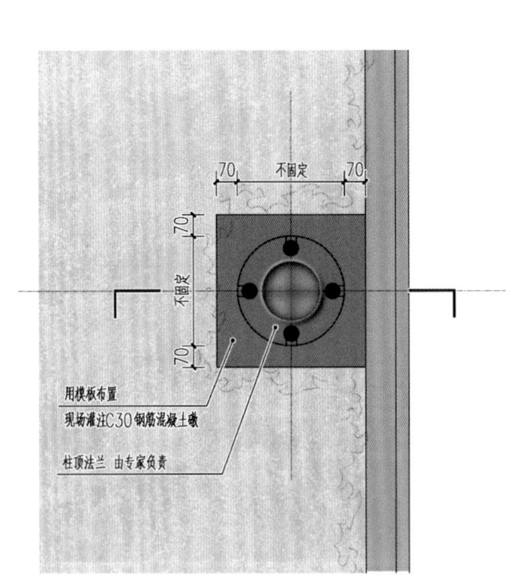

路旁高杆灯底座透视图

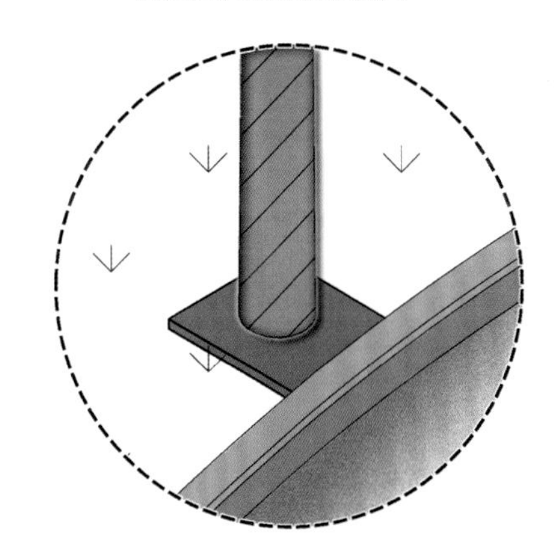

大样图 A

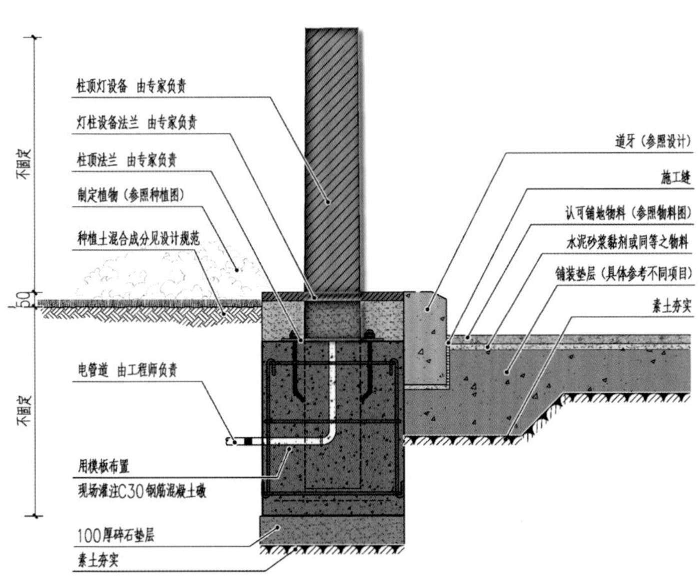

路旁高杆灯剖面图

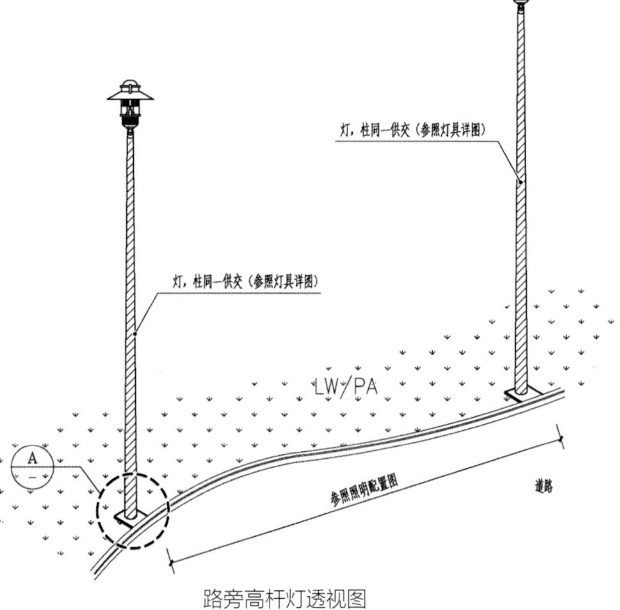

路旁高杆灯透视图

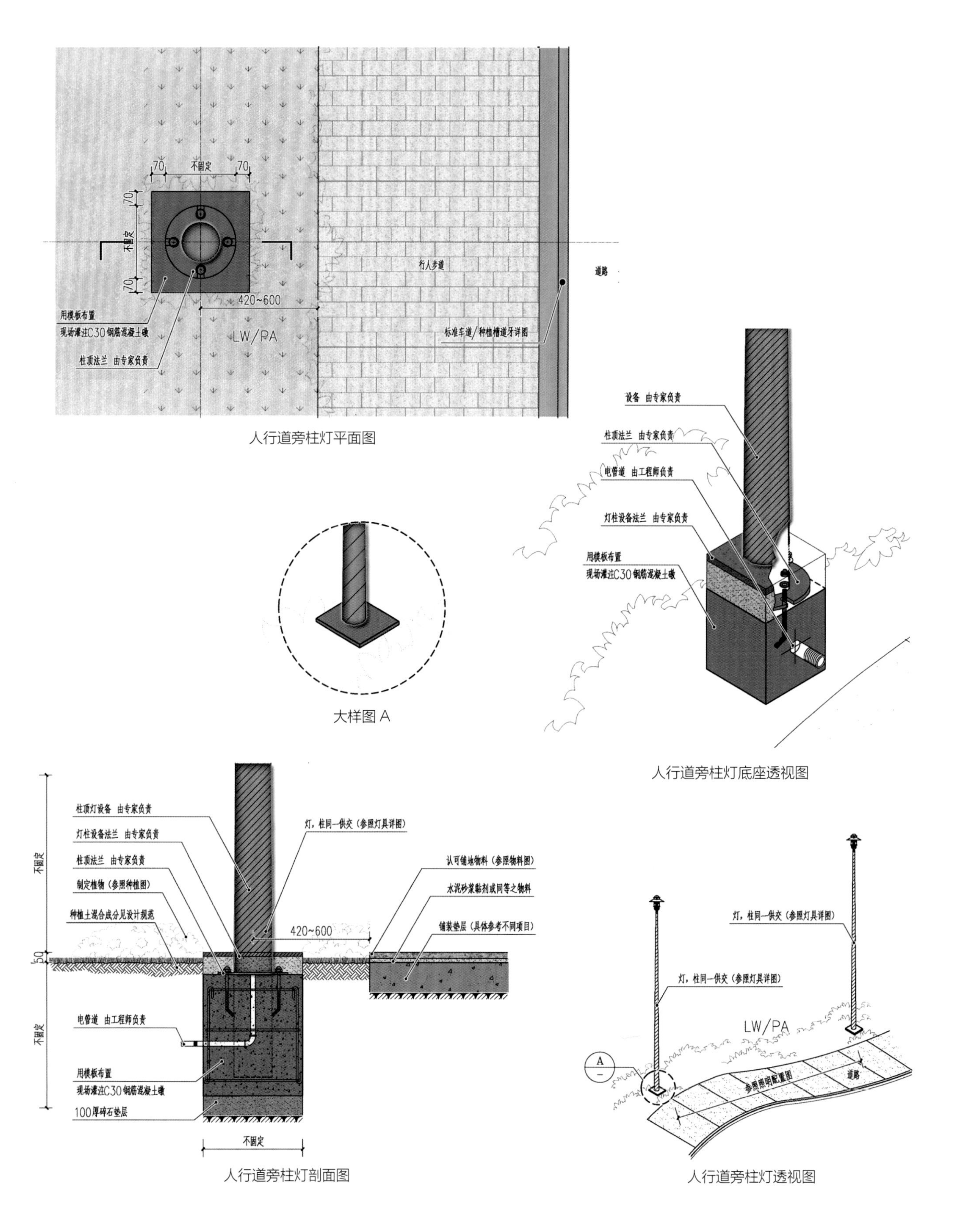

人行道旁柱灯平面图

70 不固定 70

70

不固定

70

420~600

LW/PA

用模板布置

现场灌注C30钢筋混凝土墩

柱顶法兰 由专家负责

行人步道

道路

标准车道/种植槽道牙详图

大样图 A

设备 由专家负责

柱顶法兰 由专家负责

电管道 由工程师负责

灯柱设备法兰 由专家负责

用模板布置

现场灌注C30钢筋混凝土墩

人行道旁柱灯底座透视图

柱顶灯设备 由专家负责

灯柱设备法兰 由专家负责

柱顶法兰 由专家负责

制定植物（参照种植图）

种植土混合成分见分计设计规范

灯,柱同一供灾（参照灯具详图）

认可铺地物料（参照物料图）

水泥砂浆黏结剂或同等之物料

铺装垫层（具体参考不同项目）

420~600

不固定

50

不固定

电管道 由工程师负责

用模板布置

现场灌注C30钢筋混凝土墩

100厚碎石垫层

不固定

人行道旁柱灯剖面图

灯,柱同一供灾（参照灯具详图）

灯,柱同一供灾（参照灯具详图）

LW/PA

A

参照照明配置图

道路

人行道旁柱灯透视图

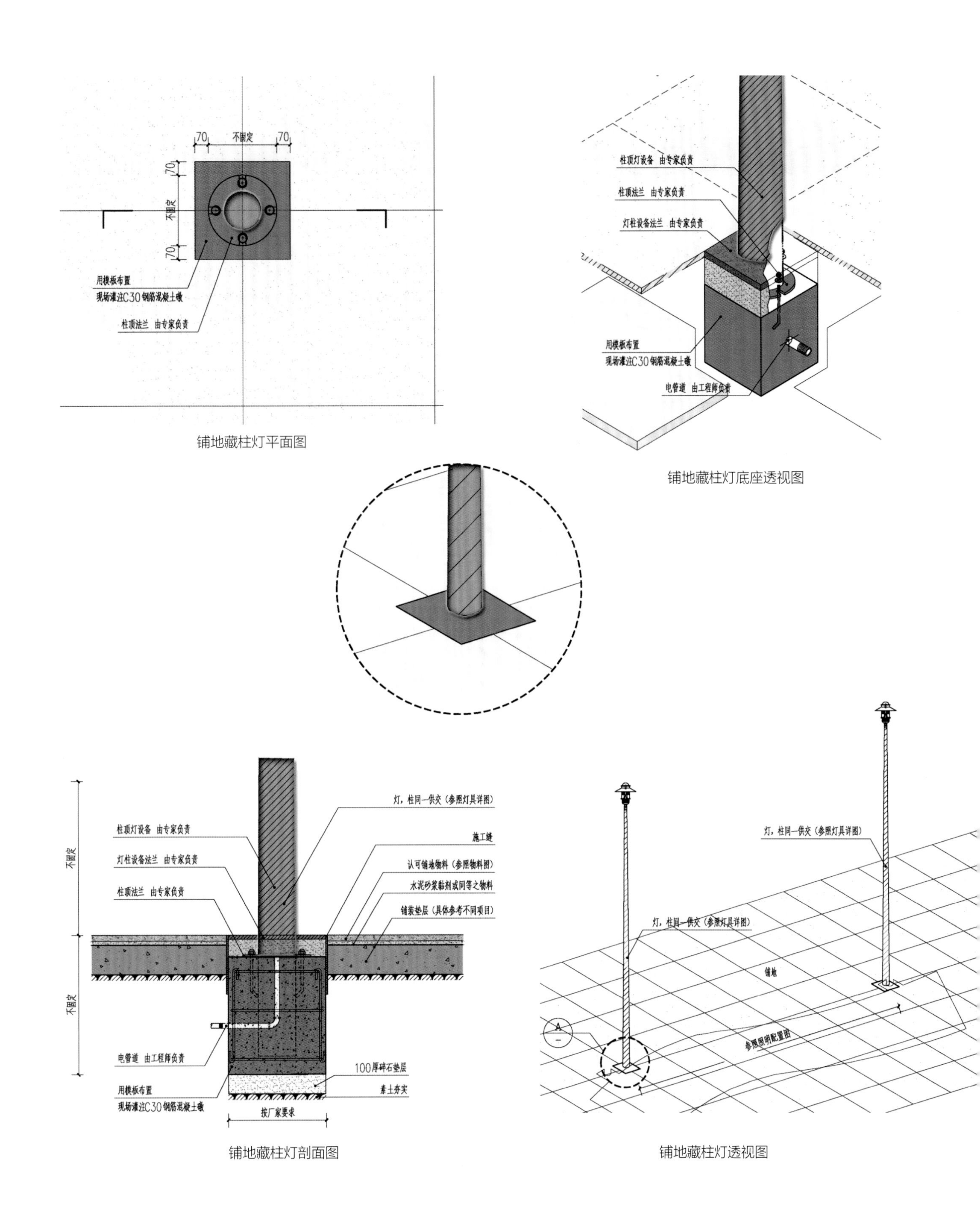

铺地藏柱灯平面图

铺地藏柱灯底座透视图

铺地藏柱灯剖面图

铺地藏柱灯透视图

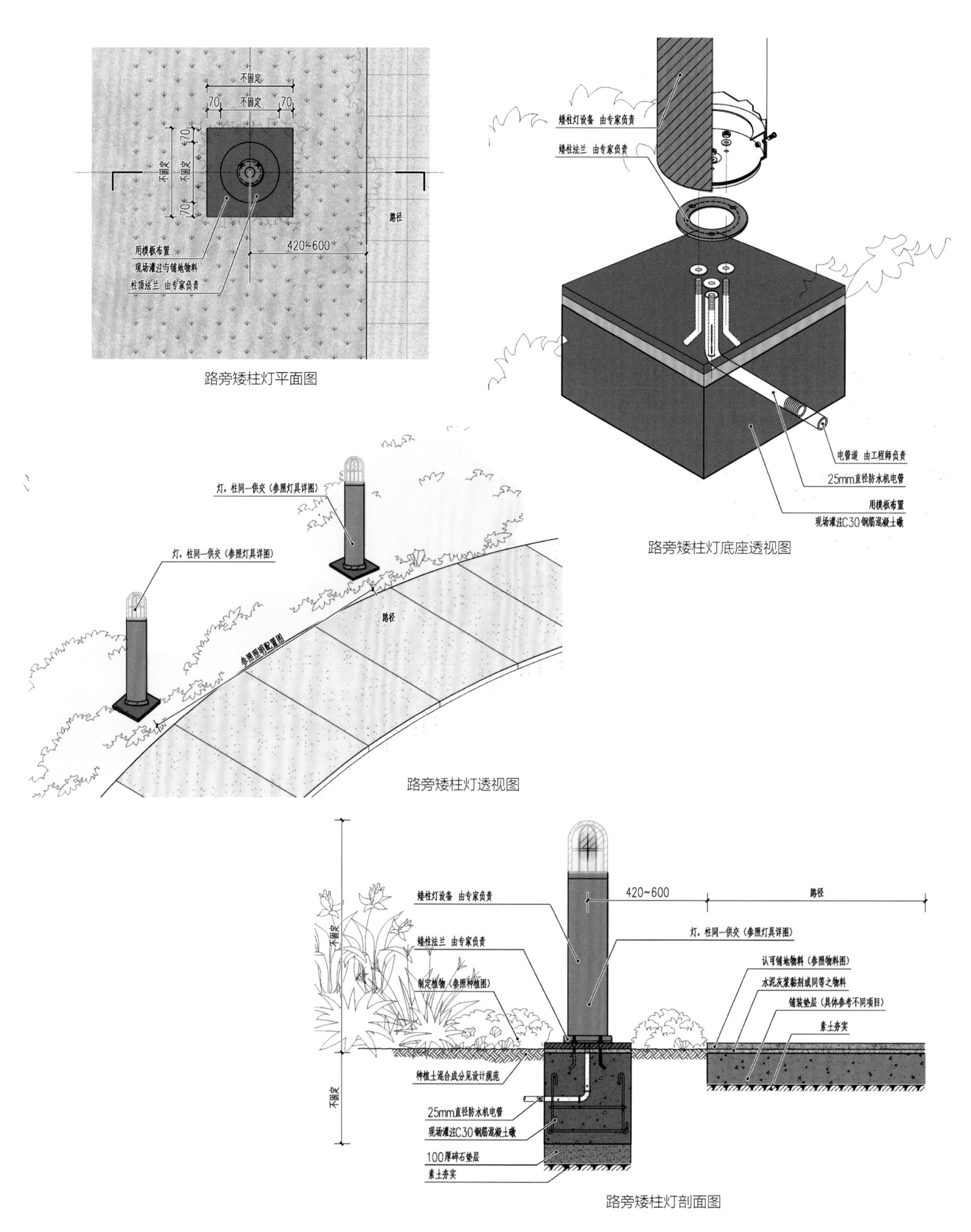

不固定
70 不固定 70

用模板布置
现场灌注与铺地物料
柱顶法兰 由专家负责

420~600*

路径

路旁矮柱灯平面图

矮柱灯设备 由专家负责
矮柱法兰 由专家负责

电管道 由工程师负责
25mm直径防水机电管
用模板布置
现场灌注C30钢筋混凝土礅

路旁矮柱灯底座透视图

灯，柱同一供交（参照灯具详图）

灯，柱同一供交（参照灯具详图）

参照照明配置图

路径

路旁矮柱灯透视图

矮柱灯设备 由专家负责
矮柱法兰 由专家负责
制定植物（参照种植图）

420~600 路径

灯，柱同一供交（参照灯具详图）
认可铺地物料（参照物料图）
水泥灰浆黏结剂或同等之物料
铺装垫层（具体参考不同项目）
素土夯实

种植土混合成分见设计规范
25mm直径防水机电管
现场灌注C30钢筋混凝土礅
100厚碎石垫层
素土夯实

路旁矮柱灯剖面图

140

水槽与水缸

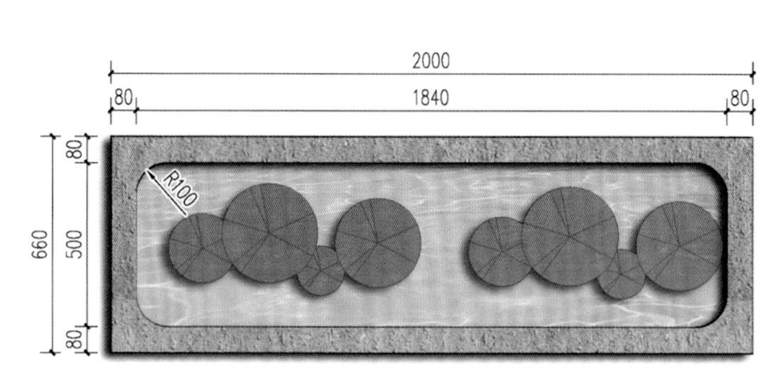

青石马槽水池 1 平面图

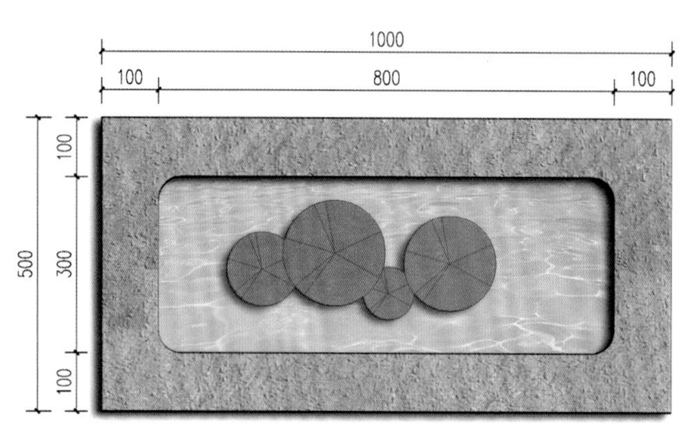

青石马槽水池 2 平面图

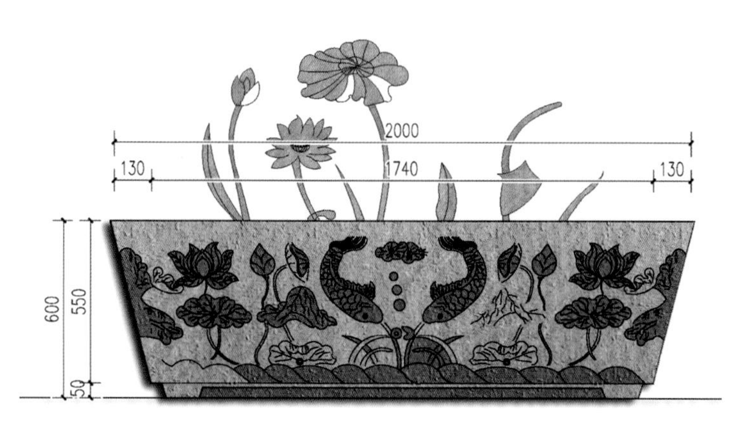

青石马槽水池 1 立面图

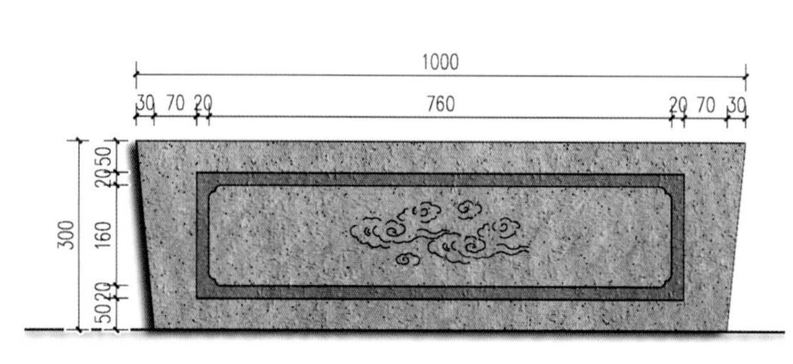

青石马槽水池 2 立面图

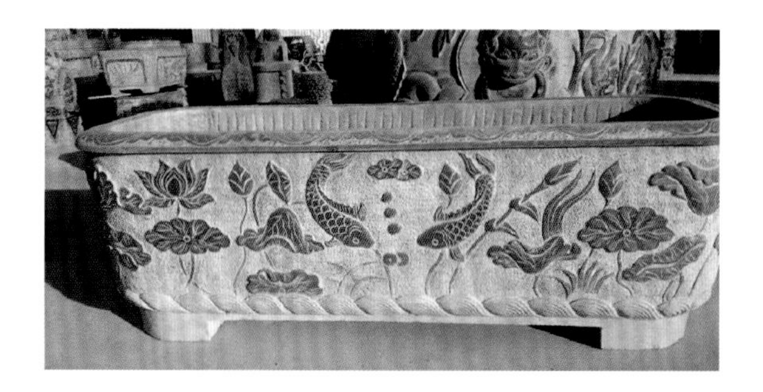

青石马槽水池 1 意向图

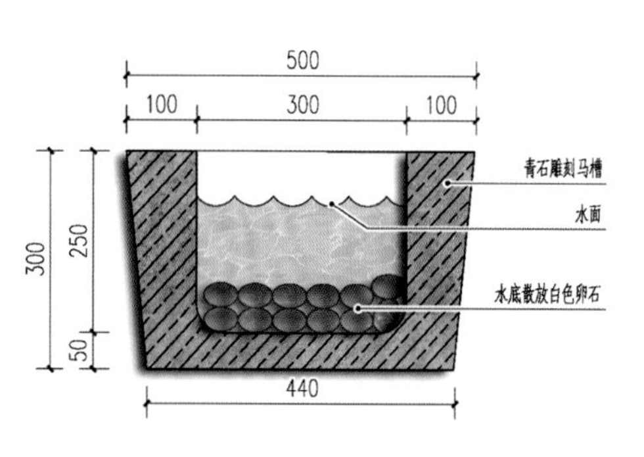

青石马槽水池 2 剖面图

青石雕刻马槽
水面
水底散放白色卵石

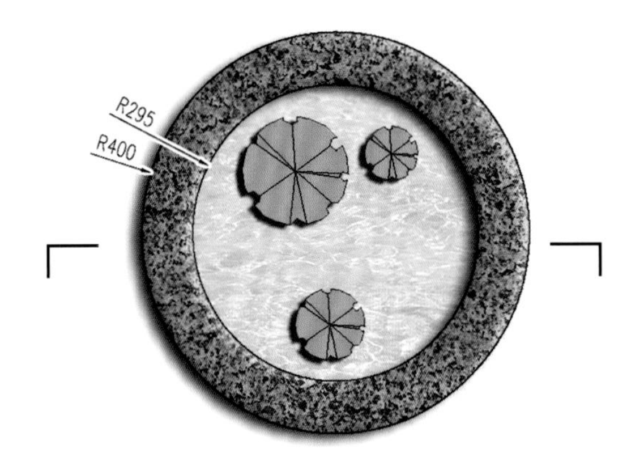

青石荷花缸平面图

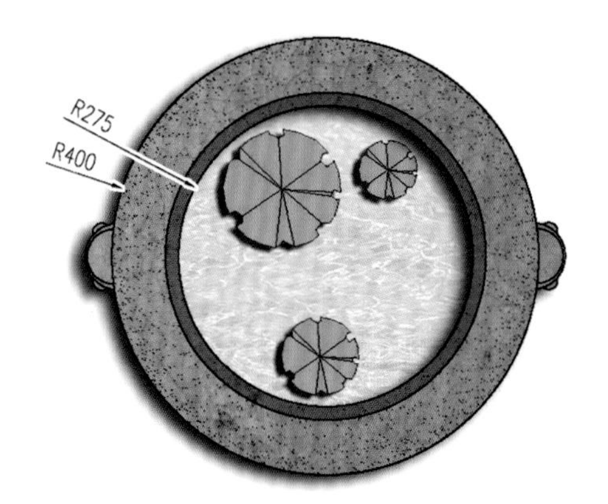

青釉荷花缸平面图

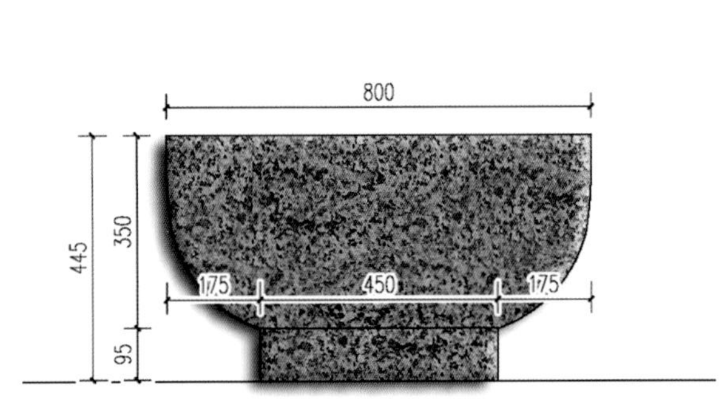

青石荷花缸立面图

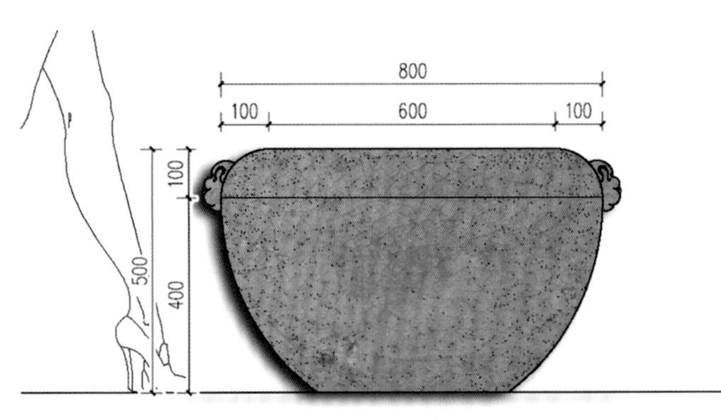

青釉荷花缸立面图

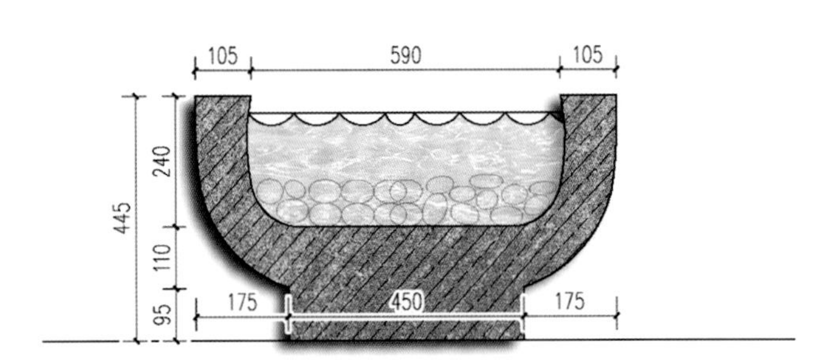

青石荷花缸剖面图

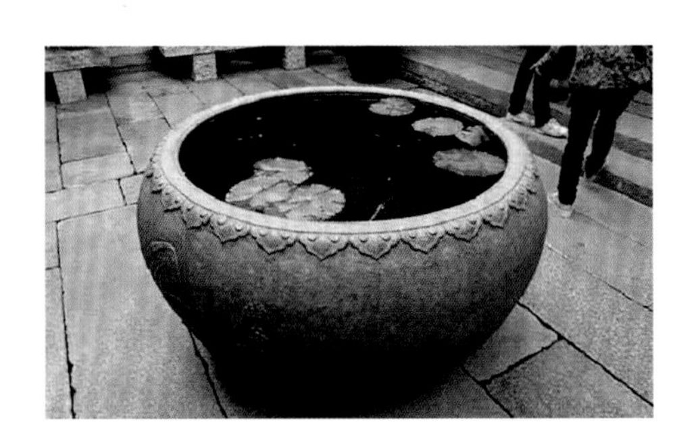

青釉荷花缸意向图

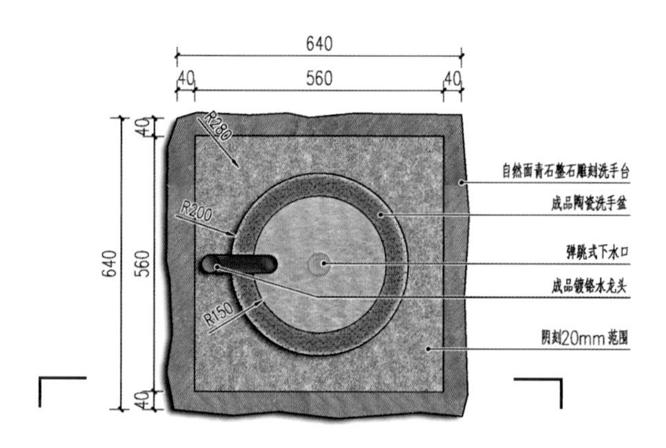

室外洗手台平面图

自然面青石整石雕刻洗手台
成品陶瓷洗手盆
弹跳式下水口
成品镀铬水龙头
阴刻20mm范围

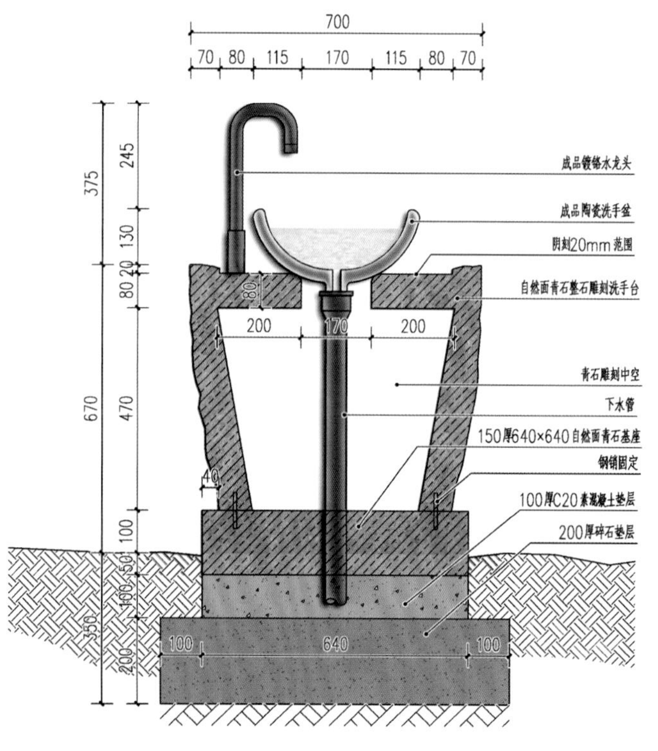

成品镀铬水龙头
成品陶瓷洗手盆
阴刻20mm范围
自然面青石整石雕刻洗手台
青石雕刻中空
下水管
150厚640×640自然面青石基座
钢锚固定
100厚C20素混凝土垫层
200厚碎石垫层

室外洗手台剖面图

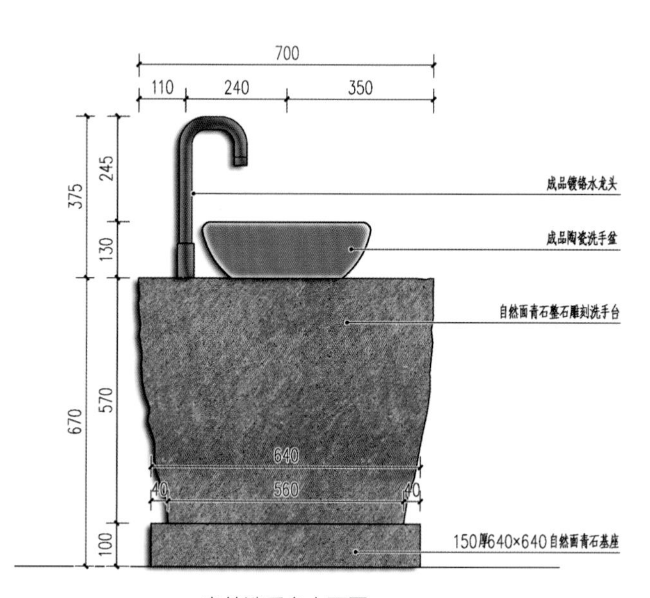

成品镀铬水龙头
成品陶瓷洗手盆
自然面青石整石雕刻洗手台
150厚640×640自然面青石基座

室外洗手台立面图

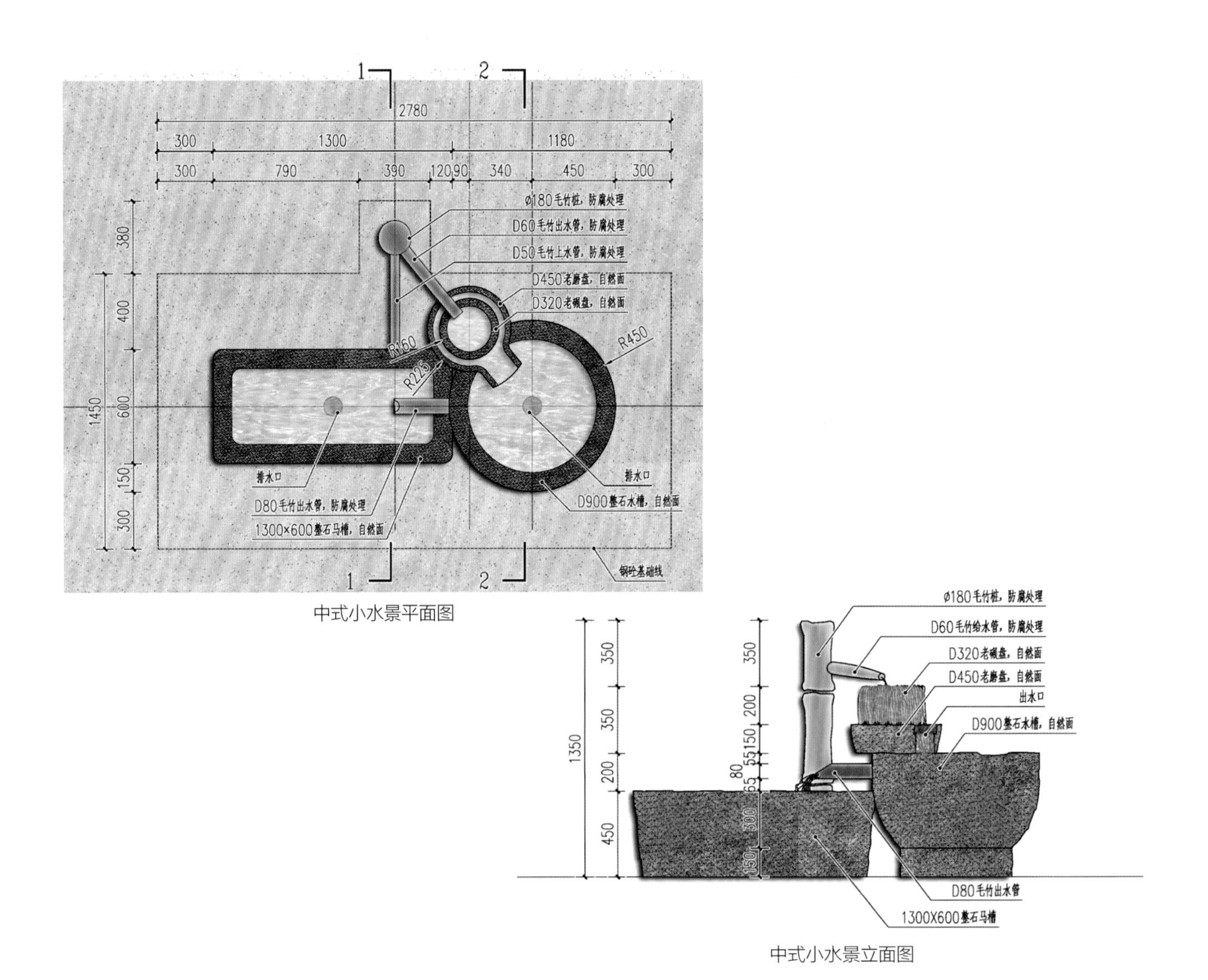
2780
300
1300
1180
790
390
120
90
340
450
Ø180毛竹桩，防腐处理
D60毛竹出水管，防腐处理
D50毛竹上水管，防腐处理
D450老磨盘，自然面
D320老碾盘，自然面
R160
R225
R450
380
400
600
150
1450
排水口
D80毛竹出水管，防腐处理
1300×600整石马槽，自然面
D900整石水槽，自然面
钢砼基础线
1
2
D60毛竹给水管，防腐处理
出水口
1350
350
200
55
80
65
450
D80毛竹出水管
1300X600整石马槽

中式小水景平面图

中式小水景立面图

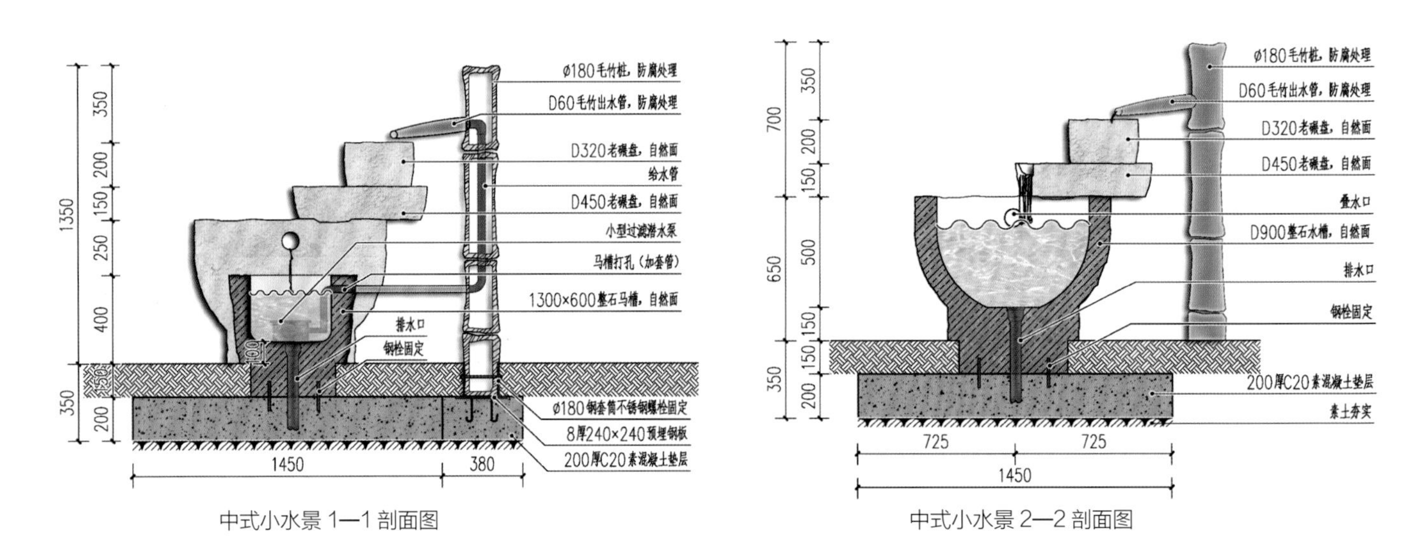
Ø180毛竹桩，防腐处理
D60毛竹出水管，防腐处理
D320老碾盘，自然面
给水管
D450老碾盘，自然面
小型过滤潜水泵
马槽打孔（加套管）
1300×600整石马槽，自然面
排水口
钢栓固定
Ø180钢套筒不锈钢螺栓固定
8厚240×240预埋钢板
200厚C20素混凝土垫层
1350
350
200
150
250
400
100
1450
380
D450老碾盘，自然面
叠水口
D900整石水槽，自然面
素土夯实
700
650
500
725

中式小水景 1—1 剖面图

中式小水景 2—2 剖面图

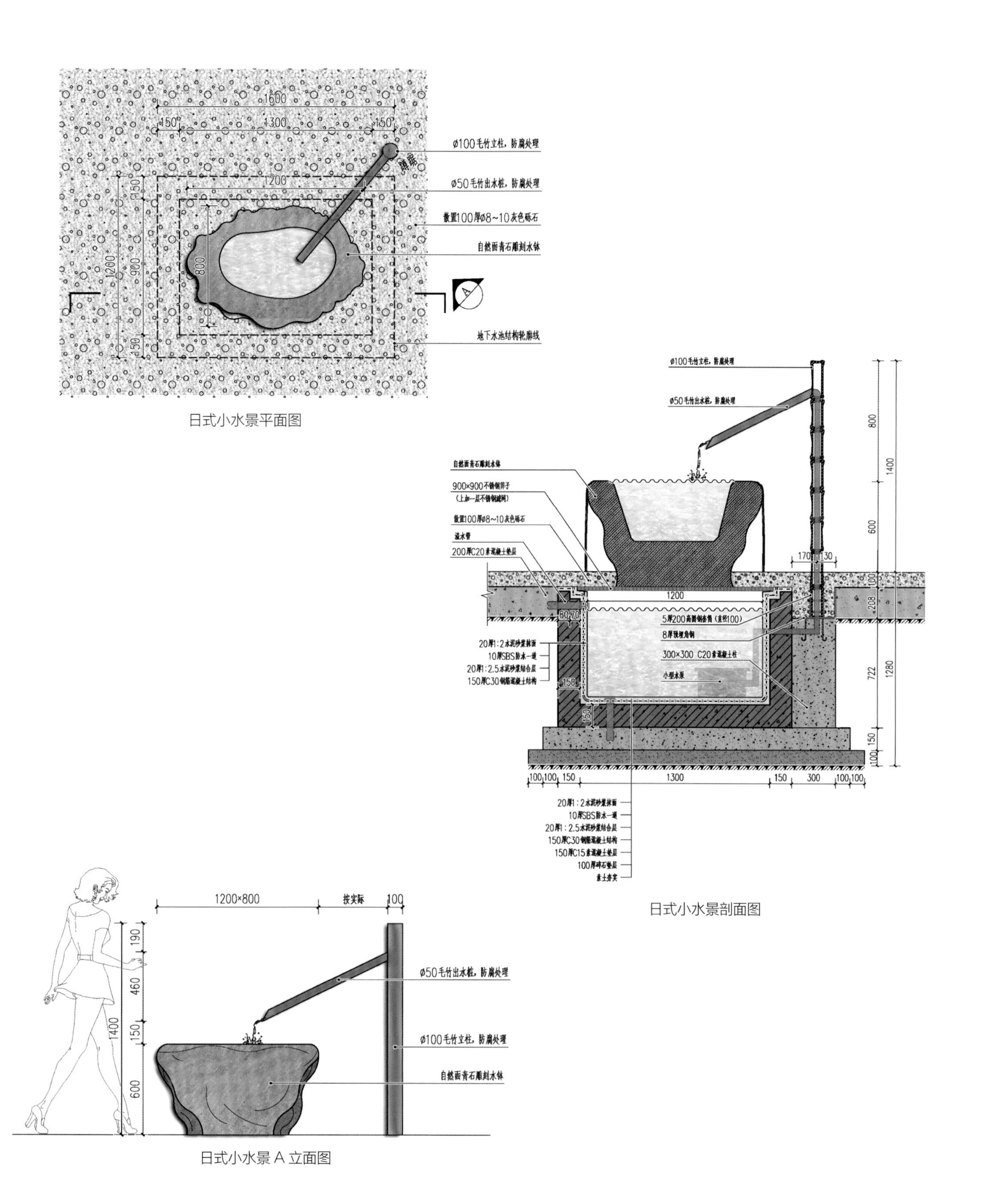
1600
150
1300
150
1200
1280
150
900
800
150
Ø100毛竹立柱，防腐处理
蹲踞
Ø50毛竹出水桩，防腐处理
散置100厚Ø8~10灰色砾石
自然面青石雕刻水体
A
地下水池结构轮廓线
Ø100毛竹立柱，防腐处理
Ø50毛竹出水桩，防腐处理
自然面青石雕刻水体
900×900不锈钢箅子
（上加一层不锈钢滤网）
散置100厚Ø8~10灰色砾石
溢水管
200厚C20素混凝土垫层
800
1400
600
170
130
100
1200
208
80
70
5厚200高圆钢套筒（直径100）
8厚预埋角钢
300×300 C20素混凝土柱
小型水泵
20厚1:2水泥砂浆抹面
10厚SBS防水一道
20厚1:2.5水泥砂浆结合层
150厚C30钢筋混凝土结构
150
722
1280
150
150
100
100
100
150
1300
150
300
100
100
20厚1:2水泥砂浆抹面
10厚SBS防水一道
20厚1:2.5水泥砂浆结合层
150厚C30钢筋混凝土结构
150厚C15素混凝土垫层
100厚碎石垫层
素土夯实
1200×800
按实际
100
190
460
1400
150
600
Ø50毛竹出水桩，防腐处理
Ø100毛竹立柱，防腐处理
自然面青石雕刻水体

日式小水景平面图

日式小水景剖面图

日式小水景 A 立面图

室外家具

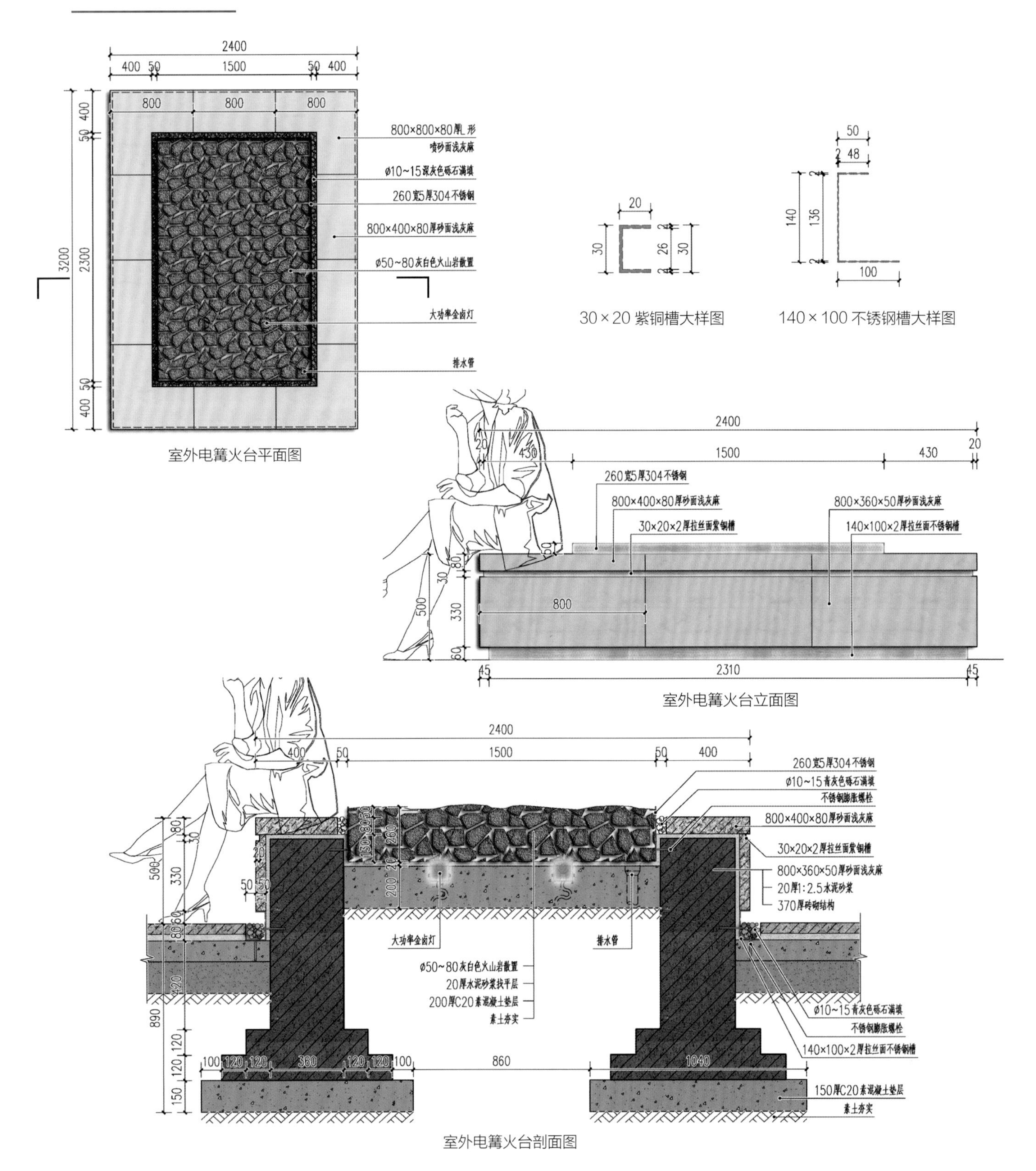

800×800×80 圆 形
喷砂面洗灰麻

Ø10~15 浅灰色砾石满填

260 宽5厚304 不锈钢

800×400×80 厚砂面洗灰麻

Ø50~80 灰白色火山岩散置

大功率金卤灯

排水管

室外电篝火台平面图

30×20 紫铜槽大样图

140×100 不锈钢槽大样图

260 宽5厚304 不锈钢
800×400×80 厚砂面洗灰麻
30×20×2 厚拉丝面紫铜槽

800×360×50 厚砂面洗灰麻
140×100×2 厚拉丝面不锈钢槽

室外电篝火台立面图

260 宽5厚304 不锈钢
Ø10~15 青灰色砾石满填
不锈钢膨胀螺栓
800×400×80 厚砂面洗灰麻
30×20×2 厚拉丝面紫铜槽
800×360×50 厚砂面洗灰麻
20 厚1:2.5 水泥砂浆
370 厚砖砌结构

大功率金卤灯
排水管

Ø50~80 灰白色火山岩散置
20 厚水泥砂浆找平层
200 厚C20 素混凝土垫层
素土夯实

Ø10~15 青灰色砾石满填
不锈钢膨胀螺栓
140×100×2 厚拉丝面不锈钢槽

150 厚C20 素混凝土垫层
素土夯实

室外电篝火台剖面图

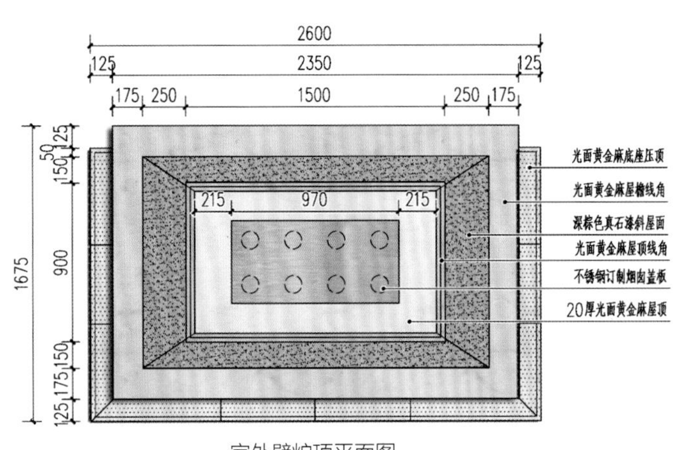
2600
125
2350
125
175
250
1500
250
175
215
970
215
1675
50
125
150
900
150
175
125
光面黄金麻底座压顶
光面黄金麻屋檐线角
深棕色真石漆斜屋面
光面黄金麻屋顶线角
不锈钢订制烟囱盖板
20厚光面黄金麻屋顶

室外壁炉顶平面图

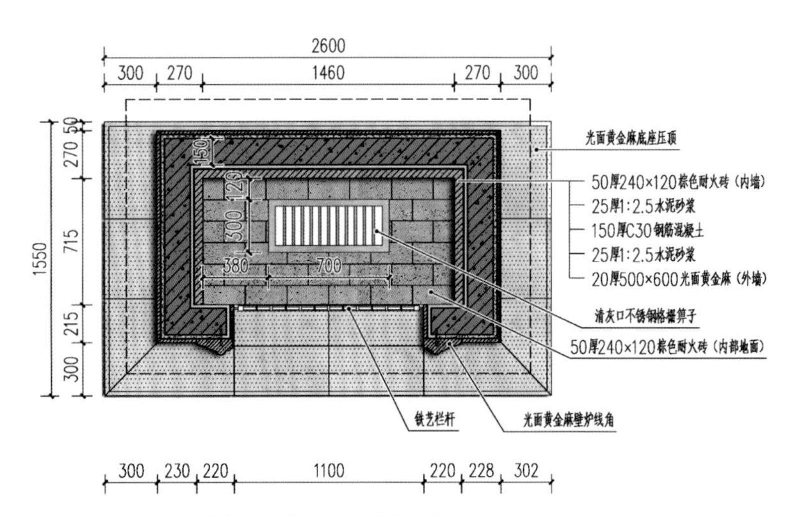
2600
300
270
1460
270
300
1550
50
270
715
215
300
150
120
300
380
700
光面黄金麻底座压顶
50厚240×120棕色耐火砖（内墙）
25厚1:2.5水泥砂浆
150厚C30钢筋混凝土
25厚1:2.5水泥砂浆
20厚500×600光面黄金麻（外墙）
清灰口不锈钢格栅箅子
50厚240×120棕色耐火砖（内部地面）
铁艺栏杆
光面黄金麻壁炉线角
300
230
220
1100
220
228
302

室外壁炉高 1 m 位置平剖图

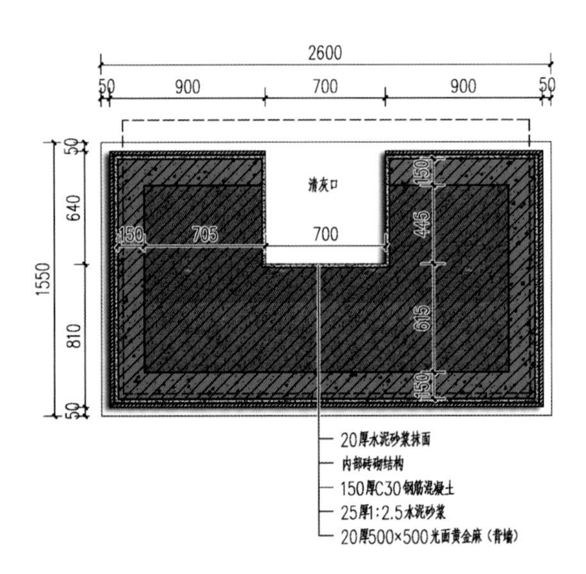
2600
50
900
700
900
50
1550
50
640
810
50
清灰口
150
705
700
150
446
615
150
20厚水泥砂浆抹面
内部砖砌结构
150厚C30钢筋混凝土
25厚1:2.5水泥砂浆
20厚500×500光面黄金麻（背墙）

室外壁炉高 0.1 m 位置平剖图

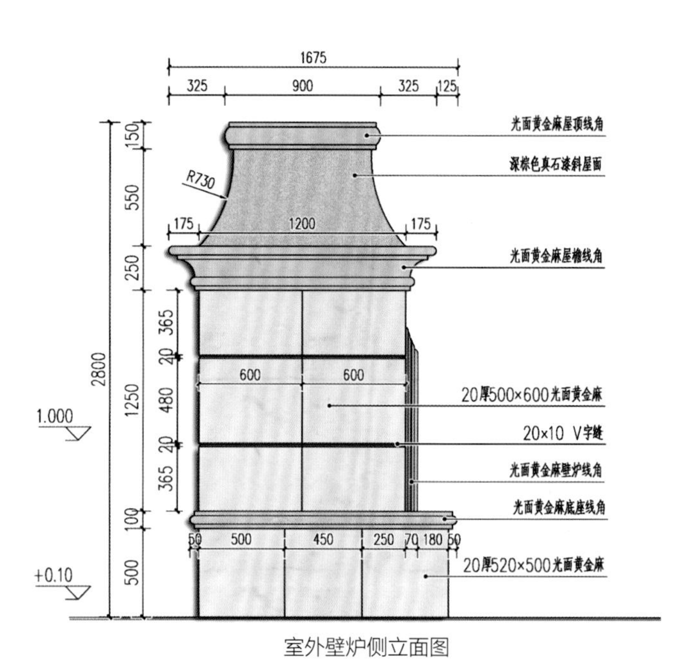

光面黄金麻屋顶线角
深棕色真石漆斜屋面

光面黄金麻屋檐线角

20厚500×600光面黄金麻
20×10 V字缝
光面黄金麻壁炉线角
光面黄金麻底座线角
20厚520×500光面黄金麻

室外壁炉侧立面图

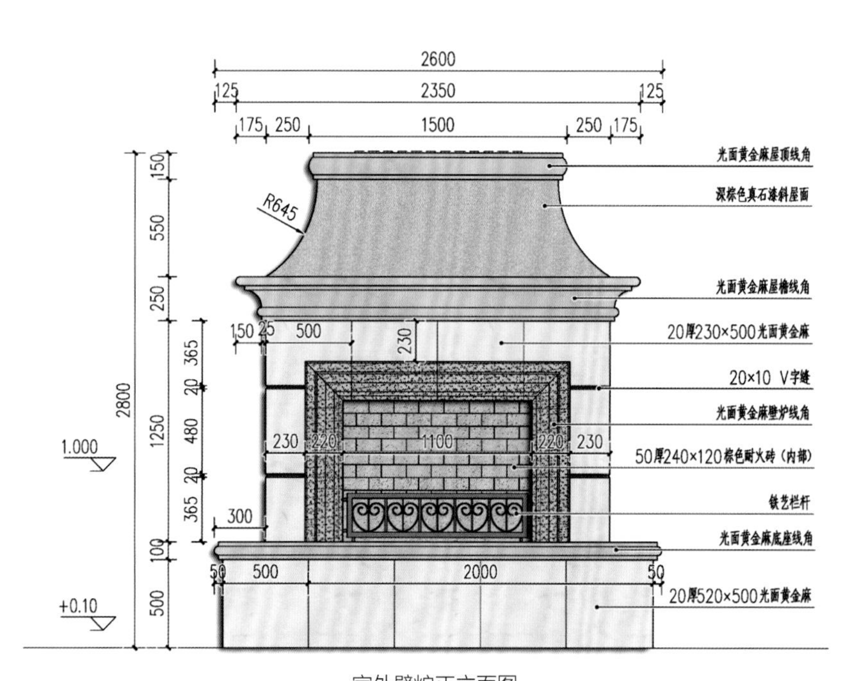

光面黄金麻屋顶线角
深棕色真石漆斜屋面

光面黄金麻屋檐线角
20厚230×500光面黄金麻
20×10 V字缝
光面黄金麻壁炉线角
50厚240×120棕色耐火砖（内部）
铁艺栏杆
光面黄金麻底座线角
20厚520×500光面黄金麻

室外壁炉正立面图

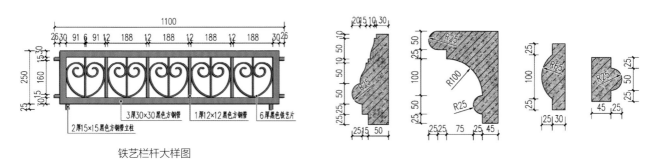
1100
3厚30×30黑色方钢管
1厚12×12黑色方钢管
6厚黑色铁艺片
2厚15×15黑色方钢管立柱
R25
R100
R65

铁艺栏杆大样图

线角尺寸图

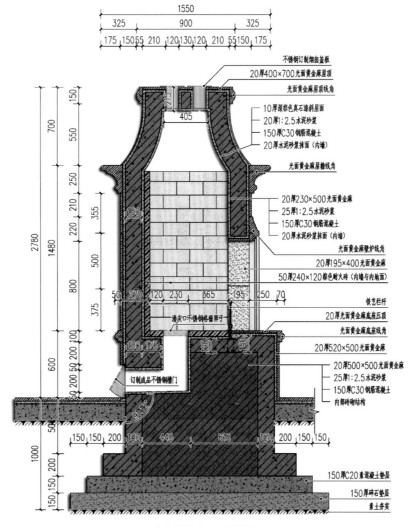
1550
不锈钢订制烟囱盖板
20厚400×700光面黄金麻屋顶
光面黄金麻屋顶线角
10厚深棕色真石漆斜屋面
20厚1:2.5水泥砂浆
150厚C30钢筋混凝土
20厚水泥砂浆抹面（内墙）
光面黄金麻屋檐线角
20厚230×500光面黄金麻
25厚1:2.5水泥砂浆
150厚C30钢筋混凝土
20厚水泥砂浆抹面（内墙）
光面黄金麻壁炉线角
20厚195×400光面黄金麻
50厚240×120棕色耐火砖（内墙与内地面）
铁艺栏杆
20厚光面黄金麻底座压顶
光面黄金麻底座线角
20厚520×500光面黄金麻
清灰口不锈钢格栅箅子
订制成品不锈钢槽门
20厚500×500光面黄金麻
25厚1:2.5水泥砂浆
150厚C30钢筋混凝土
内部砖砌结构
150厚C20素混凝土垫层
150厚碎石垫层
素土夯实

室外壁炉 1—1 剖面图

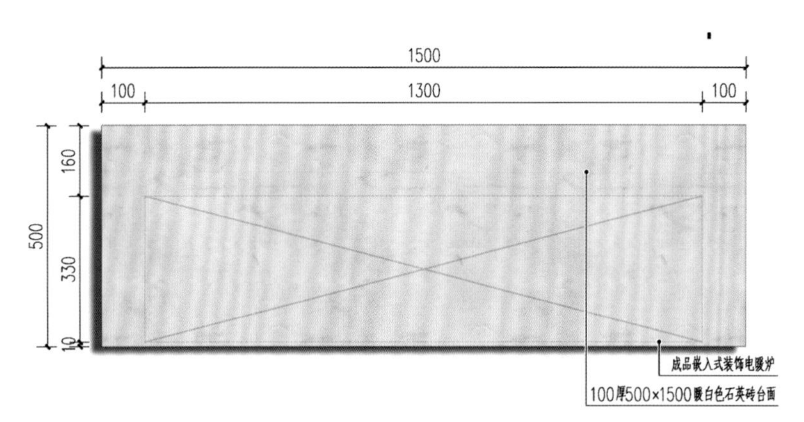

现代风格室外壁炉平面图

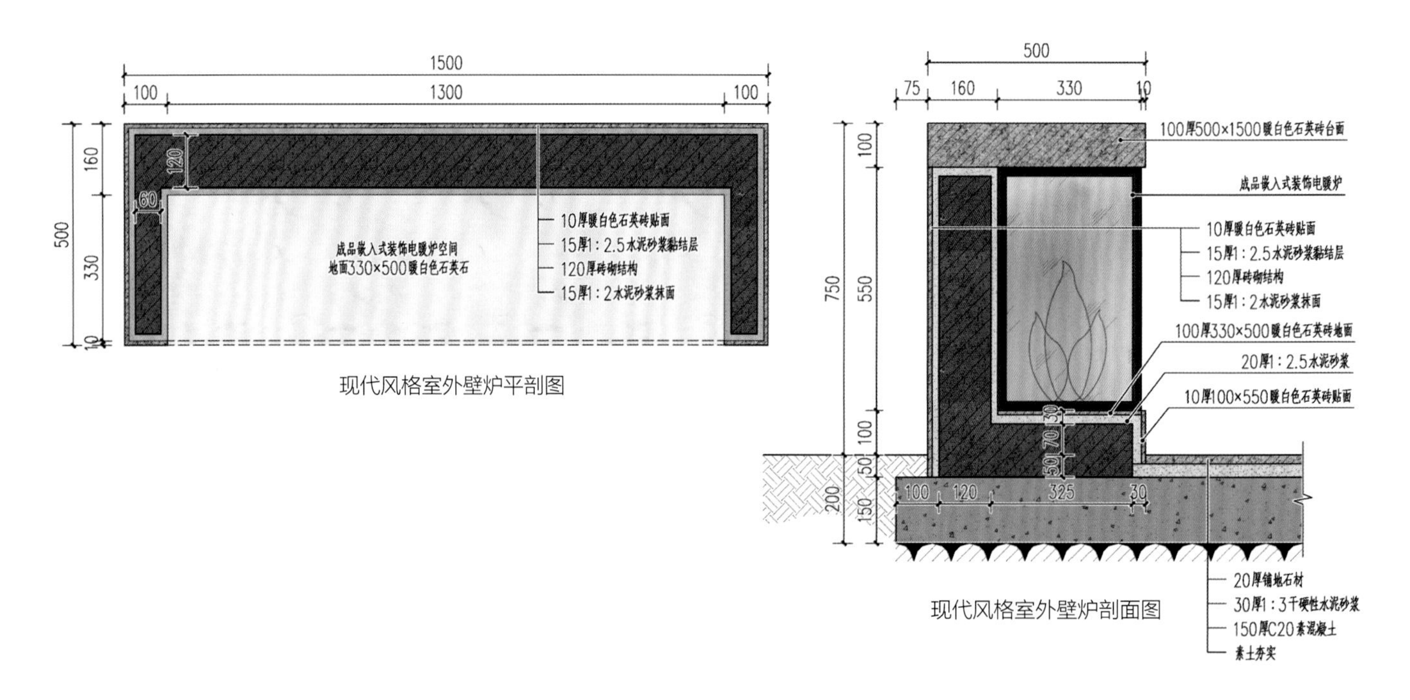

现代风格室外壁炉平剖图

现代风格室外壁炉剖面图

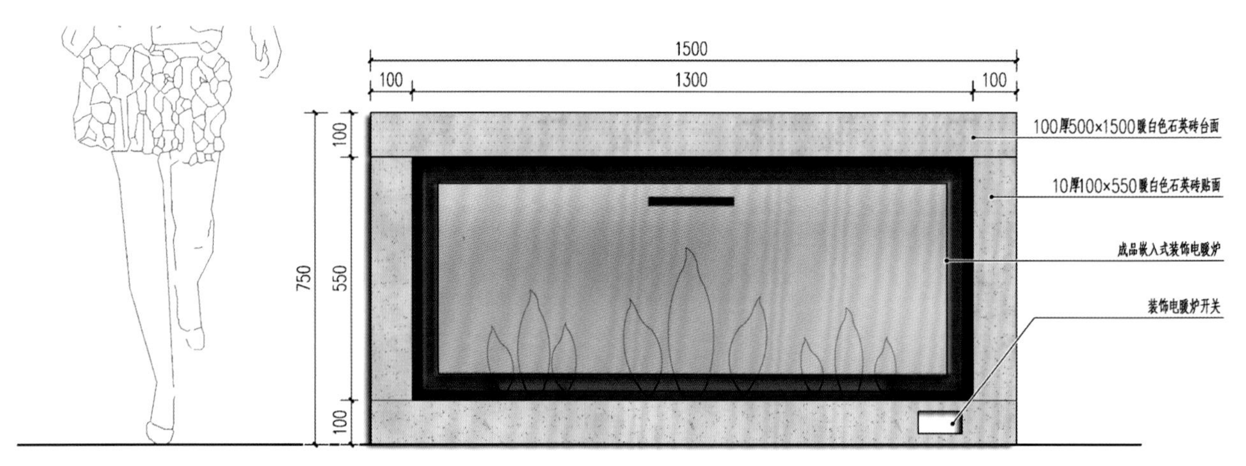

现代风格室外壁炉立面图

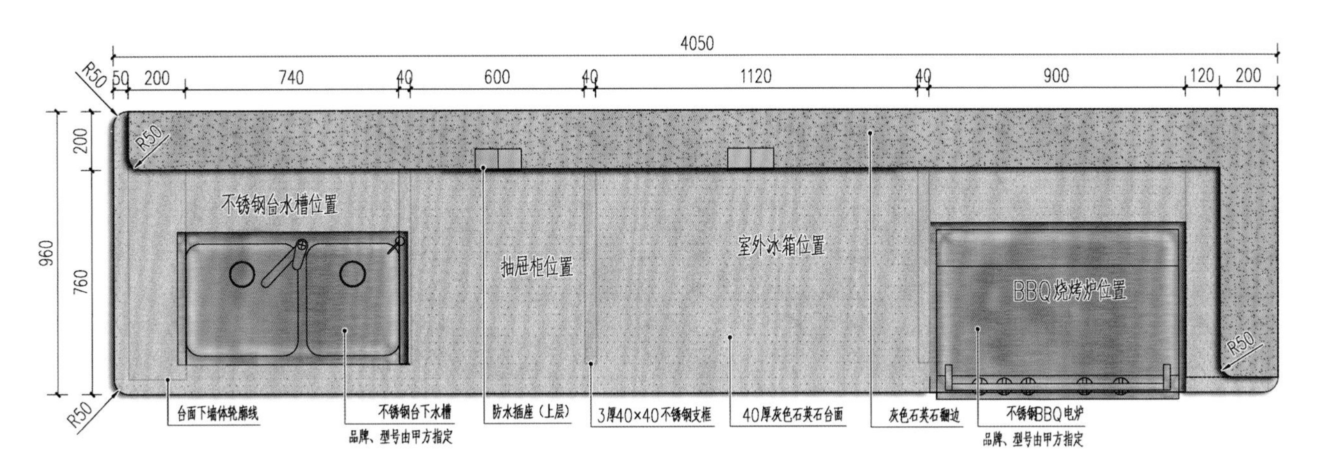
4050
50 200 740 40 600 40 1120 40 900 120 200
R50
960
200
760
不锈钢台水槽位置
抽屉柜位置
室外冰箱位置
BBQ烧烤炉位置
台面下墙体轮廓线
不锈钢台下水槽
品牌、型号由甲方指定
防水插座（上层）
3厚40×40不锈钢支框
40厚灰色石英石台面
灰色石英石翻边
不锈钢BBQ电炉
品牌、型号由甲方指定

室外直边操作台顶平面图

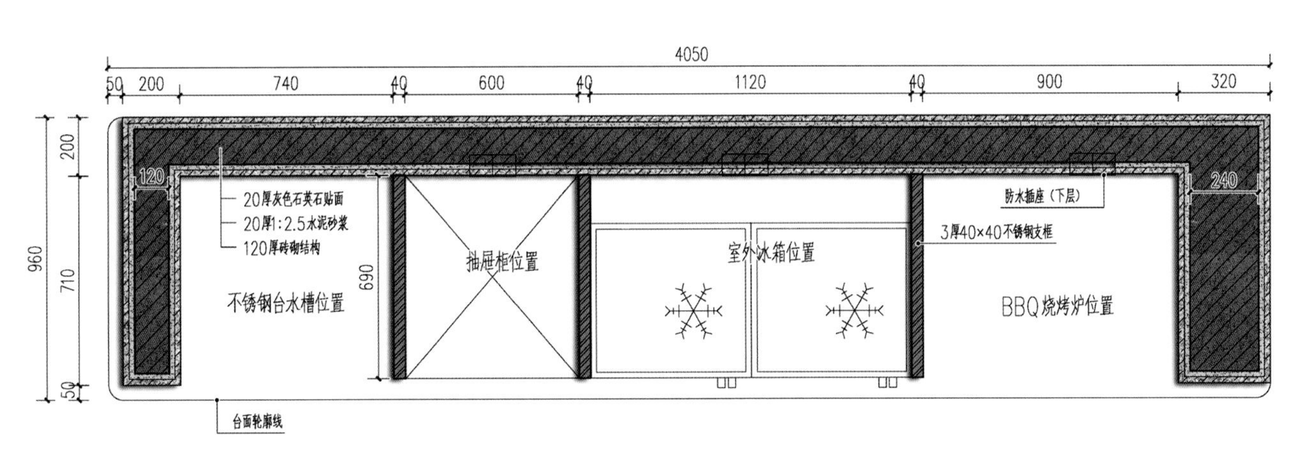
4050
50 200 740 40 600 40 1120 40 900 320
960
200
710
50
120
240
20厚灰色石英石贴面
20厚1:2.5水泥砂浆
120厚砖砌结构
不锈钢台水槽位置
690
抽屉柜位置
室外冰箱位置
防水插座（下层）
3厚40×40不锈钢支框
BBQ烧烤炉位置
台面轮廓线

室外直边操作台 0.3 m 位置平剖图

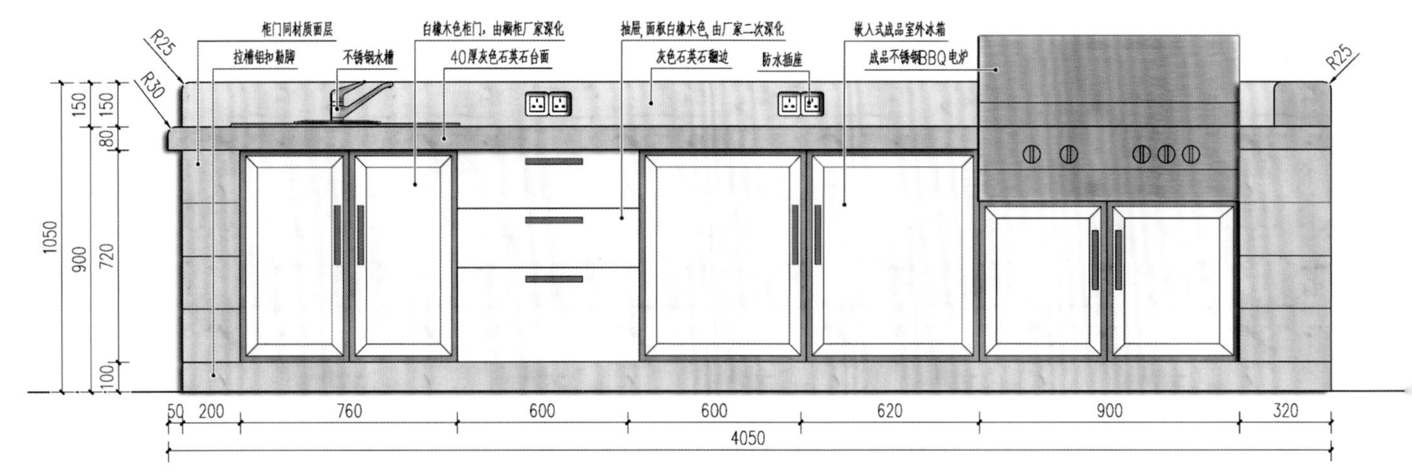

柜门同材质面层
拉槽铝扣勒脚
不锈钢水槽
白橡木色柜门,由钢柜厂家深化
40厚灰色石英石台面
抽屉,面板白橡木色,由厂家二次深化
灰色石英石翻边
防水插座
嵌入式成品室外冰箱
成品不锈钢BBQ电炉

室外直边操作台正立面图

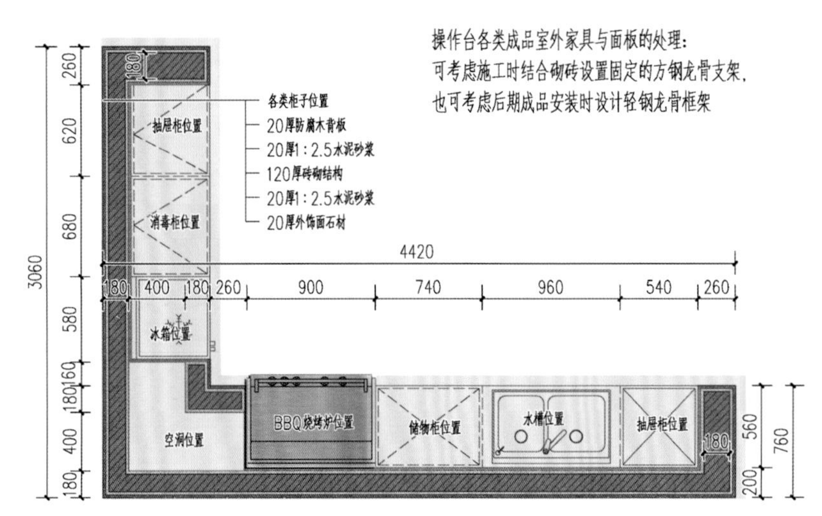

各类柜子位置
抽屉柜位置
消毒柜位置
20厚防腐木骨板
20厚1:2.5水泥砂浆
120厚砖砌结构
20厚1:2.5水泥砂浆
20厚外饰面石材

操作台各类成品室外家具与面板的处理:
可考虑施工时结合砌砖设置固定的方钢龙骨支架,
也可考虑后期成品安装时设计轻钢龙骨框架

水插位置
空洞位置
BBQ炭烤炉位置
储物柜位置
水槽位置
抽屉柜位置

室外转角操作台 0.3m 位置平剖布置图

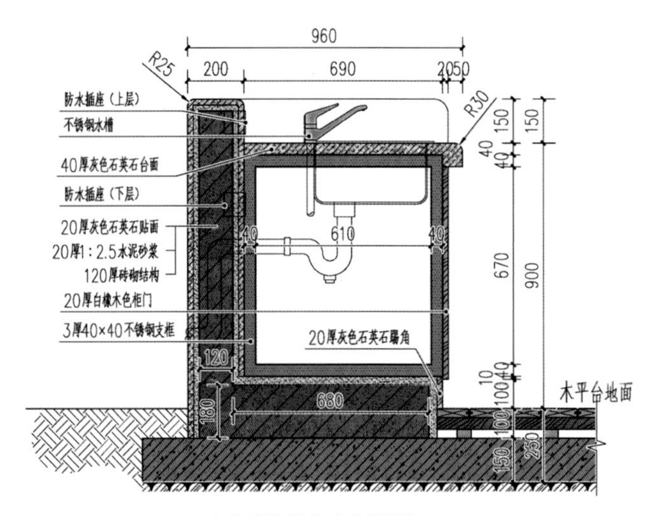

防水插座(上层)
不锈钢水槽
40厚灰色石英石台面
防水插座(下层)
20厚灰色石英石贴面
20厚1:2.5水泥砂浆
120厚砖砌结构
20厚白橡木色柜门
3厚40×40不锈钢支框
20厚灰色石英石翻角
木平台地面

室外直边操作台剖面图

3 景观施工通用做法

板材安装

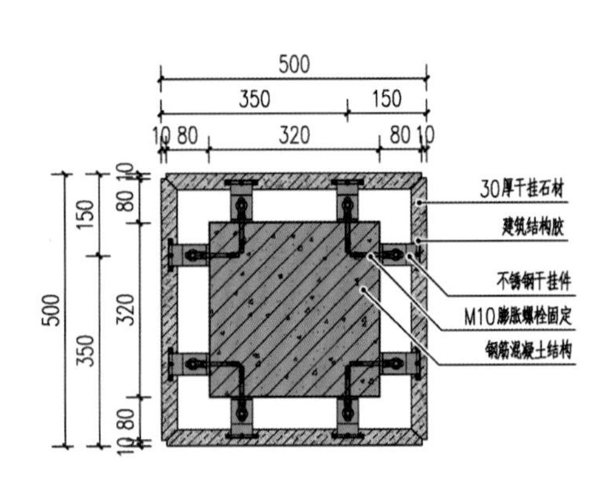

干挂石材做法（柱平面）

30厚干挂石材
建筑结构胶
不锈钢干挂件
M10膨胀螺栓固定
钢筋混凝土结构

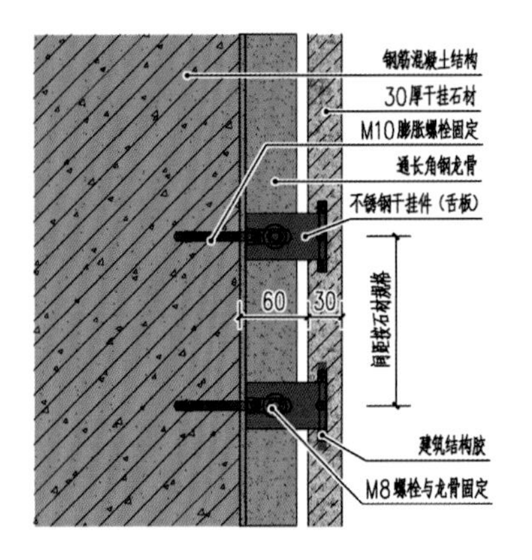

干挂石材做法（墙体平面）

钢筋混凝土结构
30厚干挂石材
M10膨胀螺栓固定
通长角钢龙骨
不锈钢干挂件（舌板）
建筑结构胶
M8螺栓与龙骨固定

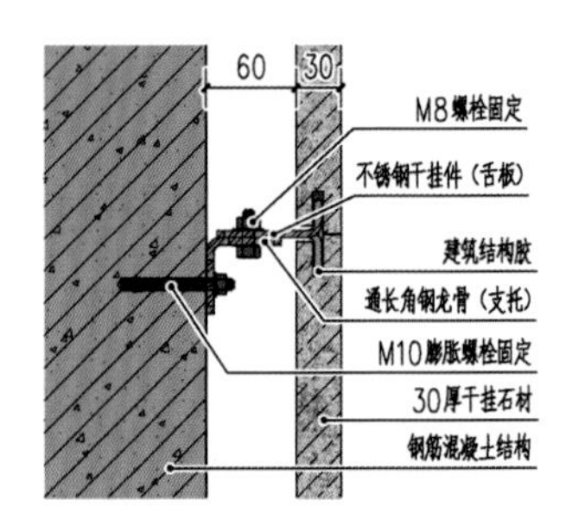

干挂石材做法（立面细节）

M8螺栓固定
不锈钢干挂件（舌板）
建筑结构胶
通长角钢龙骨（支托）
M10膨胀螺栓固定
30厚干挂石材
钢筋混凝土结构

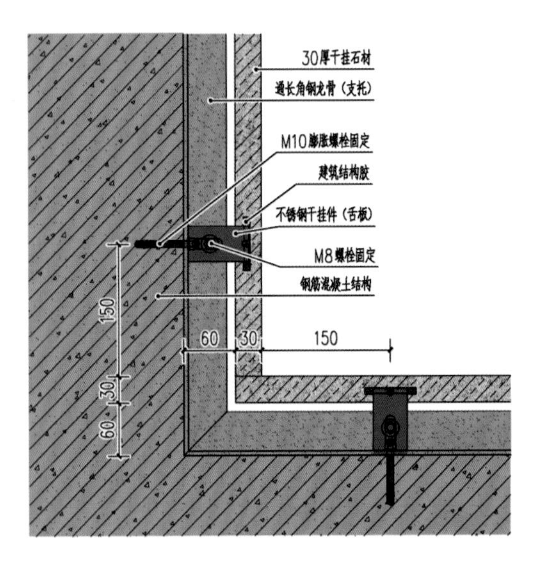

干挂石材做法（墙体转角平面）

30厚干挂石材
通长角钢龙骨（支托）
M10膨胀螺栓固定
建筑结构胶
不锈钢干挂件（舌板）
M8螺栓固定
钢筋混凝土结构

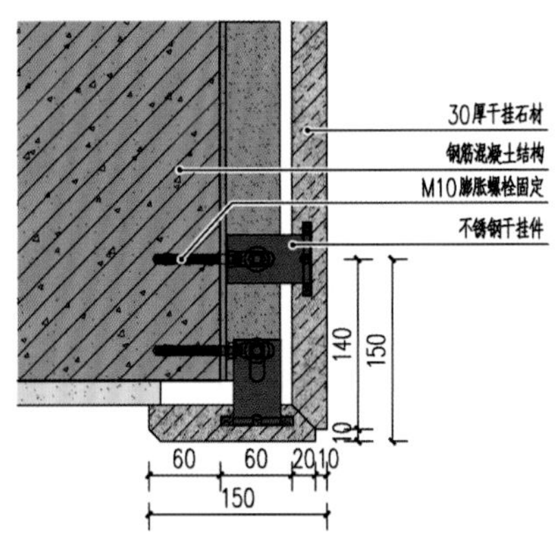

干挂石材做法（收角平面）

30厚干挂石材
钢筋混凝土结构
M10膨胀螺栓固定
不锈钢干挂件

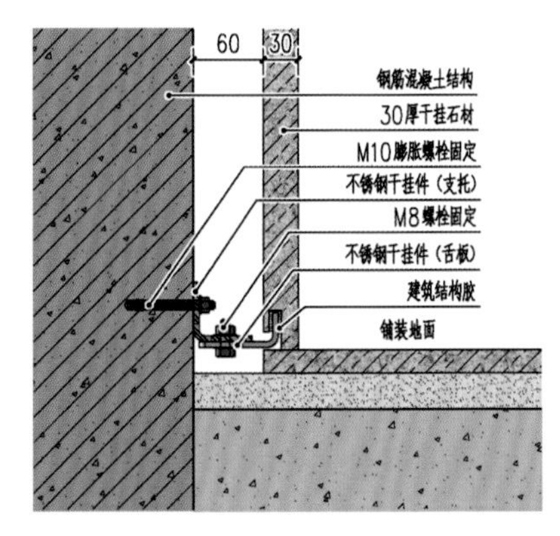

干挂石材做法（收角立面细节）

钢筋混凝土结构
30厚干挂石材
M10膨胀螺栓固定
不锈钢干挂件（支托）
M8螺栓固定
不锈钢干挂件（舌板）
建筑结构胶
铺装地面

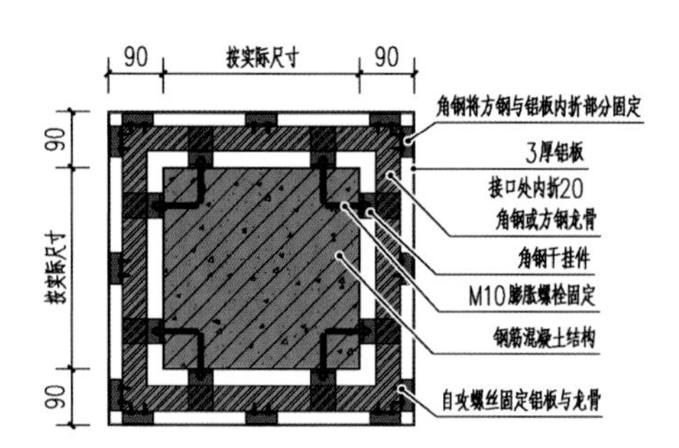

外挂铝板做法（柱平面）

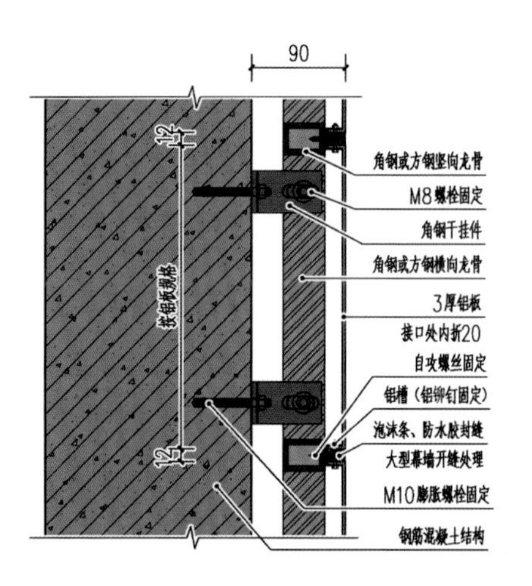

外挂铝板做法（墙体平面）

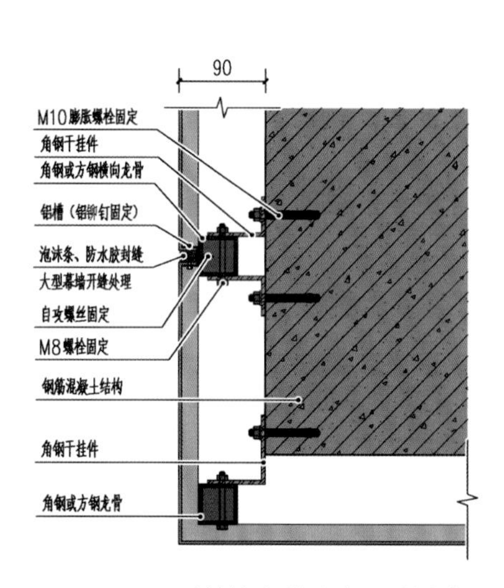

外挂铝板做法（里面转角）

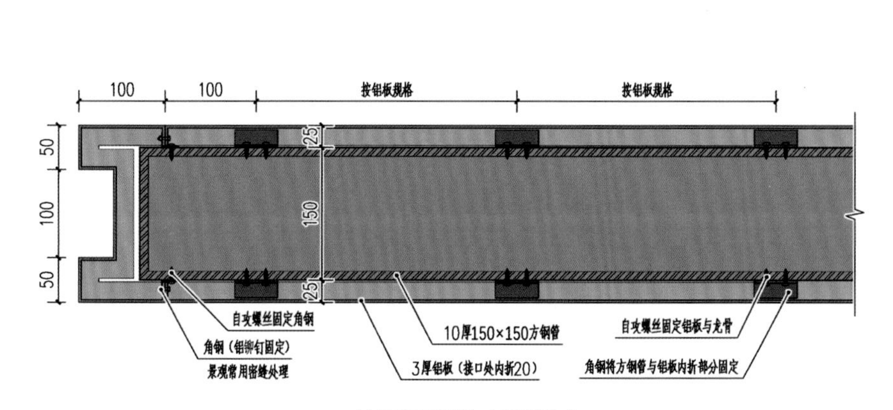

外挂铝板做法（钢结构）

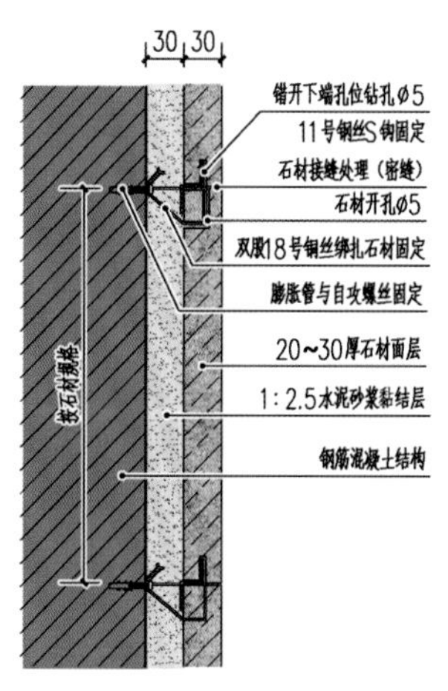

墙面湿贴石材加固做法

排水与检查井

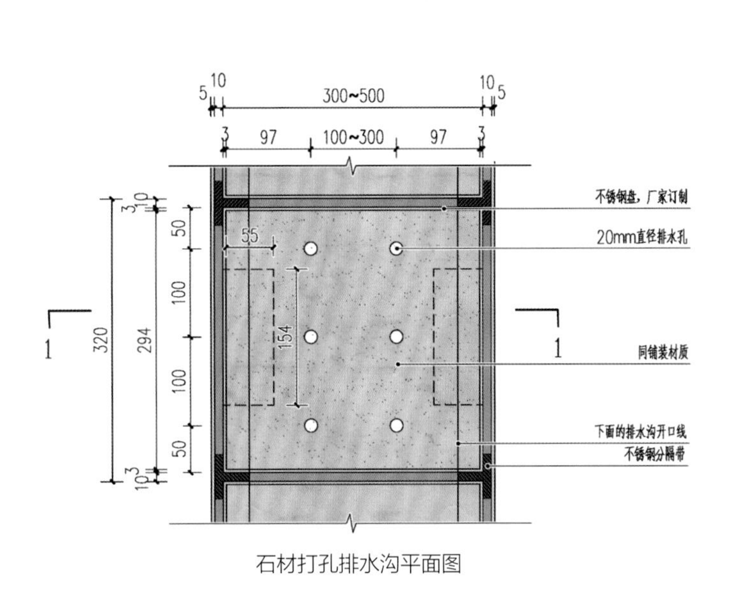

石材打孔排水沟平面图

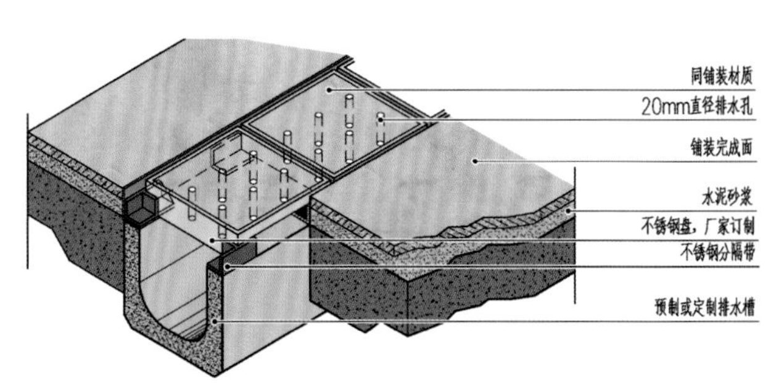

石材打孔排水口平面图

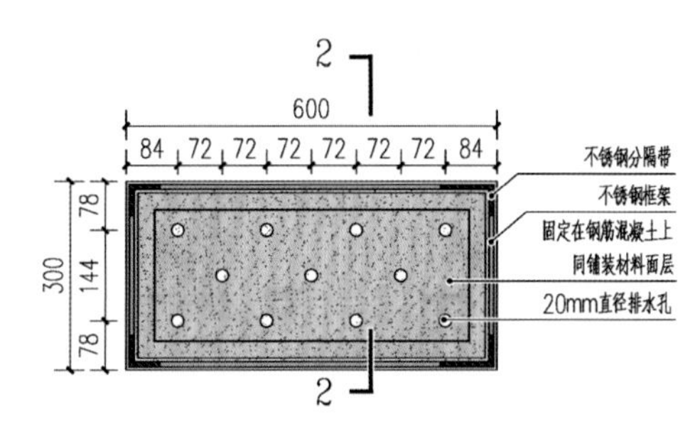

石材打孔排水轴测图

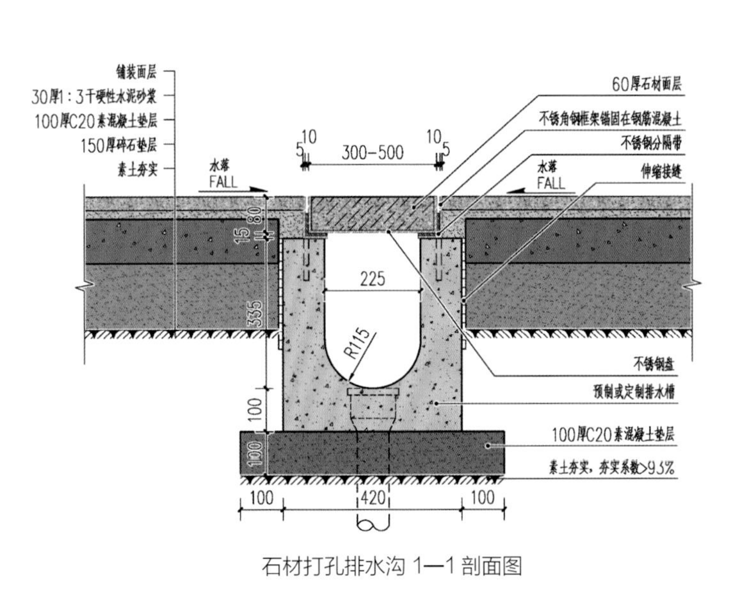

石材打孔排水沟 1—1 剖面图

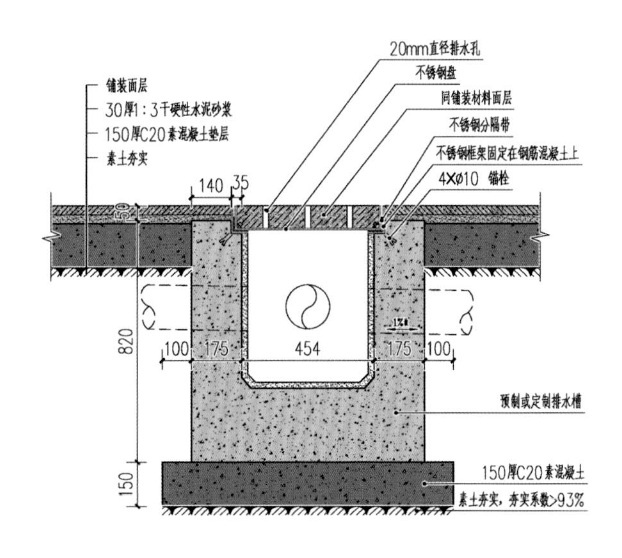

石材打孔排水沟 2—2 剖面图

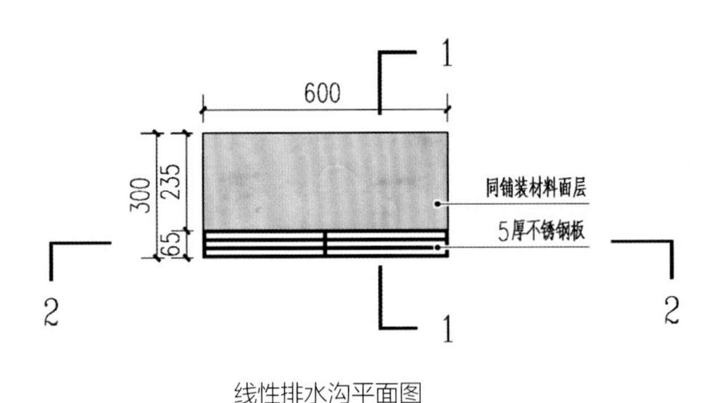
600
300
235
65
同铺装材料面层
5厚不锈钢板
1
2

线性排水沟平面图

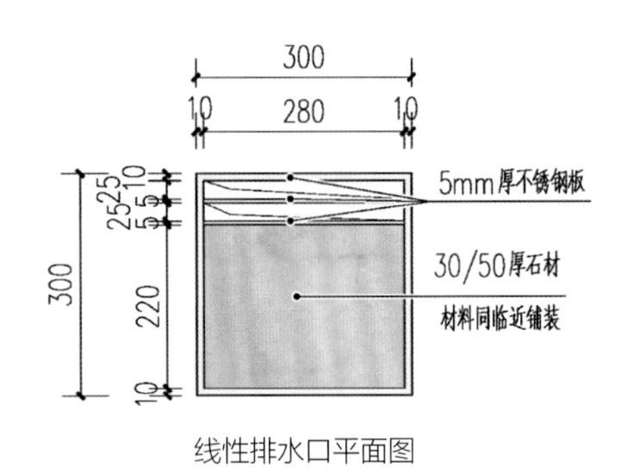
300
10
280
10
5mm厚不锈钢板
30/50厚石材
材料同临近铺装
220

线性排水口平面图

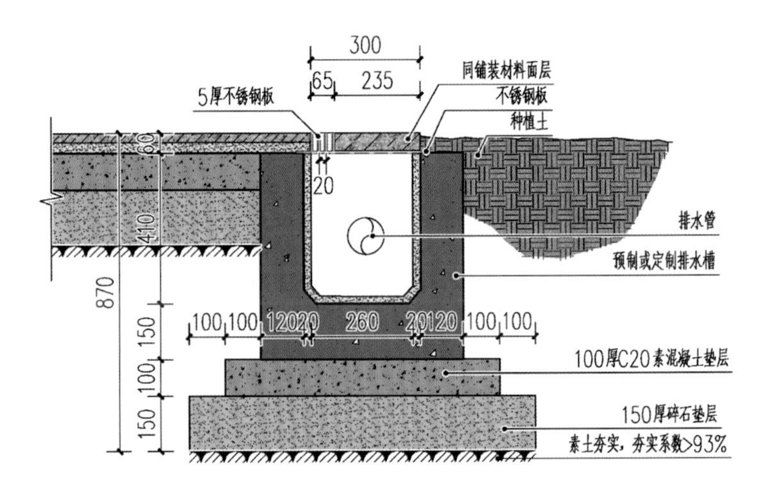
300
65
235
5厚不锈钢板
同铺装材料面层
不锈钢板
种植土
排水管
预制或定制排水槽
100厚C20素混凝土垫层
150厚碎石垫层
素土夯实，夯实系数>93%
870
410
20
260

线性排水沟 1—1 剖面图

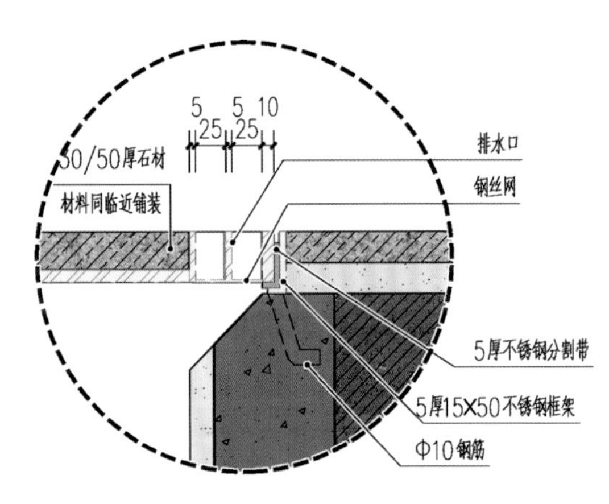
30/50厚石材
材料同临近铺装
排水口
钢丝网
5厚不锈钢分割带
5厚15X50不锈钢框架
Φ10钢筋

大样图 A

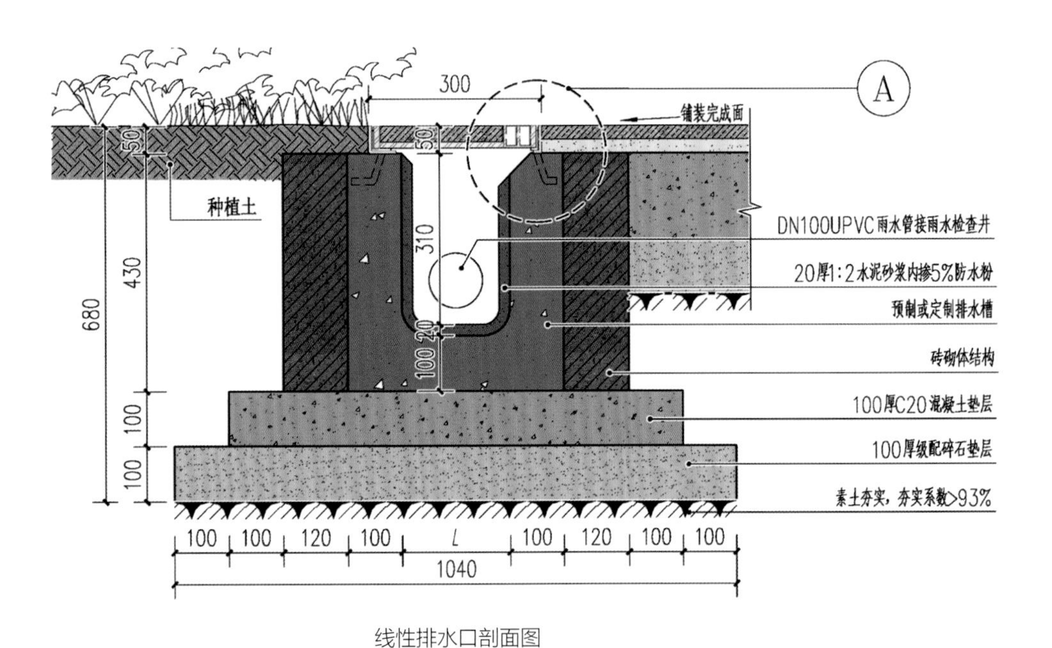
300
A
铺装完成面
种植土
DN100UPVC雨水管接雨水检查井
20厚1:2水泥砂浆内掺5%防水粉
预制或定制排水槽
砖砌体结构
100厚C20混凝土垫层
100厚级配碎石垫层
素土夯实，夯实系数>93%
680
430
310
1040

线性排水口剖面图

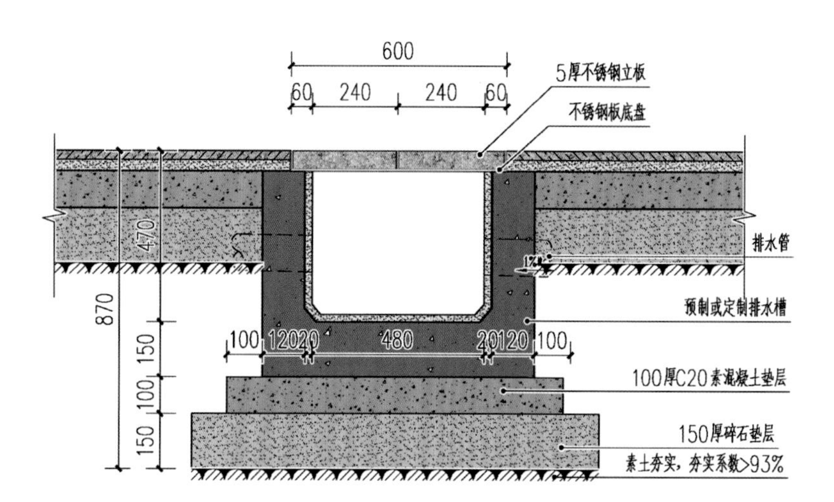
600
60
240
240
60
5厚不锈钢立板
不锈钢板底盘
排水管
预制或定制排水槽
100厚C20素混凝土垫层
150厚碎石垫层
素土夯实，夯实系数>93%
470
870
150
100
150
100
120
20
480
20
120
100

线性排水沟 2—2 剖面图

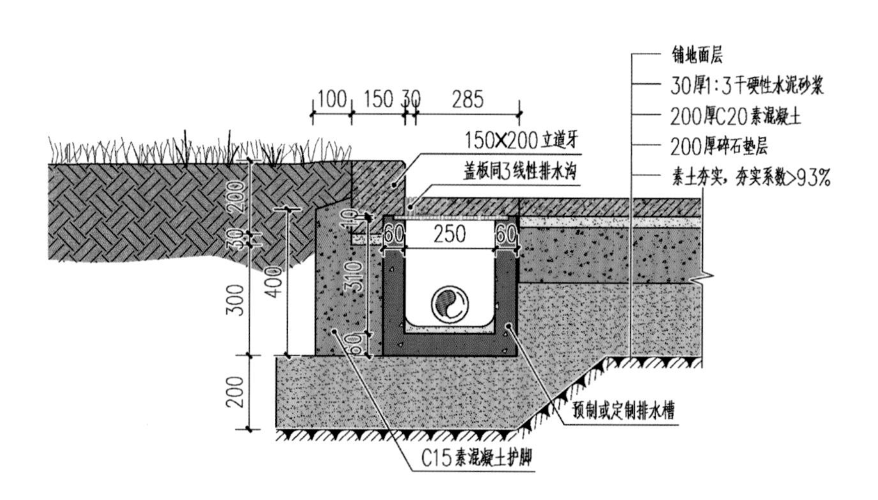
铺地面层
30厚1:3干硬性水泥砂浆
200厚C20素混凝土
200厚碎石垫层
素土夯实，夯实系数>93%
100
150
30
285
150X200立道牙
盖板同3线性排水沟
250
60
60
200
30
300
400
310
200
预制或定制排水槽
C15素混凝土护脚

与道牙相交线性排水沟做法详图

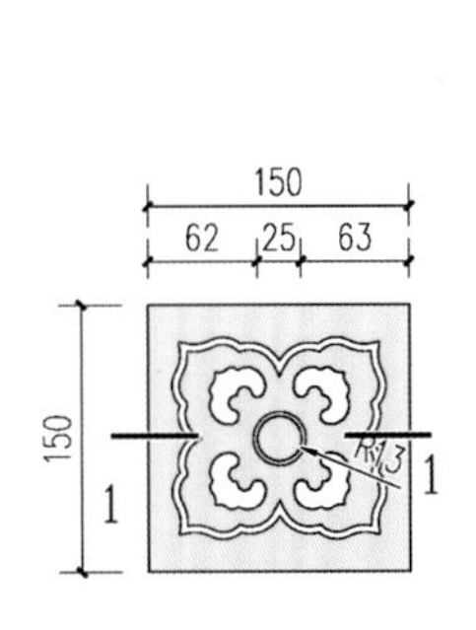

雨水地漏平面图

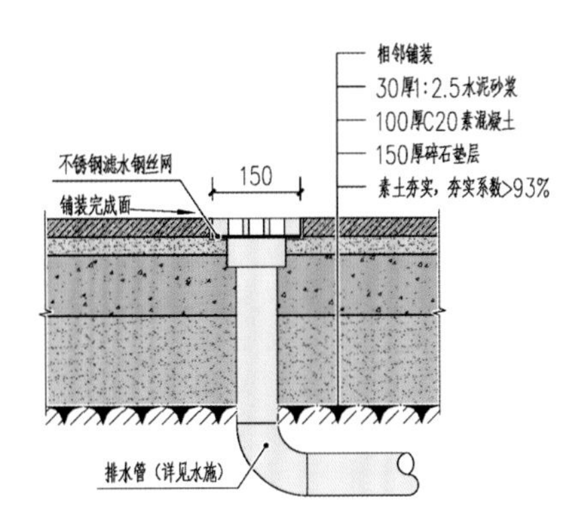

相邻铺装
30厚1:2.5水泥砂浆
100厚C20素混凝土
150厚碎石垫层
素土夯实,夯实系数>93%

不锈钢滤水钢丝网
铺装完成面

排水管(详见水施)

雨水地漏 1—1 剖面图

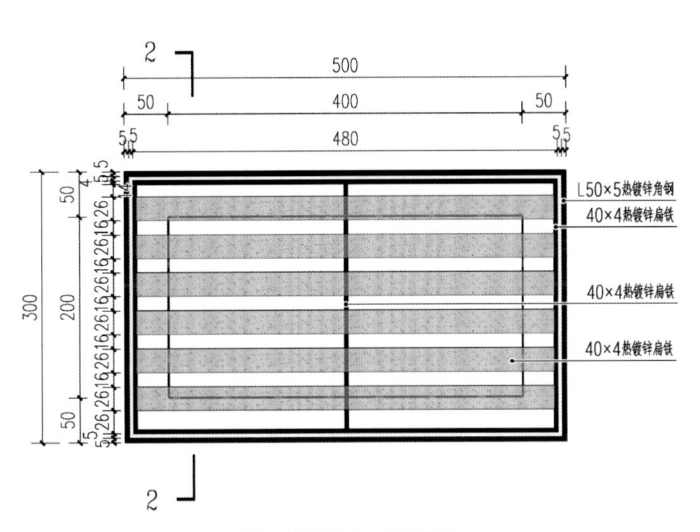

L50×5热镀锌角钢
40×4热镀锌扁铁

40×4热镀锌扁铁

40×4热镀锌扁铁

雨水箅子排水口平面图

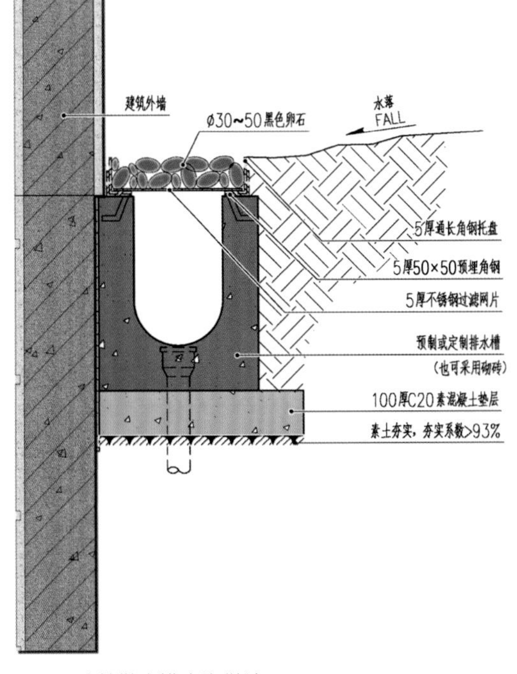

建筑外墙

水落 FALL
Ø30~50黑色卵石

5厚通长角钢托盘
5厚50×50预埋角钢
5厚不锈钢过滤网片
预制或定制排水槽
(也可采用砌砖)
100厚C20素混凝土垫层
素土夯实,夯实系数>93%

建筑散水排水沟做法

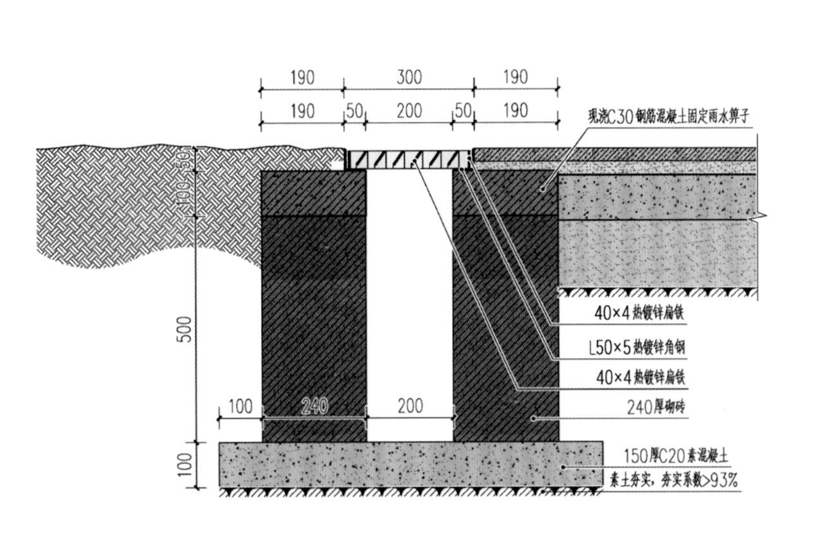

现浇C30钢筋混凝土固定雨水箅子

40×4热镀锌扁铁
L50×5热镀锌角钢
40×4热镀锌扁铁
240厚砖

150厚C20素混凝土
素土夯实,夯实系数>93%

雨水箅子排水口 2—2 剖面图

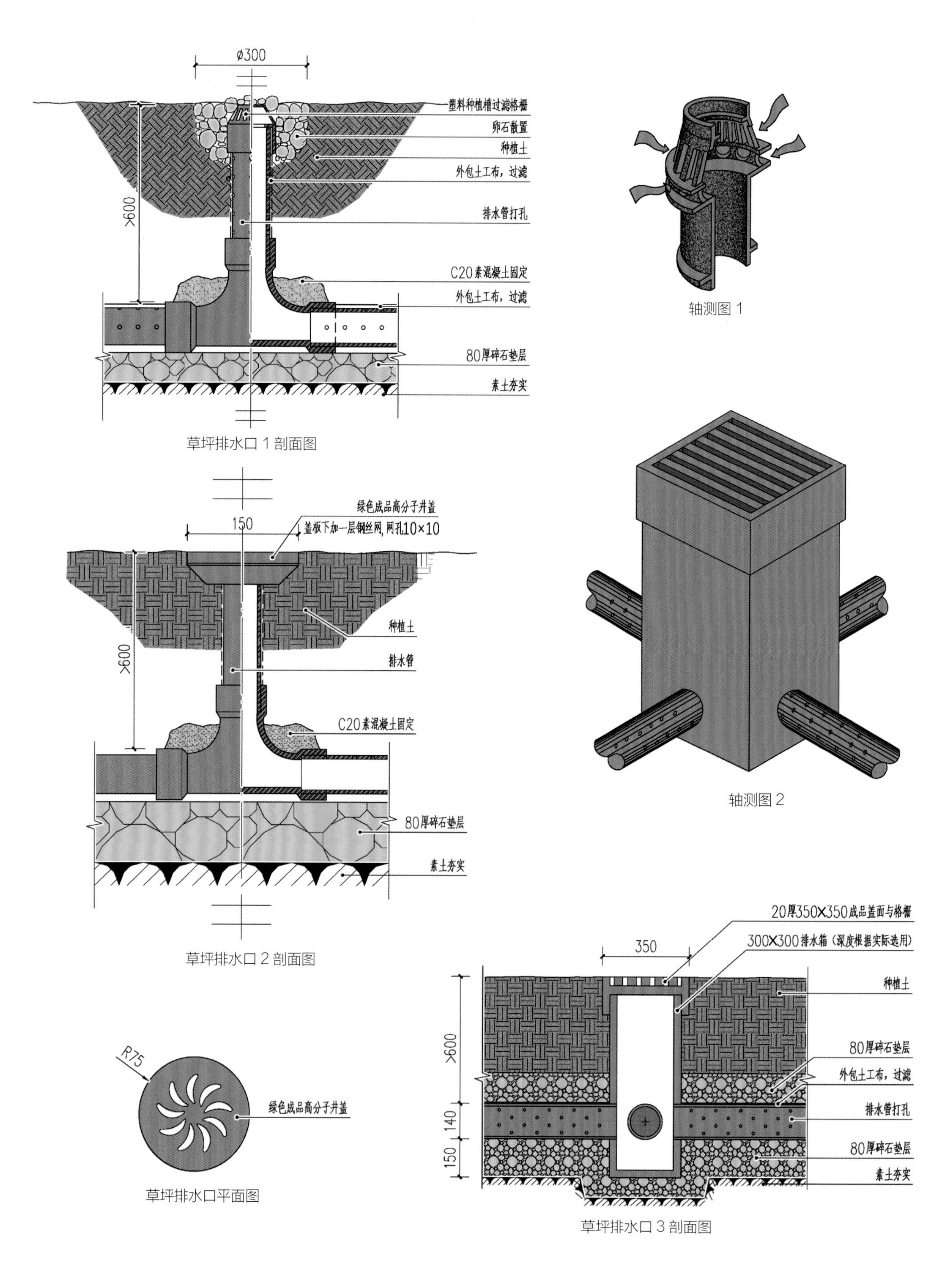

塑料种植槽过滤格栅
卵石散置
种植土
外包土工布,过滤
排水管打孔
C20素混凝土固定
外包土工布,过滤
80厚碎石垫层
素土夯实

草坪排水口 1 剖面图

轴测图 1

绿色成品高分子井盖
盖板下加一层钢丝网,网孔10×10
种植土
排水管
C20素混凝土固定
80厚碎石垫层
素土夯实

草坪排水口 2 剖面图

轴测图 2

绿色成品高分子井盖

草坪排水口平面图

20厚350×350成品盖面与格栅
300×300排水箱(深度根据实际选用)
种植土
80厚碎石垫层
外包土工布,过滤
排水管打孔
80厚碎石垫层
素土夯实

草坪排水口 3 剖面图

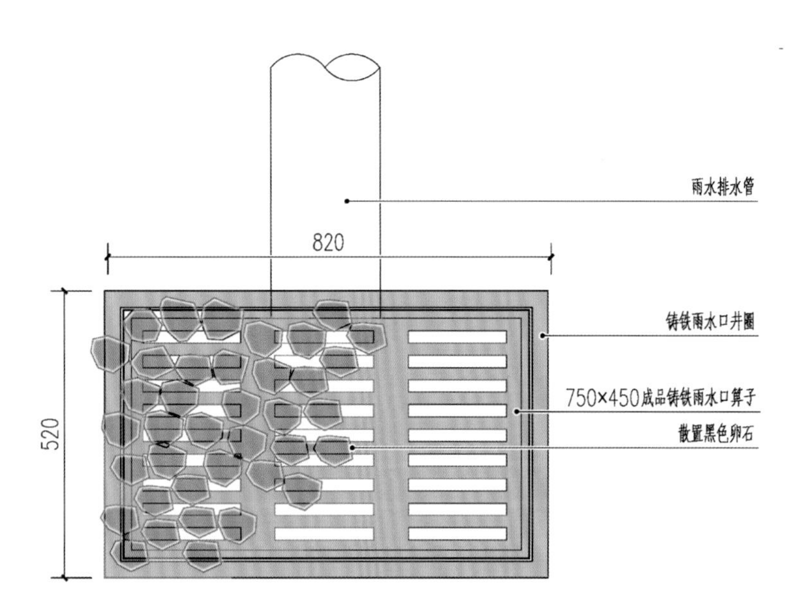

雨水排水管

铸铁雨水口井圈

750×450成品铸铁雨水口箅子

散置黑色卵石

820

520

草坪排水口 4 平面图

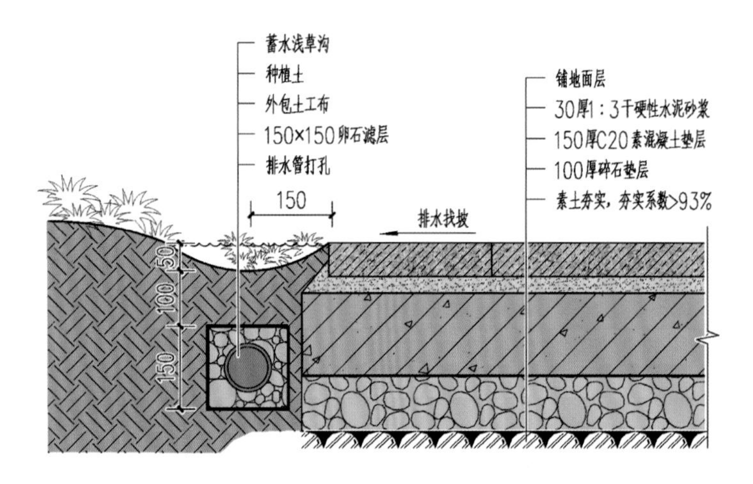

蓄水浅草沟
种植土
外包土工布
150×150卵石滤层
排水管打孔

铺地面层
30厚1:3干硬性水泥砂浆
150厚C20素混凝土垫层
100厚碎石垫层
素土夯实,夯实系数>93%

150

排水找坡

150 100 50

路边草坪排水沟平面图

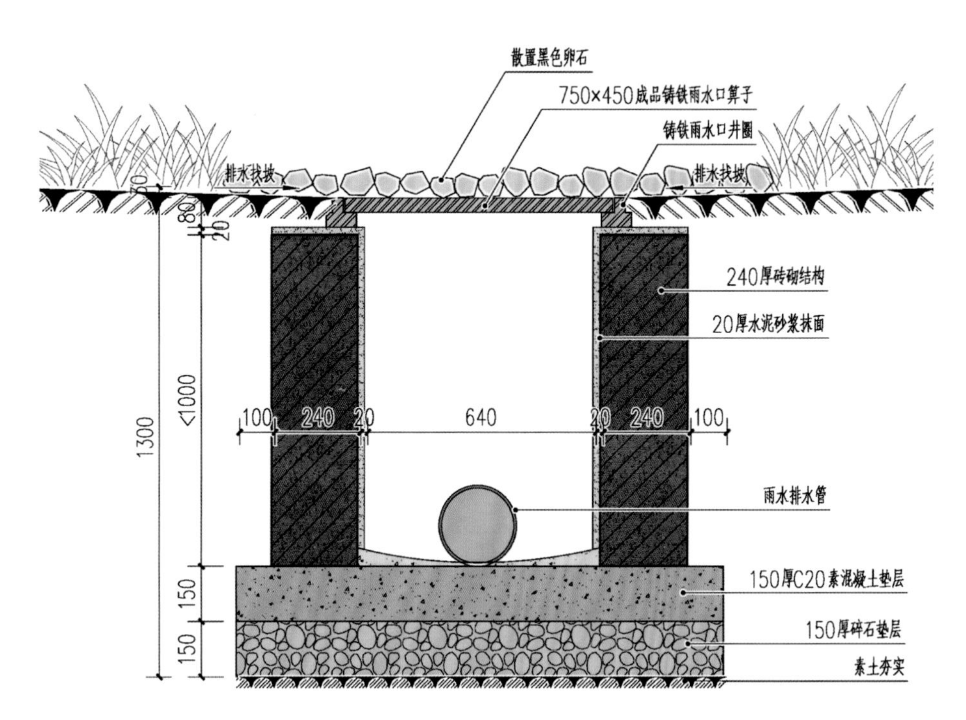

散置黑色卵石
750×450成品铸铁雨水口箅子
铸铁雨水口井圈
排水找坡
排水找坡
240厚砖砌结构
20厚水泥砂浆抹面
雨水排水管
150厚C20素混凝土垫层
150厚碎石垫层
素土夯实
70
80
20
1300
<1000
150
150
100
240
20
640
20
240
100

草坪排水口 4 剖面图

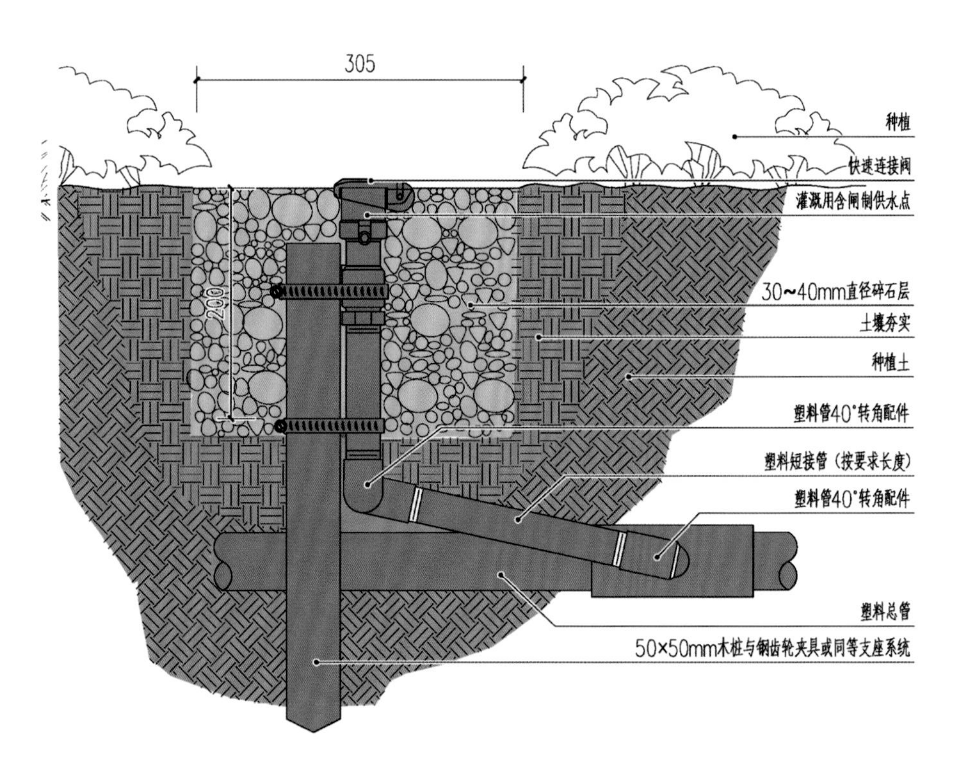

305
200
种植
快速连接阀
灌溉用含闸制供水点
30~40mm直径碎石层
土壤夯实
种植土
塑料管40°转角配件
塑料短接管（按要求长度）
塑料管40°转角配件
塑料总管
50×50mm木桩与钢齿轮夹具或同等支座系统

快速取水阀做法详图

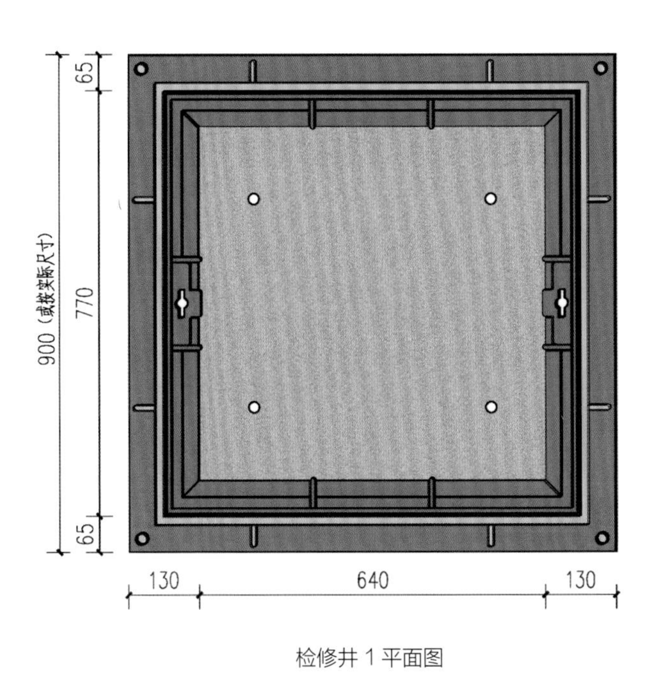
65
770
65
900（或按实际尺寸）
130
640
130

检修井 1 平面图

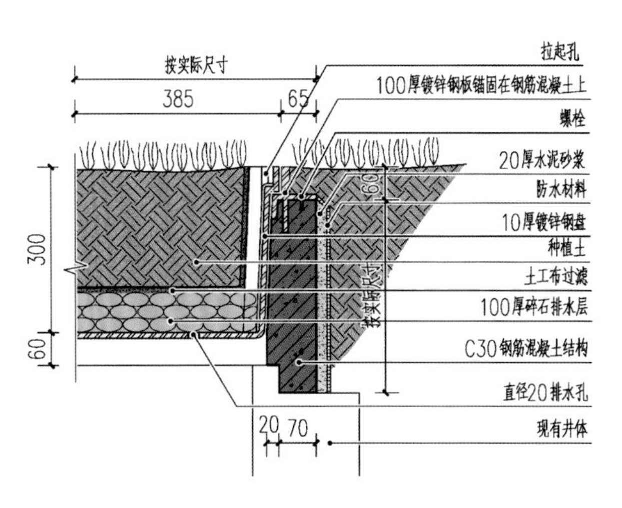
按实际尺寸
385
65
拉起孔
100厚镀锌钢板锚固在钢筋混凝土上
螺栓
20厚水泥砂浆
防水材料
10厚镀锌钢盘
种植土
土工布过滤
100厚碎石排水层
C30钢筋混凝土结构
直径20排水孔
现有井体
300
60
20
70

草坪检修井 1 双层井盖做法

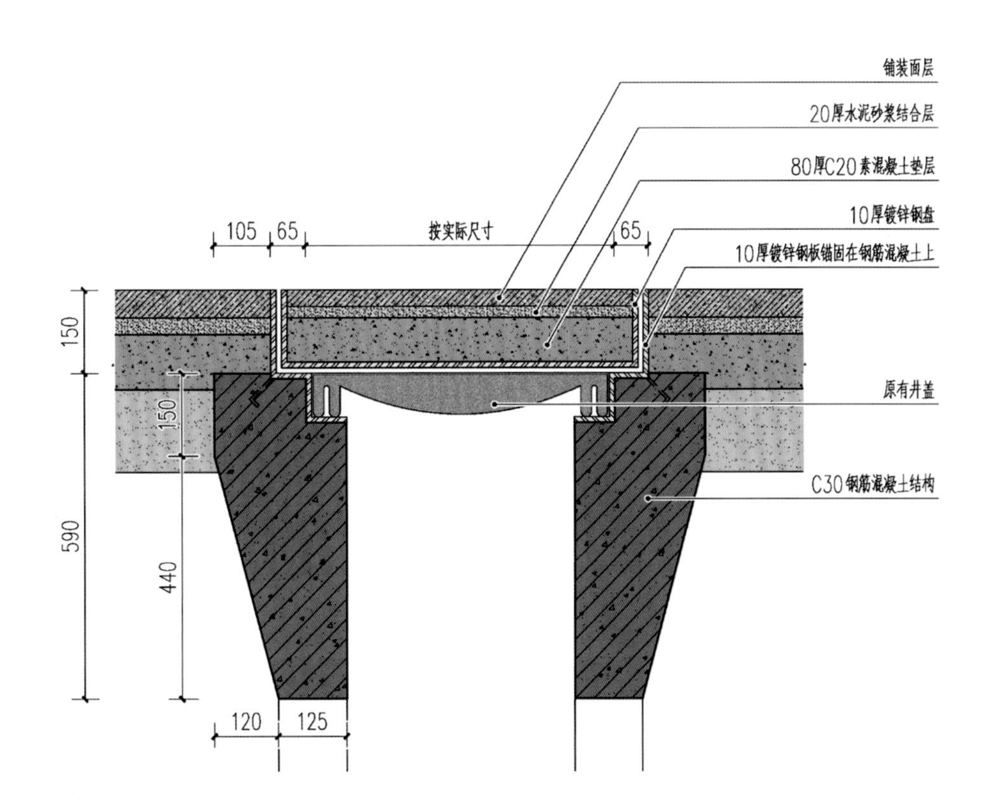
铺装面层
20厚水泥砂浆结合层
80厚C20素混凝土垫层
10厚镀锌钢盘
10厚镀锌钢板锚固在钢筋混凝土上
原有井盖
C30钢筋混凝土结构
105
65
按实际尺寸
65
150
150
590
440
120
125

铺装检修井 1 双层井盖做法

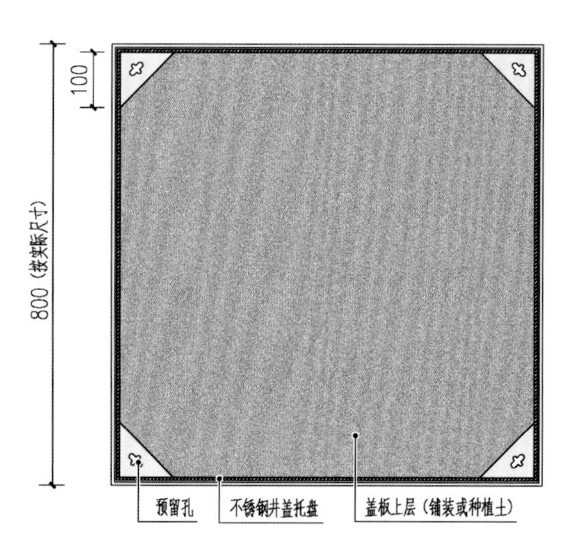

100
800（按实际尺寸）
预留孔
不锈钢井盖托盘
盖板上层（铺装或种植土）

检修井 2 平面图

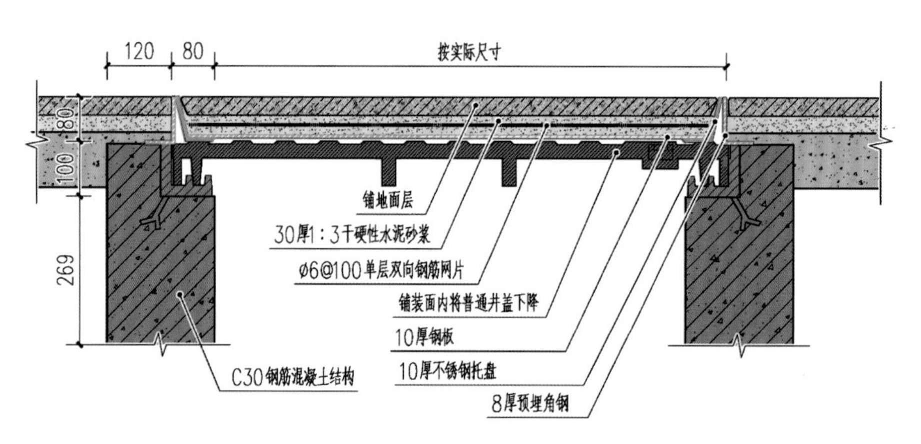

120
80
按实际尺寸
80
100
269
铺地面层
30厚1：3干硬性水泥砂浆
Ø6@100单层双向钢筋网片
铺装面内将普通井盖下降
10厚钢板
10厚不锈钢托盘
8厚预埋角钢
C30钢筋混凝土结构

草坪检修井 2 双层井盖做法

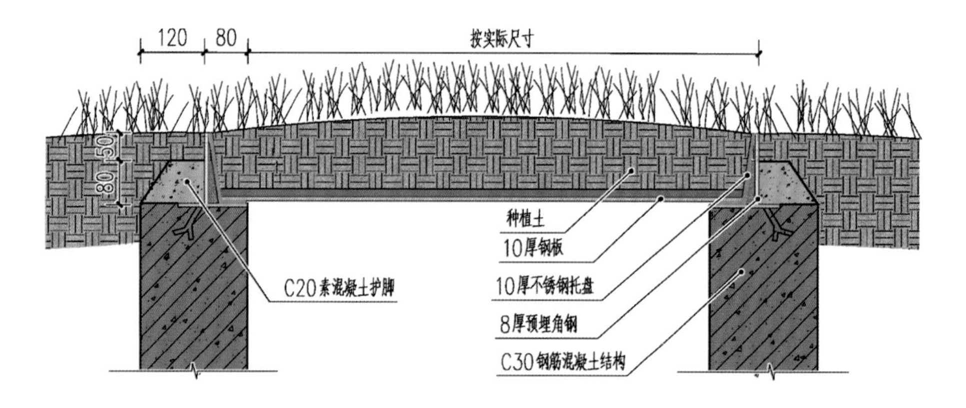

120
80
按实际尺寸
50
80
种植土
10厚钢板
10厚不锈钢托盘
8厚预埋角钢
C30钢筋混凝土结构
C20素混凝土护脚

铺装检修井 2 双层井盖做法

各种缝

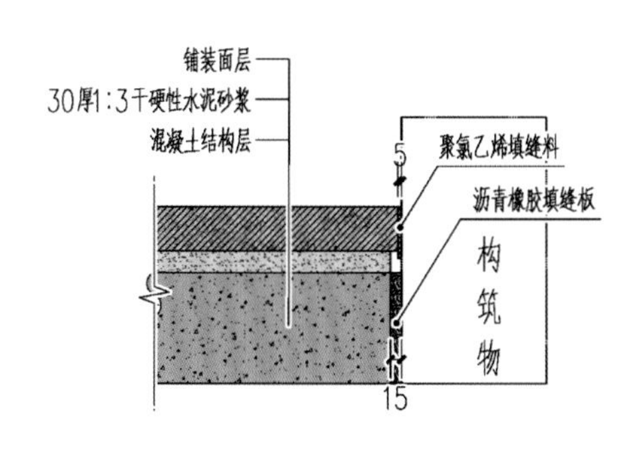

铺装变形缝做法详图

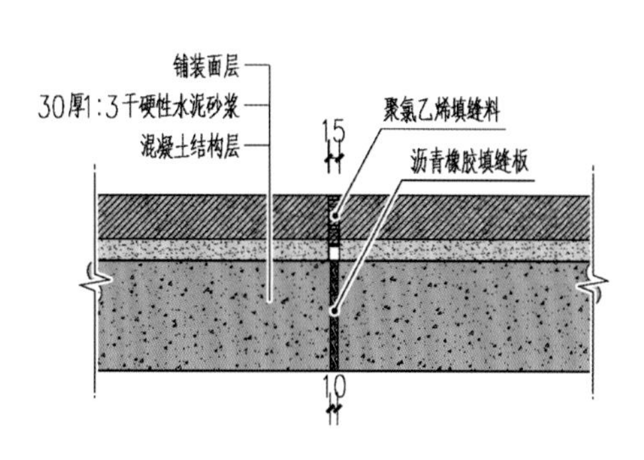

铺装与构筑物间变形缝做法详图

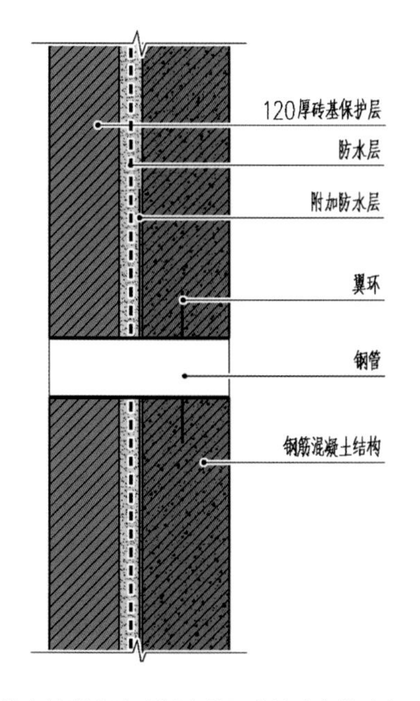

给排水管道穿池壁做法详图（外防水做法）

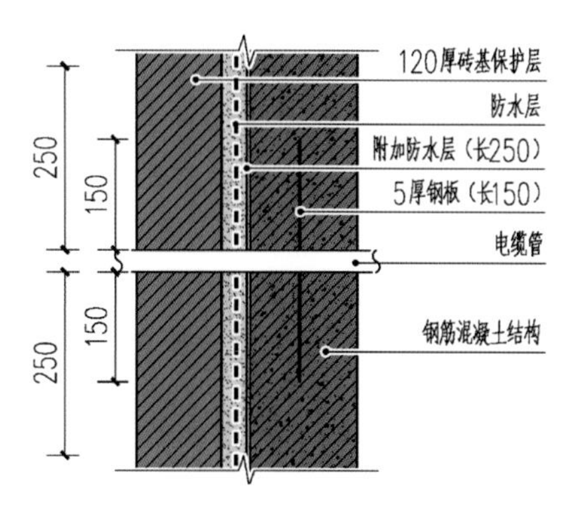

电缆管道穿池壁做法详图（外防水做法）

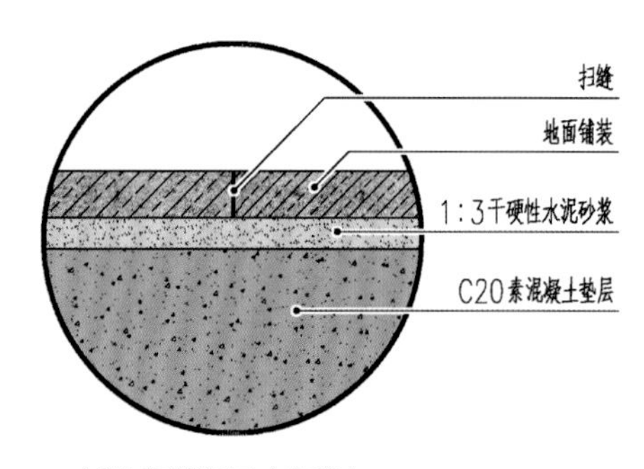
扫缝
地面铺装
1:3干硬性水泥砂浆
C20素混凝土垫层

铺装密缝详图（密缝）

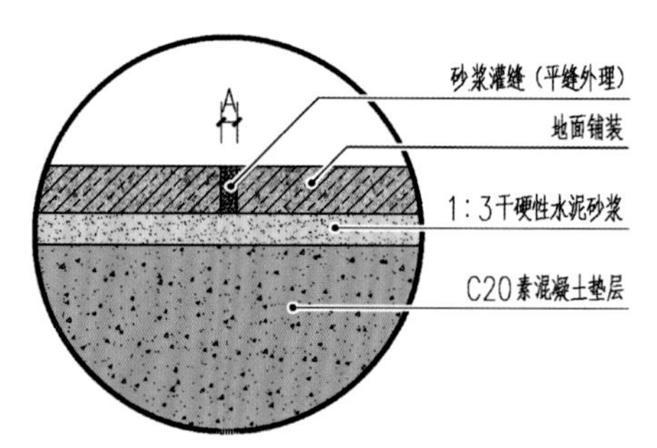
A
砂浆灌缝（平缝处理）
地面铺装
1:3干硬性水泥砂浆
C20素混凝土垫层

铺装开缝详图（平缝）

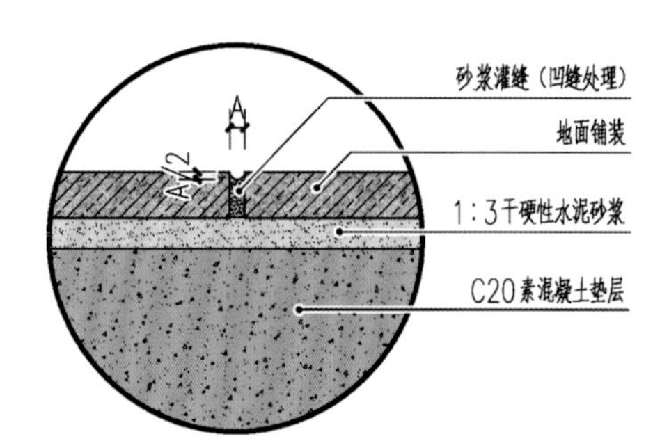
A
A/2
砂浆灌缝（凹缝处理）
地面铺装
1:3干硬性水泥砂浆
C20素混凝土垫层

铺装开缝详图（开缝）

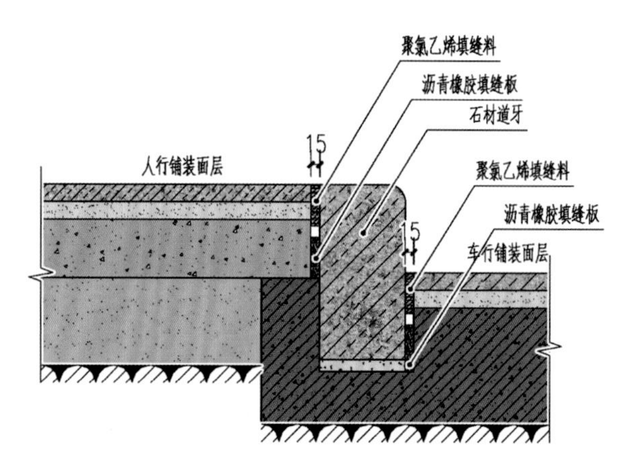
聚氯乙烯填缝料
沥青橡胶填缝板
石材道牙
15
人行铺装面层
聚氯乙烯填缝料
沥青橡胶填缝板
15
车行铺装面层

道牙与铺装伸缩缝做法详图

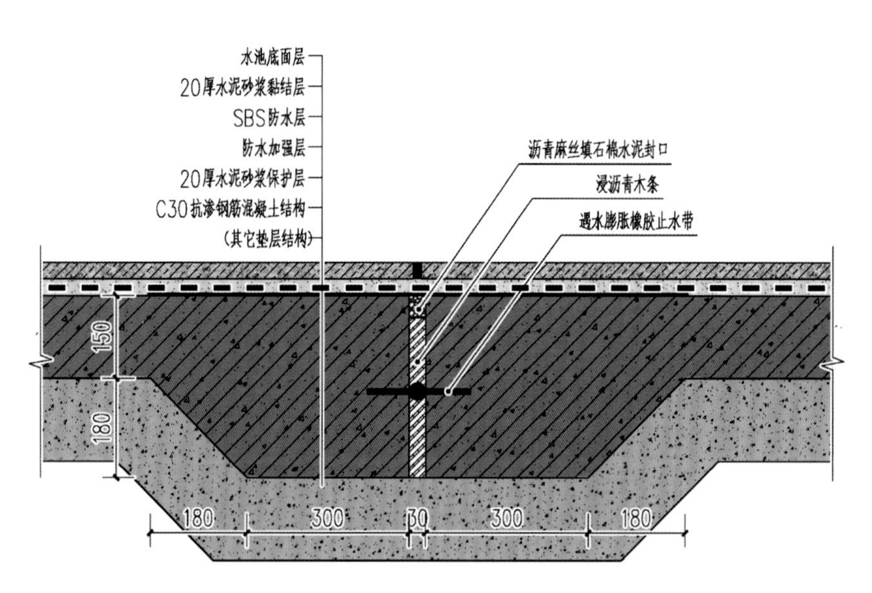

水池底面层
20厚水泥砂浆黏结层
SBS防水层
防水加强层
20厚水泥砂浆保护层
C30抗渗钢筋混凝土结构
（其它垫层结构）

沥青麻丝填石棉水泥封口
浸沥青木条
遇水膨胀橡胶止水带

150
180

180   300   30   300   180

说明：大型钢筋混凝土结构的
景观水池需按规范要求增设
变形缝。变形缝应从池底、
池壁一直到池沿整体断开。
变形缝处混凝土厚度不小于
300mm，且应确保变形缝处
不漏水。

水池变形缝做法详图（内防水做法）

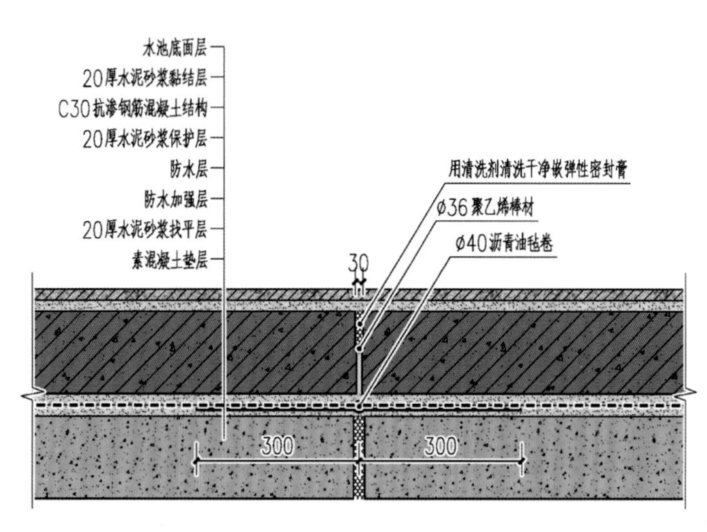

水池底面层
20厚水泥砂浆黏结层
C30抗渗钢筋混凝土结构
20厚水泥砂浆保护层
防水层
防水加强层
20厚水泥砂浆找平层
素混凝土垫层

用清洗剂清洗干净嵌弹性密封膏
Ø36聚乙烯棒材
Ø40沥青油毡卷

30

300   300

水池变形缝做法详图（外防水做法）

图书在版编目（CIP）数据

景观节点 CAD 施工图集 / 刘小垒等编著 . -- 南京：
江苏凤凰美术出版社 , 2023.1
ISBN 978-7-5741-0571-3

Ⅰ . ①景… Ⅱ . ①刘… Ⅲ . ①建筑设计 – 细部设计 –
计算机辅助设计 – AutoCAD 软件 – 图集 Ⅳ .
① TU201.4-64

中国版本图书馆 CIP 数据核字 (2022) 第 254218 号

出版统筹	王林军
责任编辑	韩　冰
特邀审校	艾思奇
装帧设计	张僅宜
责任校对	王左佐
责任监印	唐　虎

书　　名	景观节点CAD施工图集
编　　著	刘小垒　王塔娜　姜新良　刘自强
出版发行	江苏凤凰美术出版社（南京市湖南路1号　邮编: 210009）
总 经 销	天津凤凰空间文化传媒有限公司
印　　刷	河北京平诚乾印刷有限公司
开　　本	889 mm×1194 mm　1/16
印　　张	10.5
版　　次	2023年1月第1版　2023年1月第1次印刷
标准书号	ISBN 978-7-5741-0571-3
定　　价	128.00元

营销部电话　025-68155675　营销部地址　南京市湖南路1号
江苏凤凰美术出版社图书凡印装错误可向承印厂调换